GRUNDRISS DER INDO-ARISCHEN PHILOLOGIE UND ALTERTUMSKUNDE
(ENCYCLOPEDIA OF INDO-ARYAN RESEARCH)
HERAUSGEGEBEN VON G. BÜHLER.
II. BAND, 8. HEFT.

RECHT UND SITTE

(EINSCHLIESSLICH DER EINHEIMISCHEN LITTERATUR)

VON

JULIUS JOLLY.

STRASSBURG
VERLAG VON KARL J. TRÜBNER
1896.

GRUNDRISS DER INDO-ARISCHEN PHILOLOGIE UND ALTERTUMSKUNDE
(ENCYCLOPEDIA OF INDO-ARYAN RESEARCH)
HERAUSGEGEBEN VON G. BÜHLER
II. BAND, 8. HEFT.

RECHT UND SITTE

(EINSCHLIESSLICH DER EINHEIMISCHEN LITTERATUR)

VON

JULIUS JOLLY.

1. DIE QUELLEN.

§ 1. Die Rechtsquellen im Allgemeinen. Das Recht (*vyavahāra*) bildet in Indien wie bei anderen orientalischen Völkern noch einen integrierenden Bestandteil der Religion oder Ethik (*dharma*), und die Rechtsbücher (*dharmaśāstra*) bieten uns daher überwiegend Angaben über religiöse Reinigungen und Bussen, Gebete und Opfer, Speise- und Trankverbote, Höllenqualen und Wiedergeburt, Philosophie, Eschatologie und Weltschöpfung, Totenbestattung und Totenopfer, Vedastudium und Askese, Lebensweise und Sitten der Brahmanen und Könige u. a. Gegenstände, die wir nicht leicht in einem Gesetzbuch suchen würden. Viele *dharmaśāstra* bringen gar nichts über eigentliches Recht, und nur wenige jüngere Compilationen wie die *Nāradasmṛti* können als rein juristische Werke bezeichnet werden. Als erste und höchste Quelle des *dharma* sind nach den Rechtsbüchern die Vedas zu betrachten, aus denen daher häufig citiert wird, besonders in den *dharmasūtra*, die sich überhaupt am engsten an die Vedas anschliessen und im Allgemeinen als die ältesten Rechtsquellen betrachtet werden können. Die Vedas im engeren Sinne enthalten viele Angaben über Opfer, Bussen, Gebete u. a. Teile des *dharma*, die für die Sittengeschichte wichtig sind, aber nur wenige gelegentliche Notizen über Rechtsverhältnisse. Was die *dharmasūtra* nach dieser Richtung hin aus den Vedas citieren, beruht teilweise nur auf juristischer Construction ursprünglich ganz irrelevanter Äusserungen, wie z. B. *Āp.* 2, 14, 11 eine Vedastelle, wonach *Manu* seine Habe unter seine Söhne verteilte, als Beweis dafür anführt, dass eine ungleiche Verteilung des Vermögens verboten sei. Die wirklichen Anspielungen auf Rechtsinstitutionen wie z. B. der Hinweis auf das Wergeld (§ 44) sind allerdings für die älteste Geschichte derselben von grossem Werte. Dagegen finden sich in den *dharmasūtra*, so weit dieselben auf die Gegenwart gekommen sind, durchweg besondere Abschnitte über Erbrecht, Königsrecht, Processverfahren u. a. Teile des eigentlichen Rechts, wie es in den ältesten Schulen der Brahmanen gelehrt und überliefert wurde. Die *dharmasūtra* sind auch in den Fällen wo sie in den Hss. mit dem allgemeinen Namen *dharmaśāstra* bezeichnet werden, leicht erkennbar an ihrem mit anderen Sūtrawerken wie z. B. den philosophischen und grammatischen *sūtra* übereinstimmenden Stil. Ihr Zusammenhang mit den Vedas ist da am evidentesten wo sie noch als Teile einer grösseren, zu irgend einer bestimmten *śākhā* des Veda gehörenden Sammlung von Sūtras überliefert sind, wie z. B. das *Āpastambīyadharmasūtra*. Eine zweite Stufe der Rechtslitteratur bilden die sehr zahlreichen versificierten Werke, welche unter dem Namen *dharmaśāstra* oder *smṛti* auf unsere Tage gekommen sind. Sie unterscheiden sich von den ganz oder teilweise in Prosa abgefassten *dharmasūtra* zunächst durch ihre Form, indem sie durchweg in Versen, meist einfachen *śloka*, geschrieben sind, dann aber auch durch ihren Character, worüber in § 5. Doch scheinen diese Werke, zu denen auch das *Mānava dharmaśāstra*, das angesehenste und berühmteste aller indischen Rechtsbücher, gehört, zum Teil aus älteren Dharmasūtras entstanden zu sein und hängen daher wenigstens indirekt ebenfalls mit der vedischen Litteratur zusammen. Der Name *smṛti*, der den Dharmasūtras und -śāstras und auch noch manchen anderen Werken beigelegt wird, bedeutet eigentlich »Erinnerung«, in dem Sinne, dass darin die Erinnerungen des heiligen Ṛṣi der Vorzeit niedergelegt sind, im Gegensatz zu *śruti*, der »Offenbarung«, d. h. den Vedas, welcher in Zweifelsfällen die höhere Autorität eingeräumt wird. Zu der *smṛti* kann man unbedenklich auch das *Mah.* stellen, das nicht nur in den mittelalterlichen und modernen Rechtswerken auf gleichem Fuss wie die *dharmaśāstra* behandelt und als Autorität citiert wird, sondern schon von dem berühmten *Kumārila* im 8. Jh. n. Chr. als die grosse von *Vyāsa* verkündete, auf dem Veda beruhende Smṛti angesehen wurde. Die epische Litteratur umfasst dann auch die *purāṇa*, die schon *Gaut.* 11, 19 als eine Rechtsquelle nennt und die auch thatsächlich in den späteren Rechtswerken sehr häufig citiert werden (§ 10). Die jüngste Stufe der indischen Rechtslitteratur bilden die Commentare und systematischen Werke, die sich vom früheren Mittelalter ab an die Smṛtis angeschlossen haben. Als die Producte einer neueren Zeit und inspiriert von mächtigen Fürsten und Ministern haben diese umfänglichen Compilationen nach und nach die Smṛtis so völlig aus dem Gebrauch verdrängt, dass zur Zeit der Begründung der englischen Herrschaft über Ostindien die *Mitākṣarā*, ein Rechtscompendium des 11. Jahrhunderts, in dem grössten Teil Indiens als das massgebende Werk galt. Für das historische Studium des indischen Rechts, dem besonders an der Aufhellung der Anfänge gelegen sein muss, ist diese Gruppe von Werken, deren Zahl Legion ist, besonders als Hülfsmittel für das Verständnis der Smṛtis wichtig und unentbehrlich.

Neben den in ihren heiligen Büchern, in den Vedas und Smṛtis, enthaltenen Überlieferungen erkennen die brahmanischen Verfasser der Smṛtis selbst als eine dritte Quelle des Rechts den Lebenswandel und die Lehre frommer Männer *sadācāra, śiṣṭāgama* u. dgl. an. In Beziehung auf das eigentliche Recht werden die besonderen Sitten und Einrichtungen der einzelnen Länder, Kasten und Geschlechter (*deśajātikuladharma*) vielfach als massgebend hervorgehoben, allerdings nur insoweit sie dem heiligen Recht nicht widersprechen. Die bedeutende Stellung, die hiemit dem Gewohnheitsrecht eingeräumt wird, entspricht gewiss durchaus der Wirklichkeit und macht es dem Rechtshistoriker zur Pflicht, den Spuren und Überresten des indischen Gewohnheitsrechts nachzugehen. Diese Aufgabe ist um so wichtiger, weil die Lust zu theoritisieren und das Standesinteresse die Brahmanen bei ihrer juristischen Schriftstellerei sehr stark beeinflusst haben, so dass man ihre Gesetzesvorschriften nicht ohne Kritik hinnehmen darf. Freilich fliessen die Quellen des indischen Gewohnheitsrechts spärlich. Nur für die gegenwärtigen Zustände steht in den fleissigen Sammlungen englischer Forscher ein reichliches und zuverlässiges Material zu Gebot. Für die älteren Zeiten sind neben den Nachrichten griechischer, chinesischer, arabischer u. a. ausländischer Beobachter gelegentliche Angaben in der epigraphischen, historischen und poetischen Litteratur besonders wertvoll.

§ 2. Die eigentlichen Dharmasūtras. Der Name *dharmasūtra* kommt im eigentlichen Sinn nur denjenigen Werken zu, welche noch jetzt Bestandteile einer grösseren Sammlung von Sūtrawerken bilden. Das am besten erhaltene und am frühesten erforschte und gedruckte dieser *dharmasūtra* ist dasjenige des *Āpastamba* (*Āpastambha*). Die Āpastambīyas oder Āpastambs sind eine noch jetzt im südlichen Indien vertretene Brahmanenkaste.[1] Nach der Volkszählung von 1891 gab es z. B. in Bombay (Presidency division) 267 »Āpastambs«, auch in Berar werden »Āpastambhs« unter den Brahmanen aufgeführt.[2] Schon nach dem *Mahārṇava* waren sie in Südindien südlich von der *Godāvarī* ansässig, und ihr frühes Vorkommen in diesen Gegenden wird durch eine Pallavainschrift aus dem 5.—6. Jahrhundert n. Chr. bestätigt.[3] Der Veda, dem die Āpastambīyas anhängen, ist der schwarze Yajurveda, und zwar bilden sie eine der fünf Unterabteilungen der Khāṇḍikīyaschule, die ihrerseits ein Zweig der Taittirīyaschule ist.[4] Ihr kanonisches Buch ist jedoch heutzutage und wohl schon seit sie eine besondere Schule sind, das grosse *kalpasūtra* in 30 eng zusammenhängenden Kapiteln, von denen unser *dharmasūtra* (ed. BÜHLER) das 28. und 29. Kapitel bildet. Der Inhalt desselben erstreckt sich vorzugsweise auf das Vedastudium und die sonstigen Pflichten der Brahmanennovizen, auf Reinigungen, verbotene Speisen, Bussen, die Pflichten eines *snātaka* und *gṛhastha* u. dgl. Gegenstände des religiösen Rechts; von dem weltlichen Recht wird nur das Eherecht, Erbrecht und Strafrecht kurz, aber eigenartig behandelt. In sprachlicher Beziehung wimmelt unser Werk von altertümlichen und anomalen Formen und Ausdrucksweisen, die sich wohl nur so erklären lassen, dass es abgeschlossen worden ist, ehe der von *Pāṇini* geschaffene Kanon der Sanskritsprache zur Herrschaft gelangt war. Dieser Umstand im Verein mit einigen anderen Kriterien hat BÜHLER dazu bewogen, die Abfassung unseres *dharmasūtra* in das 4. oder 5. Jahrhundert v. Chr. zu setzen. Besonders wichtig hiefür ist noch die Erwähnung des *Śvetaketu*, der schon im *Śatapathabrāhmaṇa* und der *Chāndogyopaniṣad* als ein vedischer Lehrer erscheint, als eines Modernen *avara* bei *Āpastamba* (1, 5, 4 ff.). Andrerseits kann dieser Autor nicht zu den älteren vedischen Schulhäuptern gehören, da ihm nach der Tradition, welche durch die Vergleichung der erhaltenen Werke gestützt wird, *Baudhāyana* u. a. Autoritäten als Begründer neuer Schulen vorausgingen.[5] Was die Heimat des *Āpastamba* betrifft (gleichviel welcher wirkliche Name unter diesem Patronymikum steckt), so kennzeichnet er dadurch dass er (2, 17, 17) einen bei den Leuten des Nordens (*udīcya*) vorkommenden Brauch mit Missbilligung erwähnt sich selbst als einen Bewohner des Südens. Vielleicht war er speciell in dem Āndhralande, d. h. der Gegend zwischen der *Godāvarī* und *Kṛṣṇā*, zu Hause, da er das *Taittirīyāraṇyaka* in derjenigen Version anführt, welche bei den Āndhrabrahmanen üblich ist, wie auch nach der schon erwähnten Nachricht im *Mahārṇava* die Āpastambaschule im Āndhralande ihren Sitz hatte. Die südliche Heimat dieser Schule spricht ebenfalls für ihren verhältnismässig späten Ursprung, da der Süden überhaupt in den vedischen Saṃhitās noch gar nicht vorkommt und die Andhras im *Aitareyabrāhmaṇa* noch als Barbaren erscheinen.[6] — Sehr nahe verwandt mit dem *dharmasūtra* des *Āpastamba* ist dasjenige des *Hiraṇyakeśin*, dessen geringe, meist nur auf Verschiedenheit der Lesarten beruhende Abweichungen von ersterem BÜHLER in einem Anhang zu seiner 2. Ausgabe des *Āp.* zusammengestellt hat. In der aus 35 Abschnitten bestehenden Sammlung der Sūtras der Hiraṇyakeśinschule bildet das *dharmasūtra* den 26. und 27. Abschnitt.[7] Nach der Tradition war *Āpastamba* ein Vorgänger des *Hiraṇyakeśin*,[8] der sich von der älteren Āpastambaschule abzweigte und eine neue, zwischen dem Sahyagebirge (im Konkan und weiter südlich) und dem südwestlichen Meer ansässige Schule begründete, die aber noch jetzt ihre Abhängigkeit von der Āpastambaschule anzuerkennen scheint.[9] Der Umstand, dass ein Hairaṇyakeśabrahmane auf einer Pallavainschrift des 5. oder 6. Jahrhunderts n. Chr., vorkommt, liefert eine untere Grenze für das Datum der Trennung dieser Schule von den Āpastambīyas, die aber wahrscheinlich viel früher eingetreten ist.[10] Für die Echtheit des weitaus grössten Teils des *Āpastambīyadharmasūtra* bietet der genau entsprechende Text von *Hiraṇyakeśin*'s *dharmasūtra* eine erwünschte Bestätigung.

Baudhāyana (*Bodhāyana*) ist der angebliche Verfasser des ältesten *dharmasūtra* zum Yajurveda, das sich als Teil einer Sūtrasammlung erhalten hat.[11] Sein hohes Alter folgt zunächst aus der schon in zwei eingeschobenen Stellen bei *Baudh.* (ed. HULTZSCH) selbst hervortretenden Überlieferung, dass die Baudhāyanaschule älter als die Āpastambaschule und überhaupt die älteste der Sūtraschulen sein soll, die sich an den Text des *Taittirīya* angeschlossen haben. Aber auch eine Vergleichung des Inhalts beider Werke, die mit einander verwandt sind und nicht selten wörtlich übereinstimmen, zeigt, dass *Āp.* der jüngere Autor ist, da er über die angenommenen Söhne, über die Leviratsehe, über die Paiśācaehe, über die Bevorzugung des ältesten Sohnes bei der Erbteilung u. a. Punkte strengere und daher wahrscheinlich jüngere Ansichten ausspricht als *Baudh.* Ein Gleiches gilt von ihren beiderseitigen Gṛhyasūtras, wie auch der Stil bei *Baudh.* altertümlicher, unbeholfener ist als bei *Āp.* Die von *Baudh.* behandelten Gegenstände sind ziemlich mannigfaltig, so erörtert er die Verschiedenheit der Landessitten, die Pflichten des *brahmacārin* und des *snātaka*, Befleckung und Aufhebung derselben, Opfer, die Mischkasten, die Aufgaben des Königs und die Ausübung des Strafamts, das Zeugenverhör, das Eherecht, die Bussen, das Erbrecht, die Stellung der Frauen, die Bäder, die fünf grossen Opfer und die vier Lebensstufen (*āśrama*), Speiseregeln, Totenopfer, Vorschriften für Asketen, Haushälter und Einsiedler, kleinere Opfer, Bussen und glückbringende Ceremonien. Indessen ist der 4. *praśna* dieses Werks, der fast ganz in Ślokas abgefasst ist, wahrscheinlich eine moderne Zuthat, und selbst der 3. *praśna* ist nicht über alle Zweifel erhaben,[12] wenn auch manches Verdächtige darin, wie z. B. *adhy.* 6 über *prasṛtiyāvaka* jetzt durch analoge Stellen in dem neu entdeckten *Hārīta* eine gewisse Gewähr erhält. Die ursprüngliche Stellung des *dharmasūtra* innerhalb des ganzen *kalpasūtra* der Baudhāyanaschule lässt sich trotz der schlechten handschriftlichen Überlieferung aus den gegenseitigen Verweisungen mit ziemlicher Sicherheit bestimmen; die Anordnung des Werkes scheint ähnlich gewesen zu sein wie bei den Āpastambīyas.[13] In den Hss. wird es gewöhnlich als *Baudhāyanadharmaśāstra* bezeichnet, weshalb HULTZSCH für seine Edition diesen Titel gewählt hat; doch kommt in der HAUG'schen Hs. 163 auch noch die Bezeichnung *dharmasūtra* vor,[14] wie sich auch in den Citaten aus *Baudh.* die Bezeichnung *Baudhāyanasūtra* findet. Was das Fortleben der Baudhāyanaschule betrifft[15], so kennt BÜHLER moderne Baudhāyanīyas nur vom Hörensagen; auch in den Census Reports für 1891 kommt diese Bezeichnung nicht vor. Dagegen findet sich ein das Sūtra des *Bodhāyana* studierender Brahmane erwähnt in einer Inschrift von *Vijayanagara* von 1354/5 n. Chr., und unter dem auch in der Litteratur bezeugten Namen *pravacanasūtra* begegnet unser Werk in einer ebenfalls dem Süden angehörenden Inschrift des 9. Jahrhunderts. Auch die Familie des berühmten *Sāyaṇa* gehörte der Bodhāyanaschule an.[16] Da auch die Hss. ihres *dharmasūtra* meist dem Süden entstammen und der Inhalt desselben auf eine nähere Bekanntschaft mit dem Süden und dessen Litteratur hinweist, so darf man wohl annehmen, dass auch diese Schule wie die des *Āp.* in Südindien entstanden ist.[17]

1 BÜHLER SBE 2, XXX ff. — 2 Vgl. BG 18, 1, 111 (Puna); 21, 89 f. (Belgaum); Cens. of Ind., 1891, 8, 183 (Bombay); 6, CXVI (Berar). — 3 BÜHLER l. c.; Fleet IA 5, 135. — 4 SIMON, Beitr. zur Kenntnis d. ved. Schulen 18 f. — 5 BÜHLER l. c.

XV—XXX. — [6] Ibid. XXXIII—XXXVII. — [7] WEST and BÜHLER[3] 34. — [8] WIL[2] 110. — [9] BÜHLER l. c. XXIV, XXXI; L. v. SCHRÖDER, *MS* 1, XXVII. Auch nach BG 13, 1, 73 f. giebt es in Thana noch jetzt eine ziemlich zahlreiche Brahmanenkaste, die den Namen »Āpastamba Hiranya-Keshis« führt. — [10] BÜHLER l. c. XXXIII, XXIV. — [11] BÜHLER l. c. XVIII—XXII; SBE 14, XXXV—XXXIX. — [12] SBE 14, XXXIII—XXXV. — [13] Ibid. XXX, vgl. CALAND, Altind. Ahnencult 18 f. — [14] Vgl. ZDMG 31, 130 f. — [15] BÜHLER SBE 14, XXIX, XLII. — [16] BURNELL, Tanjore Catalogue 20 b; CLEMM, Ṣadviṃśabrāhmaṇa 16. — [17] BÜHLER l. c. XLI ff.

§ 3. Die überarbeiteten Dharmasūtras. Als überarbeitete Dharmasūtras kann man diejenigen *dharmaśāstra* bezeichnen, die zwar handschriftlich nicht als Stücke einer Sammlung vedischer Sūtras überliefert, aber nach Form und Inhalt mit den eigentlichen Dharmasūtras verwandt sind und in den mittelalterlichen Rechtswerken oder schon früher citiert werden. Das am besten erhaltene von diesen Werken, so viel bis jetzt bekannt, ist das ganz in Prosa abgefasste *dharmaśāstra* des *Gautama* (ed. STENZLER). Die Gautamas werden in der Litteratur als eine Unterabteilung der zum Sāmaveda gehörigen Schule der Rāṇāyanīyas genannt, und von *Gautama*'s *dharmaśāstra* erfahren wir durch *Kumārila*, dass es von Haus aus ein nur den *chandoga* d. h. den Anhängern des Sāmaveda angehörendes Werk ist.[1] Die Rāṇāyanīyas hatten ihren Hauptsitz in *Mahārāṣṭra*, und noch jetzt soll es im ö. Haidarabad Tailaṅga-Sāmavedīs geben, die sich als Rāṇāyanīyas betrachten und in 7 *gotra* zerfallen, von denen eines *Gautama* heisst;[2] freilich mag dieses Zusammentreffen mit dem Namen der Gautamaschule zufällig sein, ebenso wie bei den Gautam-Brahmanen in Bombay u. a.,[3] da *Gautama* ein bekannter Gotraname ist. Dass unser *Gautamīya dharmaśāstra* zum Sāmaveda gehört, bestätigt eine Untersuchung seiner Quellen, indem der ganze *adhy.* 26 wörtlich aus einem der *Brāhmaṇa* zum Sāmaveda, dem *Sāmavidhāna*, herübergenommen ist, die fünf *vyāhṛti* 1, 51 ganz und die Sühnegebete 19, 12 teilweise aus diesem Veda stammen.[4] Der Inhalt, der häufig einen sehr archaischen Eindruck macht, bezieht sich auf die Quellen des Rechts, die Pflichten der Brahmanenschüler, Asketen und Familienväter, das Eherecht, Grussregeln, die Stellung der Brahmanen, Opfer u. a. Obliegenheiten eines *snātaka*, die Lebensweise der vier *varṇa*, die Beschäftigungen des Königs, Recht und Justiz, Unreinheit und die Aufhebung derselben, Totenopfer, Vedastudium, die Stellung der Frauen, die *prāyaścitta*, das Erbrecht. Alle diese Gegenstände werden ähnlich wie in den eigentlichen Dharmasūtras behandelt, nur fehlt es ganz an metrischen Stellen. Altertümlich ist die Wiederholung des Schlussworts in jedem *adhy.*, dagegen enthält die Sprache wenig Archaisches, auch die Aufführung der Mischkasten mit den *Yavana* 4, 21 macht einen modernen Eindruck. Von entscheidender Bedeutung für die Altersbestimmung sind die Citate aus *Gaut.*, von denen dasjenige bei *Baudh.* 1, 2, 7 und der Hinweis auf eine Ansicht des Sohnes des *Utathya* d. h. des *Gaut.* bei *M.* 3, 16 sich der Sache, wenn auch nicht den Worten nach, *Gaut.* 11, 20 und 4, 26 nachweisen lassen.[5] Über das Citat bei *Vas.* s. u. Auch *Bṛh.* 25, 38 citiert unseren *Gaut.* (28, 18). Von älteren Rechtslehrern nennt *Gaut.* nur *M.* (21, 7), womit aber wohl nicht das bekannte Rechtsbuch des *M.*, sondern ein älteres Werk (vgl. § 4) gemeint ist, wenn es sich nicht etwa lediglich um den oft als Autorität genannten sagenhaften Urvater *M.* handelt. Wichtig ist auch die Thatsache, dass *Baudh.* den letzten *adhy.* seines 3. *praśna* aus *Gaut.* 19 entlehnt zu haben scheint.[6] Mit BÜHLER's Ergebnis (in seiner Übersetzung) dass unser *Gaut.* das älteste der erhaltenen (gedruckten) Dharmasūtras ist, stimmt beiläufig bemerkt auch die Ansicht des Herausgebers STENZLER überein, der nach einer schon aus älterer Zeit stammenden Notiz in seinem handschriftlichen Nachlass (ZDMG 47, 621) *Gaut.* für den ältesten Autor über *dharma* hielt. Wahrscheinlich ist *Gaut.* um Jahrhunderte vor *Āp.* und selbst vor *Baudh.* zu setzen.

Das *dharmaśāstra* des *Vasiṣṭha*[7] hat sich leider nur in schlechten, uncommentierten und oft unvollständigen Hss. erhalten. Führer konnte für seine Ausgabe vier vollständige Hss. benützen, aber andere Hss. enthalten statt der 30 *adhy.* nur 6, oder 10, oder 21¼ wie die Calcuttaer Ausgabe, oder 28½, oder 29½.[8] Auch sprechen innere Gründe dafür, dass *adhy.* 25—30 grösstenteils aus späteren Ergänzungen des wahrscheinlich schon frühe zu einem Torso gewordenen Werks bestehen, wenn auch einzelne Stellen aus 28 schon in der *Mit.* citiert worden. Selbst in den früheren Abschnitten sind viele einzelne Sūtras hoffnungslos verderbt.[9] Gleichwohl ist nicht zu verkennen, dass dieses aus einer Mischung von Prosa und Versen bestehende, mehrfach an vergleichbaren Stellen noch die archaischen Triṣṭubhs anstatt der jüngeren Anuṣṭubhs bei *M.* u. a. Autoren bietende Werk sich direct an die eigentlichen Dharmasūtras anschliesst, wie es auch in einem Citat noch als »*Vasiṣṭhasūtra*« bezeichnet wird.[10] Die Stelle 5, 6 f., die allerdings aus der *TS* stammt, ist ganz vedisch. Der Inhalt gleicht ebenfalls demjenigen der Dharmasūtras und umfasst u. a. die Quellen und das Geltungsgebiet des *dharma,* die Pflichten und den Ursprung der vier Stände, namentlich der Brahmanen, das Gastrecht, Verunreinigung und die Aufhebung derselben, das Frauenrecht, die täglichen Pflichten, die vier *āśrama*, das Eherecht, die Obliegenheiten der Einsiedler und Asketen, die Stellung der Familienväter und *snātaka*, das Vedastudium, die Grussregeln, Speiseverbote, Ausstossung aus der Kaste, das Processverfahren, das Erbrecht, die Mischkasten, das Königsrecht, öffentliche und geheime Bussen, milde Gaben und Stiftungen. Dabei machen die Vorschriften des *Vas.* mehrfach einen besonders altertümlichen Eindruck, so wenn er 1, 28 ff. wie *Āp.* nur sechs Heiratsformen aufzählt anstatt der orthodoxen acht, dabei aber den Frauenkauf als die »Heiratsform der Menschen« (*mānuṣavivāha*) bezeichnet. Nach *Govindasvāmin* und schon nach *Kumārila* (8. Jh.) wurde das *dharmāśāstra* des *Vas.* zwar nur von den Anhängern des Ṛgveda studiert, hatte aber doch allgemeine Geltung.[11] Dass diese Nachrichten sich nicht etwa auf eine der anderen dem *Vas.* zugeschriebenen Smṛtis beziehen, dürften die alten Citate aus *Vas.* beweisen, die sich nur in unserem Werk nachweisen lassen. Auch bestätigt sich der Zusammenhang desselben mit dem Ṛgveda dadurch, dass an drei Stellen speciell *Vas.* als Autorität citiert oder angerufen wird, und zwar in einer Weise die ganz an den aus dem Ṛgveda bekannten *Vas.* erinnert. Da *Vas.* in seinen Citaten vedischer Samhitās und Sūtras eine Vorliebe für die in Nordindien heimischen Werke an den Tag legt, so gehört er oder seine Schule wohl diesem Teil Indiens ursprünglich an; weniger dürfte dies aus seiner Bezeichnung der heutigen Nordwestprovinzen als heiliges Land zu schliessen sein, da diese Lehre von dem heiligen Land ein Gemeingut der brahmanischen Tradition war und sich auch anderswo, z. B. bei *Baudh.* und *M.* findet. Was sein Verhältnis zu anderen Rechtslehrern betrifft, so finden sich bei *Vas.* Citate aus *Yama, Prajāpati, Hārīta, Gautama und Manu.* Die Citate aus den drei erstgenannten Autoren sind in den Smṛtis, die denselben zugeschrieben werden, nicht enthalten. Das Citat aus *Gaut.* in 4, 36 scheint sich auf *Gaut.* 14, 44 zu beziehen. Besonders interessant sind die zahlreichen Citate aus *M.* (vgl. § 5), die, so weit sie nicht etwa nur Hinweise auf den mythischen *M.* sind, augenscheinlich aus einem Werk stammen, das inhaltlich mit unserem *M.* verwandt, aber noch in einer Mischung von Prosa und Versen, teilweise Triṣṭubhs, abgefasst war wie die Dharmasūtras. Andrerseits enthält unser *M.* 8, 140 ein Citat aus *Vas.*, das in unserem *Vas.* 2, 51 thatsächlich vorkommt. Hienach ist unser *Vas.* älter als *M.*, aber jünger als *Gaut.*; doch wird man einer vedischen Schule, die sich an den Ṛgveda anschliesst und anscheinend in Nordindien heimisch war, immerhin ein hohes Alter zuschreiben und unser Werk mehrere Jahrhunderte v. Chr. setzen dürfen.

Das *Vaiṣṇava dharmaśāstra* oder die *Viṣṇusmṛti*[12], ein sehr umfangreiches Werk in 100 *adhy.*, wird in dem einleitenden Abschnitt und den Schlusscapiteln als eine Offenbarung des Gottes *Viṣṇu* hingestellt, der auch an mehreren anderen Stellen des Werkes seinen Dialog mit der Göttin der Erde wieder aufnimmt. Doch hat man es hierbei augenscheinlich mit Zuthaten eines Bearbeiters aus der viṣṇuitischen Sekte der Bhāgavatas zu thun. Der Grundstock unseres Werkes, das auch unter dem Namen *Viṣṇusūtra* citirt wird, gleicht nach Form und Inhalt durchaus den Dharmasūtras und stimmt an den versificirten Stellen mit diesen Werken sowie auch mit *M.* u. a. metrischen Smṛtis vielfach wörtlich überein. Noch wichtiger sind die speciellen Beziehungen unseres *Vi.* zu dem *Kāṭhakagṛhyasūtra* u. a. Werken der Kaṭhaschule, aus deren Veda, dem *Kāṭhaka,* viele der von *Vi.* citirten Sprüche entnommen sind, während die oft sehr ausgedehnten Parallelstellen zu dem Gṛhyasūtra dieser Schule sich besonders beim Śrāddharitual, beim Vaiśvadevaopfer und beim *vṛṣotsarga* finden. Da diese Riten innerhalb jeder vedischen Schule nur nach ihrem besonderen Ritual vollzogen werden, so kann man *Vi.* gradezu als das *Kāṭhaka-dharmasūtra* betrachten, das wahrscheinlich durch einen ähnlichen Vorgang seiner speciellen Schule entfremdet und zu einem allgemein gültigen Rechtsbuch wurde, wie wir dies bei *Gaut.* und *Vas.* durch historische Zeugnisse belegt fanden. Noch zur Zeit des *Govindarāja* (12. Jahrh.) scheint ein auf *dharma* bezügliches Sūtrawerk der Kaṭhaschule existirt zu haben, da die *Smṛtimañjarī* dieses Autors eine prosaische Vorschrift eines *Kaṭhasūtrakṛt* über die Busse für Brahmanenmord citirt, die allerdings bei *Vi.* fehlt[13]. Die kanonischen Schriften der Kaṭhaschule, die ursprünglich im Penjab und in Kaśmīr zu Hause war, können zu den ältesten Überresten der indischen Litteratur gezählt werden. Freilich enthält unser Werk in seiner jetzigen Gestalt auch abgesehen von den viṣṇuitischen Beifügungen eine Reihe von Stellen modernen Characters, so die Erwähnung der 7 Wochentage einschliesslich der Bezeichnung des Donnerstags als *jaiva* 78, 1—7, die Stellen über Wittwenverbrennung 25, 14 und 20, 39, über Bücher *pustaka* 18, 44 und 23, 56, über Wallfahrtsorte aus allen Teilen Indiens 85, 1—52, über *trimūrti* 30, 7, die vage Bestimmung der Grenzen des Arierlandes (*āryāvarta*) 84, 4 u. a. Lassen sich auch die meisten Stellen dieser Art unschwer als spätere Zusätze ausscheiden, so wird dadurch doch das Alter der jetzigen Redaktion unseres Werkes einigermassen zweifelhaft. Zu den ältesten Teilen desselben scheinen die juristischen Abschnitte zu gehören, namentlich das Königsrecht in *adhy.* 3 und das Strafrecht in *adhy.* 5, auch das Erbrecht nebst der Lehre von den Mischkasten in 15—18, während die Gesetze über Schuldrecht und Gerichtsverfahren in 6—14 einen weniger altertümlichen Eindruck machen. Die *adhy.* 19—96 handeln von Totenopfern, Unreinheit, Frauenrecht, den Sakramenten, dem Vedastudium, den Sünden und den Bussen dafür einschliesslich der Lehre von den Höllen und der Seelenwanderung, den Aufgaben des *gṛhastha* und *snātaka*, den *śrāddha,* milden Gaben und den Pflichten des *vānaprastha* und des Asketen. Die Sprache enthält wenig Altertümliches, aber auch fast gar keine Corruptelen, da der Text wahrscheinlich schon frühe sorgfältig commentirt wurde. Verweisungen auf ältere Rechtslehrer fehlen, wie auch *Vi.* seinerseits nicht in anderen Smṛtis citirt wird. Inhaltlich sind nächst den Beziehungen zu *M.* diejenigen zu *Y.* am auffallendsten. Die viṣṇuitische Bearbeitung unseres Werkes kann, wenn die griechische Bezeichnung des Donnerstags dem Bearbeiter zur Last fällt, keinenfalls früher als etwa das 3. Jahrh. n. Chr. gesetzt werden.

Das neu entdeckte, noch ungedruckte *dharmaśāstra* des *Hārīta* besteht wie *Vas.* aus 30 *adhy.*, ist aber umfangreicher als alle bisher genannten Werke ausser *Vi.* Vor dem Auftauchen der bis jetzt einzigen Hs. dieses Werkes, die von V. Ś. Islāmapurkar in Nasik aufgefunden wurde[14], kannte man ein *dharmasūtra* des *H.* nur aus Citaten, und auf Grund derselben hatte ich 1889 den *vyavahārādhyāya* des *H.* zusammengestellt und W. CALAND 1893 in seinem Ahnencult einen Überblick über *H.*'s Darstellung des *śrāddha* gegeben. Diese Citate lassen sich in der Hs., so weit sie nach Sprache und Inhalt einen altertümlichen Eindruck machen, fast vollständig nachweisen, dagegen fehlen darin die metrischen Citate über Gerichtsverfahren und Schuldrecht, deren viel moderneren Charakter ich hervorgehoben hatte. Offenbar sind diese Citate aus einem jüngeren Werk geflossen, wie noch jetzt mehrere dem *H.* zugeschriebene versificirte Werke aus neuerer Zeit existiren (§ 8). Andre altertümliche, auf *śraddha*, Unreinheit, Bussen, Speise- und Baderegeln u. a. Teile des religiösen Rechts bezügliche, meist prosaische Citate finden sich dagegen in der Hs. vor, wenn auch seit der Zeit des *Hemādri* (13. Jahrh.), der eine enorme Menge solcher Citate gibt, unser Werk manche Einbussen erlitten zu haben scheint. Im 14. Jahrh. wird das *dharmasūtra* des *H.* häufig citirt in dem berühmten Commentar zu *Parāśara* von *Mādhava*, und diese Citate hat der Herausgeber dieses Werkes, der schon genannte V. Ś. Islāmapurkar, grösstenteils in der Hs. aufgefunden. Von anderen alten Smṛtis enthält das Sūtrawerk des *Uśanas* (§ 4) in *adhy.* 4 einen Hinweis auf die Ansicht des *H.* über die Folgen einer Verbindung mit einer Śūdrā, der mit einer Stelle bei *H.* 21 merkwürdig übereinstimmt (CALAND)[15]; allerdings bezieht sich *U.* auf den speciellen Fall, dass aus einer solchen Verbindung ein Sohn hervorgeht. Ist hiernach die Existenz unseres *H.* im Mittelalter und schon früher ebensogut beglaubigt wie bei den bisher besprochenen Werken, so stimmt *H.* mit denselben auch formell und inhaltlich so genau als möglich überein. Die Prosa, die im Ganzen überwiegt, wechselt mit Anuṣṭubhs und Triṣṭubhs, die Verse werden oft eingeleitet durch das typische *athāpy udāharanti* der Dharmasūtras, Citate aus den Vedas sind ziemlich häufig. Der Inhalt betrifft die Quellen des Rechts, den *brahmacārin*, sowohl *upakurvāṇaka* als *naiṣṭhika*, den *snātaka* und *gṛhastha*, den *vānaprastha* und *yati*, Speiseverbote, den *pratigraha*, die *ṛtvij*, die *śrāddha* einschliesslich der *paṅktidūṣaka* und *paṅktipāvana*, die Pflichten des *snātaka*, den *ācāra* im Allgemeinen, die fünf *pākayajña*, Vedastudium und *brahmacarya*, *yama* und *niyama*, Unreinheit und Aufhebung derselben, Bussen für verschiedene Vergehen, Zeugenverfahren, Gerichtswesen und weltliches Recht, Frauenrecht, die Hauptsünden, Speisung der Brahmanen, die einzelnen Bussen, Sühnegebete u. dgl. In einem der Citate aus *H.*, das ich aber in der Hs. nicht nachweisen kann, scheint eine Verweisung auf den *śrāddhakalpa* in dem *śrautasūtra* des *H.* vorzuliegen (CALAND)[15]. Auch auf die specielle vedische Schule, aus der unser Werk hervorgegangen ist, lässt sich schliessen. BÜHLER hat nach einer den *Maitrāyaṇi* nennenden Stelle, die in einem Commentar citirt wird, zuerst die Vermutung ausgesprochen, dass *H.* ein *Maitrāyaṇīya* war[16]. CALAND hat zur Bestätigung dieser Vermutung a. a. O. zwei andere Citate aus *H.* beigebracht, in denen ebenfalls *Maitrāyaṇi* genannt wird und auf bemerkenswerte Übereinstimmungen zwischen anderen Citaten und dem *Maitrāyaṇīyapariśiṣṭa* und *Mānavaśrāddhakalpa* hingewiesen. Die Hs. enthält nicht nur das BÜHLER'sche und fast alle von CALAND angeführten Citate, sondern sie weist auch andere Zusammenhänge mit der Maitrāyaṇīyaschule auf, indem sie auch sonst den *bhagavān maitrāyaṇiḥ* anführt und Sprüche aus der *MS.* citirt, so den bekannten Spruch *śatadāyo vīro MS.* 1, 7, 5. Die verhältnismässig zahlreichen Anführungen aus *H.* bei *Āp.* und *Baudh.*[17] sprechen ebenfalls dafür, dass er ein *sūtrakāra* zum schwarzen Yajurveda war; allerdings findet sich keine dieser Stellen in der Hs. Die Hs. stammt aus Nasik, und diese Stadt ist zugleich der Fundort zweier Hss. der *MS.* Die Maitrāyaṇīyas wohnten sonst weiter im Norden, wahrscheinlich in der Nähe der nahe mit ihnen verwandten Kaṭhas und zählen wie diese zu den ältesten vedischen Schulen[18]. Auf kashmirische Herkunft unseres *H.* scheint das in einem Citat gebrauchte, nach dem Commentar (bei *Hemādri* 3, 1, 559) kashmirische Wort *kaphella* zu deuten. Vielleicht ist unser *H.* die älteste der erhaltenen Smṛtis. Verweisungen auf ältere Rechtswerke giebt *H.* nicht, wenn er sich auch auf *Prajāpati*, *M.* (statt *munir abravīt* ist in 19 wohl *manur abravīt* zu lesen) und die *ācāryāḥ* beruft, und wenn er mit allen anderen alten Smṛtis oft wörtlich übereinstimmt, so sind solche Analogieen offenbar nicht auf Entlehnung, sondern auf die gemeinsame Tradition der vedischen Schulen zurückzuführen. Leider ist die *Hs.* so überaus fehlerhaft, dass an eine Edition des wichtigen Werks auf Grund derselben nicht zu denken wäre. Es wäre daher zu wünschen, dass noch weitere Hss. zum Vorschein kämen, und besonders der alte Commentar, auf den *Hemādri* 3, 1, 559 Bezug nimmt.[19].

Weit correcter als die *H.*-Hs. ist die BÜHLER'sche Hs. des *Vaikhānasasūtra* in der Wiener Universitätsbibliothek, bestehend aus einem »*gṛhya*« in 7 *praśna* und einem »*gṛhyadharma*« in 4 *pr.* Letzteres handelt hauptsächlich von den vier *āśrama*, wobei von dem *brahmacārin* und *gṛhastha* je 4, von dem *vānaprastha* zunächst 2 Arten mit vielen Unterarten unterschieden werden (*pr.* 1), von den speciellen religiösen Pflichten des *vānaprastha, snāna, bhojana, snātakadharma*, der Lebensweise des *vānaprastha* und *bhikṣu*, den Mischkasten u. dgl. (2, 3) und von den *pravara* (4). Das eigentliche Recht fehlt in diesem Werk, das ja auch nur ein *gṛhyadharma*, kein *dharmasūtra* ist, um so ausführlicher werden darin die Pflichten des Waldeinsiedlers dargestellt, der bekanntlich auch *vaikhānasa* heisst, nach *Vikhanas*, der auch in dem vorliegenden Werk als Autorität erscheint (*ity āha vikhanāḥ*). Die Bezeichnung *vaikhānasa* kommt schon bei *Gaut.* 3, 2 vor, und *Baudh.* 2, 11, 14 und *M.* 6, 21 berufen sich bei ihrer Darstellung der Pflichten des Waldeinsiedlers auf *vaikhānasa-śāstram*, resp. *-matam*, worunter nach den Commentatoren ein Sūtrawerk des *Vikhanas* über die Pflichten des *vānaprastha* zu verstehen ist.[20] Hat sich dieses Werk in unserer Hs. erhalten? Der *śrāmaṇakāgni* oder die Anlegung des Feuers *śrāmaṇakīyena vidhānena*, der Zeitpunkt für den Eintritt in den Wald (*putraṃ pautraṃ ca dṛṣṭvā*), die Unterscheidung zwischen dem *sapatnīka*, den seine Gattin begleitet, und dem *apatnīka*, der allein in den Wald geht (1, 6—8; 2, 1 ff.) und manche andere characteristische Regeln unseres Werks kehren in der That in den Smṛtis wieder, Anderes wie der *phenapa, audumbara, kuṭīcaka* u. a. Arten von Einsiedlern ist dagegen bisher nur in den Purāṇas oder im *Mah.* nachweisbar. Einen ganz modernen Eindruck machen die vielen auf den Cult des *Nārāyaṇa* bezüglichen Stellen, die sich wie ein roter Faden durch das ganze Sūtra ziehen. Ferner kommt auch der Ausdruck *budhavāra* darin vor (BÜHLER).[15] Als ein Zeichen später Entstehung ist auch der Hinweis auf die Witwenverbrennung in dem *Vai.-gr.* 7, 2 anzusehen: *sahamaraṇe . . . dampatī dāhayati*, wenn *sahamaraṇa* hier nicht anders zu erklären ist (§ 20). Freilich gilt die Vaikhānasaschule nach *Mahādeva* bei WIL 110 auch für eine der jüngsten Schulen des schwarzen Yajurveda. Seine Zugehörigkeit zu diesem Veda bekundet unser Werk durch Anführung von Mantras aus demselben und Erwähnung der *Yajuḥ-saṃhitā*, allerdings sehen, worauf mich Dr. CALAND aufmerksam macht,[15] manche Mantras ganz postvedisch aus und hätten bei den Yajustexten auch blosse

Pratikas genügt. Gehört unser Werk mit dem auch noch ungedruckten *Vaikhānasa-śrautasūtra*[21] zusammen, so ist es zu der Classe der eigentlichen Dharmasūtras zu stellen. Da eine Bearbeitung des ganzen *Vaikhānasasūtra* von berufener Seite in Aussicht steht, so gehe ich nicht weiter darauf ein.

[1] SIMON, Ved. Schulen 28—31; *Kum.*, *Tantravārttika* 179; BÜHLER SBE 14, XI; 25, 613. — [2] SIMON l. c. 27; J. WILSON, Indian Caste 2, 54. — [3] Census of India, 1891, 8, 184. — [4] BÜHLER SBE 2, XLVII f. — [5] l. c. XLIX ff., vgl. WEST and BÜHLER[3] 34, 39. — [6] BÜHLER l. c. LI. — [7] Vgl. BÜHLER SBE 14, IX—XXVIII und Indian Studies 5, 6 (1895). — [8] Vgl. FÜHRER, *Vās.* 5; JOLLY ZDMG 31, 130; EGGELING, Cat. No. 1253 ff. — [9] BÜHLER l. c. und ZDMG 31, 704 ff.; BÖHTLINGK ZDMG 31, 480 ff. — [10] *Vivādacint.* 152. — [11] *Kum.* l. c.; BÜHLER SBE 14, XI; 25, 613. — [12] Vgl. meine Übers. SBE 7 und Ausgabe in der Bibl. Ind. — [13] BÜHLER SBE 25, XXI. — [14] Die Möglichkeit, die Hs. benützen zu können, verdanke ich BÜHLER, der dieselbe aus Indien kommen liess und mir nebst seiner Copie eines Teils derselben zur Verfügung stellte. — [15] Briefliche Mitteilung. — [16] SBE 14, XX. — [17] l. c. Ind. s. v. *Hārīta.* — [18] L. VON SCHRÖDER, *MS* 1, XIX ff. — [19] AUFRECHT C. C. 766. — [20] BÜHLER SBE 25, XXVII—XXIX. — [21] Vgl. AUFRECHT l. c. 610.

§ 4. Sekundäre und fragmentarische Dharmasūtras. Die Abfassung von Sūtrawerken über *dharma* reicht in ein graues Altertum hinauf, denn schon in *Patañjali*'s *Mahābhāṣya* wird darauf Bezug genommen, ja schon in *Yāska*'s *Nirukta* eine Reihe von Rechtsgrundsätzen im Sūtrastil citiert.[1] Andrerseits hat aber das Aussterben vieler vedischen *sūtracaraṇa* und das Aufkommen versificierter Werke über *dharma* den Sūtrastil niemals völlig ausser Cours gebracht, und ein Sūtrawerk über *dharma* kann daher nur beim Hinzutritt anderer Kriterien, wie sie namentlich alte Citate bieten, in die älteste Periode des indischen Rechts gesetzt werden. So ist die kleine *Budhasmṛti*,[2] die eine gedrängte prosaische Darstellung der *saṃskāra*, Opfer, des *varṇa-*, *āśrama-* und *rājadharma* enthält, in keiner Weise durch Citate beglaubigt. *Budha* wird in den Aufzählungen der Verfasser von Rechtsbüchern bei *Y.*, *Par.*, *Paiṭhīnasi*, *Śaṅkhalikhita* und im *Padmapurāṇa* noch nicht genannt und selbst in den mittelalterlichen Rechtswerken nur äusserst selten citiert. Ein versificierter Text, den *Hemādri* 2, 1, 150 von *Budha* citiert, ist in seiner gedruckten Smṛti nicht enthalten. Hienach ist dieselbe wahrscheinlich eine moderne Compilation. Wichtiger ist der in einer Mischung von Prosa und Versen, worunter auch Triṣṭubh, abgefasste, noch ungedruckte *Uśanas*[3] in 7 *adhy.*, die von Unreinheit und Reinigung, den Kasten, Bussen, *śrāddha*, Verkauf verbotener Waren und Strafen handeln. Der grösste Teil des *śrāddhakalpa* und umfangreiche Stellen aus dem *śaucakalpa* in diesem noch ungedruckten Werk finden sich bei *Hemādri*, einige Stellen auch im *Mādhavīya* citirt.[4] Dagegen enthält dieser *Uśanas* keinen der 21 meist versificierten Texte, die ihm in der *Mit.* zugeschrieben werden, ebenso fehlen darin die auf eigentliches Recht bezüglichen Texte, welche der *Vīramitrodaya*, *Mayūkha* u. a. juristische Werke von diesem Autor citieren und zahlreiche andere, alle Teile des *dharma* betreffende Citate in anderen Dharmanibandhas. Unser *U.* seinerseits scheint eine Stelle aus *Manu* anzuführen;[5] auch erwähnt er *M.* häufig als Autorität,[6] was freilich nicht viel bedeutet, und führt an einer mit *M.* 3, 16 merkwürdig genau übereinstimmenden Stelle, über die Folgen der Ehe eines Brahmanen mit einer Śūdrā, *Vasiṣṭha*, *Hārīta*, *Śaunaka* und *Gautama* an.[7] Drei dieser Citate sind, wenn auch nicht genau, in unserem *Vas.* 1, 24 ff., *Hār.* 21 (vgl. o. § 3), *Gaut.* 4, 26 enthalten. Hienach wäre unser *U.* jünger als *M.*, *Vas.*, *Hār.*, *Gaut.*, aber älter als *Hemādri* (13. Jahrh.) und jedenfalls nur unvollständig erhalten, da so viele der alten Citate bei ihm fehlen und mehrere der wichtigsten Teile des *dharma* gar nicht behandelt sind. Allerdings sind die Hss. schlecht und enthalten grosse

Lücken, besonders in *adhy.* 1 und 2. Der alte Ṛṣi *Uśanas* gilt auch als der Verfasser einer anderen Smṛti,[8] die einige prosaische Stellen enthält. Dieses schon mehrfach gedruckte Werk ist jedoch offenbar nicht der *U.* der Citate, da keines derselben sich darin zu finden scheint. Es besteht aus 618 Ślokas und 2 prosaischen Sūtras in 9 *adhy.*, die von den täglichen Pflichten, *śrāddha*, Unreinheit und Bussen handeln und oft wörtlich mit *M.* übereinstimmen. Die kleine Smṛti des *Kāśyapa*[9] oder *Upakāśyapa* handelt zuerst in Prosa, am Schluss in Ślokas, von den Pflichten des *gṛhastha*, *ācāra* und *prayaścitta*. Doch kann dieses Werk im günstigsten Fall ein Auszug aus dem echten *dharmasūtra* des als Ṛṣi und Rechtslehrer wohlbekannten *Kaśyapa* sein, da derselbe mehrfach als Autor von Ślokas und prosaischen Texten über Erbrecht, fromme Stiftungen u. a. in dem vorliegenden Werk fehlende Teile des Rechts citiert wird. *Atri*, berühmt als Ṛṣi und als Rechtslehrer schon *M.* 3, 16 citiert, gilt als der Verfasser verschiedener Smṛtis, von denen eine ungedruckte[10] in 9 *adhy.* ein Gemisch von Prosa und Versen in der Weise aufweist, dass *adhy.* 1—3, 6 und 9 zusammen 61 Ślokas enthalten, während *adhy.* 4 ganz, 7 und 8 grösstenteils aus Prosa bestehen. Der Inhalt bezieht sich ausschliesslich auf Busse und Sühne im Diesseits und Jenseits für verschiedene Sünden und Vergehen und deckt sich grossenteils mit dem gedruckten *Laghu-Atri*, der aber nur in 4 einen kurzen prosaischen Abschnitt enthält, und dem nahe mit letzterem verwandten, ebenfalls gedruckten *Vṛddha-Atri*.[11] Nur in dem letzgenannten Werk vermag ich eines der in den Dharmanibandhas (*Mādh.* 1, 432) vorkommenden Citate nachzuweisen. *Śātātapa* (oder *Vṛddha-Ś.*, *Bṛhacchātātapa*) wird von *Y.* und *Parāśara* als Rechtslehrer erwähnt und von *Hemādri*, *Vijñāneśvara* u. a. mittelalterlichen Autoren häufig als Verfasser von meist versificirten Rechtsregeln über Bussen, Unreinheit, Schenkungen, Almosen, *śrāddha* u. a. Teile des religiösen Rechts citirt. Von diesen Citaten findet sich wenigstens eines, das in Prosa von der Busse für Tötung eines Brahmanen handelt (*Mit.* zu *Y.* 3, 243), am Beginn der von Eggeling Cat. 3 No. 1362 beschriebenen Hs. vor, die in 12 *adhy.* in einer Mischung von Prosa und Versen verschiedene Bussen, die Vaisvadeva- und S'rāddhaopfer, Speiseregeln, Unreinheit u. a. religiöse Fragen behandelt. Verwandt mit diesem *S'.* ist das zu Anfang Prosa, weiterhin 139 Verse enthaltende *dharmaśāstra* des nemlichen Autors[12] ibid. No. 1361. Ein ganz anderes Werk ist dagegen die nur aus 63 Versen und 2 Prosastellen bestehende Smṛti des *Vṛddha-Ś.*, in der Mandlik (326) ein Citat aus diesem Autor über *śrāddha* in der *Nirṇayasindhu* gefunden hat. Ein prosaischer, ungedruckter *Bṛhaspati*[13] in der Handschriftensammlung der R. As. Soc. in London kann mit dem berühmten Rechtslehrer dieses Namens, von dem so viele versificirte Texte über eigentliches Recht citirt werden, nichts zu thun haben, scheint vielmehr ein Religionsbuch einer neueren Secte zu sein. In gewisser Beziehung das interessanteste von all diesen Werken ist die Smṛti des *Śaṅkha* (*Bṛhat-* oder *Vṛddha-Ś.*),[14] von deren 18 *adhy.* die beiden, 11 und 12, teilweise in Prosa, die übrigen allerdings durchweg in Versen geschrieben sind. Der mannigfaltige Inhalt dieses Werks bezieht sich auf *varṇa-* und *āśrama-dharma*, Baden, Wasserschlürfen, Gebete, die Heiligkeit der *Gāyatrī*, Wasserspenden, *śrāddha*, Reinigungen und Bussen. Citirt finde ich gegen 30 *śl.* aus *adhy.* 4, 8, 9, 11, 16, 17 allein in *Mit.* (zu *Y.* 3, 30, 260, 264, 290, 293, 309), *Mādh.* (1, 236, 238, 250, 274, 284), und *Jīmūtavāhana*'s *Dāyabhāga* (p. 212), so dass die Echtheit dieser Smṛti genügend verbürgt erscheint. Freilich finden sich viele andere Citate, insbesondere alle prosaischen, nicht darin, doch scheint der Vers über den *parivitti* 17, 43 mit einer *Mit.* zu *Y.* 3, 265 citirten prosaischen Regel über den nämlichen Gegenstand übereinzustimmen. So stellt dieses Werk, nach der zutreffenden Bemerkung BÜHLER's, eine Übergangstufe zwischen den Dharmasūtras und den versificirten Smṛtis dar.

Unter denjenigen Fragmenten von Dharmasūtras, die man nur aus einzelnen Citaten kennt, können im Allgemeinen diejenigen als die ältesten gelten, die in anderen Dharmasūtras angeführt werden. Ein besonderes Interesse knüpft sich an die alten Citate aus einem Sūtrawerk des *Manu* oder der Mānavas[15], wegen ihrer Beziehung zu dem gleichnamigen Rechtsbuch. So findet sich ein merkwürdiges Citat aus einem *Mānavam* über das Schlachten von Tieren bei *Vas.* 4, 5—8. Die teils prosaische, teils metrische Stelle ist ganz im Stil der alten Dharmasūtras gehalten und mag aus einem als Quelle des *Mānavaṃ dharmaśāstram* zu supponirenden *Mānavaṃ dharmasūtram* stammen, da bei *M.* 5, 41, 48 die metrische Hälfte dieses Citats vorliegt, nur mit dem Unterschied, dass bei *M.* 5, 48 gemäss dem jüngeren Princip der *ahiṃsā* der Fleischgenuss ausnahmslos verboten wird. Die übrigen Citate aus *M.* bei *Vas.*, einschliesslich des freilich ganz formelhaften *manur abravīt*, sind in Versen, und 6 davon finden sich in unserem *M.* wörtlich oder mit geringen Modificationen vor, während 3 (*Vas.* 12, 16; 19, 37; 23, 43) nicht bei *M.* nachweisbar sind. Die obige Stelle *M.* 5, 41 kommt ausser bei *Vas.* auch im *Śāṅkh.-gṛhya* 2, 16, 1 vor. Schon *Gaut.* 21, 7 beruft sich auf einen *M.* in Prosa als Autorität für die Lehre, dass die drei ersten Todsünden unsühnbar sind, und so lehrt auch unser *M.* 11, 90—92, 104 f., 147 in der Sache das Nemliche, da die dort vorgeschriebenen Bussen dem Selbstmord gleichkommen. Über das etwas zweifelhafte Citat aus *M.* in dem *dharmasūtra* des *Uśanas* s. o. und Anm. 5. Einen altertümlichen Eindruck machen auch die zwei Hinweise auf die Lehren der *Mānavāḥ* in dem *Nītisāra* des *Kāmandaki* 2, 3 und 7, 24 f. (= *M.* 7, 155—157), in dem diese *Mānavāḥ* eine vedische Schule, und zwar eine noch nicht allgemein anerkannte, zu sein scheinen. Doch finden sich solche Verweisungen auf die Lehren der *Mānavāḥ* auch in den jüngsten Smṛtis, z. B. in einem Citat aus *Kātyāyana* im *Ratn.* 332, wo eine Ansicht der *Mānavāḥ* über Bestrafung des Diebstahls citirt wird, die ungefähr unserem *M.* 9, 270 entspricht. Über die alten Citate aus *Hārīta* s. § 3. Die metrischen Citate aus *Yama* bei *Vas.* (11, 20; 14, 30; 18, 13—16; 19, 48) brauchen natürlich nicht aus einem *dharmasūtra* des mythischen »Königs des *dharma*« zu stammen. Von den in den mittelalterlichen und neueren Dharmanibandhas citirten Sūtratexten erwähne ich zunächst einen freilich vereinzelten prosaischen Text des *Vṛddha-* oder *Bṛhan-Manu* über die Busse für einen Brahmanen, der Gold gestohlen hat[16]. Der »alte« oder »grosse« *M.* gilt sonst nur als Verfasser von Ślokas, die durch den Hinweis auf die Zeichen *aja* und *kanyā* des Tierkreises, auf das Erbrecht der Witwe u. a. Punkte ihren modernen Ursprung verraten. Vgl. § 8. Umfangreiche prosaische Texte, vermischt mit poetischen, über alle Teile des *dharma* werden dem durch seine Gerechtigkeit sprüchwörtlich gewordenen Brüderpaar *Śaṅkha* und *Likhita* zugeschrieben, das schon *Parāśara* 1, 24 als die für das Dvāparazeitalter massgebende Autorität bezeichnet. Nach *Kumārila*[17] wurde zu seiner Zeit das Werk des *Śaṅkha-Likhita* vorzugsweise von der Schule der Vājasaneyins befolgt (*parigṛhīta*), wenn es auch zugleich wie alle vedischen Schulbücher als allgemein bindend galt. CALAND hat unabhängig hievon nachgewiesen, dass die von ihm zusammengestellten Texte des Brüderpaars über *śrāddha* sowohl den Mantras als den Ceremonien nach genau mit dem Ritus der Vājasaneyins übereinstimmen[18]. Dagegen scheint das ebenfalls vorzugsweise aus prosaischen Texten bestehende, auch für das eigentliche Recht wichtige *dharmasūtra* des *Paiṭhīnasi* zum Atharvaveda zu gehören, wie schon BLOOMFIELD[19] vermutet und CALAND[20] durch die Ähnlichkeit des von ihm nach den Citaten zusammengestellten *śrāddhakalpa* dieses Autors mit dem Atharvaritus wahrscheinlich gemacht hat. Ein prosaisches Citat über Adoption aus einem *Kātīyalaugākṣisūtra* könnte auch aus einem *gṛhyasūtra* geflossen sein. Ebenfalls an den Namen des *Kātyāyana*, der bekanntlich ein *sūtrakāra* des weissen Yajurveda war, knüpft eine prosaische Vorschrift über Beschädigung von Waren u. s. w. an, die *Medhātithi* zu *M.* 8, 215 aus einem *Kātyāyanīyaṃ sūtram* citirt[21]. Katyayan-Brahmanen gibt es z. B. in Puna noch jetzt, wenn auch nicht klar ist ob dieselben mit der gleichnamigen vedischen Schule zusammenhängen. Über die versificirte Smṛti des *Kātyāyana* s. § 9. Ein von *Pāraskara* verschiedenes, eine Rückverweisung auf das *śrautasūtra* enthaltendes »*Kātyāyanagṛhya*« wird bei *Hemādri* 3, 1, 1324 citirt. Einzelne prosaische Vorschriften werden auch von *Devala, Pracetas, Bhṛgu, Vyāsa* u. a. Autoren angeführt, die sonst nur als Autoren versificirter Smṛtis bekannt sind.

[1] Vgl. West and Bühler^3 37 f. — [2] Eggeling, Cat. No. 1323; *Dhs.* (Bomb.) 854—56 und die Madr. ed.; Burnell, Tanj. Cat. 125; Weber, Verzeichnis No. 1753. — [3] West and Bühler^3 36; Mandlik 291 f.; Eggeling 1316; ZDMG 31, 129 und Tag. Lect. 53. — [4] Diesen Nachweis verdanke ich Herrn Dr. W. Caland in Breda, der mir auch seine Collationen von 4 Hss. dieses Werks in liberalster Weise zur Verfügung stellte. — [5] Vgl. Bühler SBE 25, XXXV. Die Lesart *manur āha* haben auch die Haug'sche und 2 von Mandlik benützte Hss. Dr. Caland vermutet, dass das Citat nicht in der auf diese Worte folgenden Prosastelle, sondern in dem vorausgehenden, auf *M.* 5, 62 deutenden Bruchstück eines Verses steckt, erinnert übrigens betreffs der v. l. *sumantur āha* an ein analoges Citat aus *Sumantu* bei *Hem.* — [6] Vgl. Bühler l. c. LXII. — [7] l. c. XXVII; ZDMG l. c. — [8] *Dhs.* (Calc.) 1, 501—554. — [9] *Dhs.* (Bomb.) 856 ff., vgl. Eggeling 1317; Burnell 124. — [10] Eggeling No. 1305 f.; Burnell 124; ZDMG 31, 128. — [11] *Dhs.* (Calc.) 1, 1—12; 47—59. [12] Offenbar das nemliche Werk beschreibt Mandlik 326 f., der darin einen Hinweis auf die *trimūrti* gefunden hat. — [13] Tag. Lect. 52. — [14] *Dhs.* (Calc.) 2, 343—374; Eggeling No. 1357 f.; Burnell 127; Mandlik 314 f.; West and Bühler^3 40 f. — [15] Bühler SBE 25, XXXI—XXXVIII. — [16] Herberich, Zitate aus *Vṛddhamanu* (Würzb. 1893) No. 82. — [17] *Tantravārttika* 179; Colebrooke, Ess. 1, 339 (ed. Cowell). — [18] Altind. Ahnencult 100, 136 ff., 252 f., 264. — [19] *Kauś.* XVIII. — [20] l. c. 99, 109 f. — [21] Bühler IA 14, 324.

§ 5. Das Rechtsbuch des *Manu*. Wie von den Dharmasūtras, so haben sich auch von den nach den Angaben des *Caraṇavyūha* u. a. Werke fast unzähligen vedischen Schulen (*caraṇa*), in denen die Sūtras einst gelehrt wurden, nur verhältnismässig wenige, trümmerhafte Überreste bis auf die Gegenwart erhalten. Von den überhaupt nicht zahlreichen Brahmanen, die noch mit ihrer alten Litteratur vertraut sind, hält nur ein Teil, die Klasse der *vaidika*, an der alten Sitte fest, die kanonischen Bücher ihrer speciellen Schule auswendig zu lernen und gegen ein Almosen herzusagen[1]. Auch in dem socialen Leben der Brahmanen tritt die auf der Verschiedenheit des Vedastudiums beruhende Einteilung derselben hinter anderen Einteilungsgründen meist geographischer Natur stark zurück. So sind z. B. zwischen den Konkanasths und Devrukhes in Puna Zwischenheiraten nicht gestattet, aber innerhalb dieser beiden Kasten besteht zwischen Rigvedīs und Āpastambs resp. Yajurvedīs das Connubium[2] Neben dem *vaidika* finden wir als Specialisten anderer Art den *śrotriya* oder *hotṛ*, der die Śrautasūtras kennt und die auf denselben beruhenden Opfer darzubringen weiss, den *yājñika*, der die Gṛhyasūtras studiert hat und die auf denselben beruhenden *saṃskāra* vollzieht, den *jyotiṣin* Astrologen, den *śāstrin* oder *dharmaśāstrin*, der die Rechtsbücher kennt und auszulegen weiss u. a. Fachgelehrte[3], deren Anzahl in einem Centrum der Sanskritstudien wie z. B. das Sanskrit College in Benares noch weit grösser ist. Offenbar ist aber diese Specialisirung nicht erst neueren Datums, sondern bildete eine natürliche Folge der frühe eingetretenen Erweiterung des Umkreises der Wissenschaften, die eine gedächtnismässige Bewältigung derselben trotz der langen auf das Vedastudium verwendeten Zeit zur Unmöglichkeit machte[4]. Dass das uns hier speciell interessirende Studium des heiligen Rechts schon vor der Zeit der Dharmasūtras des *Vas.* und *Baudh.* zu einem besonderen Fachstudium geworden war, beweisen diese Werke selbst, indem sie als Mitglieder einer Versammlung von Autoritäten (*pariṣad*) neben solchen die mit den vier Vedas, oder den *vedāṅga,* oder der *mīmāṃsā* vertraut sind, auch den *dharmapāṭhaka* hervorheben, worunter, da das *dharmasūtra* der eigenen Schule als Bestandteil des *kalpa* schon unter den *vedāṅga* begriffen ist, offenbar ein Brahmane verstanden werden muss, der mehrere *dharmasūtra* aus verschiedenen Schulen studiert hat[5]. Eine noch weiter gehende Specialisirung lässt *Vi.* 83, 6 ff. erkennen, wo unter den eine Versammlung heiligenden Personen *paṅktipāvana* neben dem der auch nur einen *vedāṅga,* oder die *purāṇa,* Epen oder die Grammatik studiert hat, derjenige genannt wird, der auch nur ein einziges *dharmaśāstra* kennt. Auch der Umstand, dass die Rechtswerke der verschiedenen Schulen nach der Ansicht der Commentatoren, und zum Teil auch der Verfasser selbst, bestimmt waren sich gegenseitig zu ergänzen, spricht für das frühe Aufkommen besonderer Kenner und Schulen des *dharma,* die wir von den *dharmajña, -vid* oder *-pravaktṛ* und *pariṣad* der Smṛtis, den *dharmaśāstrin* in Bāṇa's *Harṣacarita* und den oft sehr vornehmen *dharmanibandha-* und *ṭīkākāra* des Mittelalters bis auf die früher den englischen Gerichtshöfen beigegebenen Court Pandits und Shastris und die volkstümlichen Schiedsgerichte (*pañc*) der Gegenwart herab verfolgen können. Dass die Rechtsbücher schon um 700 n. Chr. allgemeine Geltung erlangt hatten, beweist uns die Angabe bei *Kumārila,* wonach dieselben zwar innerhalb bestimmter vedischer Schulen aufgekommen und überliefert, zu seiner Zeit aber auch sonst allgemein anerkannt waren[7].

Nun sind die Rechtsbücher, welche heutzutage in ganz Indien von den Kennern des *dharma* studiert und consultirt werden, in erster Linie die versificirten Smṛtis, vor allem das *Mānavaṃ dharmaśāstram* und die sich daran anschliessenden Commentare und systematischen Werke. Wie frühe die Autorität dieses Werks sich in ganz Indien verbreitet hatte, zeigen am besten die zahlreichen, in den verschiedensten Gegenden verfassten Commentare, die bis in das frühere Mittelalter zurückreichen und auf noch ältere Quellen hinweisen. Die in meiner Textausgabe des *M.* (Lond. 1887) möglichst vollständig verzeichneten Differenzen des Textes in diesen verschiedenen Commentaren sind verhältnismässig nicht bedeutend, und man kann daher nicht zweifeln, dass unser *M.* schon vor 1000 Jahren wesentlich ebenso wie jetzt existirt hat. Ein noch älterer Zeuge für das Vorhandensein einer dem jetzigen *M.* mindestens sehr ähnlichen Smṛti ist *Bṛh.*[8], dessen etwa in das 6.—7. Jh. n. Chr. zu setzende Fragmente eine intime Bekanntschaft mit *M.* verraten. So spricht *Bṛh.* 10, 13 von den verschiedenen von »*M.*« beschriebenen Gewichtseinheiten mit deutlicher Bezugnahme auf *M.* 8, 132—137; die berühmte Stelle *M.* 9, 57—68, wo der *niyoga* zuerst angeordnet und dann verboten wird, hat schon *Bṛh.* beschäftigt; betreffs der Zulässigkeit des Spiels hebt er 26, 1 den Widerspruch hervor, der in dieser Beziehung zwischen *M.* 9, 221 ff. u. a. Rechtslehrern besteht; und wenn *Bṛh.* 25, 33 von den 13 Söhnen spricht, die »von *M.*« genannt würden, so steht dies nur scheinbar im Widerspruch mit den 12 Söhnen bei *M.* 9, 158, 180, da nach *M.* 9, 127 ff. der *putrikāputra* als ein 13. Sohn betrachtet werden kann. Den Vorrang *M.*'s vor allen anderen Rechtslehrern hebt *Bṛh.* 27, 3 hervor. *Bhṛgu* statt *M.* sagt er 13, 1 und beweist damit seine Bekanntschaft mit denjenigen Stellen bei *M.*, wo *Bhṛgu* als eigentlicher Verfasser erscheint. Auch *Nār.* scheint unseren *M.* vorauszusetzen, wenn auch sein Verhältnis zu unseren *M.* nicht ganz so deutlich ist als das des *Bṛh.*, und *Nār.* ist um 500 n. Chr. zu setzen (§ 7). Nicht minder beruhen die birmanischen und javanischen Rechtsbücher auf *M.* (§ 13). Der schon genannte *Kumārila* (8. Jh.) ist als Gewährsmann um so wichtiger als auch der von ihm oft angeführte alte Commentar sich schon häufig auf unseren *M.* beruft[9]. Die Inschriften stimmen hiezu wenigstens insofern als sie *M.* an der Spitze der Rechtslehrer nennen, so schon eine *Valabhī*inschr. aus dem 6. Jh. n. Chr.[10].

Beachtenswert ist auch das Verhältnis zwischen unserem *M.* und dem *Mah.*, das freilich sehr complicirter Natur ist[11]. So wird *Mah.* 12, 56, 23 ff. auf zwei Ślokas hingewiesen, die *M.* *sveṣu dharmeṣu* gesungen habe. Der eine dieser Ślokas stimmt mit *M.* 9, 321 überein, und der Ausdruck *dharmāḥ* wird oft gebraucht um ein *dharmaśāstra* zu bezeichnen. Noch deutlicher ist der Hinweis auf ein von *M.* verfasstes *śāstra Mah.* 13, 46, 30 ff., um so mehr als die hier citirte Vorschrift sich inhaltlich, zum Teil wörtlich, mit *M.* 9, 87 deckt. In der Geschichte von *Śakuntalā Mah.* 1, 73, 8 ff. wird wenigstens *M.* selbst, wenn auch nicht sein Lehrbuch, als Gewährsmann für eine Aufzählung und Characterisirung der acht Heiratsformen aufgezählt, die mit *M.* 3, 20—26 in der Hauptsache übereinstimmt. Freilich erhält man an anderen vergleichbaren Stellen oft den Eindruck, dass das *Mah.* auf eine ältere Vorlage zurückgeht als unser *M.*, so wenn das eigentliche Recht darin wie in den Dharmasūtras ganz ungeordnet und ohne jede Spur von den 18 Rechtstiteln vorgetragen wird. Ferner enthält *M.* eine ganze Reihe von Anspielungen (namentlich 7, 41; 8, 110; 9, 23, 66, 129, 227, 314, 315; 10, 108), die eine genaue Bekanntschaft mit dem Sagenschatz des *Mah.* verraten; allerdings treten diese Anspielungen meist in den anscheinend jüngeren Teilen unseres *M.* auf. Besonders auffallend sind die vielen gleichlautenden Stellen in beiden Werken, die im *Mah.* nicht als Citate aus *M.* bezeichnet werden. Nach Bühler's Untersuchungen finden sich über 260 solcher Verse, d. h. etwa 1/10 des ganzen *M.*, allein im 3., 12. und 16. *parvan* des *Mah.* Da bald das eine, bald das andere Werk die besseren Lesarten enthält, so kann diese Übereinstimmung nicht auf Entlehnung, sondern nur auf einer gemeinsamen Quelle beruhen, und diese gemeinsame Quelle ist in der indischen Spruchweisheit zu suchen.

Die Vorliebe für Sprüchwörter und poetische Sentenzen, die noch jetzt in Indien verbreitet ist, fand auf dem Gebiet des *dharma* ein besonders reiches Feld für ihre Bethätigung. *M.* liest sich wie ein Lehrgedicht und erhebt sich sogar nicht selten zu poetischem Schwung. Schon die Dharmasūtras sind voll von Versen, die grossenteils wörtlich bei *M.* wiederkehren; so hat *Vas.* 39, *Vi.* über 160 Ślokas mit *M.* gemein. Steht also das frühe Vorhandensein einer grossen Menge von Memorialversen über *dharma* fest, so musste es gerade für die *dharmaśāstrin*, die diese Verse auswendig konnten, nahe liegen, ganze Werke metrisch abzufassen und die vorhandenen *dharmasūtra*, sei es ihrer eigenen oder einer fremden Vedaschule, zu versificiren. Die Annahme, dass der Übergang von der Sūtra- zu der Ślokaform zusammenhing und zusammenfiel mit dem Übergang des heiligen Rechts von den vedischen *caraṇa* an specielle Schulen des *dharma*, muss zwar der Natur der Sache nach eine Hypothese bleiben, die aber durch Gründe verschiedener Art einen hohen Grad von Wahrscheinlichkeit gewinnt. So lässt die innige Verwandtschaft zwischen *M.* und dem *Mah.* es begreiflich erscheinen, dass für beide Werke der epische Śloka gewählt wurde, sei es, dass das Epos schon früher in dieser Form vorlag oder gleichzeitig mit *M.* in dieselbe gebracht wurde. Wie das Epos, so richtet sich *M.* an die grosse Masse des Volks oder wenigstens der Gebildeten, des Sanskrit Kundigen. Und wie das Epos aus einer einfachen Schilderung von Schlachten und Kriegsscenen zu einem Lehrgedicht, einer Smṛti, umgeformt wurde[12], so entwickelten sich aus den *dharmasūtra*, den Handbüchern der Brahmanenschulen, poetische Darstellungen des *dharma*, die für Jedermann gleiche Gültigkeit haben sollten. Auch die Entstehungszeit unseres *M.* und unseres *Mah.* in ihrer jetzigen Gestalt ist ungefähr die gleiche. Wie *M.* seinen wesentlichen Bestandteilen nach mit Rücksicht auf sein Verhalten zu *Bṛh.* und *Nār.* kaum später als in das 2.—3. Jahrh. n. Chr. gesetzt werden kann, so muss auch das *Mah.* nach dem Ergebnis von BÜHLER's Forschungen mindestens schon um 300—500 n. Chr. ungefähr in seiner jetzigen Gestalt existirt haben[13].

Wie das *Mah.* bei seiner Umarbeitung im Sinn des ausgebildeten Brahmanismus bedeutend erweitert wurde, so erfuhren auch die Dharmasūtras bedeutenden Zuwachs. Der beschränkte, ausschliesslich religiöse Standpunkt der Vedaschule gestattete es, manche wichtigen Fragen nur andeutungsweise zu behandeln, zumal da die Sūtrawerke memorirt werden, also so compendiös als möglich sein mussten, und wie schon erwähnt schon von Anfang an dazu bestimmt waren, sich gegenseitig zu ergänzen. Dagegen musste ein Werk, das dazu ausersehen war, von jedem männlichen Mitglied der drei höheren Stände studirt und recitirt zu werden (*M.* 2, 16; 12, 126), viel mehr ins Detail gehen und einen weit grösseren Kreis von Gegenständen umfassen[14]. So gebührte in einem solchen Werk dem eigentlichen Recht, das in den Dharmasūtras etwas stiefmütterlich behandelt worden war, eine eingehende Darstellung. Thatsächlich machen die juristischen Abschnitte, d. h. der 8. und der 1. Teil des 9. *adhy.*, über ein Viertel des ganzen, umfangreichen Werkes aus (713 von 2684 Versen), während sie in den Dharmasūtras einen verhältnismässig weit kleineren Raum einnehmen. Einzelne Vorschriften und Grundsätze werden durch die schon erwähnten Beispiele aus dem Sagenschatz des *Mah.* erläutert. Auch das Königsrecht (7, 1—226; 9, 294—325) hat im Vergleich mit den Dharmasūtras z. B. *Vi. adhy.* 3 bedeutende Erweiterungen und Zusätze erfahren, wozu u. a. die Tageseinteilung des Königs (*M.* 7, 145 f., 151 ff., 216, 221 ff.) gehört, die ausser im *Mah.* 15, 5, 10 ff. auch in *Daṇḍin's Daśakumāracarita* 8 (p. 156 ed. GODABOLE) wiederkehrt, und namentlich die exorbitante Verherrlichung und Vergöttlichung des Königtums (*M.* 7, 1—15; 9, 294—311 u. a., vgl. *Mah.* 1, 82, 18 u. a.), die in einem auch für Kṣatriyas und ihre Ratgeber bestimmten Werk ganz am Platze war, während in der vedischen Litteratur und den Dharmasūtras das Königtum in der Regel nur in Verbindung mit dem Brahmanentum gefeiert wird. Die philosophischen Abschnitte des 1. und 12. *adhy.* beruhen, wie GARBE[15] nachgewiesen hat, auf einer späten, purāṇaartigen Umdeutung dieses philosophischen Systems. Auch die übrigen Bücher enthalten vieles, das wahrscheinlich erst bei der Versificirung des ursprünglichen Werkes hinzugefügt worden ist, so der philosophisch-medicinische Exkurs 2, 89—100, die Classification der *pitaraḥ* 3, 193—201, die Besprechung der Subsistenzmittel der Brahmanen 4, 1—24, die Einleitung zu den Speiseregeln 5, 1—4, die auffallend weit ausgeführten Angaben über die Mischkasten 10, 1—74, die unnötig wiederholten Vorschriften über die Pflichten der Kasten 10, 101—131 u. a.

Wie nach seinem Inhalt, so stellt *M.* nach der Anordnung des Stoffs einen bedeutenden Fortschritt gegenüber den Dharmasūtras dar. Die alten vedischen Bezeichnungen für die Hauptabschnitte und Unterabteilungen, *praśna*, *paṭala* und *khaṇḍa* (*kaṇḍikā*), haben sich allerdings fast nur bei den eigentlichen Dharmasūtras noch erhalten, während in den übrigen Werken die Einteilung in *adhy.* durchgeführt ist, die auch bei *M.* vorliegt. Von den 12 *adhy.*, in die *M.* eingeteilt ist, behandeln die sechs ersten die Erschaffung der

Welt und die Pflichten der vier *āśrama* einschliesslich der *śrāddha-*, *vaiśvadeva-* u. a. Opfer; die zweiten sechs *adhy.* handeln von den Pflichten des Königs, insbesondere der Rechtsprechung und Strafgewalt, von den Beschäftigungen der vier Stände und der Mischkasten, von der Busse und der Seelenwanderung. Das eigentliche Recht zerfällt nach *M.* in 18 Materien: 1) Eintreibung einer Schuld, 2) Hinterlegung, 3) Verkauf ohne Eigentumsrecht, 4) Gesellschaftsverträge, 5) Annullirung von Schenkungen, 6) Verweigerung von Lohn, 7) Bruch von Verträgen, 8) Aufhebung von Kauf oder Verkauf, 9) Streitigkeiten zwischen Viehhirten und deren Dienstherren, 10) Grenzstreitigkeiten, 11) Realinjurien, 12) Verbalinjurien, 13) Diebstahl, 14) Gewaltthaten, 15) sexuelle Verbrechen, 16) Eherecht, 17) Erbrecht, 18) Spiel und Wetten. An dieser Einteilung des indischen Rechts ist von MILL[17] u. A. scharfe Kritik geübt worden, sie ist aber nicht nur als ein erster Versuch anerkennenswert, sondern macht auch den Eindruck einer direkt aus dem praktischen Leben gegriffenen und den vorliegenden Bedürfnissen durchaus entsprechenden Classification. So steht das mit der Lehre vom Gerichtsverfahren eng verwobene Schuldrecht seiner eminenten Anwendbarkeit wegen an der Spitze; es folgen die bei der allgemeinen Unsicherheit des Eigentums besonders wichtigen Deposita, die den Brahmanen aus Standesinteresse sehr am Herzen liegende Lehre von den Donationen und Stiftungen, das Gesellschafts- und Handelsrecht, die Grenzstreitigkeiten u. a. Materien aus dem Gebiete des Privatrechts. Die fünf nächsten Materien haben auf das Strafrecht Bezug. Die besonders eingehenden Abschnitte über Ehe- und Erbrecht machen zusammen das Familienrecht aus. Die wenigen Verse über Spiel und Wetten bilden einen kurzen Anhang[18].

Kehren wir von diesen jüngeren Elementen in unserem *M.* zu den Grundbestandteilen des Werks zurück, wie sie aus der Vergleichung desselben mit den Dharmasūtras erschlossen werden können, so entsteht die weitere Frage, ob nicht ein bestimmtes, einzelnes Werk dieser Klasse als die Quelle unseres *M.* namhaft gemacht werden kann. Hier setzt die bekannte Hypothese ein, welche den sagenhaften Urvater *Manu*, der in unserem *M.* (1, 1—4, 118 f. u. s. w.) als der Verfasser des Werks bezeichnet wird, mit *Manvācārya* oder *Mānavācarya*, dem traditionellen Verfasser des *Mānava gṛhyasūtra*[19], identificirt und das *Mānava dharmaśāstra* als ein Rechtsbuch der Mānavas auffasst, entstanden aus dem verlorenen *Mānava dharmasūtra*, dem vermuteten *dharmasūtra* der vedischen Schule der Mānava-Maitrāyaṇīyas. Diese Hypothese, zuerst aufgestellt zu einer Zeit, als diese Schule erst dem Namen nach bekannt war, hat durch die Auffindung mehrerer Hauptwerke derselben nur wenig neue Stützen erlangt. Weder das *gṛhyasūtra* nebst *pariśiṣṭa* noch die *saṃhitā* und das *śrautasūtra* der Maitrāyaṇīyas stimmen mit *M.* näher überein. Überraschende Berührungspunkte mit *M.* bietet allerdings der von BÜHLER entdeckte und für die vorliegende Frage verwertete *Mānava śrāddhakalpa*[20]. Allein diese interessanten Parallelen beziehen sich doch nur auf eine Anzahl einzelner Verse, während das Ritual sehr verschieden ist, und diese Verse können aus *M.* entlehnt sein, da der *śrāddhakalpa* überhaupt in seiner jetzigen Gestalt einen modernen Eindruck macht und viele andre Verse aus dem *Karmapradīpa* und dem *Caturviṃśatipurāṇa* entlehnt zu haben scheint[21]. Was das *gṛhyasūtra* betrifft, so hat dasselbe zwar eine Vorschrift über das Betteln bei weiblichen Verwandten mit *M.* 2, 50 gemein, aber diese Regel findet sich auch in anderen Gṛhyasūtras (*Pār.* 2, 5, 5, vgl. *Āśv.* 1, 22, 7) und ist nicht ohne entferntere Parallelen in den Smṛtis (*Āp.* 1, 3, 26 u. a.), so dass sie als ein Gemeingut der Sūtralitteratur betrachtet werden kann. Über die Termine für die *saṃskāra*, die Hochzeitsformen, von denen das *Mānavagṛhya* nur 2, den *brāhma-* und *śaulkadharma*, kennt u. a. entscheidende Punkte gehen die beiden Werke völlig auseinander[22]. Das gleiche Verhältnis besteht betreffs des wichtigen Rituals für die *śrāddha* zwischen *M.* 3, 214 ff. und der entsprechenden Darstellung des *śrautasūtra* der Mānavaschule[23]. Hiernach kann von einer Übereinstimmung unseres *M.* mit den Sūtras dieser Schule, von der Art, wie sie zwischen *Vi.* und dem *gṛhyasūtra* der Kāṭhakaschule, oder zwischen *Y.* und den Hauptwerken der Vājasaneyins besteht, nicht die Rede sein. Für die Existenz eines als Quelle unseres *M.* anzusehenden *dharmasūtra* der Mānavas sprechen allerdings noch die in § 4 besprochenen spärlichen Überreste eines solchen Werks in alten Citaten. Es ist auch nicht gerade nötig, dass das *dharmasūtra* dieser Schule den gleichen Verfasser hatte wie das *gṛhyasūtra;* so differirt das *dharmasūtra* der Hairaṇyakeśas, das sie von den Āpastambīyas übernommen haben, nach Sprache und Inhalt sehr bedeutend von ihrem *gṛhyasūtra*[24]. Indirekte Beziehungen zwischen *M.* und der Mānavaschule ergeben sich ferner durch *Vi.* und die Kāṭhakaschule[25]. Alle diese Argumente ergeben jedoch für den vermuteten Zusammenhang zwischen *M.* und den vedischen Mānavas nur einen gewissen Grad von Wahrscheinlichkeit, so dass es vielleicht am geratensten ist, die definitive Entscheidung dieser Frage bis zur Entdeckung entscheidenderen handschriftlichen Materials zu vertagen.

Der Verfasser unseres *M.* hat jedenfalls schon verschiedene ältere Rechtswerke gekannt, da er sowohl im Allgemeinen von den *dharmaśāstra* spricht, als auch mehrere Rechtslehrer mit Namen nennt[26]. Die Vaikhānasaschule z. B., auf die er sich bei seiner Darstellung der Pflichten des *vānaprastha* beruft, hat uns ein *dharmasūtra* hinterlassen, das, wenn auch in seiner jetzigen Form ganz jung, doch mit jenem Abschnitt bei *M.* auffallende Berührungspunkte aufweist (§ 3). Es besteht daher kein Bedenken anzunehmen, dass der Autor Werke aus verschiedenen Schulen benützt hat, als er daran ging, ein für alle Stände verbindliches Lehrgedicht des *dharma* zu schreiben und dasselbe mit dem Namen des *Manu* zu schmücken, der als der von *Brahman*, der Weltseele, abstammende oder mit ihr identificirte Urvater der Menschheit, als der Begründer der sittlichen Weltordnung, als der Erfinder der Opfergebräuche und als religiöser Gesetzgeber[27] schon lange gefeiert war, ehe die Sūtraschule der Mānavas entstand, die wohl auch nach ihm benannt ist. Der Name unseres Rechtsbuchs tritt bei dieser Annahme nicht aus der Analogie der sonstigen Autornamen metrischer Smṛtis heraus, wie *Atri, Uśanas, Dakṣa, Nār.*, *Prajāpati*, *Bṛh.*, *Vi.* u. a., die ebenfalls der Heroen- und Götterwelt entnommen sind.

Dass das angebliche Werk des *M.* schon frühe ein so allgemeines Ansehen erlangte, wird sich aus der Berühmtheit des mythischen *M.* erklären, von dem es schon in drei *saṃhitā* des schwarzen Yajurveda heisst, dass alles, was *M.* gesagt hat, Arznei ist[28]. Der Umstand, dass dieser Spruch und der im Erbrecht oft citirte Satz, dass *M.* sein Vermögen unter seine Söhne verteilte, dem schwarzen Yajurveda angehört, noch mehr das Vorkommen einiger speciell diesem Veda eigentümlichen Mantras[29] bei *M.* und sein Verhältnis zu *Vi.* könnte darauf gedeutet werden, dass die von ihm benützten Rechtsquellen, wenn nicht der Mānavaschule, doch ausschliesslich oder vorzugsweise dem Kreis des schwarzen Yajurveda angehört haben. Doch bleibt auch dies ungewiss.

Ebenso mythisch wie der Name des *M.* ist der des *Bhṛgu*, der nach *M.* (1, 60, 119; 5, 1—4; 12, 2 u. a.) der Verkünder unsres Werks ist, das ihm von seinem Vater *M.* geoffenbart wurde, und der daher bei Übergängen zu einem neuen Teil häufig redend eingeführt, wenn auch nicht oft mit Namen genannt wird. Es ist doch bedenklich, diesen *Bhṛgu*, nach dem unser Werk das *Mānava dharmaśāstra* in der Recension des *Bhṛgu* (*bhṛguprokta*, *bhṛguproktā saṃhitā*) heisst, ganz von unserem *M.* zu trennen[30], zumal da schon bei *Nār.* und im *Skandapurāṇa* (§ 7) eine Verbindung zwischen diesen beiden Autorennamen vorliegt; allerdings wird in den Citaten, schon den ältesten, unser Werk meist ausdrücklich dem *M.* beigelegt, und *Bhṛgu* erscheint als der Verfasser einer besonderen Smṛti.

Die Verschiedenartigkeit der Quellen unseres *M.* macht es auch unmöglich, die wenigen bei ihm vorliegenden geographischen Daten zu einer bestimmten Fixirung seines Heimatlandes zu benützen[31]. Es ist daher kaum rätlich, die interessanten Definitionen der Länder *Brahmāvarta*, *Brahmarṣideśa*, *Madhyadeśa* und *Āryāvarta M.* 2, 19 ff., obschon sie zu den alten Teilen des Werks zu gehören scheinen, zu urgiren, zumal da auch *Baudh.* 1, 2, 9 ff., dessen Schule bestimmt dem südlichen Indien angehört, das Land der Arier in die Gegend der heiligen Ströme im nördlichen Indien verlegt[32].

[1] BÜHLER SBE 25, XLVII ff.; HAUG, Brahma und die Brahmanen 47 f.; BHANDARKAR IA 3, 132 ff. — [2] BG 18, 1, 111, 160. — [3] BÜHLER l. c.; M. WILLIAMS, Hinduism 160; NESFIELD, Caste System 53 ff. — [4] BÜHLER l. c. L ff.; Tag. Lect. 41 f., 347. — [5] BÜHLER l. c. — [6] Calc. ed. 204. — [7] *Tantravārttika* 179; COLEBROOKE, Ess. 1, 339. — [8] SBE 33, Introd.; vgl. § 9. — [9] Vgl. BÜHLER l. c. 613. — [10] l. c. XCIII ff. — [11] l. c. LXXIII ff., vgl. HOPKINS JAOS 11, 257 ff.; HOLTZMANN, D. Mah. im O. u. W. (Kiel 1895) 114 ff. — [12] Vgl. BÜHLER and KIRSTE, Contrib. to the Hist. of the Mah. (Wien 1892). — [13] l. c. 21—27. — [14] BÜHLER SBE 25, LXVI—LXXIII. — [15] Die Sāṃkhya-Philosophie (Leipzig 1894) 44—47. — [16] BÜHLER l. c. LXVI. — [17] Hist. of India 1, 195. — [18] Vgl. ZVR 1, 246 ff. — [19] BÜHLER SBE 25, LXIII. — [20] l. c. XL—XLIV. — [21] CALAND, Altind. Ahnencult 78 ff. — [22] D. Dharmasūtra d. Viṣṇu und d. Kāṭhakagṛhyas, (1879) 76 ff.; vgl. P. v. BRADKE ZDMG 36, 438; BÜHLER l. c. XXXIX. — [23] CALAND l. c. 198 ff. — [24] BÜHLER l. c. XL. — [25] SBE 7, XXV ff.; P. v. BRADKE l. c. 438 ff. — [26] *M.* 2, 10; 3, 16, 232; 6, 21; 8, 140; 12, 111, vgl. BÜHLER l. c. XXV—XXX. — [27] BÜHLER l. c. LVI—LXV. — [28] Tag. Lect. 43; BÜHLER l. c. XVI. — [29] Vgl. CALAND l. c. 206. — [30] Vgl. JOHÄNTGEN, Das Gesetzbuch des Manu 15, 97 ff.; P. v. BRADKE l. c. 433 ff. — [31] Vgl. M. WILLIAMS, Indian Wisdom3 213 u. a. — [32] Vgl. BÜHLER l. c. XLV.

§ 6. *Yājñavalkya.* Während die Dharmasūtras im allgemeinen eine ältere Entwicklungsstufe repräsentiren als unser *M.*, steht diese Smṛti unter den versificirten Werken obenan. In der öfter erwähnten Stelle des *Kumārila* ist von *Gaut.*, *Vas.* u. a. Sūtrawerken die Rede, er citirt auch häufig unsern *M.*, den er als die höchste Autorität auf dem Gebiet des *dharma* betrachtet. Andre versificirte Smṛtis als *M.* scheint der grosse *mīmāṃsaka* noch nicht zu kennen, und eine Untersuchung des Inhalts dieser Werke zeigt, dass dieselben weniger archaisch sind als *M.* und ihn ausdrücklich oder stillschweigend als Vorgänger voraussetzen. Zunächst kommt *Yājñavalkya* in Betracht, von dem sein Herausgeber und Übersetzer STENZLER[1] urteilt, dass er an Altertümlichkeit hinter *M.* zurückstehe, aber alle andern Autoren überrage und daher die nächste Stufe nach *M.* bezeichne. In der That ist der Fortschritt gegen *M.* unverkennbar und zeigt sich schon in der knapperen Anordnung des Stoffs, die es *Y.* ermöglicht hat, fast alle auch von *M.* behandelten Gegenstände statt *M.*'s 2684 in 1009 *śl.* zu erörtern, die in übersichtlicher Weise in drei ungefähr gleich lange Abschnitte über Sitte, Recht und Busse eingeteilt sind. Der Abschnitt über Recht erwähnt *M.*'s 18 Rechtsmaterien nicht ausdrücklich, lässt sich aber mit den Commentatoren in ähnliche Unterabteilungen zerlegen, von denen jedoch die beiden: Dienstverhältnisse und Vermischtes (vgl. § 7) noch zu obigen 18 hinzukommen. Die Reihenfolge ist allerdings bei *Y.* eine etwas andre, indem Erbrecht, Grenzstreitigkeiten und Übertretungen der Hirten hier schon den 3., 4. und 5., Spiel und Wetten den 12. Titel bilden u. s. w. Im Erbrecht werden die Erbansprüche der Wittwe und der

Töchter bei Fehlen männlicher Descendenz vollkommen anerkannt (2, 135), während *M.* noch wie die Dharmasūtras das weibliche Erbrecht mit sehr ungünstigen Augen ansieht. Im Schuldrecht trifft *Y.* 2, 37—67 über Pfänder und den Verfall derselben, über die verschiedenen Arten der Bürgschaft und über die Haftung für Schulden weit detaillirtere Bestimmungen als *M.* Überhaupt widmet *Y.* dem Privatrecht, namentlich dem Handelsrecht, besondere Aufmerksamkeit, während das Strafrecht bei ihm zurücktritt. Auf einem besonders fortgeschrittenen Standpunkt steht *Y.*'s Darstellung der Beweisaufnahme und überhaupt des Processverfahrens. Während bei *M.* das Beweisverfahren wesentlich auf Zeugenaussagen basirt und ausserdem nur das Wasser- und Feuerordal nebenbei erwähnt wird, nennt *Y.* 2, 22 als erstes Beweismittel eine Schrift und giebt 2, 84—94 die eingehendsten Vorschriften über die Ausfertigung und Prüfung von Urkunden. Von den Gottesurteilen, die in Ermangelung anderer Beweismittel zur Anwendung kommen sollen, beschreibt er 2, 95—113 fünf verschiedene Arten ausführlich. Auch über die bei *M.* erst angedeutete Lehre vom Besitz und der Ersitzung stellt er 2, 24—29 systematische Grundsätze auf, desgleichen über Appellation 2, 30. Die Bussen sind ebenfalls bei *Y.* 3, 316—328 mannigfaltiger als bei *M.* Aus dem Gebiet der Sitte erwähne ich nur seine Polemik gegen die Ehe eines Brahmanen mit einer Śūdrafrau 1, 56. Nach der *Mit.* bezieht sich diese Polemik auf *M.* 3, 13, was auch ganz glaublich ist. Gerade der Umstand, dass *M.* hier von *Y.* nicht ausdrücklich genannt wird, spricht für das hohe Ansehen, das er zur Zeit des *Y.* schon genossen haben muss.

Wie von *M.*, so wird *Y.* natürlich a fortiori von den Dharmasūtras im allgemeinen an Altertümlichkeit überragt, wenn auch z. B. der Urkundenbeweis sich schon *Vas.* 16, 10, 14 f. findet. Auffallend sind die Analogien zwischen *Y.* und *Vi.*, auch in solchen Fällen wo beide von *M.* abweichen[2], so betreffs der Schenkungsurkunden auf Kupferplatten, der Schuldscheine und überhaupt aller Dokumente, betreffs der fünf hauptsächlichen Gottesurteile und ihrer Anwendung, beim Erbrecht in der Unterscheidung zwischen ererbtem und selbsterworbenem Vermögen und Anerkennung des Repräsentationsrechts, bei den Bestattungsgebräuchen und in den auch in medicinischen Werken vorliegenden[3] Abschnitten über die Zusammensetzung des menschlichen Körpers und über *yoga*. Dabei ist es jedoch bezeichnend, dass in der sonst genau mit *Vi.* 5, 122 f. vergleichbaren Stelle *Y.* 2, 240 f. das Wort *nāṇaka* fehlt, eine Bezeichnung für gemünztes Geld, die mit Recht als ein Beweis verhältnismässig später Entstehung unseres *Y.* verwertet worden ist[4]. Man darf hieraus wohl schliessen, dass auch in den übrigen Fällen *Vi.* die ältere Version bewahrt und *Y.* aus *Vi.* oder vielmehr dem ihm zu Grunde liegenden Sūtra geschöpft hat. Auch zu einem andern zum schwarzen Yajurveda gehörigen Werk steht *Y.* in unverkennbarer Beziehung, nämlich zu dem *Mānavagṛhyasūtra*, mit dem er die wohl mit Unrecht als ein Beweis späterer Entstehung unseres Werks betrachtete[5] Stelle über die Kennzeichen und die Heilung eines von *Vināyaka* (*Gaṇeśa*) Besessenen 1, 270—292 gemein hat. Die Sprache, das Versmass, die kürzere Fassung, die Reduktion der vier *Vināyaka* auf den einen *Gaṇeśa* beweisen, dass auch in diesem Fall bei *Y.* die jüngere Recension vorliegt[6]. Eine *vināyakaśānti* wird übrigens noch in einem anderen Sūtrawerk zum schwarzen Yajurveda, von *Baudh.*, beschrieben[7]. Die massgebendsten Beziehungen jedoch verbinden *Y.* mit dem weissen Yajurveda. Schon STENZLER, ZDMG 7, 517 ff., hat auf die Ähnlichkeit zwischen *Y.* 3, 1 ff. und dem zum weissen Yajurveda gehörigen *gṛhyasūtra* des *Pāraskara* 3, 10[8] und die Beziehungen, in denen *Y.*'s Name zur *Vājasaneyi-saṃhitā* steht, hingewiesen. *Y.*, der auch *Vājasaneya* genannt wird, gilt als der Verfasser dieser *saṃhitā* und erscheint auch in dem dazu gehörigen *Śatapathabrāhmaṇa*, insbesondere im *Bṛhadāraṇyaka* als Hauptautorität; die Yajussprüche sind ihm von der Sonne geoffenbart worden. Ebenso bezeichnet *Y.* 3, 110 sich selbst als den Verfasser des *Āraṇyaka*, das er von der Sonne erhalten habe. Demgemäss sind bei *Y.* auch die Mantras, die beim *śrāddha* hergesagt werden, meist aus der *Vājasaneyisaṃh.* genommen, und die ganze Darstellung des *śrāddha* 1, 219—271 bietet eine Menge Berührungspunkte mit dem von CALAND edirten *śrāddhakalpasūtra* des *Kātyāyana*[9]. Es wird hienach wahrscheinlich, dass die Smṛti des *Y.* auf ein *dharmasūtra* aus der Schule des weissen Yajurveda zurückgeht, aber mit gleichzeitiger Benützung andrer Sūtrawerke und unseres *M.* Als ein Überrest aus den zu Grunde liegenden Sūtras ist vielleicht auch der lakonische Stil des *Y.* anzusehen.

Während durch die von *Y.* benützten Quellen die obere Grenze für die Abfassungszeit seiner Smṛti nur im allgemeinen bestimmt wird, bietet seine Bekanntschaft mit der griechischen Astrologie nach JACOBI[10] die Gewähr dafür, dass *Y.* frühestens in das 3. Jahrh. n. Chr. zu setzen ist. Er zählt 1, 295 die 7 Planeten in der astrologischen Reihenfolge auf und macht auch 1, 80 (*sustha indau*) eine astrologische Andeutung, allerdings ohne griechische Bezeichnungen zu gebrauchen. Nicht unwichtig für chronologische Zwecke ist auch das schon erwähnte *nāṇaka*, das jedenfalls nicht zu den ältesten Münznamen gehört. Für den terminus ad quem sind abgesehen von den ältesten Commentaren (§ 11) und dem *Garuḍa-* und *Agnipurāṇa* mit ihren starken Entlehnungen aus *Y.* (§ 10) besonders die übrigen versificirten Smṛtis wichtig, deren Posteriorität später erhellen wird. *Y.* fiele hienach etwa in das 4. Jahrh. n. Chr. Seine Heimat ist nach 1, 2 wie nach den vedischen Erwähnungen in *Mithilā* (*Videha*) zu suchen, wie die Vājasaneyins überhaupt dem Norden angehören.

[1] Vorr. VIII ff. — [2] Vgl. SBE 7, XX ff.; *Vi.* 3, 82; 6, 24—26; 9—14; 17, 1 f., 13; 19, 7 f.; 96, 54—95; 97, 1, 9. — [3] Vgl. Transact. of the 9th Congr. of Orient. (Lond. 1893), 456 ff. — [4] STENZLER l. c. XI, vgl. WIL[2] 222, 299. — [5] STENZLER l. c. IX. — [6] P. v. BRADKE ZDMG 26, 426—433. — [7] Raj. Mitra, Not. No. 1323. [8] Vgl. OLDENBERG SBE 29, 355—359. — [9] CALAND, Altind. Ahnencult 127—130, 245—252; vgl. WEST und BÜHLER[3] 47. — [10] ZDMG 30, 306 f.

§ 7. *Nārada.* Die *Nārada-smṛti*[1] hat schon vor hundert Jahren besondere Aufmerksamkeit auf sich gezogen durch den Passus in der Einleitung des Verfassers, der von den verschiedenen Recensionen des *M.* handelt und *Nār.* als ein Bruchstück einer älteren, ausführlicheren Recension dieses Werks als unseren von *Bhṛgu* verfassten *M.* hinstellt. Nach dieser von Sir W. Jones in der Vorrede zu seinem *M.* und nach ihm häufig von Andern angeführten Stelle soll der Urvater *M.* zuerst ein umfassendes Werk über Recht, Philosophie u. s. w. in 24 Abschnitten und 100,000 Ślokas verfasst haben. Der *devarṣi Nār.*, der es von *M.* erhielt, machte aus Rücksicht auf die schwache Fassungskraft der Menschheit einen Auszug daraus in 12,000 Ślokas, *Bhṛgu*'s Sohn *Sumati* aus diesem Auszug einen Auszug in 4000 Ślokas. Nur dieser Auszug ist der jetzigen Menschheit zugänglich, aber in der *Nār.-smṛti* hat sich das 9., vom eigentlichen Recht handelnde Kapitel des von *Nār.* verfassten Auszugs aus *M.* erhalten. Diese Nachricht ist oft für die Geschichte unseres *M.* verwertet und im Verein mit den Citaten aus einem *Vṛddha-* oder *Bṛhan-M.* als Beweis dafür angesehen worden, dass in unserem *M.* sich nur eine jüngere Bearbeitung des ursprünglichen Werks des *M.* erhalten habe. Noch später wäre nach dieser Auffassung unser *M.* anzusetzen, wenn diejenige Version der Einleitung zu *Nār.*, welche in der grösseren und wahrscheinlich älteren Redaktion seines Werks vorliegt, als Ausgangspunkt genommen wird;

denn diese Version schiebt zwischen *Nār.* und *Sumati* als einen weiteren Redaktor den *Mārkaṇḍeya* ein, der einen Auszug in 8000 Ślokas gemacht haben soll.

Allein eine Vergleichung des Inhalts zeigt, dass *Nār.* nicht älter, sondern entschieden jünger ist als *M.*, und dass daher das traditionelle Verhältnis der beiden Autoren zu einander umgekehrt werden muss. Es ist möglich, dass die Überlieferung, welche *Nār.*, den Vermittler zwischen Göttern und Menschen, von dem Urvater *M.* ein Rechtsbuch empfangen lässt, ebenso alt ist wie die, welche *Bhṛgu* in ein ähnliches Verhältnis zu ihm setzt. Die analogen Berichte in den Purāṇas und im *Mah.* über vier successive Bearbeitungen des ursprünglichen Werks von *M.* nennen jedoch als die vier Redaktoren *Bhṛgu, Nār.*, *Bṛh.* und *Aṅgiras*, oder *Śaṃkara, Indra*, *Bṛh.*, *Kāvya.* Die Reihenfolge ist also hier eine andre, indem *Bhṛgu*, *Sumati*'s Vater, vor *Nār.* kommt. *Nār.*'s Posteriorität zu *M.* zeigt sich z. B. in seinen 132 Unterabteilungen der 18 Rechtstitel, 15 Arten der Sclaverei, 21 Arten des Erwerbs, 11 Arten von Zeugen, 5 Arten des Gottesurteils, 3 Arten von Capitalverbrechen (*sāhasa*) u. a. Einteilungen[2], die bei *M.* eine weit geringere Anzahl von Kategorieen zeigen oder überhaupt erst im Keim vorliegen. Auch darin liegt ein grosser Fortschritt, dass *Nār.* überhaupt das eigentliche Recht zum Gegenstand eines besondern Werks macht. In materieller Beziehung weicht er nicht selten von *M.* ab, doch sind diese Differenzen meist aus einem Fortschritt der Rechtsbildung erklärbar, so z. B. wenn *Nār.* das von *M.* ganz verbotene Spiel für zulässig erklärt, soferne es öffentlich unter staatlicher Controle stattfindet (17, 1—8), wenn er im Erbrecht die Privilegien der Primogenitur beschränkt (13, 4 f.), dagegen der Mutter und den unverheirateten Schwestern bei einer Teilung nach dem Tode des Vaters gleiche Teile wie den Söhnen einräumt (13, 12 f.), im Schuldrecht die Haftung der Frau für die Schulden ihres Mannes bedeutend erweitert (1, 17—25), im Process das schriftliche Verfahren und den Urkundenbeweis stark hervortreten lässt. Der Eindruck, dass unser *M.* die Grundlage bildet, auf der *Nār.* weitergebaut hat, wird dadurch noch verstärkt, dass er in der Anordnung des Stoffs ganz mit *M.* übereinstimmt, indem auch das bei *M.* unter den Rechtstiteln noch fehlende »Vermischte« *prakīrṇaka* und der Anhang über Diebstahl in dem bei *M.* als Nachtrag zu den 18 Rechtstiteln erscheinenden Abschnitt 9, 229—325 seine Entsprechung findet; dass der in der Einleitung citirte Anfangsvers des ursprünglichen Werks des *M.* dem den eigentlichen Anfang unseres *M.* bildenden Vers *M.* 1, 4 fast wörtlich entspricht und die Inhaltsangabe desselben ebenfalls mit unserem *M.* ungefähr übereinstimmt; dass er sich häufig auf *M.* beruft und in einer Hs. *Nār.* auch geradezu als *mānave dharmaśāstre nāradaproktā saṃhitā* bezeichnet wird, gerade wie *M.* die *bhṛguproktā saṃhitā* heisst.

Wie unserem *M.*, so ist *Nār.* auch dem *Y.* posterior. Zwar stimmt er, namentlich im Gerichtsverfahren, oft speciell mit *Y.* überein, geht aber doch in Ausführlichkeit und Bestimmtheit weit über ihn hinaus und lässt sowohl in der Casuistik als in materieller Beziehung einen bedeutenden Fortschritt erkennen. So hat er ausser den 5 bei *Y.* beschriebenen Ordalien noch 2 oder 4 weitere[2] gekannt; die oben erwähnten Einteilungen fehlen fast durchweg bei *Y.* so gut als bei *M.*; über die Abfassung der Klage und der Antwort finden sich I, 2, 1 ff. und Quot. 2, 1—22, 3, 1—12 eine Menge technischer Einzelheiten, die *Y.* noch nicht erwähnt; die Lehre von der Rechtsmündigkeit und Handlungsfähigkeit 1, 26 ff. ist *Nār.* allein eigentümlich; seine Darstellung des Zeugenverfahrens, z. B. die Aufzählung der ungültigen Zeugen 1, 157—197, ist weit vollständiger als bei *Y.*; die Lehre von dem Augenschein 1, 172 ff. ist *Y.* noch fremd; im materiellen Recht bieten die Lehre von den Geschenken 4, 1 ff., von Lohn, Sklaverei und Miete 5, 1 ff. und 6, 18 ff., von den Dämmen und Brachen 11, 17—26, von der Impotenz und ihrer Heilung 12, 8—19, von den liederlichen Weibern 12, 49—53, von der Ehescheidung 12, 89—97, von den Verbalinjurien 15, 1—14, von Spiel und Wetten 17, 1—8, von der Confiscation 18, 10 f., von der Aufspürung von Verbrechen App. 7 ff. und Quot. 7, 23—29 u. s. w. Entwicklungen, die *Y.* noch nicht kennt. Wie sehr er *Y.* an Ausführlichkeit überragt, ergiebt sich schon daraus, dass sein Werk einschliesslich der in den nepalesischen Hss. und den Citaten vorliegenden Stellen über 1200 Ślokas umfasst gegenüber den 307 des 2. *adhy.* bei *Y.* Andrerseits liegt aber bei verschiedenen der nur aus Citaten bekannten Autoren wie *Bṛh.*, *Kāty.* und *Vyāsa* augenscheinlich noch eine spätere Entwicklungsstufe des Rechts vor als bei *Nār.* (§ 9).

Zu diesen relativen Kriterien für das Alter unseres *Nār.* im Vergleich mit anderen Smṛtis gesellt sich als ein für die absolute Bestimmung des terminus a quo massgebender Umstand die zweimalige Erwähnung des *dīnāra-denarius*, einmal als Goldmünze, das andere Mal als Goldschmuck (App. 60; I, 2, 3a). Da der Denar nur durch griechische Vermittlung nach Indien gelangt sein kann und die Aussprache des η als ι im allgemeinen erst in der Kaiserzeit, wohl im 2. Jahrh., beginnt (διvάρια für δηνάρια auf einer Inschrift von 161—169 n. Chr.)[3], so können die in Nachahmung der Denare geprägten indischen *dīnāra* kaum vor dem 2. Jahrh. n. Chr. aufgekommen sein, wenn auch schon bei den indoskythischen Königen Münzen vom Gewicht eines Denars vorkommen. Für den terminus ad quem ist noch wichtig, dass *Asahāya*, einer der ältesten juristischen Commentatoren, der etwa in das 8. Jahrh. n. Chr. gesetzt werden kann, unsere Smṛti commentirt hat. Man kann *Nār.* hienach approximativ etwa um 500 n. Chr. setzen. Im 7. Jahrh. wird ein *Nāradīya-dharmaśāstra* von dem Dichter *Bāṇa* erwähnt[4]. Was seine Heimat betrifft, so ist dieselbe vielleicht in Nepal zu suchen, da er nach App. 57 ff. weder dem Süden, Osten, noch dem Nordwesten (*pañcanadyāḥ pradeśe*) anzugehören scheint und die älteste und beste, sowie eine ebenfalls sehr gute Hs. seines Werks aus Nepal stammt, wo auch ein alter Commentar in Newari zu *Nār.* verfasst wurde.

[1] Vgl. SBE 31; Tag. Lect. 54 ff.; The Institutes of Nárada, by J. JOLLY (Lond. 1876 und Calc. 1885); WEST and BÜHLER 3 48—50; BÜHLER SBE 25, XVII, XCV ff.; BENDALL, Journey in Nepal (Lond. 1886), 56 ff.; CONRADY, 15 Blätter einer nepales. Palmblatt-Hs. des Nārada (Leipzig 1891); RIDDING, A MS. of the Nārada Smṛti JRAS 1893, 41—47. — [2] Vgl. CONRADY l. c., der wahrscheinlich macht, dass die in der nepalesischen Hs. noch weiter erwähnten Ordalien aus *Kāty.* interpolirt sind. — [3] Vgl. G. MEYER, Griech. Gramm. [2] § 73; BRUGMANN, Griech. Gramm. [2] § 8. — [4] BÜHLER SBE 25, CVII.

§ 8. Die jüngeren versificirten Smṛtis. Nachdem es einmal üblich geworden war, die Hauptlehren der Religion und Moral in poetischen Compendien, den versificirten Smṛtis, darzustellen, gingen immer wieder neue Werke dieser Art aus den Schulen des *dharma* hervor und wurden den verschiedenen Heiligen und Göttern in den Mund gelegt, während die wirklichen Verfasser in bescheidener Anonymität verharrten. Mit Vorliebe bediente man sich solcher Namen, die sich als Autoritäten auf dem Gebiet des *dharma* schon eingebürgert hatten, und so kommt es, dass so häufig mehrere ganz verschiedene Werke dem nämlichen Autor zugeschrieben werden. So giebt es, auch abgesehen von den nur aus Citaten bekannten Werken, mehr als einen *Aṅgiras*, *Atri*, *Āpastamba*, *Uśanas*, *Kātyāyana*, *Gautama*, *Parāśara*, *Bṛhaspati*, *Yama*, *Likhita*, *Vasiṣṭha*, *Viṣṇu*, *Vyāsa*, *Śātātapa*, *Hārīta* u. s. w.[1]. In vielen Fällen werden diesen Namen die Epitheta *laghu*, *madhyama*, *bṛhat*, *vṛddha, pūrva, uttara, śloka* u. a. hinzugesetzt, um die betreffenden Werke nach ihrem Umfang und Alter zu charakterisiren und von anderen Smṛtis des gleichen Autors zu unterscheiden. Man wird den indischen Commentatoren schwerlich zugeben können, dass z. B. *Vṛddha-Manu* »der alte *M.*« ein von dem bekannten *M.* in vorgerücktem Lebensalter verfasstes Werk bedeute. Vielmehr gehen diese unterscheidenden Bezeichnungen, die teilweise von den Autoren selbst, meistens aber erst von den Commentatoren herzurühren scheinen, offenbar mehr auf die Werke, als auf die Verfasser, und so soll z. B. *bṛhat* das grosse, das häufig damit verwechselte *vṛddha* das alte, *laghu* das kleine, *madhyama* das mittlere, *śloka* das versificirte Werk des nemlichen Autors bedeuten. Man darf der Bezeichnung *vṛddha* nicht, wie dies häufig geschehen ist, einen historischen Wert beilegen; sie ist vielmehr, wo sie vorkommt, als ein Anzeichen jüngerer Entstehung des betreffenden Werks zu betrachten, da wo nur ein Werk eines Autors vorlag, noch kein Anlass gegeben war, demselben einen unterscheidenden Beinamen beizulegen.

Bei der überwiegenden Mehrzahl dieser versificirten Smṛtis, so weit sie gedruckt sind, bestehen auch abgesehen von dem Vorkommen der erwähnten Beinamen gewichtige Gründe, um dieselben für moderne Compilationen von untergeordneter Bedeutung zu halten. Vor allem fehlen in diesen Werken grösstenteils die zahlreichen, auf alle Teile des *dharma*, namentlich aber auf das eigentliche Recht bezüglichen Texte, die den angeblichen Verfassern derselben in den mittelalterlichen Commentaren und systematischen Werken über Recht zugeschrieben werden. Das eigentliche Recht (*vyavahāra*) ist in keinem dieser Werke behandelt. Auch können von den jetzt vorhandenen Werken z. B. die versificirten Smṛtis des *Āp.*, *Gaut.*, *Vi.*, *Śaṅkhalikhita*, *Hārīta* mit den in den mittelalterlichen Citaten vorliegenden Werken dieser Autoren schon aus dem Grunde im günstigsten Fall nur teilweise identisch sein, weil ein grosser Teil dieser Citate in Prosa abgefasst ist. Der Inhalt dieser Smṛtis macht auch vielfach einen ganz modernen Eindruck. So zeigt bei *Parāśara*, für dessen Smṛti der dem 14. Jh. angehörige Commentar des *Mādhava* und das Vorkommen der meisten alten Citate[2] in unserem Text ein relativ hohes Alter verbürgt, die Einleitung des Verfassers (1, 24), dass er sich selbst als einen modernen, nur für das jetzige Kalizeitalter massgebenden Autor ansieht und insbesondere die Werke des *M.*, *Gaut.* und *Śaṅkhalikhita* in die drei früheren Weltalter verlegt. Da seine Vorschriften sich auf das jetzige Zeitalter der Sünde beziehen, so ist es begreiflich, dass *P.* der zunehmenden Tendenz, den Brahmanen den Ackerbau zu gestatten, Rechnung trägt und die 12 Söhne der alten Smṛtis auf 4, worunter 2 Adoptivsöhne, reducirt (2, 2, 6, 13; 4, 22). Auffallend ist auch, dass *P.* 4, 30 f. die Witwenverbrennung empfiehlt, die von den Dharmasūtras nur *Vi.* facultativ erwähnt, wie sie auch bei *M.*, *Y.* und *Nār.* nicht vorkommt. Noch weit jünger als *P.* ist *Bṛhat-P.* »der grosse P.« von *Suvrata*, ein weitschichtiges Werk von etwa fünfmal so grossem Umfang als *P.*, mit dem es jedoch in der Einteilung des Stoffs und, namentlich in den ersten Abschnitten, auch inhaltlich eine gewisse Ähnlichkeit hat, so dass es wohl als eine erweiternde Bearbeitung desselben anzusehen ist. Andere Anzeichen modernen Ursprungs sind die an die Purāṇas erinnernden, offenbar eingeschobenen Stellen mit den Anreden *nṛpa, rājan,* während doch das ganze Werk einer Versammlung von Weisen vorgetragen wird, der Hinweis in der Einleitung auf die schon früher gehörten Gesetze des *M.*, *Gaut.*, *Vi.*, *Y.*, *Hārīta* und viele andere, die extravagante Verherrlichung der Kühe in *adhy.* 3, die viṣṇuitische Tendenz, das Vorkommen künstlicher Versmasse wie *indravajrā*, *upendravajrā*, *vasantatilaka* u. a. Sehr gut bezeugt ist der Text der kleinen Smṛti des *Dakṣa*. Von den 200 *śl.*, aus denen dieselbe besteht[3], habe ich 53 bei *Hemâdri*, *Kullûka*, im *Ratnâkara*, *Vîram.*, *Mâdhavîya* und der *Mit.* citirt gefunden. Es giebt allerdings auch eine Anzahl Citate, die sich in unserem *Dakṣa* nicht vorfinden, doch schliessen dieselben sich inhaltlich an die anderen Texte an und können aus dem nicht durch einen Commentar vor Verderbnis geschützten Werk durch Nachlässigkeit der Abschreiber ausgefallen sein. Andrerseits wird auch von diesem Autor 4, 18 die Satî empfohlen. *Saṃvarta*[4] hat 227 *śl.*, von denen ich 16 in der *Mit.* und bei *Hemâdri* citirt finde. Dagegen sind die in vielen Rechtswerken diesem Autor zugeschriebenen Texte über Jurisdiktion und materielles Recht hier nicht zu finden. Verdächtig ist auch, dass er 35, 61 von den Heiratsformen nur den *brâhma vivâha* nennt und empfiehlt. Betreffs des viel besprochenen[5], zum Teil auch in Deutschland schon edirten *Karmapradîpa* des *Kâtyâyana* oder *Gobhila* (auch *Chandogapariśiṣṭa* genannt, s. Eggeling's Cat. pp. 595, 524) will ich nur bemerken, dass dieses Werk seine Zugehörigkeit zum Sâmaveda auch dadurch documentirt, dass es viermal auf die Lehren des *Gautama* hinweist, dessen Zusammenhang mit diesem Veda in § 3 besprochen wurde[6]. Übrigens kann es, wenn ihm auch durch den Commentar des *Âśârka* und die Citate, — z. B. im *Mâdh.* und bei *Hemâdri*, wo es als »*Kâty.*«, *śloka-Kâty.* (so *Hem.* 3, 1, 1549 = *Kâty.* 1, 18; 2, 1), *Karmapradîpa* citirt wird — ein gewisses Alter gewährleistet wird, doch nur zu den jüngsten Ausläufern dieser Litteraturgattung gezählt werden, weil es den *Gṛhyâsaṃgraha* und *Vas.*'s *śrâddhakalpa* citirt[7]. Mit der für das eigentliche Recht höchst wichtigen Smṛti des *Kâty.* (§ 9) hat es nichts zu thun. Von der ebenfalls für Jurisprudenz besonders wichtigen Smṛti des *Vyâsa* können die jetzt unter diesem Namen figurirenden Werkchen höchstens Bruchstücke sein, wenn auch von den auf andere Teile des *dharma* bezüglichen Citaten mehrere darin erscheinen[8]. Auch wird *Vyâsa* 2, 53 wieder die Satî vorgeschrieben. Ein ähnliches Missverhältnis besteht zwischen den c. 700 Versen, die allein über eigentliches Recht von *Bṛhaspati* citirt werden, und den 66 Versen über *dâna*, aus denen seine gedruckte Smṛti besteht. Doch werden einige dieser Verse bei *Hemâdri* aus *Bṛh.* citirt[9], andere entsprechen den üblichen Verheissungs- und Verwünschungsformeln in den inschriftlichen Landschenkungen[10]. Der versificirte *Atri*, der in 398 Versen von *âcâra* und *prâyaścitta* handelt, enthält keinen der allerdings nicht sehr zahlreichen Texte über *dâna, prâyaścitta, śrâddha,* Adoption u. a. Teile des dharma, die aus *A.* citirt werden[11]. Ähnlich steht es mit dem versificirten *Śâtâtapa*, der in 6 adhy. von Sünden, Bussen und *karmavipâka* handelt und nur ein Bruchstück eines umfangreichen Werks dieses oft citirten Autors über *karmavipâka* zu sein scheint[12]; mit *Likhita*[13], dessen kleine Smṛti mit sehr buntem Inhalt den Eindruck eines blossen Auszugs macht und keines der allerdings sehr spärlichen Citate enthält; mit *Aṅgiras*, dessen von Busse handelndes Büchelchen sich auch durch das der heutigen Sitte entsprechende Verbot mit Indigo gefärbter Kleider für Witwen in 21 als modern charakterisirt[14]; mit *Uśanas*, der in 51 *śl.* ein die verschiedensten Gewerbe wie Kupferschmiede, Töpfer, Barbiere, Juweliere, Schreiber, Ärzte u. s. w. umfassendes System der Mischkasten aufstellt[15]; mit *Yama*, dessen 98 Verse sich nur auf verschiedene Bussen beziehen und mit Ausnahme des 22., der *Mâdh.* 131 citirt wird, sich mit den zahlreichen Citaten aus *Yama* nicht decken[16]; mit dem versificirten *Âpastamba*, dessen 237 *śl.* auch nur von Busse handeln[17]; mit der dem Cult des *Viṣṇu* gewidmeten kleinen Smṛti des *Viṣṇu*[18], die ebenso wenig mit dem in § 3 besprochenen *dharmasûtra* gemein hat als der ebenso entschieden viṣṇuitische kleine *Hârîta* mit dem gleichnamigen *dharmasûtra* in § 3[19]; mit dem umfangreichen *Vṛddha-Hârîta* in 2587 *śl.*[20], der voll von viṣṇuitischen Anspielungen ist und u. a.

in *adhy.* 2 die *pañcasaṃskāra* der *Vaiṣṇava*, in 3 verschiedene Incarnationen des *Viṣṇu* erwähnt; mit *Vṛddha-Gautama*, der mit dem *V.-G.* der Citate nichts zu thun hat, vielmehr sich schon durch den Nebentitel *Vaiṣṇavadharmaśāstra* ebenfalls als ein viṣṇuitisches Werk zu erkennen giebt und von V. Ś. Islāmapurkar als ein allerdings in den gedruckten Ausgaben des *Mah.* nicht enthaltenes, aber in einer von ihm entdeckten alten Hs. des *Āśvamedhika-parvan* vorliegendes, unter letzterem Titel im *Mādh.* oft citirtes Stück des *Mah.* erkannt worden ist[21]; mit dem versificirten *Śaṅkhalikhita* (Madras ed.) und *Pulastya* (Bomb. ed.). Wie mit den gedruckten, so verhält es sich mit den zahlreichen noch ungedruckten Werken dieser Gattung, so weit ich über dieselben nach Autopsie oder nach den vorhandenen Auszügen und Beschreibungen urteilen kann. Namentlich ist die viṣṇuitische Richtung stark vertreten. Eine besondere, beachtenswerte Gruppe bilden jedoch diejenigen Werke, welche sich an alte Sūtras dem Namen und Inhalt nach anschliessen. So giebt es eine neuerdings auch gedruckte *Gautamasmṛti* in 14 *adhy.*, die mit dem in § 3 besprochenen *dharmasūtra* und dem *pitṛmedhasūtra* des *Gaut.* deutlich zusammenhängt, eine versificirte *Āpastambasmṛti*, noch in *paṭala* eingeteilt und in den Mantras und dem Ritual bei den *śrāddha* mit den Āpastambasūtras auffallend verwandt[22] u. a. Werke dieser Art.

[1] Vgl. STENZLER, I. St. 1, 232—246; WEST and BÜHLER³, 25—52; Tag. Lect. 50—67; WEBER, I. St 3, 508—513 und Verz. 325—341; MANDLIK, 275—330; EGGELING, Cat. No. 1289—1372; BURNELL, Tanj. Cat. 124—127; JOLLY, ZDMG 31, 127—130; V. Ś. Islāmapurkar's Parāśara, Prefatory Notes. — [2] So werden nach den Sammlungen in STENZLER's Nachlass (vgl. ZDMG 47, 615—621) in der *Mit.* 70 *śl.* von *P.* citirt, wovon sich 61 in dem gedruckten Text vorfinden. — [3] *Dhs.* (Calc.) 2, 383—402. Die HAUG'sche Hs. und die I. O. 1320 haben nur 197 *śl.* — [4] *Dhs.* 1, 584—603. Die HAUG'sche Hs. und I. O. 1366 enthalten 210 *śl.*, I. O. 1367 hat 73½ *śl.* — [5] Vgl. BLOOMFIELD, ZDMG 35, 534 ff.; KNAUER, Gobh. 2, 10—14; SCHRADER, Der Karmapradīpa, Einl.; CALAND, Altind. Ahnencult 110—121. — [6] 13, 13; 17, 21; 20, 4; 24, 13. — [7] CALAND l. c. 113—116. — [8] *Dhs.* 2, 310—342. So ist *Laghu-Vy.* 1, 2 f. = *Mādh.* 258 (Bomb. ed.); 1, 4—6 = ibid. 259; 2, 71 f. = ibid. 415; *Vy.* 3, 64 = 416; 4, 29 f. = 186; 4, 51 = 395. Ferner ist *Vy.* 4, 15, 18, 31, 33, 35 = *Hemādri* 1, 5, 7, 25, 33. — [9] *Dhs.* 1, 644—651. 7, 8, 17 = *Hem.* 122, 505, 507. — [10] 26—33 und 46 sowie einige ähnliche Verse in den anderen Recensionen des *Bṛh.* bei EGGELING 1324—1329. — [11] *Dhs.* 1, 13—36. EGGELING 1307 hat 369 *śl.* — [12] *Dhs.* 2, 435—455. Vgl. Raj. M. Not. No. 526; EGGELING 1364. — [13] *Dhs.* 2, 375—382. — [14] *Dhs.* 1, 554—559, vgl. MANDLIK 293. — [15] *Dhs.* 1, 497—501. — [16] *Dhs.* 1, 560—567. — [17] *Dhs.* 1, 568—583. — [18] *Dhs.* 1, 60—69. — [19] *Dhs.* 1, 177—193. — [20] *Dhs.* 1, 194—409. — [21] *Dhs.* 2, 497—638, vgl. Islāmapurkar l. c., Pref. Notes 6—9. — [22] CALAND, Altind. Ahnencult 111 f., 48 ff.; Bijdragen 6, 1. Vgl. auch WEST and BÜHLER³ 51 f.

§ 9. Die Fragmente von versificirten Smṛtis. Ein weit zuverlässigeres Material als die in § 8 besprochenen Werke liefern die in den zahlreichen Citaten der mittelalterlichen Juristen enthaltenen Fragmente versificirter Werke. Freilich sind diese Citate nicht genau genug, um eine reinliche Ausscheidung der jedem einzelnen Autor eigentümlichen Texte zu ermöglichen. So giebt es z. B. Texte, die entweder *Bṛh.* oder *Kāty.* oder beiden zugeschrieben, oder ohne Angabe der Quelle citirt werden. Ebenso wenig Beständigkeit herrscht in der Anwendung oder Weglassung der in § 8 besprochenen Epitheta wie *vṛddha*, *laghu* u. a. Die neueren Juristen scheinen diese Smṛtis auch meistens nur indirekt, nach den Anführungen in älteren Werken zu citiren, so dass die Vermutung nahe liegt, dass ihnen vollständige Hss. derselben ebenso wenig mehr vorlagen als uns heutzutage. Doch berechtigen Funde wie derjenige des *Hārīta* (§ 3) zu der Hoffnung, dass noch irgendwo von dem oder jenem dieser verschollenen Werke eine Hs. auftauchen dürfte.

Für das eigentliche Recht sind am wichtigsten die Fragmente des *Bṛhaspati* und *Kâtyâyana*. *Bṛh.*[1], von dessen juristischer Smṛti nach dem Gutachten eines *śāstrin* zu schliessen noch neuerdings eine Hs. existirt haben muss (Bühler), steht in sehr nahen Beziehungen zu *M.*, den er als den massgebenden Rechtslehrer bezeichnet, commentirt und erweitert (§ 5). Auch wo er *M.* nicht ausdrücklich nennt, knüpft er doch überall an seine Lehren an. So hat er aus *M.* die 18 Rechtsmaterien übernommen, teilt sie aber ein in solche die sich auf Vermögen und solche die sich auf Verletzungen beziehen (2, 1—11), d. h. Civil- und Criminalrecht. Im Schuldrecht interpretirt er (11, 55—58) die eigentümlichen Ausdrücke, mit denen bei *M.* 8, 49 die verschiedenen Mittel zur Eintreibung eines Darlehens bezeichnet werden. Wo er von *M.* abweicht, wie in der Lehre von den unteilbaren Gütern (25, 79), hütet er sich den verehrten Lehrer mit seinem Namen zu nennen. Auch im Vergleich mit *Nār.* scheint *Bṛh.* auf einem fortgeschritteneren Standpunkt zu stehen. So wird bei *Nār.* von einem eigentlichen Erbrecht der Witwe noch nichts erwähnt, während *Bṛh.* (25, 46 ff.) umständlich die Theorie entwickelt, dass die Frau die Hälfte des Leibes ihres Mannes ist und daher, wenn er ohne männliche Leibeserben stirbt, sein Vermögen erben soll. Auch der Begriff des weiblichen Sonderguts (*strīdhana*) ist bei ihm ein sehr weiter, indem er denselben sogar auf Immobilien ausdehnt (25, 86). Ferner betont *Bṛh.*, dass seine Vorschriften auf das gegenwärtige Zeitalter der Sünde Bezug haben und will daher von dem *niyoga* und den sekundären Söhnen, die *Nār.* (12, 80 ff.; 13, 45 ff.) noch vollkommen anerkennt, nichts mehr wissen (24, 12 ff.; 25, 39 ff.). Dagegen sanktionirt er die Satī (24, 11). Im Schuldrecht unterscheidet *Bṛh.* (11, 40) vier Arten von Bürgen, anstatt der drei bei *Nār.* (1, 118). Sehr eingehend handelt er von den Urkunden in 8. Das Gesellschaftsrecht dehnt er auch auf gemeinsame Unternehmungen von Ackerbauern, Handwerkern, Architekten, Musikern und Räubern aus (14, 20—32). An *M.* schliesst er sich noch enger an als *Nār.*, doch stimmt er auch mit letzterem in vielen Definitionen überein. Auch erwähnt er wie *Nār.* die *dīnāra* (10, 15). Es ergiebt sich hieraus, dass die in § 7 erwähnte Nachricht des *Skandapurāṇa* über die successiven Redaktionen des *M.* von *Bhṛgu*, *Nār.* und *Bṛh.* trotz ihres sagenhaften Charakters dem wirklichen Verhältnis ungefähr entspricht, jedoch so, dass zwischen *Nār.* und *Bṛh.* kein grosser Abstand besteht. *Bṛh.* wäre dann etwa in das 6. oder 7. Jh. n. Chr. zu setzen, da er schon vom 9. Jh. ab in den Commentaren als inspirirter Seher citirt wird. Über die Anführungen aus *Bṛh.* in den Dhammasats, die zu einem ähnlichen Resultat zu führen scheinen, s. § 13. Beachtenswert ist auch die auf einen intimen Verkehr mit den Persern deutende Stelle 27, 21 über die *Pārasīka*. Die *Bṛh.*-Citate über andere Teile des *dharma*, von denen sich einige in der kleinen Smṛti des *Bṛh.* nachweisen lassen (§ 8), sind verhältnismässig viel weniger zahlreich als die auf *vyavahāra* bezüglichen, vielleicht haben die letzteren wie bei *Nār.* ein besonderes Werk gebildet. Aus dem Hinweis auf den *Vājasaneyaka-mantra* VS 20, 20 in einem Text des *Bṛh.* über *snāna*[2] darf nicht geschlossen werden, dass *Bṛh.* ein Vājasaneyin war, da der nemliche Mantra auch z. B. *Vi.* 64, 21 angeführt wird.

Kāty. ist als juristischer Autor mit *Bṛh.* nahe verwandt. Als Lehrer des weissen Yajurveda gilt er u. a. als Verfasser des *śrautasūtra* und *śrāddhakalpa* zu diesem Veda, wie auch ein von dem *Kātīyagṛhya* des *Pār.* verschiedenes *Kātyāyanagṛhya*[3] citirt wird. Über seinen *Karmapradīpa* s. § 8. Es ist möglich, dass derselbe ein Bruchstück der ursprünglichen Smṛti des *Kāty.* ist, da er manche der von ihm in den Dharmanibandhas citirten Texte enthält; doch sind die juristischen Texte des *Kāty.*, die darin fehlen, so zahlreich, dass sie ein Werk für sich gebildet haben können. Am meisten Wahrscheinlichkeit hat der Zusammenhang dieser Texte mit dem in § 4 besprochenen *dharmasūtra* des *Kāty.* Die Ähnlichkeit seiner juristischen Texte mit denjenigen des *Bṛh.* tritt sowohl in der Ausdrucksweise und in der Anordnung des Stoffs als in sachlicher Beziehung durchweg hervor. Es ist daher begreiflich, dass die beiden Autoren in den Citaten, wie schon erwähnt, nicht selten verwechselt werden; manche Texte mögen auch beiden gehören. So kann sowohl nach *Bṛh.* als nach *Kāty.* ein gerichtliches Urteil auf einem der vier Entscheidungsgründe: *dharma, vyavahāra, caritra, rājājñā* beruhen, und auch in der Definition dieser Ausdrücke stimmen die beiden Autoren ungefähr überein, wenn auch die von *Bṛh.* erwähnten Unterarten bei *Kāty.* fehlen (*Bṛh.* 2, 18—27; *Kāty.*[4] 2, 30—34). Ausführlicher ist *Bṛh.* auch in der Erklärung der verschiedenen Gründe für Unzulässigkeit einer Klage (3, 9—12), während dagegen die vier Arten der Klagebeantwortung von *Kāty.* (4, 1—23) eingehender definirt und in verschiedene Unterarten zerlegt werden. Im Schuldrecht darf nach *Bṛh.* 10, 13 bei Darlehen von Gold das Kapital nebst Zinsen auf das Doppelte des ursprünglichen Betrags anwachsen; *Kāty.* 10, 10 dehnt diese Bestimmung auch auf Juwelen, Perlen u. a. kostbare Gegenstände aus. Die Vorschriften des *Bṛh.* über Bürgschaft erweitert er u. a. durch eine lange Aufzählung unzulässiger Bürgen (10, 28—30), diejenigen über Haftung für Schulden und Eintreibung derselben durch eine Menge detaillirter Regeln über handlungsunfähige Väter und Söhne, rechtsfähige Frauen, Schuldknechtschaft, Schuldhaft u. a. (10, 41—90). Im Gesellschaftsrecht erörtert er wie *Bṛh.* auch die Verteilung des gemeinsamen Gewinns bei einer Genossenschaft von Räubern, Händlern, Ackerbauern oder Künstlern (13, 3—6). Im Erbrecht erkennt er die Erbfolge der Witwe in Ermanglung männlicher Descendenz an, jedoch nur unter gewissen Cautelen (25, 46—66). Wie *Bṛh.* und *Nār.* kennt er die *dīnāra.* Überhaupt stimmt er auch mit *Nār.* und *M.* vielfach überein und giebt namentlich Definitionen der bei diesen u. a. älteren Autoren vorkommenden Kunstausdrücke wie *prāḍvivāka, vyavahāra, anvādhi, vetana, utkoca, sāmanta, vṛddha, śauryadhana, bhāryādhana, vidyādhana, strīdhana* u. a. Von Autoritäten citirt er am häufigsten *Bhṛgu,* d. h. wohl *M.* in der Recension des *Bhṛgu* (so 10, 55, 87; 15, 4; 16, 5; 24, 11, 28, 38, 40, 45) und *Bṛh.* (so 4, 39, 40; 15, 25; 24, 27, 31, 37). Die *Mānavāḥ* und *Gautamāḥ* nennt er 21, 9 als Autorität für eine Regel über Diebstahl, die sich freilich in unserem *M.* und *Gaut.* nicht nachweisen lässt. Alles in Allem ist *Kāty.* dem *Bṛh.,* mit dem er auch in der über 700 betragenden Anzahl seiner juristischen Texte zusammentrifft, noch eher posterior, als gleichzeitig mit ihm, jedenfalls aber jünger als *M., Y.* und *Nār.*

Vyāsa, von dem über 200 juristische Texte citirt werden, handelt besonders eingehend über das Gerichtsverfahren und stimmt dabei mit *Nār., Bṛh.* und *Katy.* vielfach überein. So giebt er die Etymologie von *prāḍvivāka,* erwähnt als Mitglieder eines Gerichtshofs auch den Rechner und Schreiber, spricht von der Protokollirung der Klage auf dem Fussboden, beschäftigt sich eingehend mit der Abfassung und Prüfung von königlichen Schenkungsurkunden u. a. Dokumenten, erwähnt die vier Arten der Antwort und acht Arten des Urteils und handelt von Besitz und Ersitzung in ähnlicher Weise wie *Bṛh.* und *Kāty.* (1, 5, 8 f., 21—26, 34—72)[4]. Im Schuldrecht erwähnt er 7 Arten von Bürgen, d. h. 2 mehr als *Kāty.,* 3 mehr als *Bṛh.* und 4 mehr als *Nār.* (2, 12). Besonders bezeichnend für den modernen Ursprung dieser Smṛti ist die Verherrlichung der Satī, die *Vyāsa* in jeder Weise empfiehlt und erleichtert (12, 3—10).

Pitāmaha, von dem auch gegen 200 juristische Texte erhalten sind, scheint besonders für die Lehre von den Gottesurteilen als Autorität gegolten zu haben und beschreibt alle 9 Arten derselben, wobei er besonders bei den Namen der anzurufenden Gottheiten verweilt. Schon *Bṛh.* 10, 27[5] citirt ihn als Gewährsmann für eine auf das Ordal des heissen Goldstücks bezügliche Vorschrift. Dieses Citat kann auf *P.* 2, 147[4] gehen, kann aber auch ein dem *P.* zugeschriebener Memorialvers sein, so dass seine Smṛti nicht notwendig älter zu sein braucht als die des *Bṛh.* Seine Angaben über die Ordalien machen eher den Eindruck einer Fortbildung der bei den anderen Autoren vorliegenden Beschreibungen, und den nemlichen modernen Eindruck erhält man von seinen 50 *chalāni* und 22 *padāni nṛpajñeyāni* d. h. Vergehen, die der König auch ohne dass eine Anklage vorliegt untersuchen und ahnden soll (1, 7—23).

Hārīta[6] erscheint in den Citaten als der Autor von über 50 juristischen S'lokas, die weder in seinem *dharmasūtra* (§ 3) noch in den ihm zugeschriebenen versificirten Werken (§ 8) vorkommen und offenbar ganz modernes Recht enthalten. So schildert er den Gang des Gerichtsverfahrens, die Abfassung der Klage und der Antwort mit den nemlichen scholastischen Spitzfindigkeiten wie *Kāty.* u. A. (1, 16—29, 31, 38 ff.) und unterscheidet im Schuldrecht 5 Arten von Bürgen (2, 11).

Noch viele andere Namen treten in den juristischen Citaten auf, wozu dann noch die zahlreichen Texte kommen, die ohne nähere Bezeichnung als »Smṛti« angeführt werden. Diese Citate sind meistens nicht zahlreich genug, um die Individualität der betreffenden Autoren bestimmter hervortreten zu lassen, doch besteht im Allgemeinen kein Grund dieselben einer älteren Epoche zuzuweisen als *Bṛh.* und *Kāty.* So erklärt der *Smṛtisaṃgraha*, der sich schon durch seinen Namen als eine späte Compilation verrät, die ungleiche Verteilung des Vermögens mit Bevorzugung der älteren Söhne, die Leviratsche und die Tieropfer für unstatthaft in der Gegenwart und stellt über die Natur und Entstehung des Eigentums Betrachtungen an, die schon ganz an die Commentare erinnern. *Prajāpati* hebt das Successionsrecht der Witwe hervor. *Halāyudha, Dhāreśvara* (*Bhoja*), *Jīmūtavāhana*, die berühmten Commentatoren des Mittelalters, werden zugleich als Verfasser von Ślokas ganz im Stil der metrischen Smṛtis citirt.

Auf dem weiten Gebiet der Sitte und Religion begegnen teils die nemlichen, teils eine ganze Reihe von weiteren Namen in den Citaten. So citirt schon die *Mit.*[7] als Verfasser von versificirten Fragmenten über *ācāra* und *prāyaścitta: Aṅgiras, Atri, Āśvalāyana, Upamanyu, Uśanas, Ṛṣyaśṛṅga, Kaśyapa, Kaṇva, Kātyāyana, Kārṣṇājini, Kumāra, Kṛṣṇa-Dvaipāyana, Kratu, Gārgya, Gautama, Caturviṃśatimata, Chāgaleya, Jamadagni, Jātukarṇya, Jābāli, Jaimini, Devala, Dhaumya, Pāraskara, Pitāmaha, Pulastya, Paiṭhīnasi, Pracetas, Marīci, Yama, Vṛddha-Yājñavalkya, Likhita, Laugākṣi, Vasiṣṭha, Vaiśampāyana, Vyāghrapāda, Vyāsa, Śāṇḍilya, Śunaḥpucha, Śaunaka, Ṣaṭtriṃśanmata, Sumantu* u. a. Eine ähnliche, aber noch etwas reichere Liste lässt sich aus *Aparārka* zusammenstellen[8]. Noch zahlreicher und mannigfaltiger sind die Citate, besonders über *śrāddha*, bei *Hemādri* und in der *Smṛticandrikā*, von jüngeren Werken zu geschweigen.

[1] SBE 31, Introd. — [2] *Hemādri* 3, 1, 902. — [3] l. c. 1324. — [4] Die Citate beziehen sich auf meine zum Druck vorbereitete englische Übersetzung. — [5] Die nemliche Stelle auch in der nepalesischen Hs. des *Nār.* (Conrady, Fünfzehn Blätter 12, 15). — [6] Jolly, Der vyavahārādhyāya aus H.'s Dharmaśāstra (Münch. 1889). — [7] Nach den Sammlungen in Stenzler's Nachlass, vgl. ZDMG 47, 616. — [8] Vgl. Kirste, Analyse der Citate in A.'s Commentar (Wien 1893).

§ 10. Die epische Litteratur. Die beiden grossen Epen, namentlich das *Mah.*, werden als Quellen des Rechts häufig citirt, ganz ebenso wie die Smṛtis, wobei in den Citaten aus dem *Mah.* entweder auf das ganze Werk oder auf einzelne *parvan* oder die *gītā* (*Bhagavadgītā*) hingewiesen wird. Die nahe Verwandtschaft zwischen dem *Mah.* und den Smṛtis wird auch durch die in § 8 erwähnte Thatsache illustrirt, dass die umfangreiche gedruckte Smṛti des *Vṛddha-Gautama* ursprünglich ein Stück des *Mah.* gebildet hat und als solches in den Dharmanibandhas häufig citirt wird. Auch die in § 8 besprochenen Smṛtis des *Viṣṇu*, *Bṛhaspati*, *Yama* u. a. characterisiren sich durch ihre Einkleidung, durch Anreden wie *dvijaśreṣṭha* und verschiedene Anspielungen auf die Helden des *Mah.* als Bearbeitungen kleinerer Episoden aus dem *Mah.* oder verwandten Werken. Dass das *Mah.*, dessen Bedeutung für die Rechtsgeschichte im Verlauf dieser Darstellung mehrfach hervortreten wird, seinen jetzigen Character einer kolossalen Smṛti schon um 300—500 v. Chr. besessen haben muss, hat Bühler bewiesen[1]. So werden die auf Schenkungen bezüglichen Verse aus dem *Mah.* schon in Inschriften des 5. Jahrhunderts angeführt und in einer Inschrift des 6. Jahrhunderts dem *Mah.* 100000 Ślokas zugeschrieben, wonach es also schon damals ungefähr den jetzigen Umfang gehabt haben muss. Zur Zeit *Kumārila*'s d. h. im 8. Jh. war das *Mah.* schon im Wesentlichen ein Lehrgedicht, in dem die alten Sagen nur als ergänzendes Beiwerk figurirten. Nach dem übereinstimmenden Zeugnis *Bāṇa's* in der *Kādambarī* und einer Inschrift aus Kamboja pflegte es, wie auch das *Rāmāyaṇa*, schon um 600 zur Erbauung der Gläubigen in indischen und hinterindischen Tempeln vorgelesen zu werden. Das *Rāmāyaṇa* hat den Character eines Lehrgedichts schon von Anfang an gehabt. Jacobi setzt seine Entstehung in das 6.—8. Jh. v. Chr.[2].

Noch stärker als die Itihāsas haben die Purāṇas die Entwicklung des *ācāra* beeinflusst. Die Popularität, deren sich diese umfangreichen Legendensammlungen noch heute erfreuen, war ihnen offenbar schon in der Zeit der ältesten Dharmanibandhas eigen. So stützt *Hemādri* seine Darstellung der *vrata*, die einen grossen Teil seines ungeheueren Werks bildet, fast nur auf die Purāṇas, die überhaupt seine Hauptquelle sind. Selbst in den Dharmasūtras werden die Purāṇas schon mehrfach als eine Quelle des Rechts citirt, und *Āp.* 1, 24, 6 beruft sich speciell auf das *Bhaviṣyatpurāṇa*. Es ist auch nicht rätlich, die vorhandenen Purāṇas ganz von denjenigen des Altertums zu trennen und als wertlose moderne Compilationen aufzufassen. Die existirenden Purāṇas[3] sind durch mancherlei Fäden mit den Smṛtis und Vedas verknüpft. So hat in der Darstellung des *śrāddha* Caland[4] einen engen Anschluss des *Mārkaṇḍeyapurāṇa* an den ungedruckten metrischen *Gaut.* der Burnell'schen Sammlung, des *Viṣṇudharmottara* an *Vi.*, des *Caturviṃśatipurāṇa* an den *Mānavaśrāddhakalpa*, des *Kūrmapurāṇa* an die Smṛti des *Uśanas*, des *Brahmapurāṇa* an den Ritus der *Kaṭha* oder *Kapiṣṭhalakaṭha* gefunden. Der *śrāddhakalpa* des *Y.* ist in das *Agni-* und *Gāruḍapurāṇa* übergegangen; ersteres enthält ausserdem das ganze 2. Buch des *Y.*, letzteres ausserdem fast das ganze 1. und 3. Buch des *Y.*[5] Das *Bhaviṣyapurāṇa* hat umfangreiche Stücke aus adhy. 1—3 unseres *M.* entlehnt[6]. Eine sogen. Smṛti des *Laghu-Hārīta* ist mit einem Stück des *Nṛsiṃhapurāṇa* identisch und scheint daraus genommen und willkürlich zu einer Smṛti gestempelt worden zu sein[7]. Für die Beurteilung des Alters und der Echtheit der vorhandenen Purāṇas ist auch der Umstand wichtig, dass ein grosser Teil der Citate aus denselben in den Dharmanibandhas sich in unseren Purāṇas nachweisen lässt. So hat V. S. Islāmapurkar von den Purāṇacitaten im 1. Teil des von ihm herausgegebenen *Mādhavīya* die Citate aus dem *Kūrma-*, *Nṛsiṃha-*, *Mārkaṇḍeya-*, *Liṅga-*, *Viṣṇu-*, *Śaiva-* und *Skandapurāṇa* grösstenteils, diejenigen aus dem *Matsyapurāṇa* wenigstens teilweise in den Ausgaben und Hss. dieser Purāṇas aufgefunden. Ähnlich steht es mit den Purāṇacitaten bei *Hemādri*.

Noch wichtiger ist der Umstand, dass schon Alberūnī um 1000 n. Chr. ein mit dem kashmirischen *Viṣṇudharmottara* wesentlich identisches Werk gekannt, ja dass schon *Brahmagupta* 628 n. Chr. letzteres Werk benützt hat[8]. Für das eigentliche Recht ausser gewisse Teile des Familienrechts sind diese religiösen Werke allerdings minder wichtig und werden daher in der nachfolgenden Darstellung wenig hervortreten. In den Smṛtis selbst werden die Purāṇas nicht als eine der Smṛti ebenbürtige Rechtsquelle anerkannt, vielmehr sollen bei einem Conflict zwischen den Lehren der Smṛtis und Purāṇas erstere den Ausschlag geben[9]; doch haben sich die Verfasser der Dharmanibandhas wenig an diesen Grundsatz gehalten.

1 Bühler und Kirste, Contrib. to the history of the Mah., Sitzungsber. Wien 1892, 4—27. — 2 Das Rāmāyaṇa (Bonn 1893), 100—111. Zu anderen Ergebnissen gelangt Ludwig, Über das R. (Prag 1894). Vgl. auch Grierson IA 23, 52 ff.; Barth, Bulletin 288 ff. (1894); Jacobi ZDMG 48, 407 ff. — 3 Vgl. Bühler SBE 2, XXVIII f. — 4 Altind. Ahnencult 68, 79, 112. — 5 Vgl. Mandlik LVII f. — 6 Bühler, SBE 25, CX f. — 7 V. Ś. Islāmapurkar, Mādh. 1, 9. — 8 Bühler, IA 19, 408, vgl. SBE l. c. — 9 So nach *Vyāsa* 1, 4; *Saṃgraha* im *Prayogapārijāta*. Vgl. West and Bühler[3] 11; Mandlik XXVIII.

§ 11. Die Commentare. Die Thätigkeit der Commentatoren hat offenbar auf dem Gebiet des *dharma* wie auf anderen Gebieten schon in sehr früher Zeit begonnen. Als Erklärungsschriften zu den Smṛtis können in gewissem Sinn schon die Arbeiten der Mīmāṃsāschule[1] betrachtet werden, die sich die Erforschung des *dharma* als ihr Ziel steckte, das Wesen der *smṛti* und ihr Verhältnis zur *śruti* theoretisch und praktisch erörterte und, wie früher erhellte, mit unserem *M.* und den wichtigsten Dharmasūtras wohl bekannt war. Die Mīmāṃsāschule hat daher nachweislich die Ansichten der Commentatoren stark beeinflusst, so schon in dem die lange Reihe der erhaltenen Commentare zu *M.*[2] eröffnenden kolossalen *Manubhāṣya* von *Medhātithi*, der *Kumārila* citirt und daher nicht vor Ende des 8. Jahrhunderts geschrieben haben kann, dagegen in die Zeit vor *Bhojarāja* (11. Jh.) und *Vijñāneśvara* (11.—12. Jh.) fallen muss, also in das 9. oder spätestens das 10. Jh. gehört. Seine Heimat ist wohl in Kashmir zu suchen, obwohl er schon frühe in südindischen Werken citirt wird. Bedeutend jünger ist die durch Knappheit des Ausdrucks und philologische Genauigkeit ausgezeichnete, als vollständige Paraphrase für die Interpretation des Textes sehr wertvolle *Manuṭīkā* von *Govindarāja*, die in Anbetracht ihrer Posteriorität im Vergleich mit *Bhojarāja* und ihrer Anteriorität gegenüber *Śrīdhara*, *Dharaṇīdhara* und *Nārāyaṇa-Sarvajña*, *Jīmūtavāhana*, *Śūlapāṇi* und *Kullūka* in das 12. Jh. zu setzen sein dürfte. Die durch Originalität hervorragende, aber nur auf schwierigere Textstellen eingehende *Manvarthavivṛti* des *Nārāyaṇa-Sarvajña* ist jünger als der Commentar des *Govindarāja*, kann aber kaum später als das 14. Jh. gesetzt werden, da dieser *Nārāyaṇa* schon in einem 1431 verfassten Werk des *Rāyamukuṭa* vorkommt; auch ist eine Hs. dieses Commentars schon 1497 geschrieben. Der berühmte, schon oft gedruckte Commentar des *Kullūkabhaṭṭa*, in Benares wahrscheinlich im 15. Jh. verfasst, hat sich neuerdings im Wesentlichen als ein Plagiat des älteren Werks von *Govindarāja* herausgestellt. *Rāghavānanda's Manvarthacandrikā* erwähnt die vier obigen Commentare, stützt sich aber vorzugsweise auf denjenigen des *Kullūka*; der sonst als philosophischer Autor bekannte Verfasser kann daher frühestens in das 16. Jh. gesetzt werden, kann aber auch nicht später als c. 1650 gelebt haben, da dieser Zeit die ältesten Hss. seines Werks angehören. Ungewissen, aber wahrscheinlich neueren Datums ist der Commentar des *Nandana* oder *Nandanācārya*, der die obigen Werke, namentlich das des *Nārāyaṇa*, benützt zu haben scheint, obschon er sie nicht nennt, und sich durch die von ihm bevorzugten Lesarten als ein südindischer Autor zu erkennen giebt. Unbedeutend sind die noch ungedruckten Glossen eines unbekannten Autors, die in einer mindestens 200 Jahre alten kashmirischen Hs. unseres *M.* vorliegen. Die *Manubhāvārthacandrikā* des *Rāmacandra* ist ihrem Herausgeber MANDLIK zufolge ein ganz moderner Commentar; auch werden darin nur ausgewählte Stellen erklärt, anscheinend mit besonderem Anschluss an *Kullūka*, den der Verfasser in der Einleitung nebst der *Mitākṣarā* als seine Hauptquelle nennt. Auch Commentare zu *M.* von *Kṛṣṇanātha, Rucidatta* und *Maṇirāmadīkṣita*, einem Zeitgenossen des Shah Jehan (1628—58), werden in Handschriftenkatalogen aufgeführt[3]. Nur aus Citaten kennt man bis jetzt die Commentare des *Asahāya*, *Viṣṇusvāmin*, *Bhāruci*, *Viśvarūpa, Bhojarāja, Dharaṇīdhara, Śrīdharasvāmin, Mādhavācārya* u. a.[4] Hievon sind die beiden ersten älter als *Medhātithi*, die drei folgenden älter als die *Mitākṣarā* — und zwar fällt die Regierung des *Bhoja* in die Zeit zwischen 1021 und c. 1050 — *Dharaṇīdhara* älter als *Kullūka*, der ihn häufig citirt, aber nach dem Citat zu *M.* 2, 85 nicht zu den »Alten« wie *Medhātithi* rechnet; über *Mādhavācārya* s. § 12[4].

Nächst *M.* scheint *Y.* am meisten commentirt worden zu sein, hervorzuheben ist der häufig gedruckte Commentar des Bettelmönchs (*pārivrājaka*) *Vijñaneśvara*, die berühmte Mitākṣarā[5], die schon frühe im Dekhan und selbst in Benares und einem grossen Teil Nordindiens massgebend geworden ist und in der englischen Zeit durch COLEBROOKE's Übersetzung des auf Erbrecht bezüglichen Teils auch für die moderne Gerichtspraxis die grösste Bedeutung erlangt hat. *Vijñāneśvara* wird im *Madanaratna* als ein südlicher Autor bezeichnet. Er selbst polemisirt gegen die Autoren des Nordens und verherrlicht den König *Vikramāṅka* von *Kalyāṇa*, der ohne Zweifel mit dem aus Inschriften von 1076—1127 n. Chr. und aus dem von BÜHLER herausgegebenen *Vikramāṅkadevacarita* bekannten Beherrscher von *Kalyāṇa* in Haidarabad identisch ist. Die Blütezeit unseres Autors fällt demnach in das letzte Viertel des 11. und erste Viertel des 12. Jahrh., und die Berühmtheit seines Werks wird mehr aus der Macht und dem Ansehen des mächtigen Cālukyafürsten als aus inneren Vorzügen der *Mit.* herzuleiten sein, die allerdings kein blosser Commentar ist, sondern ein vollständiges, mit zahlreichen Citaten belegtes Lehrgebäude des *dharma* enthält. Die *Mit.* wurde ihrerseits mehrfach commentirt, wie überhaupt viele späteren Rechtswerke, bald zustimmend bald oppositionell, an die *Mit.* anknüpfen. Nur aus Handschriftenkatalogen kenne ich die Commentare zur *Mit.* von *Madhusūdanagosvāmin* (19. Jahrh.), *Mukundalāla, Rādhāmohanaśarman* und *Halāyudhabhaṭṭa*. Der nur auf einzelne Stellen eingehende Commentar von *Viśveśvara*, die *Subodhinī*, ist am Hofe eines im nördlichen Indien, in *Kāṣṭhā* (Kāṭha) nördl. von Delhi, regierenden Dynasten, des *Madanapāla* entstanden, wahrscheinlich um 1350 bis 1360, da der *Madanavinoda*, das letzte der fünf bekannten Werke dieses Autors, 1375 geschrieben und die *Subodhinī* sein erstes Werk ist[6]. Der viel ausführlichere Commentar der *Lakṣmīdevī Pāyaguṇḍe*, *Lakṣmīvyākhyāna* genannt, ist um 1750, jedenfalls nicht nach 1782, geschrieben[8]. Als Probe für die Weitschweifigkeit dieser gelehrten Sanskritistin des 18. Jahrhunderts mag erwähnt werden, dass in ihrem Werk der Abschnitt über *dāyabhāga* in einer mir gehörigen Copie allein 239 Blätter füllt, gegenüber den 32 Druckseiten des *dāyabhāga* in der Bombayer Ausgabe der *Mit.* von 1882. Von *Nandapaṇḍita*'s Commentar zur *Mit.* (17. Jahrh.) sind nur fragmentarische Hss. bekannt[9]. Von weiteren Commentaren des *Y.* sind uns namentlich die gelehrten und umfassenden Arbeiten des *Aparārka* und *Mitramiśra* und der kurze Commentar des *Śūlapāṇi*, sämtlich noch ungedruckt, erhalten. *Aparārka*[10], ein König von Konkan aus der Dynastie der *Śilāhāra*, lebte jedenfalls im 12. Jahrhundert, doch hat man die Wahl zwischen zwei Fürsten dieses Namens, von denen der eine von c. 1140—1160, der andre von 1184—1187 bezeugt ist. Der Commentar des *A.* oder *Aparāditya* ist besonders reich an wertvollen Smṛticitaten[11] und wurde von späteren Autoren fleissig benützt. Sein Verhältnis zur *Mit.* ist nicht klar, da er zwar vielfach mit derselben sich berührt, sie aber nicht nennt und in seinen Ansichten und Lesarten auch nicht selten von der *Mit.* abweicht[12]. *Mitramiśra*'s *Vīramitrodaya*, nicht zu verwechseln mit seinem gleichnamigen Lehrbuch des *dharma* (§ 12), ist nach den Proben bei PETERSON ein ausführliches, schätzbares Werk, seine Abfassung fällt in das 17. Jahrhundert[13]. *Śūlapāṇi*'s *Dīpakālikā*, die nur ausgewählte Textstellen erklärt, ist nach COLEBROOKE[14] modern, dagegen ist *Ś.* nach R. Mitra[15] ein Zeitgenosse *Lakṣmaṇasena*'s von Bengalen (Anfang des 12. Jahrhunderts). Citirt wird *Ś.* von *Raghunandana* (um 1600) und citirt selbst keine jüngeren Autoren als *Bhavadeva, Bhoja* (11. Jahrh.) und *Lakṣmīdhara* (12. Jahrh.?)[16], doch ist er wohl jünger als *Jīmūtavāhana* (§ 12), da derselbe an der Spitze der bengalischen Juristen genannt wird. In Bengalen lebte *Ś.*, da er *Sāhuḍiyāṇa* oder *Sāhuḍīpāla* heisst, was COLEBROOKE mit Sāhuria in Bengalen identificirt, und von *Kamalākara* als ein Östlicher bezeichnet wird. Nur aus Handschriftenkatalogen kenne ich die Commentare des *Kulamaṇiśukla, Mathurānātha* und *Raghunāthabhaṭṭa*[17], nur aus Citaten diejenigen des *Bhāruci*[18], *Devabodha* (beide älter als die *Mit.*), *Viśvarūpa* (Lehrer des *Vijñāneśvara*), *Dharmeśvara* (älter als *Śūlapāṇi*) u. a.

Zu *Āp.* und *Gaut.* besitzen wir wertvolle Commentare von *Haradatta*, auch *Haradattācārya* und *-miśra* genannt, einem südindischen Autor, der wohl mit dem von *Sāyaṇa-Mādhava*[19] in der *Dhātuvṛtti* und dem *Sarvadarśanasaṃgraha*[20] citirten *Haradattamiśra*, resp. *-ācārya* identisch und daher spätestens um 1300 zu setzen ist. Auszüge aus dem Commentar zu *Āp.* hat BÜHLER in seiner Ausgabe dieses Autors veröffentlicht und viele Stellen aus beiden Commentaren in den Anmerkungen zu SBE2 übersetzt.

Der soeben genannte *Mādhava*, mit dem Beinamen *Vidyāraṇya* »der Wald der Gelehrsamkeit«, wie sein jüngerer Bruder *Sāyaṇa* berühmt als fruchtbarer Schriftsteller, ist der Verfasser des umfangreichen, eine vollkommene Encyclopädie des *dharma*, insbesondere auch des *vyavahāra*, enthaltenden, von späteren Autoren häufig citirten Commentars zu *Parāśara*, der *Parāśarasmṛtivyākhyā*[21]. In der Einleitung zu diesem Werk bezeichnet sich der Verfasser als den Guru und Minister des Königs *Bukka*, womit ohne Zweifel *Bukka* I., der berühmte Beherrscher von *Vijayanagara* (j. Hampi an der Tungabhadra in Bellary) in Südindien gemeint ist, dessen Urkunden nach HULTZSCH von *śaka* 1276—93 reichen, sodass seine Regierungszeit in das dritte Viertel des 14. Jahrhunderts fällt. Eine Ausgabe der zwei ersten Teile dieses Werks in Telugudruck ist in Madras herausgekommen, zwei neue Ausgaben des ganzen Werks sind in der Bibl. Ind. in Calcutta und der Bombay Sanskrit Series im Erscheinen begriffen, die letztgenannte ist die beste. Eine Übersetzung des Kapitels über Erbrecht hat BURNELL 1868 veröffentlicht. Einen bedeutend kürzeren, das eigentliche Recht kaum streifenden, noch ungedruckten Commentar zu *Parāśara* schrieb der bekannte *Nandapaṇḍita*, und zwar jedenfalls vor 1622, dem Datum der Abfassung seiner *Vaijayantī*, in der dieser Commentar citirt wird[22].

Die soeben genannte *Vaijayantī* ist ein sehr ausführlicher, zahlreiche Belegstellen und Excurse enthaltender Commentar zu *Vi.*, der nach den Hss. im Jahre 1622 in Benares von *Nandapaṇḍita* verfasst wurde. Dieser gelehrte *dharmādhikārin*, dessen Nachkommen noch jetzt in Benares leben (§ 12), hat eine beträchtliche Anzahl umfangreicher Schriften über Recht, aber auch aus dem Gebiet der Philosophie und selbst der Dichtkunst, hinterlassen. Auszüge aus seiner *Vaijayantī* habe ich selbst in meiner Ausgabe des *Vi.* in der Bibl. Ind. und in meiner Übersetzung des *Vi.* veröffentlicht.

Nār. ist zuerst von *Asahāya* commentirt worden, auf dessen hohes Alter oben hingewiesen wurde, doch besitzen wir sein *Nāradabhāṣya* nicht in seiner ursprünglichen Gestalt, sondern dasselbe ist, da der Text »von schlechten Schreibern verwahrlost« worden war, von einem gewissen *Kalyāṇabhaṭṭa* revidirt worden. Ausführliche Auszüge daraus enthält meine Ausgabe und Übersetzung des *Nār.* Ein in Newārī geschriebener Commentar liegt in einer alten nepalesischen Hs. dieser Smṛti vor.

Baudh. ist von *Govindasvāmin* in seinem *Bodhāyanadharmavivaraṇa* commentirt, und englische Auszüge aus diesem Werk finden sich in den Anmerkungen zu BÜHLER's Übersetzung des *Baudh.* vor. Doch stellt BÜHLER diesen Commentar nicht hoch, auch ist derselbe nach BURNELL modern.

Der *Karmapradīpa* des *Kāty.* ist von *Āśārka* oder *Āśāditya* commentirt. Einen *Āśārka* citirt nach EGGELING I. O. No. 1470 der 1625 verfasste *Vidhānapārijāta* und nach Aufrecht Bodl. No. 654 *Kamalākara*, der im Anfang des 17. Jahrhunderts schrieb, einen *Āśāditya* der etwas jüngere *Anantadeva* (HALL, Ind. 190). Auszüge aus *Āś.* enthält Schrader's *Karm.*

Fast alle bisher besprochenen Werke enthalten mehr oder weniger zahlreiche Verweisungen auf ältere Commentare zu den darin commentirten Smṛtis. Auch zu anderen Smṛtis, z. B. zu *Hārīta*, *Vyāsa*, *Caturviṃśatimata*, werden Commentare in den Handschriftenkatalogen erwähnt oder in den mittelalterlichen und neueren Rechtswerken citirt. Über einige der Commentare zu späteren Werken s. § 12. Die Abfassung von Commentaren ist auch noch keineswegs abgeschlossen, wie z. B. der schätzbare Commentar zu *Vas.* erst in den 70er Jahren dieses Jahrhunderts von *Kṛṣṇapaṇḍita* verfasst ist. Die Commentare zu den Epen finden in einem andern Teil dieses Grundrisses Besprechung.

[1] Vgl. COLEBROOKE, Ess. ed. Cowell 1, 319—349; THIBAUT, *Arthasaṃgraha* (Ben. 1882), II—XV. — [2] Vgl. BÜHLER SBE 25, CXVIII—CXXXVI; Tag. Lect. 4—12. Auszüge aus 6 ungedruckten Commentaren enthält mein *Manuṭīkāsaṃgraha* in der Bibl. Ind., eine vollständige Ausgabe von 7 Commentaren MANDLIK's *Mānavadharmaśāstra* (Bomb. 1886). — [3] AUFRECHT, l. c. 451; STEIN, Jammu Catalogue (1894) XXXVII. — [4] Vgl. BÜHLER l. c. CXX; Tag. Lect. 5; MANDLIK l. c. 1, 4; KIELHORN EI 3, 48. — [5] WEST and BÜHLER 3 12—17; BHANDARKAR, Hist. 61—67; COLEBROOKE l. c. 479. — [6] AUFRECHT l. c. 454 f. — [7] EGGELING I. O. No. 1394. — [8] Vgl. ZDMG 46, 270; Tag. Lect. 15. — [9] Vgl. ZDMG 46, 271. — [10] Vgl. Indrājī BG 13, 2, 426 ff.; BÜHLER in Denkschr. d. Wiener Ak. 42, 5, 1 (1893). — [11] Vgl. KIRSTE bei BÜHLER l. c. — [12] WEST and BÜHLER 3 18; Tag. Lect. 13 f. — [13] PETERSON, II. Report 49—53; EGGELING l. c. 1288; ZDMG 46, 271. — [14] l. c. 487. — [15] Not. 3, No. 1147. — [16] AUFRECHT l. c. 660. — [17] l. c. 474. — [18] Vgl. ZDMG 47, 616. — [19] Vgl. BÜHLER, *Āp.* 2 VIII. — [20] GOUGH 104. — [21] Vgl. BURNELL, Vaṃçabr. XVI; KLEMM, Ṣaḍviṃçabr. 15 ff.; R. SARVADHIKARI, Principles 362—366; HULTZSCH EI 3, 36, SII 1, 161. — [22] Tag. Lect. 16; EGGELING l. c. 1301.

§ 12. Die Dharmanibandhas. Aus der fast unzähligen Menge der systematischen Werke über *dharma*, der Dharmanibandhas, können hier nur einige der hervorragendsten Erscheinungen herausgegriffen werden, unter besonderer Berücksichtigung der genauer datirbaren und der auf eigentliches Recht bezüglichen Werke. Die ältesten erhaltenen Werke scheinen dem 11. bis 12. Jahrhundert anzugehören, wenn es auch nicht an Citaten aus noch erheblich älteren fehlt. *Lakṣmīdhara*[1], der erste Minister (*sāṃdhivigrahika*) eines Königs *Govindacandra*, ist der Verfasser des *Kṛtya-* oder *Smṛtikalpataru* oder *Smṛtikalpadruma*, der in 12 *kāṇḍa* von *śrāddha*, *dāna*, *pratiṣṭhā*, *tīrtha*, *śuddhi* u. a. Teilen des religiösen Rechts und von Königsrecht (*rājadharma*) und Process (*vyavahāra*) handelt. Vielleicht ist *L.*'s Gönner mit dem mächtigen *Govindacandra* von *Kanyakubja* identisch, dessen Urkunden von 1105 bis 1143 reichen. Jedenfalls wird L. schon von *Hemādri* und im *Smṛtyarthasāra* (s. u.) citirt und citirt seinerseits von Commentatoren nur *Medhātithi* (9. Jahrh., s. § 11), sodass er wohl in die erste Hälfte des 12. Jahrhunderts gesetzt werden kann, wenn nicht noch früher. Er wird ausser in den beiden obigen auch in vielen anderen Werken aus allen Teilen Indiens citirt, so im *Madanapārijāta*, *Madanaratna*, *Vivādacintāmaṇi* und *-ratnākara*, *Sarasvatīvilāsa*, *Vīramitrodaya*, bei *Kamalākara*, *Raghunandana* u. a. Ungefähr in die gleiche Epoche wie *L.* ist *Halāyudha*[2] zu setzen, der Verfasser des neuerdings gedruckten *Brāhmaṇasarvasva* über die täglichen Pflichten der Brahmanen u. a. Werke, die besonders von bengalischen Autoren fleissig citirt werden. *H.* war der Oberrichter (*dharmādhikārin*, *dharmādhyakṣa*) des berühmten Königs *Lakṣmaṇasena* von Bengalen, dessen Thronbesteigung in das Jahr 1119 fällt. Der Vater dieses Königs hiess *Ballālasena*, und der nämliche Name begegnet als der Verfasser des *Dānasāgara* über religiöse Schenkungen, der laut der Einleitung in der I. O. Hs. 1704 von *Ballālasena*, dem Sohn des *Vijayasena* und Enkel des *Hemantasena* mit Hülfe des *Aniruddha* im Jahre 1169 (*śaka* 1091) verfasst ist[3]. An der richtigen Lesung dieses auch in Worten ausgedrückten Datums durch AUFRECHT und EGGELING besteht kein Zweifel, die innere Wahrscheinlichkeit spricht aber dafür, dass mit R. Mitra nach einer anderen Quelle *śaka* 1019 = 1097 n. Chr. zu lesen ist. Alte südindische Werke sind der *Abhilaṣitārthacintāmaṇi* oder *Mānasollāsa* des *Cālukya*-Königs *Bhūlokamalla-Someśvaradeva* (1127—38), eine Encyclopädie für Fürsten über Architektur, Politik, Vergnügungen u. s. w.[4], und die wichtige *Smṛticandrikā* des *Devaṇṇabhaṭṭa*[5], die anscheinend in 5 grosse *kāṇḍa* oder *adhyāya* über *saṃskāra*, *āhnika*, *prāyaścitta*, *śrāddha*, *vyavahāra* mit zahlreichen Unterabteilungen (*prakaraṇa*) zerfällt. Hievon ist der Abschnitt über Erbrecht *dāyabhāga* aus dem *vyavahārakāṇḍa* gedruckt und übersetzt. Da die *Smṛtic. Aparārka* (§ 11) citirt und von *Hemādri* (s. u.) citirt wird, so muss sie um 1200 geschrieben sein. Nicht nur in Südindien geniesst dieses Werk grosses Ansehen, sondern wird auch in nordindischen Werken wie z. B. dem *Vīramitrodaya* viel citirt. In einer von *Hemādri* (*śr.* 1360) angeführten Stelle aus der *Smṛtic.*, die ich allerdings in dem entsprechenden Teil derselben nicht finden kann, wird eine Ansicht des »Verfassers des *Smṛtyarthasāra*« kritisirt. Wenn hiemit, wie wahrscheinlich, das oft citirte Werk dieses Namens von *Śrīdhara*[6] gemeint ist, so muss letzteres vor 1200 geschrieben sein, ist aber wohl nicht älter als 1150, da *Śrīdhara* sich auf den *Kalpavṛkṣa* (*Kalpadruma* von *Lakṣmīdhara*, s. o.) und auf *Govindarāja-matam* beruft. Der schon in § 11 als Commentator erwähnte *Govindarāja* ist hier abermals zu nennen als Autor der *Smṛtimañjarī*[7], die von ihm selbst in seinem Commentar zu *M.* und von anderen alten Autoren citirt wird.

Dem letzten Teil des 13. Jahrhunderts, genauer der Zeit zwischen 1260 und 1309, gehört der imposante *Caturvargacintāmaṇi* des *Hemādri*[8] an, dessen schon weit gediehene Publikation in der Bibl. Ind. hoffentlich zu Ende geführt wird. Erschienen sind von den fünf *khaṇḍa* bisher der 1. oder *vrata-*, der 2. oder *dāna-* und ein grosser Teil des 5. oder *pariśeṣakhaṇḍa*, während 3 und 4, der *tīrtha-* und *mokṣakhaṇḍa* noch ausstehen. Das eigentliche Recht ist in diesem bändereichen Werk abgesehen von einigen gelegentlichen Bemerkungen in dem Abschnitt über *śrāddha* (524 ff.) nicht behandelt, aber es ist eine wahre Fundgrube interessanter Citate aus den Smṛtis und Purāṇas. *Hem.* war Minister (*mantrin*) und Schriftführer oder Archivar (*śrīkaraṇādhipa*) bei zwei mächtigen Herrschern aus der Yādavadynastie in *Devagiri* (Dowlatabad

3*

in Haidarabad), *Mahādeva* (1260—71) und *Rāmacandra* (1271—1309). Um 1230 setzt BHANDARKAR[9] eine *Dānavākyāvalī* über religiöse Stiftungen und Schenkungen, die von *Vidyāpati* im Auftrag der *Dhīramati*, der Gemahlin des Königs *Narasiṃhadeva* von *Mithilā* verfasst wurde. Eine alte Hs. dieses Werks ist schon 1483 geschrieben, und der König *Narasiṃhadeva* kommt auch in den überlieferten Stammbäumen der alten Dynastie von *Mithilā* vor, wo der bekannte *Harasiṃhadeva*, dessen Regierungszeit in den Anfang des 14. Jahrhunderts fällt, als sein Urenkel erscheint.

Das 14. Jahrhundert ist die Blütezeit der um die Entwicklung der eigentlichen Jurisprudenz hochverdienten Schule von *Mithilā*, die an die in diesem Lande schon aus der Zeit des *Y.* (§ 6) bestehende Tradition anknüpfen konnte. Der *Smṛtiratnākara*[10], ein umfangreiches Compendium, das in sieben Teile über *kṛtya*, *dāna*, *vyavahāra*, *śuddhi*, *pūjā*, *vivāda* und *gṛhastha* zerfällt, hat, ebenso wie das kürzere, rein religiöse Werk *Kṛtyacintāmaṇi*, *Caṇḍeśvara* zum Verfasser, der nach den Einleitungen zu seinen Werken der Sohn eines Ministers und selbst Minister (*mantrin*) bei dem König *Harasiṃhadeva* (s. o.) war, für seinen Herrn Nepal eroberte (nach anderen Quellen im Jahre 1324) und am Ufer der (in Nepal entspringenden) *Vāgvatī* sein eigenes Gewicht in Gold verschenkte. Da diese Schenkung in das Jahr 1314 gesetzt wird, so wird die Abfassung unsres Werks etwas später fallen. Gedruckt ist bis jetzt nur der *Vivādaratnākara* in der Bibl. Ind., eine ausführliche Darstellung der 18 Rechtsmaterien, die einen grossen Reichtum an wertvollen Citaten enthält. Ein ähnliches Werk ist der *Vivādacandra*[11], der seinen Namen von *Candrasiṃha* hat, dem Enkel des soeben genannten Königs von *Mithilā*, und von *Lakhimādevī* (*Lakṣmīd.*), der Gemahlin dieses Fürsten, resp. von dem von ihr dazu beauftragten *Misarumiśra* herrührt. Der *Ratnākara* wird in diesem Werk citirt, und es mag etwa 50 Jahre später, also gegen das Ende des 14. Jahrhunderts geschrieben sein. Ein besonders fruchtbarer, in spätern, namentlich bengalischen Werken oft citirter Autor war *Vācaspatimiśra*[12], der am Hof des Königs *Harinārāyaṇa* von Mithilā lebte, der ein Urenkel des Königs *Harasiṃhadeva* und ein Neffe (oder Sohn?) des *Candrasiṃha* war, also um 1400 oder schon in das 15. Jahrhundert gesetzt werden muss. Sein Hauptwerk sind die verschiedenen *Cintāmaṇi*, über *śrāddha*, *tīrtha*, *nīti*, *prāyaścitta* u. s. w. Auf eigentliches Recht bezieht sich der *Vivādacintāmaṇi*, der in Calcutta 1837 herausgegeben und 1863 von P. C. TAGORE ins Englische übersetzt ist, und der vom Gerichtswesen handelnde, noch ungedruckte *Vyavahāracintāmaṇi*. Etwas früher, nämlich um 1360—70, wurde im Nordwesten von *Viśveśvara*[13] unter den Auspicien des *Madanapāla* der *Madanapārijāta* verfasst (vgl. § 11). Dieses in der Bibl. Ind. gedruckte Werk behandelt in neun *stabaka* das religiöse Recht und von dem weltlichen das Erbrecht (8. *st.*). Als seine Quellen giebt der Verfasser *Hemādri* und *Aparārka*, den *Kalpadruma* und *Smṛtyarthasāra*, die *Mitākṣarā* und *Smṛticandrikā* an; nach AUFRECHT hat er *Mādhava*'s Commentar zu *Parāśara* stark ausgeschrieben, den er aber jedenfalls nirgends erwähnt. Citate aus einem *Pārijāta* in anderen Werken finden sich häufig, brauchen aber bei der Häufigkeit dieses Titels nicht auf unser Werk bezogen zu werden. Nach dem *Pārijāta* schrieb unser Autor noch den *Mahārṇava* über *karmavipāka* und die *Smṛtikaumudī* über Rechte und Pflichten der Sūdras, in der die *Smṛtimañjarī* (s. o.) citirt wird, zuletzt sein von 1375 datirtes medicinisches Werk *Madanavinoda*. *Mādhava*, der ausser dem in § 11 erwähnten Commentar den gedruckten *Kālanirṇaya* und noch manche ungedruckte Werke über *dharma* verfasst hat, verdient deshalb auch hier Erwähnung. Als Quelle wird in dem *Kālanirṇaya* u. a. der *Kālādarśa* genannt; doch braucht unter diesem auch sonst häufig citirten

Werk nicht notwendig der in Hss. erhaltene *Kālādarśa* des *Ādityabhaṭṭa* verstanden zu werden[14].

In das 15. Jahrh. scheint der *Dharmaratna* des *Jīmūtavāhana*[15] zu gehören. Einen Teil dieses Werks bildet der vorzugsweise so genannte *Dāyabhāga*, die berühmte Darstellung des Erbrechts, die das Hauptwerk der bengalischen Schule auf diesem Gebiet und von COLEBROOKE übersetzt ist. Dieses Werk enthält nur Verweisungen auf alte Autoren wie *Govindarāja*, *Jitendriya*, *Bhoja*, *Viśvarūpa* u. a., aber den Commentaren zufolge werden darin mehrfach die Lehren der oben genannten Autoritäten der Mithilāschule einschliesslich des *Vācaspatimiśra* bekämpft, so dass es — die Richtigkeit dieser Annahme vorausgesetzt — nicht vor dem 15. Jahrh. geschrieben sein kann, ebenso wenig aber später, da ein altes Ms. des *Dharmaratna* aus dem Ende dieses Jahrhunderts herrührt und unser Autor schon von *Raghunandana* citirt wird. *Jīmūtavāhana* ist häufig commentirt worden, eine Ausgabe seines *Dāyabhāga* mit 7 Commentaren erschien in Calcutta 1863—66. Der älteste dieser Commentatoren, der auch sonst als Schriftsteller auf diesem Gebiet bekannte *Ācāryacūḍāmaṇi*, muss auch noch in das 15. Jahrh. fallen, da er schon von *Raghunandana* citirt wird, ebenso wie *Śūlapāṇi* (s. § 11), dessen *Smṛtiviveka* alle Teile des Rechts umfasst zu haben scheint. Der *Prayogapārijāta* des *Nṛsiṃha*, ein umfangreiches Compendium des religiösen Rechts, muss noch in den Anfang des 15. Jahrhunderts fallen, da er zwar eine Verweisung auf *Mādhava*'s Commentar zu *Parāśara* (§ 11) enthält, aber eine alte Hs. schon 1437/38 geschrieben ist[16]. Auf dem obigen Werk des *Mādhava* über *kāla* beruht die *Kālanirṇayadīpikā* des *Rāmacandrācārya*, ein südindisches Werk von 1450, das von einem Sohn des Verfassers commentirt wurde[17]. Der *Madanaratnapradīpa*, abgekürzt *Madanaratna*[18], ist eine Rechtsencyclopädie in 7 Büchern, *uddyota* genannt. Der mir vorliegende *vyavahārodvekkodyota* enthält eine sehr eingehende, durch wertvolle Citate aus den Smṛtis ausgezeichnete Darstellung des eigentlichen Rechts. Von den darin citirten späteren Werken und Autoren wie *Mitākṣarā*, *Kalpataru*, *Halāyudha*, *Asahāya*, *Smṛticandrikā*, ist das *Mādhavīya* das jüngste, und zwar wird *Mādhava* oft und mit besondrer Verehrung genannt, sodass unser Werk nach einer bekannten Regel um mindestens 100 Jahre später, also in die 2. Hälfte des 15. Jahrhunderts zu setzen wäre. Citate aus dem *Madanaratna* finden sich häufig bei Autoren aus der 1. Hälfte des 17. Jahrhunderts, wie *Kamalākara*, *Anantabhaṭṭa*, *Nīlakaṇṭha*, *Mitramiśra*, und schon in der 2. Hälfte des 16. Jahrhunderts bei *Padmanābha* (s. u.). Erwähnenswert ist auch, dass unser Autor von den Werken der Mithilāschule keine jüngeren als den *Ratnākara* nennt. Da er Delhi verherrlicht und gegen die Autoren des Ostens und des Südens polemisirt, wird er dem Nordwesten angehören; doch kann er schon wegen der gänzlichen Verschiedenheit des Stammbaums mit dem ebendaher stammenden *Madanapāla* nicht identisch sein (s. o.). Ein ähnliches Werk ist der in 12 *sāra* eingeteilte *Nṛsiṃhaprasāda* von *Dalapati*[19], der sich selbst als Premierminister oder Stellvertreter *sāmrājyadhuraṃdharamahīpati* des Nizām Shāh, d. h. wohl des Begründers der gleichnamigen Dynastie von Ahmednagar (1489—1508) bezeichnet. Dieses gelehrte Compendium, in dem auch das eigentliche Recht ausführlich behandelt ist, beweist, dass in *Devagiri* das indische Recht auch nach der Einführung des Islam studirt wurde und das von *Hemādri* (s. o.) gegebene Beispiel Nachfolge fand. Die obige Datirung des Werks findet eine Stütze in einem 1511/12 geschriebenen Ms. desselben in Benares. Schon im Jahre 1472/73 ist eine alte Hs. des *Smṛtisāra* von *Harinātha* geschrieben, von dem ich eine 67 Bl. füllende Abschrift des Abschnitts über eigentliches Recht *vivādaparicheda* besitze. Dieses Werk fällt daher spätestens in das 15. Jahrh. Nur alte Autoren und Werke wie *Śrīkara*, *Bālarūpa*, der *Kalpataru* werden von *Harinātha* citirt, andrerseits ist aber auf die alten Citate aus einem *Smṛtisāra* bei der Häufigkeit dieses Titels nicht zu viel zu geben[20].

An der Spitze der Autoren des 16. Jahrhunderts verdient der gelehrte Bengale *Raghunandana* genannt zu werden, dessen Hauptwerk, das *Smṛtitattva*[21], schon mehrfach gedruckt ist. Auf eigentliches Recht beziehen sich von den 28 *tattva*, in welche dieses grosse Compendium zerfällt, das *divya*-, *dāya*- und *vyavahāratattva* über Ordalien, Erbrecht und Gerichtswesen, letztere beiden auch separat gedruckt, das *dāyatattva* auch übersetzt. Mehrere *tattva* sind auch schon frühe commentirt worden. Da *R.* in seinem *jyotistattva* von dem Jahre 1498 spricht, so muss er um diese Zeit gelebt haben, wie sich auch aus seiner Gleichzeitigkeit mit dem berühmten Reformator *Caitanya* (1486—1527) ergiebt. Ein Zeitgenosse des *Caitanya* war auch der von ihm zu seiner Religion bekehrte König *Pratāparudradeva* von Orissa (1503—1524), der wahrscheinlich schon vor seiner Bekehrung, etwa im Jahre 1515, den *Sarasvatīvilāsa*, ein umfangreiches Rechtswerk, verfasste, von dem der Teil des *vyavahārakāṇḍa* über Erbrecht von Foulkes (Lond. 1881) herausgegeben und übersetzt ist. Dieses in Südindien, besonders in der Heimat des Verfassers, zu grossem Ansehen gelangte Werk schliesst sich nicht an die bengalische Schule, sondern an die *Mit.* und *Smṛtic.* an[22]. Eines kaum minder vornehmen Autors kann sich der *Ṭoḍarānanda*[23] des *Ṭoḍaramalla*, des berühmten Finanzministers des Kaisers Akbar (regierte 1556—1605), rühmen. Der von dem Gerichtsverfahren und materiellen Recht handelnde Teil dieses Werks heisst *vyavahārasaukhya*, eine alte Hs. hiervon ist schon 1581 geschrieben, wie auch von dem *vratasaukhya* ein 1582/83 geschriebenes Ms. existirt. Citate aus dem *Ṭ.* enthält u. a. der *Vyavahāramayūkha* und der *Śūdrakamalākara* (s. u.). Bis in das 16. Jahrh. lassen sich auch zwei Gelehrtenfamilien in Benares zurückverfolgen, deren Nachkommen dort noch jetzt leben[24]. Der aus Südindien stammende *Rāmeśvara* (mit dem der ganzen Familie beigelegten Beinamen *Bhaṭṭa*), ein Sohn des *Govinda*, liess sich etwa im Anfang des 16. Jahrhunderts in Benares nieder. Sein Sohn *Nārāyaṇa* schrieb verschiedene, teilweise noch vorhandene Werke über religiöses Recht und Philosophie mit den Daten 1535/36, 1556/57 und 1568/69. Sein *Prayogaratna*, in Bombay 1861 gedruckt, gilt noch jetzt im westlichen Indien als eine Autorität in Sachen der häuslichen Gebräuche. *Saṃkara*, der Sohn dieses *Nārāyaṇa*, ist besonders bekannt als der Verfasser des also gegen Ende des 16. Jahrhunderts zu setzenden *Dharmadvaitanirṇaya*, einer Erörterung von Rechtsproblemen, von welcher der auf Adoption bezügliche Teil von Mandlik edirt und übersetzt ist[24]. Auch ein andrer Sohn des *Nārāyaṇa*, *Rāmakṛṣṇa*, war auf dem Gebiet des *dharmaśāstra* schriftstellerisch thätig[25]. Die zweite Familie stammt ebenfalls aus Südindien, war aber schon in der 6. Generation in Benares ansässig, als ihr berühmtestes Mitglied, *Nandapaṇḍita*, geboren wurde, dessen 1622 geschriebene *Vaijayantī* schon in § 11 besprochen ist. Ein poetisches Werk von ihm enthält das Datum 1598/99. Am bekanntesten ist seine schon mehrfach herausgegebene, von Sutherland übersetzte *Dattakamīmāṃsā* über Adoption. In das 16. Jahrh. gehören noch *Acala*'s *Nirṇayadīpaka*[26] von 1518 über Religionsgebräuche, der im Nordwesten vor 1600, vielleicht sogar schon im 15. Jahrh. geschriebene *Jaṭamallavilāsa*[27], das von einem Fürsten aus dem bekannten Stamm der *Cāhamāna* in *Ekacakra* an der *Yamunā* veranlasste *Nirṇayāmṛta*, das jedoch nicht das einzige Werk dieses Namens und daher schwer zu fixiren ist[28], der *Samayāloka* von *Padmanābha*[29] u. a. Werke.

Das 17. Jahrh., in das wir hiermit schon gelangen, bringt uns zunächst

Repräsentanten der Familie des *Rāmeśvara* von Benares. *Nīlakaṇṭha*[30], ein Sohn des erwähnten *Śaṃkara*, schrieb sein Hauptwerk, den in 12 Strahlen (*mayūkha*) eingeteilten, in Bombay und Benares gedruckten *Bhagavantabhāskara*, zu Ehren und im Auftrag des Rajputenfürsten *Bhagavantadeva* aus dem Stamm der Seṅgaras in Bhareha (j. Bhareh), am Zusammenfluss von Jumna und Chambal in den N. W. Provinzen, das noch jetzt diesem Rajputenstamm gehört. Der von Recht und Gericht handelnde Teil, der *Vyavahāramayūkha* heisst, schon mehrfach separat gedruckt und von BORRODAILE, neuerdings von MANDLIK übersetzt ist, scheint sich besonders an den *Madanaratna* anzuschliessen; in der Lehre von der Adoption folgt der Verfasser den von seinem verehrungswürdigen Vater (*tātacaraṇāḥ* p. 40, ed. MANDLIK) im *Dvaitanirṇaya* (s. o.) vorgetragenen Ansichten. Ein Auszug aus letzterem Werk ist der von *Bhānu*, einem Sohn des *Nīlakaṇṭha*, verfasste *Dvaitanirṇayasiddhāntasaṃgraha*[31]. Ein Bruder dieses Autors, der wie sein Grossvater *Bhaṭṭaśaṃkara* hiess, schrieb u. a. auf *dharma* bezüglichen Werken 1671 das *Kuṇḍoddyotadarśana*[32]. *Divākara*, ein Sohn einer Tochter *Nīlakaṇṭha*'s, schrieb u. a. einen grossen *Dharmaśāstrasudhānidhi* 1683 und einen *Ācārārka* 1686; zu zwei seiner Schriften verfasste sein Sohn *Vaidyanātha* Inhaltsangaben[33]. Ein Sohn des oben genannten *Rāmakṛṣṇa*, also ein Vetter des *Nīlakaṇṭha*, *Kamalākara*, entwickelte eine enorme Fruchtbarkeit[34]. Sein mehrfach gedrucktes, umfassendes Werk *Nirṇayasindhu*, 1611/12 geschrieben, gilt noch jetzt im Mahrattenlande als die erste Autorität in Fragen des religiösen Ceremoniells. Sein ebenfalls gedrucktes *Śūdradharmatattva*, abgekürzt *Śūdrakamalākara*, bildet einen Teil seines grossen *Dharmatattva*. Eine wertvolle, an die *Mit.* anknüpfende und gegen die bengalische Schule polemisirende Darstellung des eigentlichen Rechts ist sein *Vivādatāṇḍava*. Sein älterer Bruder *Dinakara*[35] schrieb u. a. den *Karmavipākasāra*, von dem eine Hs. aus dem Jahre 1639 existirt, und den wie der *Madanaratna* in eine Reihe von *uddyota* eingeteilten *Dinakaroddyota*, von dem mir eine Hs. des *vyavahāroddyota* vorliegt. Diese ausführliche, besonders auf der *Mit.* basirende Darstellung des eigentlichen Rechts enthält den übrigens auch in andern Teilen des Werks vorkommenden Vermerk, dass dasselbe von dem Sohn des Verfassers, *Viśveśara* oder *Gāgā*, einem Zeitgenossen des Aurungzebe, vollendet worden sei. Ein jüngerer Bruder des *K.*, *Lakṣmaṇa*, schrieb einen Abriss der täglichen Pflichten, *Ācārasāra*[36]. Ein Sohn des *K.*, *Anantabhaṭṭa*[37], verfasste u. a. einen *Rāmakalpadruma*, jedenfalls vor 1674/75, dem Datum einer Hs. dieses Werks. Mütterlicherseits stammen aus dieser berühmten Gelehrtenfamilie *Divākara*[38], der Sohn einer Tochter des *Nīlakaṇṭha* und Verfasser der in Benares gedruckten *Dānacandrikā*, dann *Rāmacandra*[39] mit dem Familiennamen *Tatsat*, der u. a. 1648 eine *Kṛtyaratnāvalī* schrieb und dessen Mutter eine Urenkelin des *Rāmeśvara* von Benares war. Einem andern Geschlecht entsprossen, aber ebenfalls aus dem nördlichen Indien gebürtig war der schon in § 11 erwähnte *Mitramiśra*, von dessen *Vīramitrodaya*[40] der auf *vyavahāra* bezügliche Teil schon mehrfach gedruckt, der vom Erbrecht handelnde Abschnitt dieses Teils von G. SARKAR edirt und übersetzt ist. Im Erbrecht schliesst sich *Mitramiśra* eng an die *Mit.* an, die er ja auch commentirt hat, und bekämpft die Lehren des *Jīmūtavāhana* u. a. Bengalen. Sein Gönner, der Bundela *Vīrasiṃha*, nach dem der *Vīram.* benannt ist, ermordete 1602 den berühmten Abul Fazl und lebte noch unter Shah Jehan (1628—58). Wichtig für die Zeitbestimmung des *Mitramiśra* ist auch der Umstand, dass ein dem jüngern Sohn des *Vīrasiṃha* gewidmetes Werk 1635 geschrieben ist. Andre Werke aus dem 17. Jahrh. sind: die beiden in Südindien verfassten, von BURNELL beschriebenen Compendien *Smṛtimuktāphala* von *Vaidyanātha* (c. 1600), auf der

Smṛtic. beruhend und wie diese in *kāṇḍa* über *vyavahāra*, *śrāddha* u. s. w. eingeteilt[41], und *Varadarāja*'s, eines Tamulen, *Vyavahāranirṇaya*, aus dem Ende des 16. oder Anfang des 17. Jahrhunderts, woraus der Abschnitt über Erbrecht von BURNELL übersetzt ist[42]; die kleine Schrift *Gotrapravaranirṇaya* von c. 1620, ein Verzeichnis der Gotras von *Raghunātha*[43]; der religiöse Kalender *Kālatattvavivecana* von *Raghunātha*, dem Grossvater des vorhin erwähnten *Rāmacandra*, ebenfalls von 1620[44]; der *Vidhānapārijāta*, ein umfangreiches, auch das eigentliche Recht umfassendes Werk aus dem Jahre 1625 von *Ananta*[45]; ein umfassendes Compendium der religiösen Gebräuche unter den Auspicien des *Kṛparāma*, eines Zeitgenossen des Jehangir (*Jāhāṃgīra*, 1605—28) und Shahjehan (*Sāhajāhāṃ*, 1628—58) verfasst, der *Rāmaprakāśa*[46]; *Raghunāthasūri*'s 1655 geschriebenes Handbuch der Religionsgebräuche *Prayogatattva*[47]; der *Tithinirṇaya*, *Kālanirṇaya* u. a. religiöse Werke des besonders durch die *Siddhāntakaumudī* bekannten *Bhaṭṭojidīkṣita*, der noch in die 1. Hälfte dieses Jahrhunderts zu setzen ist, ja schon um 1620 als Lehrer auftrat[48]; der auch das Erbrecht behandelnde *Smārtavyavasthārṇava Raghunātha*'s von 1661[49]; der teilweise gedruckte, auch das eigentliche Recht umfassende *Smṛtikaustubha* des *Anantadeva*, dessen Gönner *Bāz Bahādur Candra* mit einem von 1644—64 nachweisbaren König von Kumāon identisch ist[50]; der Opferkalender *Parvanirṇaya* des *Gaṇapati Rāvala*[51] von 1685 u. s. w.

Aus dem 18. Jahrh. sind zu nennen *Ratnākara*'s *Jayasiṃhakalpadruma*[52] von 1713, so genannt zu Ehren des Königs *Jayasiṃha* von *Mathurā*; die nur teilweise in Sanskrit abgefasste, in Malabar viel gebrauchte südindische *Vyavahāramālā*[53] über Processverfahren und materielles Recht; der 1736 in Benares verfasste *Vratarāja* oder *Vrataprakāśa* von *Viśvanātha* über Fasten u. a. *vrata*[54]; der in Calcutta gedruckte, von WYNCH übersetzte Abriss des Erbrechts *Dāyakramasaṃgraha* von *Śrīkṛṣṇa Tarkālaṃkāra* aus dem Anfang des 18. Jahrhunderts[55]; das juristische Werk *Vivādārṇavabhañjana*, eine Collaboration von 12 Pandits aus verschiedenen Teilen Indiens (*nānādeśanivāsin*), die wegen der Hinweise auf *Śrīkṛṣṇa Tarkālaṃkāra* frühestens um die Mitte des vorigen Jahrhunderts entstanden sein kann u. a.[56]. Das letztgenannte Werk erinnert schon an die Kategorie der unter englischem Einfluss entstandenen Compendien wie namentlich der im Auftrag von Sir WARREN HASTINGS geschriebene, in Bombay gedruckte *Vivādārṇavasetu*[57], eine ausführliche Darstellung des Rechts und Gerichtsverfahrens, die von einer Commission von 11 Pandits aus allen Teilen Bengalens 1773—75 in Calcutta verfasst und 1775 von HALHED ins Englische übertragen wurde. Die in der Einleitung angegebenen Quellen gehören mit wenigen Ausnahmen der bengalischen Schule an. Ähnliche Arbeiten sind der 1789 für Sir W. JONES verfasste *Vivādasārārṇava* und die beiden gegen Ende des Jahrhunderts im Auftrag COLEBROOKE's geschriebenen Werke *Dharmaśāstrasaṃgraha* und *Siddhāntapīyūṣa*, besonders aber der von Sir W. JONES veranlasste *Vivādabhaṅgārṇava*[58] von *Jagannātha* in Calcutta, der (mit Ausnahme des auf das Criminalrecht bezüglichen Teils) von COLEBROOKE im Auftrag von Sir JOHN SHORE ins Englische übertragen wurde. Diese 1796 von COLEBROOKE in 3 Bänden vollendete Übersetzung hat nebst der Übertragung des *M.* von JONES den Ausgangspunkt für das Studium des indischen Rechts in Europa gebildet. Auch das indische Original besitzt einen bleibenden Wert als die so weit sie reicht ausführlichste, auf einem gründlichen Studium der einschlägigen Litteratur beruhende Darstellung der indischen Jurisprudenz.

Auch das 19. Jh. hat noch manche bedeutende Arbeiten hervorgebracht. Als ein Specimen derselben und zugleich der Thätigkeit in Französisch-Indien auf diesem Gebiet erwähne ich SICÉ's französische Übersetzung eines in den

30er Jahren von einem Tamulen, Professor des Tamil in Madras, verfassten tamulischen Auszugs aus der *Smṛticandrikā*[59]. Eine interessante Species bilden auch die zahlreichen *vyavasthā* »Rechtsgutachten« der von den angloindischen Gerichtshöfen consultirten Court Pandits oder Shāstrīs, von denen ich einige Proben besitze.

[1] ZDMG 46, 273, vgl. EI 2, 358 ff. — [2] Eggeling 1640; IA 19, 1 ff. — [3] Vgl. Aufrecht, C. C. 792; Pischel, Die Hofdichter des Lakṣmaṇasena 7; R. Mitra, Not. No. 279. — [4] Burnell, Tanj. C. 141; R. Mitra No. 1215, 2203; Bühler, Vikr. 41 note; Aufrecht, C. C. 26. — [5] Eggeling 1373 ff.; ZDMG 46, 271 f. — [6] Bhandarkar, Rep. f. 1883 f., 46; Eggeling 1543 ff.; ZDMG 46, 279; Colebrooke, Ess. 1, 472 f. Jacobi's Sammlung enthält eine alte Hs. des *Smṛtyarthas.* von *sam* 1476. — [7] Eggeling 1550; Bühler, SBE 25, CCXXVII; ZDMG l. c. — [8] Bhandarkar, Hist. 88—90, 109—117; Eggeling 1376 ff.; ZDMG l. c. 272. — [9] Bhandarkar, Rep. l. c. 52. — [10] Eggeling 1387 ff., 1621; ZDMG 46, 273 f.; WZKM 4, 72; R. Sarvadhikari, Princ. 319 ff.; R. Mitra No. 1842. — [11] Aufrecht, Bodl. No. 718; Bhandarkar l. c. 48; Colebrooke, Ess. 1, 471. — [12] Eggeling 1398 ff.; ZDMG 46, 273 ff.; R. Sarvadhikari l. c. 398 ff. — [13] Aufrecht, Bodl. No. 651 ff.; Eggeling 1394 f.; Bühler, SBE 25, LXXV; Bhandarkar l. c. 47. — [14] Eggeling 1655; Aufrecht, C. C. 98. — [15] Eggeling 1499, 1511; R. Mitra, Not. 5, Plate II; ZDMG 46, 278 und 47, 617; R. Sarvadhikari l. c. 400—403; Colebrooke's Dāyabhāga 2, 27; 4, 3, 23; 11, 1, 14; 11, 4, 3 und Ess. 1, 482; Aufrecht, Bodl. No. 714. — [16] Tagore Lect. 21; Eggeling 1396; R. Mitra, Bikaner No. 942; Aufrecht, C. C. 355 f.; ZDMG 46, 275 f. — [17] Bhandarkar l. c. 50, 58—60; Eggeling 1659. — [18] Nach einer mir von Bühler geliehenen Hs., einer Copie von No. 2437 der Hss. des Raghunāthatempels in Jammu. Vgl. Eggeling 1681. — [19] Tag. Lect. 18 f.; Eggeling 1467; Benares Cat. 150. — [20] ZDMG 46, 278, vgl. Festgr. an B. 46. — [21] Colebrooke, Ess. 1, 489; Eggeling 1405—1438. — [22] Foulkes l. c. Pref. und § 557. — [23] Tag. Lect. 19 f.; Aufrecht, C. C. 214; R. Mitra, Bikaner No. 1030. — [24] Vgl. Mandlik, LXXII—LXX (wo Stammbäume), 54—56. — [25] Aufrecht, C. C. 509. — [26] Eggeling 1580 ff. — [27] l. c. 1593. — [28] Bhandarkar l. c. 49 f.; Aufrecht 298. — [29] Eggeling 1680; Peterson I, 101. — [30] West and Bühler 3 20 f.; Mandlik LXXIV ff.; Eggeling 1444 ff.; Atkinson, NWPG 4, 1, 417. — [31] Eggeling 1575. — [32] ibid. 1684. — [33] 1616, 1708 ff. — [34] ibid. 1502, 1584 ff.; 1630, 1650; West and Bühler 3 23. — [35] Eggeling 1504 f., 1766 f.; Aufrecht, C. C. 252 f. — [36] Eggeling 1612. — [37] Burnell, Tanj. C. 133; Aufrecht, C. C. 13. — [38] Eggeling 1709. — [39] Bhandarkar l. c. 50; Eggeling 1623, 1670. — [40] West and Bühler 3 21—23, Eggeling 1288, 1224; ZDMG 46, 269—271. — [41] Burnell l. c. 134; Aufrecht 747. — [42] Burnell l. c. 143 und »The law of partition« (Mangal. 1872), XV f. — [43] Eggeling 1781. — [44] Eggeling 1667 f.; Bhandarkar l. c. 50. — [45] Eggeling 1468; Aufrecht 13. — [46] Eggeling 1600 f., 1664 ff. — [47] Eggeling 1578. — [48] Aufrecht 395; Bhandarkar 51 f.; Burnell 129 f., 139; Weber, Verz. No. 1176; Eggeling 1677; Aufrecht ZDMG 45, 306. — [49] Eggeling 1491. — [50] ZDMG 46, 277 f. — [51] Eggeling 1674. — [52] Aufrecht, Bodl. No. 665 ff.; Eggeling 1595. — [53] Eggeling 1509; Burnell, Dāyavibhāga XIII. — [54] Aufrecht, Bodl. 663 f.; Eggeling 1692 f. — [55] Vgl. Colebrooke, Ess. 1, 482 f. — [56] Peterson II, 53, 118; Bhandarkar l. c. 48 f.; Tag. Lect. 22; Aufrecht, C. C. 580. — [57] Eggeling 1506; Colebrooke l. c. 464 f.; Code of Gentoo Laws (Lond. 1781), Pref. LXXIV, XC f. — [58] Aufrecht, C. C. 580; Eggeling 1531 ff. — [59] Sicé, Vyavaharasarasangraha ou Abrégé substantiel du droit (Pondichéry 1857).

§ 13. Buddhistische Rechtsbücher. Die buddhistische Rechtslitteratur fällt, insoweit sie die Rechtsgebräuche nichtarischer Völker registrirt, nicht in den Bereich dieses Grundrisses. Doch haben sich bei buddhistischen Völkern ausserhalb Indiens, namentlich in Birma, in Folge der Reception des indischen Rechts bei denselben bedeutende Überreste indischer Rechtsanschauungen und -Ausdrücke erhalten, die als Reflex derselben und als Ergänzungen dazu von Interesse sind. Nachdem zuerst Sangermano, der 1783—1807 als Missionär in Ava und Rangoon lebte, in seiner erst nach seinem Tod gedruckten Beschreibung des birmanischen Reichs einen »Auszug aus dem birmanischen Gesetzbuch genannt Damasat« gegeben hatte[1], gab Dr. Richardson 1847 (2. Aufl. Rangoon 1874) den »Damathat or the laws of Menoo« birmanisch und englisch heraus und schrieb R. Rost 1850 über den in Pāli abgefassten *Manusāra* und sein Verhältnis zu *M.*[2]. Eine besondere Bedeutung erlangten diese Studien durch die Acte von 1875, welche für die Buddhisten in Birma das »buddhistische Recht« officiell einführte. Der Oberst H. BROWNE, Commissioner für Pegu, liess u. a. durch MOUNG TETTO 1875—77 Auszüge aus vier Dhammasats herausgeben und in Ceylon Nachforschungen über die dort von ihm vermuteten Quellen derselben anstellen, die aber resultatlos blieben. A. FÜHRER copirte 1881 in London sechs Palmblätterhss. des *Manusāra* und veröffentlichte 1882 in dem JB*BR*AS in zwei Artikeln eine Inhaltsangabe dieses aus 1134 *śl.* bestehenden Werks, nebst Parallelstellen bei *M.* und in späteren indischen Rechtsbüchern. Den nachhaltigsten Impuls empfingen aber die Arbeiten über birmanisches Recht, als J. JARDINE zum Judicial Commissioner für Birma ernannt wurde und nicht nur in seinen acht »Notes on Buddhist Law« 1882 f. eine Reihe für die Praxis wichtiger Rechtsfragen aus diesem Gebiet erörterte und die ihm dazu von dem zu frühe verstorbenen Dr. FORCHHAMMER in Rangoon gelieferten Quellenbelege herausgab, sondern diesen vortrefflichen Pālikenner auch durch die Aussetzung eines »Jardine Prize« zu der Abfassung einer durch Gründlichkeit und Sachkenntnis ausgezeichneten grösseren Arbeit über die Geschichte des birmanischen Rechts veranlasste[3].

FORCHHAMMER hat nachgewiesen, dass die birmanischen Rechtsbücher, die meistens den Namen *Manu-Dhammasatṭham*, d. h. *Manu-dharmaśāstram* führen, den Birmanen durch die ihnen an Bildung überlegenen Talaings zugekommen sind. Das wahrscheinlich älteste Rechtsbuch der Talaings, der *Dhammavilāsa*, ist 1174 n. Chr. verfasst, aber im Original nicht erhalten. Das zweitälteste *Dhammasatṭham*, dem König Wagaru von Martaban (1281 bis 1306) zugeschrieben, hat FORCHHAMMER nach einer von 1707 datirten Hs., die den Pālitext nebst einer birmanischen Interlinearversion enthält, edirt und ins Englische übersetzt. Dieses wichtige Werk verrät seinen indischen Ursprung auf jeder Seite, von der sagenhaften Einleitung über den Urvater *M.*, der sich hier freilich in einen Edelmann des Königs *Mahāsammata* verwandelt hat, der zum Himmel emporstieg und an der Grenzmauer der Welt das Gesetz in Buchstaben von der Grösse einer ausgewachsenen Kuh angeschrieben sah, bis zu den 18 Rechtsmaterien, den 12 Söhnen, der nach den Gründen der Abwesenheit ihrer Gatten abgestuften Wartezeit für die Frauen, deren Gatten verreist und verschollen sind, dem Heimfall eines unbeerbten Nachlasses an den König, der Teilung der Erbschaft zwischen Söhnen verschiedenen Rangs bei beerbter Ehe, den 7 Sklaven, den verschiedenen Arten von ungültigen Zeugen, der leichteren und schwereren Körperverletzung, der Verdopplung der Strafe für dieses Vergehen, wenn zwei Männer einen einzelnen schlagen u. s. w.[4]. Auch sind diese Analogieen nicht auf *M.* oder ein anderes einzelnes Rechtsbuch beschränkt, sondern erstrecken sich auf die verschiedensten Smṛtis, von den Dharmasūtras bis zu den jüngsten versificirten Smṛtis, wie *Bṛh.*, *Kāty.* und *Vyāsa.* Nur wenige Gesetze in dem Rechtsbuch des Wagaru gehen nicht auf eine indische Quelle zurück. Erst im 17. Jh. gewannen einheimische Elemente einen starken Einfluss auf die Rechtslitteratur, die von buddhistischen Priestern im Sinne der buddhistischen Moral abgefassten Entscheidungen von Rechtsfällen, die Pyattōns, wurden in die Dhammasats aufgenommen, zugleich wurde auf die Religionsgebräuche der Brahmanenkolonieen und die Ordensregeln der buddhistischen Klöster in Birma Rücksicht genommen und die kanonische Litteratur der Buddhisten recipirt. So entstand in der dritten Periode des birmanischen Rechts auf Veranlassung des mächtigen Königs Alompra der von seinem Kriegsminister 1756 in birmanischer Sprache abgefasste Manu Kyay, das von RICHARDSON übersetzte umfangreiche Gesetzbuch[5].

So weit kann man die Ergebnisse der sorgfältigen und mühsamen Forschungen Forchhammers, der über 50 Dhammasats und Pyattōns aufzählt und so weit nötig beschreibt, unbedingt annehmen. Anfechtbarer sind die Schlüsse, die er aus dem Fehlen aller auf den vedischen und neubrahmanischen Cultus bezüglichen Elemente in den ältesten birmanischen Rechtsbüchern gezogen hat[6]. Die Annahme, dass die Tieropfer u. a. brahmanistische Elemente unseres *M.* erst in verhältnismässig moderner Zeit durch den Einfluss des Brahmanismus in die indischen Rechtsbücher hineingetragen worden und die birmanischen Dhammasats aus einer älteren Recension derselben entsprungen seien, wird durch die Dharmasūtras widerlegt, welche gerade die Tieropfer und den ganzen Brahmanismus als die ältesten Elemente der Smṛtis erweisen. Doch scheint Forchhammer diese Anschauung in seinem letzten und reifsten Werk nicht mehr festgehalten zu haben, da er sich darin nur gegen die Annahme ausspricht, dass die ältesten birmanischen Gesetzbücher directe Übersetzungen brahmanistischer Werke seien, und sie aus einer buddhistischen Manu- oder Mānavaschule herleitet, die sich in Indien im 7.—9. Jh. entwickelt habe und von dort im 10. oder 11. Jh. zu den Talaings in Birma gelangt sei[7]. Gerade die späteren indischen Smṛtis wie *Nār.* sind rein juristische Werke wie die Dhammasats, und es kann leicht sein, dass ein Rechtsbuch dieser Art schon frühe von den Buddhisten in Südindien in buddhistischem Sinn redigirt und dann zu den Talaings an der gegenüberliegenden Küste transferirt wurde, deren ältestes inschriftliches Alphabet mit dem südindischen Vengi-Alphabet aus dem 4. Jh. n. Chr. identisch ist[8].

Der Einfluss des indischen Rechts hat sich auch noch weiter nach Osten und Süden als Birma erstreckt. So findet sich auch in Siam die Tradition von einem Gesetzgeber *M.*[9], auch enthalten die Auszüge, die Low in dem 1. Bd. des Journ. of the Ind. Archipelago (1847) aus einem siamesischen Gesetzbuch von 1614 n. Chr. gegeben hat, sehr viel Indisches, obschon sich Low über den »Hindu Origin« dieses Werks einigermassen zweifelhaft äussert. So sind die Pāliformeln und verschiedene Gebräuche bei Eheschliessungen, die Bestimmungen, dass die Zinsen einer Schuld nie den Betrag des Kapitals übersteigen sollen, dass der König erbt, wo gesetzliche Erben fehlen, dass die Knaben in einem buddhistischen Kloster erzogen werden sollen, die langen Aufzählungen ungültiger Zeugen u. a. offenbar indischen Ursprungs.

Dass auf der Insel Java einstmals mit der indischen Kultur auch das indische Recht recipirt wurde und sich von jener Zeit her auf der kleinen Nachbarinsel Bali noch heute als geltendes Recht behauptet hat, ist bekannt. Über das altjavanisch-balinesische Recht, über das schon Friederich 1849 interessante Mitteilungen machte[10], lässt sich wohl am besten urteilen nach dem von Jonker herausgegebenen, übersetzten und mit den indischen Quellen verglichenen altjavanischen Gesetzbuch[11]. Auch hier findet sich die Tradition von »*Prabu Manu*« als Urheber der Gesetze[12], und von einem *Mānavaśāstra*[13], auch hier aber liegen thatsächlich nicht nur zu *M.*, sondern auch zu *Y.*, *Nār.*, *Bṛh.* u. a. späteren Autoren Parallelen vor[14]. Der Anschluss an die indischen Quellen ist z. T. ein engerer als in den birmanischen Rechtsbüchern, so in der Lehre von den 12 Söhnen, doch findet sich neben dem indischen auch ein starkes und selbständig entwickeltes einheimisches Element; »man sieht«, sagt Kern, »dass in Java Rechtsgelehrte die Redaction in Händen hatten, in Birma waren es Mönche«[15]. Dass die Reception des indischen Rechts auf Java schon im 10. Jh. n. Chr. vollendet gewesen sein muss, zeigt eine dort gefundene Kupferplatte mit dem Datum *śakavarṣātīta* 849, die ein ganz nach den Vorschriften der späteren indischen Juristen wie *Bṛh.* abgefasstes gerichtliches Erkenntnis (*jayapattra*) enthält[16].

Auffallend bleibt, dass in Ceylon, das so viel aus Indien entlehnt hat, die Spuren und Überreste des indischen Rechts weit geringer sind als in dem entfernten Java. Nicht ein einziges Pālirechtsbuch existirt in Ceylon, obschon in dem nicht von Turnour edirten Teil des *Mahāvansa* ein guter buddhistischer König dafür gelobt wird, dass er nach *M.* urteilt[17]. Der *Nīti-Nigaṇḍhuva*, eine um 1818 unter englischer Leitung von einem Ausschuss angesehener Singhalesen in Kandy abgefasste Zusammenstellung des einheimischen Gewohnheitsrechts, die von Lemesurier ins Englische übersetzt wurde[18], enthält nur wenige indische Elemente wie die Lehre von den vier Ständen der »Brahmins, Kxestriyas, Waisyas, and Goiwanse«, und die Einteilung der Sclaven in vier Arten, von denen der *antojāto, dhanakkito* und *saaman dāsaviopagato* an den *gṛhe jāta, krīta* und *tavāham ityupagata* des indischen Rechts (*Nār.* 5, 26 f.) erinnern[19]. Ich muss mir ein näheres Eingehen auf dieses interessante Werk hier versagen und erwähne nur noch, dass es sehr ausführlich von der Gruppenehe mehrerer Brüder handelt, die das Familiengut und eine Gattin gemeinsam haben[20]. Ausschliesslich dravidisch ist das Gewohnheitsrecht des *Thesalaweme*, einer 1707 im Auftrag der holländischen Regierung veranstalteten Sammlung der Rechtsgebräuche der tamulischen Einwohner von Jaffna in Ceylon[21].

1 A description of the Burmese Empire by the Rev. Father Sangermano, Rome 1833; 2. Ausg. von Jardine, Rangoon 1885. — 2 I. Stud. 1, 315—320. — 3 The Jardine Prize. An Essay on the sources and development of Burmese Law, with Text and Translation of King Wagaru's Manu Dhammasattham. Rangoon 1885. — 4 Wagaru l. c. §§ 2, 83 f., 46, 79, 81, 115, 184, 149, 153. — 5 Forchhammer, Essay 96—104. — 6 Jardine's Notes on Buddhist Law 4, 27 ff.; vgl. Tag. Lect. 290—98. — 7 Essay 62 f. — 8 l. c. 27. — 9 Führer l. c. — 10 Journ. of the Ind. Arch. 3, 243. — 11 Een oud-javaansch wetboek, Leiden 1885. — 12 Friederich l. c. — 13 Jonker l. c. 11 ff. — 14 l. c. 19, 175, 231. — 15 Kern, Bijdr. 4. V., 10, 4 (S.-A. p. 4). — 16 J. Brandes, Een Jayapattra of Acte van eene Rechterlijke Uitspraak, Veltevreden 1887. — 17 Rh. Davids in »Academy« vom 14. März 1885. — 18 Colombo 1880. Die Möglichkeit dieses seltene Work benützen zu können, verdanke ich E. Kuhn. — 19 *Nīti-Nigh.* 5, 7. — 20 l. c. 82—89. — 21 Mayne § 42.

§ 14. **Gewohnheitsrecht und europäische Bearbeitungen des ind. Rechts.** Die Smṛtis sind von Brahmanen für Brahmanen geschrieben und bringen die von denselben beanspruchten Standesvorrechte zum schroffsten Ausdruck. Auch die Kṣatriyas erscheinen neben den Brahmanen als privilegirter Stand, aber das Gros der Bevölkerung, namentlich die Masse der Śūdras, steht so viel tiefer, dass es kaum für der Mühe wert erachtet wird auf ihre Sitten und Rechtsgebräuche einzugehen. Näheres über das Stände- und Kastenwesen den Staatsaltertümern vorbehaltend, will ich hier nur daran erinnern (vgl. § 1), dass die Smṛtischreiber selbst die Existenzberechtigung anderer Gesetze und Einrichtungen als der von ihnen dargestellten vollkommen anerkennen. Bezeichnend ist auch die Bemerkung, dass die Rechtswissenschaft (*vyavahāraśāstra*) wie die Grammatik (*vyākaraṇavat*) auf dem Herkommen (*ācāra*) beruht[1]. Die Verfasser der Smṛtis und die Commentatoren sind auch bestrebt, sich dem Zeitgeist anzupassen, indem sie veraltete Einrichtungen als in dem jetzigen Zeitalter der Sünde nicht mehr zulässig (*kalivarjya*) oder, wie die *Smṛtic.* von mehreren Formen des Gottesurteils sagt, »heutzutage veraltet« (*adyotsanna*) bezeichnen. Dies hindert sie aber nicht, neben den jüngeren unvermittelt auch die älteren Gebräuche getreulich zu verzeichnen, da sie nun einmal zur Offenbarung (*śruti*) gehörten. So erklärt sich ein Teil der Widersprüche, von denen die Smṛtis voll sind. Eine zweite Quelle dieser Discrepanzen liegt in der Verschiedenheit der Lokalgewohnheiten und Schulansichten, denen ebenfalls Rechnung getragen werden musste.

Ergiebt sich schon aus der Unvollständigkeit und dem widerspruchsvollen

Character des Smṛtirechts die Notwendigkeit einer Controle und Ergänzung desselben durch andere Quellen, so macht sich dieses Bedürfniss um so fühlbarer als die Smṛtis selbst uns wenig Anhaltspunkte bieten um die frommen Wünsche und theoretischen Erörterungen der Verfasser von dem wirklich geltenden Recht zu unterscheiden. Allerdings ist es in vielen Punkten den brahmanischen Juristen gelungen ihren Lehren allgemeine Geltung zu verschaffen[2], wie z. B. der Wortlaut der alten Schenkungsurkunden (*śāsana*) zeigt, der bis in die kleinsten Details hinein den Vorschriften der späteren Smṛtis entspricht. Noch heutzutage wiederholt sich häufig der Vorgang, dass emporstrebende Kasten die Kinderheiraten, das Verbot der Witwenheiraten u. a. characteristische Institutionen der Brahmanen bei sich einführen, um sich grösseres Ansehen in der öffentlichen Meinung zu verschaffen. Man darf aber nie vergessen, dass die Smṛtis reine Privatarbeiten sind und nicht mit den Gesetzbüchern anderer Nationen auf gleiche Stufe gestellt werden dürfen.

Das indische Gewohnheitsrecht hat erst in der englischen Epoche die verdiente Beachtung gefunden. Das neueste und beste Material enthalten die officiellen Berichte über die Volkszählung von 1891, von denen freilich für die rechtlichen und socialen Verhältnisse nur die Abschnitte über Age and Sex, Civil Condition, Marriage, und Castes, Tribes and Races in Betracht kommen. Der Wert dieses monumentalen Werks wird durch zahlreiche statistische Tabellen und Karten erhöht[3]. Gleichzeitig erschien Risley's »Tribes and Castes of Bengal« vol. 1, 2 »Ethnographic Glossary« (Calc. 1891 f.), eine alphabetische Aufzählung der Kasten Bengalens nebst Beschreibung ihrer Sitten und Gebräuche enthaltend. Die älteren Werke über das Kastenwesen werden in den Staatsaltertümern zu besprechen sein. Eine vollständige geographisch-statistische Beschreibung Indiens enthalten die Gazetteers, die allerdings zum Teil schon älteren Datums sind. Im Nachstehenden ist besonders der Bombay Gazetteer vol. 1—24 benützt, dessen ausführliche Beschreibungen der Kastengebräuche, besonders bei den Brahmanen, ein vortreffliches Material für die Rechts- und Sittengeschichte liefern. Ein alphabetischer Auszug aus sämtlichen Gazetteers in 14 Bänden ist der bekannte Imperial Gazetteer of India von Hunter in 14 Bänden (2. Aufl., Lond. 1885—87), ein historisch-politischer Auszug hieraus der 6. Bd. des nemlichen Werks. Auf amtlichen Umfragen bei den Kasten beruhen die beiden im Nachstehenden viel benützten Werke von Tupper: Punjab Customary Law (3 Bde., Calc. 1881) und Steele: The Law and Custom of Hindoo Castes within the Dekhun Provinces (2. Aufl., Lond. 1868), die eine vollständige Darstellung der Gewohnheitsrechte im Penjab und in Bombay enthalten. Die Grundbesitzverhältnisse behandelt Baden-Powell's »Manual of the Land Revenue Systems and Land Tenures« (Calc. 1882). Das Leben der Bauern in Behar hat Grierson in seinem bekannten »Bihar Peasant Life« (Calc. 1885) beschrieben, das auch für die Altertumsforschung von besonderem Wert ist durch die reichen sprachlichen Belege, die manche Anklänge an die Ausdrucksweise der Smṛtis enthalten. Neben diesen u. a. officiellen Publikationen giebt es eine ungeheuere Flut von privaten, die freilich von ungleichem Wert sind. Benützt sind u. a.: Mallick, Essays on the Hindu Family in Bengal (Calc. 1882); Sir A. Lyall, Asiatic Studies (Lond. 1882); Bose, The Hindoos as they are (Calc. 1881); Phear, The Aryan Village in India and Ceylon (Lond. 1880); Tod, Annals and Antiquities of Rajasthan, Lond. 1829—32, 2 Bde.; M. Williams, Modern India and the Indians (3. Aufl., Lond. 1879); Malcolm, A Memoir of Central India[2] (Lond. 1824, 2 Bde.); Dubois, People of India, Lond. 1817. Gerade die älteren Werke sind unter Umständen besonders wertvoll, da unter der englischen Herrschaft die Sitten sich mehr und mehr verändert haben; hierauf beruht auch die Bedeutung der von T. WHEELER in dem 4. Bd. seiner History of India mitgeteilten Auszüge aus den älteren Reisewerken von FRYER (1697) u. A. Für das Mittelalter ist ALBERUNI's Beschreibung von Indien (um 1030) am wichtigsten[4]. Unter den chinesischen Reisewerken ragt das bekannte Werk von Hiouen Thsang (7. Jh.) hervor[5]. Die griechischen Berichte über Indien enthalten über Rechtsgebräuche wenig Brauchbares, sind aber durch ihr Alter wichtig.

Der Wert derjenigen Angaben über Recht und Sitte, die in der alten einheimischen Litteratur abgesehen von den Legalquellen vorliegen, wird durch den Umstand etwas beeinträchtigt, dass dieselbe fasst ausschliesslich in den Händen der Brahmanen lag und daher kein ungetrübtes Spiegelbild der wirklichen Zustände darbietet. Obenan stehen die Inschriften, die über Stiftungen und Schenkungen, Verwaltung und Beamte, Witwenverbrennung, Zinsfuss, Urkundenwesen u. a. Punkte interessante, genau datirbare Angaben darbieten. Die Gṛhyasūtras wird HILLEBRANDT behandeln. Das *Kāmasūtra* hat für das Familienrecht einige brauchbare Notizen geliefert. Von der historischen Litteratur kommt besonders die *Rājataraṅgiṇī* (ed. STEIN) in Betracht. Die Märchen, besonders die Jātakas, und die poetischen Werke bieten ebenfalls manches Material, das freilich nur mit Vorsicht zu benutzen ist. Auch der wissenschaftlichen Litteratur lassen sich manche gelegentliche Angaben entnehmen, wie WEBER's Zusammenstellung des rechtsgeschichtlichen Materials aus dem *Mahābhāṣya* zeigt[6]. Sonst fehlt es freilich völlig an Vorarbeiten auf diesem ganzen Gebiet, und ich muss wegen der Unvollständigkeit der daraus in dieser Arbeit gegebenen Notizen um Indemnität bitten und eine gründlichere Bearbeitung des umfangreichen in Betracht kommenden Materials einer besonderen Untersuchung vorbehalten.

Eine monographische Darstellung der gesamten Rechtsgeschichte, die hier versucht werden soll, liegt bisher noch nicht vor. Das altindische Erbrecht und ein Teil des Familienrechts ist allerdings seiner hervorragenden practischen Bedeutung für die Rechtsprechung wegen namentlich von englischen und einheimischen Juristen schon sehr häufig bearbeitet worden. Die älteren Werke dieser Art von Sir TH. STRANGE und seinem Sohn TH. L. STRANGE, von MACNAGHTEN, MORLEY, S. G. GRADY u. A. haben jetzt wohl nur noch historischen Wert. Von neueren Darstellungen ist besonders WEST and BÜHLER's Digest of the Hindu Law[3] (Bomb. 1884) und MAYNE's Hindu Law and Usage (Lond. 1878) benützt. Ersteres Werk bezieht sich nur auf das in Bombay geltende Recht, letzteres auf ganz Indien; beide Werke verfolgen nicht nur practische, sondern auch historische Zwecke, und das erstgenannte enthält die im Vorstehenden oft citirte, grundlegende Einleitung BÜHLER's über die Geschichte der Smṛtis. Noch immer unentbehrlich bleibt H. H. WILSON's »Glossary of Judicial and Revenue Terms« (Lond. 1855). Brauchbare Zusammenstellungen aus verschiedenen in Europa schwer zugänglichen Quellen enthält MANDLIK's »Hindu Law« (Bomb. 1880), wenn auch vieles darin verfehlt ist. Von den in Calcutta erscheinenden Tagore Law Lectures haben eine Reihe von Bänden auf das Erbrecht oder Teile desselben Bezug, so H. COWELL's »Hindu Law« u. s. w. (1870—72, 3 Bde.), G. D. BANERJEE's »Marriage and Stridhan« (1879), T. MITRA's »The Hindu Widow« (1881), R. SARVADHIKARI's »Law of Inheritance« (1882), meine eigenen »Outlines of an History of the Hindu Law of Partition, Inheritance, and Adoption« (1885), G. SARKAR's »Hindu Law of Adoption« (1891) u. a. Das Frauenrecht, das Schuldrecht, die Systematik des ind. Rechts, das Urkundenwesen und die Kinderheiraten habe ich monographisch darzustellen versucht[7]. A. MAYR's

»Das indische Erbrecht« (Wien 1873) characterisirt sich als eine Übertragung der Theorien Sir J. LUBBOCK's über die Familie der Urzeit und die ursprüngliche Gemeinschaft der Frauen unter den Stammesgenossen auf das indische Recht nach dem in der 1. Auflage von WEST and BÜHLER's Digest vorliegenden Material. Von deutschen Juristen haben sich neuerdings namentlich KOHLER[8] und LEIST[9] mit indischer Rechtsgeschichte beschäftigt, ersterer vom Standpunkt der vergleichenden Rechtswissenschaft und mit besonderer Berücksichtigung der modernen Gewohnheitsrechte, die er auf Grund der Gazetteers nach einheitlichen Gesichtspunkten bearbeitet hat, letzterer in der Absicht die Zustände der indogermanischen Urzeit zu reconstruiren. Parallelstellen zu dem indischen Civilrecht aus den Pandekten und französischen Coutumes enthält ein älteres Werk eines französischen Juristen in Indien[10]. Speciellere Arbeiten werden an den geeigneten Stellen erwähnt werden, über die Bearbeitungen des buddhistischen Rechts s. § 13, für Nepal sind die Arbeiten von HODGSON benützt.

[1] *May.* (ed. MANDLIK) 56 u. ö. — [2] Vgl. ZDMG 44, 342—362. — [3] Das India Office hat meinem Bittgesuch in Betreff einiger für vorliegende Arbeit wichtiger officiellen Publikationen durch Übersendung der 26 Bände der Census Reports für 1891, sowie aller verfügbaren Bände des Gazetteer of India und der 2 Bände des Ethnographic Glossary von RISLEY entsprochen, eine Liberalität, die ich nicht dankbar genug anerkennen kann. — [4] SACHAU, Alberuni's India (2 Bde., Lond. 1888). — [5] Nach ST. JULIEN und BEAL. — [6] I. St. 13, 466—71. — [7] Sitzungsber. der phil. hist. Kl. d. b. Ak. d. Wiss. 1876, 1877; ZVR 1, 234—260; ZDMG 44, 350—360; 46, 413—426. — [8] Altind. Processrecht (Stuttg. 1891); ZVR 3 und 7—11. — [9] Gräco-italische Rechtsgeschichte (Jena 1884); Alt-arisches Jus gentium (das. 1889); Alt-arisches Jus civile, 1. Abt. (das. 1892) u. a. — [10] E. GIBELIN, Études sur le droit civil des Hindous (2 vol., Pondichéry 1846 f.).

2. FAMILIEN- UND ERBRECHT.

§ 15. Polyandrie und Promiscuität. Haben sich in der alten Litteratur Indiens noch Spuren und Überreste der geschlechtlichen Promiscuität, des Mutterrechts, der Polyandrie und verwandter Institutionen erhalten, die nah neueren Theorieen überall den Ausgangspunkt für die Entwicklung des Familienlebens gebildet haben?[1] Da die Leviratsehe (*niyoga*) auch anders erklärt werden kann (§ 20), so liegt die greifbarste Spur solcher Einrichtungen in der Polyandrie oder Gruppenehe vor. Das bekannteste, oft angeführte Beispiel derselben, die Ehe der *Draupadī* mit den fünf Pāṇḍavabrüdern, den Haupthelden des *Mah.*[2], scheint wie die meisten Rechtsgebräuche der epischen Litteratur auch in den Smṛtis einen Reflex gefunden zu haben in einer Stelle des *Āp.* 2, 27, 2 ff., welche die Übergabe eines Mädchens an ein ganzes Geschlecht als einen veralteten, jetzt verbotenen Brauch erwähnt. Noch deutlicher spricht sich hierüber *Bṛh.* 27, 20 aus, der aber die Gruppenehe (*kule kanyāpradānam*) als nur »in anderen Ländern« d. h. als im Süden üblich, dort aber als noch in der Gegenwart *saṃprati* gebräuchlich bezeichnet[3]. Auch in den wenigen anderen Fällen, die neben der Ehe der *Draupadī* dem *Mah.* als Belege für Polyandrie (*bahūnām ekapatnitā* oder *ekasyā bahubhartṛtā*) zu entnehmen sind, handelt es sich hauptsächlich um eheliche Verbindungen einer Frau mit einer Anzahl von Brüdern. Auch die bekannte Regel *M.* 9, 182 u. a., dass der Sohn eines von mehreren Brüdern als der gemeinsame Sohn aller gelten soll, kann, wenn man sie überhaupt gegen die Erklärungen der Commentatoren auf polyandrische Verhältnisse beziehen will, nur auf solche Gruppenehen gehen. Hienach besteht eine unverkennbare Ähnlichkeit zwischen der

Polyandrie der Sanskritlitteratur und derjenigen der Gegenwart, die wie Sir R. WEST bemerkt, noch in viel weiterem Umfang vorkommt als man gewöhnlich annimmt[4]. So ist in Kumāon die Gruppenehe bei den Brahmanen so gut als bei den Rajputen und Sūdras üblich, in der Form, dass sämtliche Brüder nur eine Frau heiraten, wie die Pāṇḍavas, und die Kinder dem ältesten Bruder gehören der am Leben ist[5]. Auch bei den Bergvölkern des Penjab kommt diese Art von Polyandrie, aber mit Verteilung der Kinder unter die Brüder, mehrfach vor, so in Seorāj, Lahoul, Spiti; als Grund giebt man (ähnlich wie bei der Polyandrie der alten Spartaner) Armut an und das Bestreben einer Teilung des Familienguts vorzubeugen[6]. Überhaupt sind ähnliche Sitten im Himālaya weit verbreitet[7]. Bei den Jats im Penjab muss sich angeblich die Frau des ältesten Bruders manchmal auch die jüngeren Brüder als Gatten gefallen lassen, weil dieselben keine Mittel haben um die Kosten einer Hochzeit zu bestreiten[8]. Ähnliche Berichte liegen von dem entgegengesetzten Ende Indiens vor[9]. Die Nairs im nördlichen Kanara haben ihre berüchtigte Polyandrie erst unter der englischen Herrschaft mehr und mehr aufgegeben. Bei den Thiyens ist die legitime Gattin des einen Bruders die Gattin aller. Die Frauen der Tottiyars und Vellalars in Madura haben sexuellen Verkehr mit den Brüdern u. a. nahen Verwandten ihres Gatten. Auch bei den Todas in den Nilgiris ist die Frau das gemeinsame Eigentum aller Brüder. Andere polyandrische Stämme und Kasten existiren namentlich in Cochin, Travancore und Malabar. Über die Gruppenehen in Ceylon s. § 13.

Man hat, um den Widerspruch zwischen diesen rohen Gebräuchen und den idealeren, höher stehenden Anschauungen des Brahmanismus zu erklären, die Polyandrie als »unarisch« bezeichnet. In der That tritt sie heutzutage vorzugsweise bei »unarischen«, namentlich dravidischen und tibetanischen Stämmen auf. Doch lässt sich nicht beweisen, dass die Polyandrie des Altertums auf »unarische« Stämme beschränkt war. Man kann nur sagen, dass die Brahmanen stets dagegen geeifert haben. Ganz bei Seite zu lassen als rein mythologisch sind die anstössigen Stellen in den Hochzeitsliedern *ṚV* 10, 85 und *AV* 14, 2[10].

Weit häufiger als die Polyandrie begegnen Fälle von sexueller Immoralität, freilich sind dieselben schwerlich als Überlebsel des Hetärismus zu verwerten. Von ehebrecherischen Verhältnissen ist im vedischen Ritual mehrfach die Rede. Ausser den von DELBRÜCK besprochenen Stellen[11] verdienen die Sprüche Hervorhebung, die nach CALAND's wahrscheinlicher Erklärung der uneheliche Sohn (*anyatrakaraṇa*) beim Totenopfer hersagt, um seinen leiblichen Vater fernzuhalten und der Sohn seines rechtlichen Vaters, d. h. des Gatten seiner Mutter, zu bleiben[12]. Die Prostitution wird in den Vedas häufig erwähnt[13], und in den Smṛtis ist sie eine durch die Gesetze geschützte und geregelte Institution[14]. Die *veśyā*, *dāsī* bilden dort offenbar schon eine besondere Kaste, die *devadāsī* entsprechen den modernen Tempeldienerinnen und Basivis, höher steht die *svairiṇī* (*Nār.* 12, 49 ff.). Aus dem Gebiet des Dramas kann in diesem Zusammenhang an die Idealgestalt der *Vasantasenā*, aus der Märchen- und Romanlitteratur an die freie Behandlung der Liebesintriguen erinnert werden. Eine dunkle Anspielung des vedischen Königs *Janaka* auf eine Zeit, in der auf die eheliche Treue der Frau wenig Wert gelegt wurde, enthält eine bei *Āp.* 2, 13, 7 und *Baudh.* 2, 3, 34 angeführte alte *gāthā*. Hiemit lässt sich vielleicht die im *Mah.* vorliegende Tradition von einem Zeitalter der Ungebundenheit und Ausschweifung vergleichen, dem *Śvetaketu* ein Ende machte[15]. Die meisten Smṛtis erwähnen als einen der subsidiären Söhne den »heimlich geborenen« (*gūḍhaja*, *gūḍhotpanna*), der dem Gatten seiner Mutter succediren kann, obwohl er ein illegitimer Sohn derselben von einem anderen Mann ist. A. Mayr[16] erblickt hierin »eine Anerkennung der Rechte der übrigen Stammesgenossen auf die Ehegattin« und »einen der schlagendsten Beweise für die einstige Gemeinschaft der Weiber bei den arischen Indern«. Die Frauen des Ostens sind nach *Bṛh.* 2, 30 unkeusch (*vyabhicāraratāḥ*). Offenbar gestatten aber diese u. a. Angaben — der famöse Bericht von den Gāndhāra-Brahmanen in der *Rājatar.*, die in Blutschande leben sollen, stellt sich jetzt als eine Interpolation heraus[17] — keinen Rückschluss auf eine Periode des Mutterrechts in Indien etwa nach Art der Zustände bei den vorislamischen Arabern[18]. Die Anerkennung des *anyatrakaraṇa*, *gūḍhotpanna* u. a. illegitimen Söhne hängt mit der besonderen Wertschätzung männlicher Descendenz zusammen. Die Duldung der Prostitution hat die Entwicklung eines strikten Eherechts nicht verhindert. Die Sagen von einem früheren Zeitalter der Immoralität werden gerade dazu benützt, um die laxen Anschauungen über Legitimität unehelicher Söhne als veraltet hinzustellen. Die ungünstige Ansicht über die eheliche Treue der Bewohnerinnen östlicher Länder beruht vielleicht auf alten Nachrichten über tibetanische und hinterindische Stämme, bei denen noch jetzt das eheliche Leben ein sehr laxes ist.

1 Vgl. A. Mayr, D. ind. Erbrecht 72 ff., 99, 103, 109—114, 152 ff.; Mc Lennan, Studies in ancient History (Lond. 1876) und Fort. Rev. 1877; Mayne, Hindu Law and Usage §§ 57—69; West and Bühler 3 289, 417 ff.; Kohler ZVR 3, 342—442; Bachofen, Antiquar. Briefe 1, 171 f.; Leist, Altar. jus gentium 419; Delbrück, D. indog. Verwandtschaftsnamen 541—553 u. a. — 2 Holtzmann, Zur Gesch. u. Krit. d. Mah. 32 f. (wo weitere Litteratur); Hopkins, Ruling Caste 354 f. — 3 ZDMG 44, 340 ff.; Tag. Lect. 155. Der Commentar zu *Āp.* bezieht allerdings die ganze Stelle auf den *niyoga*, aber der Wortlaut spricht gegen diese Auffassung. — 4 West and Bühler 3 289. — 5 Bh. Indrāji IA 8, 88. — 6 Tupper, Punjab Customary Law 2, 186 ff.; Census of India, 1891, 19, 1, 124 (Punjab). — 7 West and Bühler l. c.; IG 121, 195; BG 18, 1, 543 ff. — 8 IG l. c., vgl. Census l. c. — 9 Dubois 3; Buchanan, Mysore 3, 16; Mandlik 445 ff.; West and Bühler 3 284; Nelson, Scientific Study 103 f., Hindu Law 141 ff.; Mayne § 58; Madras Census Report (1893) 151 f., 214 ff. — 10 Vgl. Delbrück l. c. 541—545. — 11 l. c. 545 ff., vgl. Weber, I. St. 10, 83 f. — 12 Altind. Ahnencult 193—197. — 13 Pischel und Geldner, Ved. Stud. 1, XXV. — 14 *Nār.* 6, 18 f. — 15 *Mah.* 1, 122, 4 ff. — 16 Erbrecht 113. — 17 *Rājatar.* ed. Stein 1, 308. — 18 Vgl. Robertson Smith, Kinship and Marriage in early Arabia (Camb. 1885).

§ 16. Die acht Heiratsformen. Die Anomalieen des Familienrechts der Brahmanen erklären sich im Wesentlichen ganz einfach aus dem besonderen Wert, der aus wirtschaftlichen und religiösen Motiven auf den Besitz männlicher Nachkommenschaft gelegt wird, und aus einer rohen Auffassung von der Stellung und Bestimmung der Frau, wonach u. a. dem Gatten als Eigentümer der Frau ihre Kinder gehören, auch wenn er nicht ihr Vater ist, gerade wie dem Eigentümer eines Ackers die darin aufwachsende Frucht gehört, auch wenn er sie nicht gesät hat (*M.* 9, 31—56; *Nār.* 12, 55—57; *Vas.* 17, 6—9; *Āp.* 2, 13, 6 f.; *Baudh.* 2, 3, 33—35 u. a.), eine Ansicht, die allerdings als schon im Veda (*śruti*) streitig bezeichnet und in einem Teil der Smṛtis entschieden verworfen wird, ebenso wie die Lehre von den subsidiären Söhnen. Ein ähnlicher Gegensatz zwischen roheren und gesitteteren Anschauungen zeigt sich auch im indischen Eherecht, wo wir neben einer sehr strengen und idealen Auffassung von dem Wesen der Ehe einer Begründung derselben durch Kauf, Raub oder Überlistung des weiblichen Teils begegnen.

Der Frauenraub ist eine der berühmten acht Heiratsformen, deren Namen nach der Rangordnung der Götter und Dämonen abgestuft sind, wird aber gewöhnlich nur dem Kṣatriya gestattet, wenn nicht ganz verboten. Am deutlichsten tritt seine Beziehung zu dem kriegerischen Adel in der Bezeichnung *kṣātra vivāha* »die Heiratsform der Kṣatriyas« *Vas.* 1, 29, 34 hervor; auch der ungedruckte *Hār.* 24 (auch *Mah.* 13, 47, 10, dort aber in anderer Anwendung) kennt diese Benennung, daneben allerdings auch den gewöhnlichen Namen *rākṣasa vivāha* »Teufelsehe«, den er wie die anderen Autoren als gewaltsame Entführung definirt. Auch der *paiśāca vivāha*, »die achte und niedrigste Form«, die gewöhnlich ganz verworfen oder nur dem Vaiśya und Śūdra gestattet wird, soll nach *M.* 3, 24 dem Kṣatriya gestattet sein. Nach *Āśv.* 1, 6, 7 ist diese Heiratsform nicht wie nach den sonstigen Erklärungen als ein blosser Euphemismus für Notzucht aufzufassen, sondern besteht in heimlicher Entführung und steht daher über dem *rākṣasa vivāha*, der gewaltsamen, mit Kämpfen verbundenen Entführung. Das *Kāmas.* 230 stellt ebenfalls den *paiśāca* über den *rākṣasa vivāha:* ersterer soll darin bestehen, dass die Milchschwester oder Wärterin (*dhātreyikā*) der Jungfrau sie im Einverständnis mit dem Freier betrunken macht und in diesem Zustand dem Freier überliefert, oder dass er ohne die Hülfe der *dhātreyikā* in ähnlicher Weise verfährt. Dagegen soll der *rākṣasa vivāha* in gewaltsamer Entführung der Jungfrau bestehen, nachdem der Freier sie auf dem Weg in ein anderes Dorf oder einen Garten überfallen und ihre Wächter in die Flucht geschlagen oder getötet hat. Ob die so geschlossenen Verbindungen nachträglich durch Vollziehung der Trauungsceremonien legalisirt werden können und sollen oder nicht, ist controvers. Der Frauenraub gilt sonst für ein todeswürdiges Verbrechen (*M.* 8, 323), wenigstens wenn die Geraubte höheren Standes ist als der Entführer (*Y.* 2, 287); nur eine, die ihr Vater nicht rechtzeitig verheiratet hat, soll man ungestraft entführen dürfen (*Vi.* 24, 41; *M.* 9, 93). Im *Mah.* werden gewaltsame Entführungen den berühmtesten Helden wie *Duryodhana*, *Bhīṣma*, *Arjuna* zugeschrieben und mehrfach als eine den Kṣatriyas durchaus zukommende Heiratsform bezeichnet[1]. Auch einige der in den Gṛhyasūtras beschriebenen Hochzeitsceremonien scheinen aus dem Frauenraub entstanden zu sein. Das hohe Alter der Raubehe ergiebt sich aus ihrer weiten Verbreitung bei anderen indogermanischen Völkern[2], wie sie überhaupt bekanntlich eine universelle Einrichtung ist und namentlich in Verbindung mit Exogamie auftritt, was auch in Indien der Fall ist (§ 18). In der Gegenwart scheinen sich in Indien nur wenige Überreste von Frauenraub, vorzugsweise bei rohen Bergstämmen, erhalten zu haben; häufiger findet sich der daraus enstandene Scheinraub als Hochzeitsbrauch, u. a. bei Rajputenstämmen, also den Nachkommen der alten Kṣatriyas[3].

Ebenfalls auf die Kṣatriyas beschränkt[4] erscheint im Epos die Gattenwahl (*svayaṃvara*), die namentlich aus der Episode von *Nala* und *Damayantī* bekannt ist. Der Vater einer heiratsfähigen Prinzessin lässt seine Standesgenossen zu dem *svayaṃvara* seiner Tochter entbieten, und in festlicher Versammlung hängt die *patiṃvarā* ihrem Erwählten als Zeichen ihrer Wahl den Kranz um den Hals. Diese anscheinend einer Epoche der Romantik und des Frauendienstes entsprechende, übrigens wohl schon im ṚV vorkommende[6] Sitte ist mit dem Fraubenraub keineswegs unvereinbar, wie der Fall des *Duryodhana* zeigt, der bei der Gattenwahl verschmäht die Prinzessin gewaltsam entführt[7]. Auch *Arjuna* entführt die *Subhadrā* auf das Zureden ihres eigenen Bruders *Kṛṣṇa* hin, der ihm vorstellt, dass bei den Kṣatriyas zwar der *svayaṃvara* üblich, aber auch der Frauenraub gestattet sei und dass man nicht wissen könne, wie seine Schwester sich bei dem *svayaṃvara* äussern würde[8]. Der Poesie bot der *svayaṃvara* ein dankbares und stets gerne benütztes Motiv, vgl. *Raghuv.* 6, *Vikramāṅkad.* 7—9 u. a. Der von *Bilhaṇa* besungene *svayaṃvara* fällt ins 11., der aus der Geschichte des Königs Prithirāj von Delhi bekannte in das 12. Jh.[9], und nach Tod kamen in Rajputana Fälle von *svayaṃvara* bis in die neueste Zeit hinein vor. Eine interessante, vielleicht ältere[10] Abart desselben bilden die feierlichen Waffen- oder auch Verstandesproben, wobei die Braut dem Sieger zugesprochen wird. Auf diese Art gewinnt im *Mah. Arjuna* die *Draupadī*, im *Rām. Rāma* die *Sītā*, andere Belege bieten die Purāṇas und die Hochzeit des *Buddha*. In den Smṛtis kommt allerdings der feierliche *svayaṃvara* der Epen nicht vor, und wird nur den einige Zeit nach Eintritt der Pubertät noch nicht verheirateten Jungfrauen jeden Standes gestattet, sich selbst einen Gatten zu wählen, wodurch sie jedoch ihres Anrechts auf den ererbten Familienschmuck verlustig gehen, während andrerseits der Bräutigam in solchem Falle dem Brautvater keinen Brautpreis zu zahlen braucht (*M.* 90—93), ja die Braut rauben darf (s. o.). Motivirt wird dies damit, dass der Vater durch die Verzögerung der Heirat seine Mundschaft über die Tochter verliert, und es ist von diesem Standpunkt aus auch ganz begreiflich, dass die Brahmanen den *svayaṃvara* nicht unter ihre acht Heiratsformen aufnahmen. Die Kṣatriya-Rajputen haben sich der brahmanischen Sitte der Kinderehen nie ganz gefügt[11], und so konnte bei ihnen die feierliche Gattenwahl, die erwachsene Bräute voraussetzt — so ist *Sāvitrī yauvanasthā, Damayantī prāptayauvanā* — aufkommen und sich behaupten. Freilich wird auch bei der epischen Gattenwahl die Braut doch von ihren Eltern gegeben (*svayaṃvare dattā*) und fehlt es nicht an Andeutungen, dass ihre Wahl keine freie war; man darf auch a priori annehmen, dass bei diesen vornehmen Ehebündnissen die Politik eine entscheidende Rolle spielte. Über den *svayaṃvara* im *Kāmas.* s. § 17.

Auch der *gāndharva vivāha*, die Liebesheirat ohne elterlichen Consens, erscheint vorzugsweise als ein Privileg des Adels und kann daher mit dem *rākṣasa vivāha* verbunden werden (*M.* 3, 26; *Mah.* 1, 73, 13), d. h. die Braut wird im Einverständnis mit ihrem Liebhaber gewaltsam aus ihrem Elternhause entführt. Das bekannteste, oft (z. B. *Kāmas.* 227) angeführte Beispiel einer reinen Gandharvenheirat aus der Dichtung bietet die Geschichte von *Śakuntalā* und *Duṣyanta*, und eine heimliche Verbindung dieser Art, ohne Trauung (*nirmantra*), wird hiebei im *Mah.* 1, 73, 27 sogar als die geeignetste Heiratsform für einen Kṣatriya bezeichnet. Historische Beispiele von Liebesaffairen indischer Fürsten bietet z. B. die *Rājatar.* Über die Notwendigkeit oder Zulässigkeit der üblichen Hochzeitsceremonien bei dem *gāndharva vivāha* waren übrigens die Meinungen geteilt. Schon *Devala* spricht sich für die Vollziehung derselben aus, auch das *Kāmas.* 228 f. giebt dem Liebhaber (*nāyaka*), der die Geliebte nach dieser Form heiratet, den Rat die Feuerspende darzubringen und die Braut dreimal um das Hochzeitsfeuer herumzuführen, weil damit die Ehe für geschlossen gilt und die Eltern der Braut, um Aufsehen zu vermeiden, sie anerkennen müssen. Die Gandharvenheirat wird übrigens l. c. 232 ganz allgemein als die beste von allen gepriesen und ist sonst eine gewöhnliche Bezeichnung eines Liebesverhältnisses, wie auch in den Smṛtis (*Nār.* 12, 44; *Baudh.* 1, 20, 16 u. a.) die Ansicht vorkommt, dass sie allen Ständen gemeinsam sei.

Den obigen vorherrschend aristokratischen Heiratsformen steht als plebejische Form der *āsura vivāha*, d. h. der Frauenkauf gegenüber, der nur dem Vaiśya und Śūdra gestattet wird (*M.* 3, 24; *Mah.* 1, 73, 11 u. a.). Freilich bilden allgemeine Proteste gegen jede Art von Frauenkauf ein Lieblingsthema der Smṛtis. Nach *M.* 9, 98 ff. (vgl. *Baudh.* 1, 21, 2 f. u. a.) wäre es selbst für einen Śūdra unstatthaft einen Brautpreis für seine Tochter anzunehmen, da dies ein verdecktes Kaufgeschäft wäre und man davon nicht einmal in der Vorzeit etwas gehört habe. Auch die Übergabe der Braut an den Bräutigam für ein Rinderpaar bei dem den Brahmanen gestatteten *ārṣa vivāha* soll nur als eine Huldigung für die Braut aufzufassen sein (3, 51—54). Selbst das Entgelt von 100 Kühen für die Braut soll eine blosse Förmlichkeit sein, zumal da der Bräutigam das Geschenk zurückerhält (*Āp.* 2, 13, 12). Es kann sein, dass ebenso der *ārṣa vivāha* schon zu einem Scheinkauf geworden war, wobei von dem Bräutigam das Rinderpaar nur der Form halber dem Brautvater geschenkt und von diesem dem Bräutigam zurückgegeben wurde, wie dies der Commentar zu *Baudh.* 1, 20, 4 ausdrücklich vorschreibt. Freilich hat das *gomithunam* der Smṛtis eine auffallende Ähnlichkeit mit dem ζεῦγος βοῶν, für das nach dem oft citirten Bericht des Strabo die Inder ihre Frauen deren Eltern abzukaufen pflegten. Es ist auch unverkennbar, dass der Brautpreis (*śulka*) in den Smṛtis schon vielfach die Bedeutung eines Geschenks des Bräutigams an die Braut oder des Gatten an die Gattin angenommen hat, so wenn er unter den Bestandteilen des *strīdhana* aufgezählt wird (*Vi.* 17, 18; *Y.* 2, 144), oder wenn *Vṛddha-M.* von dem *śulka* als einem Geschenk des Gatten an die Gattin spricht. Anderswo ist aber nur die Bedeutung »Brautpreis« anwendbar, so wenn *M.* 8, 204 dem Bräutigam, dem eine falsche Braut untergeschoben wurde, für das bezahlte *śulka* beide Bräute zugebilligt werden, oder wenn nach *M.* 9, 100 die Hingabe der Tochter »für den *śulka* genannten Preis« ein versteckter Verkauf ist, aber doch nach *M.* 9, 97 der Bruder an die Stelle eines nach Entrichtung des *śulka* verstorbenen Bräutigams treten soll, oder wenn der Brautpreis unter den Erwerbsarten figurirt (*Vi.* 58, 10; *Nār.* 1, 46). Bezeichnend ist auch (s. u.) dass bei *Vas.* und in dem ungedruckten *Hār.* der Frauenkauf *mānuṣa vivāha* »die Heiratsform der Menschen« heisst. Mit ihrer Opposition gegen den Frauenkauf hatten die Smṛtis um so schwereren Stand, als zu Gunsten desselben mehrere Vedastellen angeführt werden konnten. So ist *MS.* 1, 10, 11 und *Kāṭh.* 36, 5 die Rede von einer Frau, die mit anderen Männern verkehrt obschon ihr Gatte sie gekauft hat, und ṚV 1, 109, 2 scheinen die reichen Geschenke des Tochtermanns erwähnt zu werden. Von den Gṛhyasūtras sprechen *Pār.* und *Śāṅkh.* (vgl. § 21, Anm. 2) ganz ungenirt von der obigen Beschenkung des Brautvaters mit 100 Kühen nebst einem Wagen, und die noch ungedruckten Gṛhyas der Mānava- und Kāṭhakaschule enthalten das hier als eine gewöhnliche Hochzeitsform erscheinende Ceremoniell für den Fraukauf *śaulkadharma,* wobei der Brautvater den Brautpreis in Gold empfängt. Das *Mah.* verdammt wie die Smṛtis den Fraukauf principiell, lässt ihn aber in praxi zu, nicht bloss bei Vaiśyas und Śūdras, und erwähnt häufig den Brautpreis *śulka.* So muss *Pāṇḍu* dem Madrakönig *Śalya* für die Hand seiner Schwester grosse Schätze an Gold, Juwelen, Schmuck, Stoffen, Elephanten, Pferden, Wagen u. s. w. übergeben, und dieser Frauenkauf wird als ein *kuladharma*, ja als *paradharma* bezeichnet (1, 113, 9 ff.). Auch die Zustände der Gegenwart zeigen, dass die Opposition der Brahmanen gegen den Frauenkauf nur teilweisen Erfolg gehabt hat. So scheint derselbe zwar in Bengalen überwiegend nur bei niedrigen Kasten und rohen Stämmen vorzukommen[15], ist dagegen in der Präsidentschaft Bombay sehr verbreitet, selbst bei höheren Kasten. In Guzerat soll der Verkauf von Mädchen noch sehr oft insgeheim vorkommen, selbst bei solchen Kasten, die ihn öffentlich verdammen, und in der Stadt Bombay wird häufig ein Handgeld gegeben, unter Hinterlegung von Wertsachen[16]. Bei den Sāmvedis, einer angesehenen, streng religiösen Brahmanenkaste in Thana, erhält der Brautvater 200—1000 Rupees als Brautpreis[17]. Auch in der Präsidentschaft Madras ist die Zahlung eines Brautpreises bei verschiedenen Kasten üblich[18], ebenso im Penjab[19]. In Assam werden die Ehen fast nur durch Fraukauf geschlossen, selbst bei Brahmanen ist er gewöhnlich[20]. Freilich kommt in Bengalen und anderwärts neben dem Brautpreis vielfach auch ein Bräutigamspreis vor, da die Sitte der Kinderhochzeiten die Nachfrage nach Männern auf dem Heiratsmarkt sehr verstärkt hat. So geht ja auch in den Smṛtis das Dringen auf frühe Verheiratung der Töchter mit der Polemik gegen den Fraukauf Hand in Hand, vgl. § 17.

Als orthodoxe, für den Brahmnanen geeignete Heiratsformen erkennt das Eherecht der Brahmanen nur die vier ersten in der üblichen Aufzählung an. Nur aus den so geschlossenen Ehen sollen tüchtige Nachkommen hervorgehen, die ihre Vorfahren und Nachkommen — bei dem *brāhma vivāha* bis ins 10. Glied, oder sogar bis ins 21. Glied, bei den drei niedrigeren Formen eine entsprechend geringere Anzahl — von ihrer Sündenschuld befreien; die so verheirateten Frauen selbst gelangen nach ihrem Tode in den Himmel des *Brahman*, resp. in den *svarga*, den Himmel des *Viṣṇu* oder der Götter; der Gatte erhält einen Erbanspruch auf das Sondergut (*strīdhana*) seiner Gattin nur, falls er sie nach einer der vier höheren Formen geheiratet hat. Unter sich unterscheiden sich diese Formen hauptsächlich dadurch, dass bei dem *brāhma vivāha* die Braut aus freien Stücken einem würdigen Mann angeboten und geschenkt wird, während bei dem *daiva vivāha* der Bräutigam ein opfernder Priester *ṛtvij* ist, bei dem *ārṣa vivāha* der Brautvater ein Rinderpaar erhält, wie schon besprochen, und bei dem *prājāpatya* oder *kāya vivāha* das Heiratsanerbieten von dem Freier ausgeht. Diese Differenzen sind nicht bedeutend und beruhen anscheinend nur auf den religiösen Anschauungen von der grösseren oder geringeren Verdienstlichkeit eines Almosens — als solches erscheint hier die Braut — je nachdem es freiwillig gegeben oder erbeten, einem mehr oder minder würdigen Mann geschenkt wird. Der Opferpriester steht wie öfter an Würdigkeit hinter einem tugendhaften und gelehrten Brahmanen zurück, andrerseits erhöht sich seine Würdigkeit dadurch, dass er gerade mit einem Opfer beschäftigt ist, ähnlich wie die Ermordung eines Opfernden ein besonders schweres Verbrechen ist (*Vi.* 50, 7). *Āp.* 2, 11, 17 ff. und *Vas.* 1, 30 ff. lassen den *prājāpatya vivāha* fort und rechnen daher, indem bei ihnen auch der *paiśāca vivāha*, die letzte der schlechten Formen, fehlt, im Ganzen nur sechs Eheformen; in dem ungedruckten *Hār.* fehlen die beiden Formen *prājāpatya* und *ārṣa*, dafür fügt er aber am Schluss den *kṣātra* und *mānusa vivāha* an, sodass doch die Zahl acht herauskommt. Im *Mah.* 13, 44, 3 ff. werden nur fünf Formen gezählt: drei gute, nämlich *brāhma*, worunter nach dem Commentar zugleich *ārsa* und *daiva* zu verstehen sind, *kṣātra*, d. h. nach dem Commentar *prājāpatya*, der für Brahmanen und Ksatriyas geeignet ist, und *gāndharva*, und zwei schlechte Formen, nämlich *āsura* und *paiśāca* oder *rākṣasa*; auch 13, 19, 2 erscheinen nur drei Formen als rechtmässig, die aber hier *ārsa*, *prājāpatya* und *āsura* heissen; an anderen Stellen treten allerdings die acht Formen der Smṛtis auf, ja es kommt dazu als 9. noch der *svayaṃvara*[21], s. o. In den Gṛhyasūtras findet sich die Unterscheidung zwischen einem *brāhma* und *śaulka dharma* als den beiden Hauptformen der Eheschliessung, im *Kāmasūtra* 190 ff. werden nach der Erklärung des Commentators ebenfalls die vier rechtmässigen Formen zusammenfassend beschrieben. Hienach liegt es nahe zu vermuten, dass das doppeldeutige *brāhma vivāha* ursprünglich die Heiratsform der Brahmanen im Gegensatz zu dem *ksātra vivāha*, Frauenraub, der Heiratsform der Kṣatriyas, und dem *mānuṣa vivāha*, Frauenkauf, der Heiratsform der gewöhnlichen Leute, bezeichnete und erst späterhin zu dem Gott *Brahman* in Beziehung gesetzt und die Stufenfolge der acht *vivāha* mit der Reihenfolge der Götter und Dämonen parallelisirt wurde[22]. Jedenfalls besteht auch in der heutigen Sitte kein Unterschied zwischen den vier ersten Heiratsformen. Die jetzt üblichen Trauungsceremonien werden gewöhnlich mit dem *brāhma vivāha* der Smṛtis identificirt.

Die Smṛtis gehen auf die eigentlichen Trauungsceremonien nicht ein, weil diese Materie in das Gebiet der Gṛhyasūtras gehört, die von den besondern Gebräuchen der verschiedenen vedischen Schulen handeln. So heisst es auch im *Kāmas.* 228, dass das hochzeitliche Feueropfer *yathāsmṛti* vollzogen werde, was der Commentar mit *svagṛhyoktavidhinā* erklärt. Doch zeigen gelegentliche Erwähnungen der Hochzeitsgebräuche in den Smṛtis, wie im *Mah.*, *Rām.* und sonst, dass in Betreff derselben ein weitgehender consensus omnium bestand[23]. So waren die feierliche Übergabe der Braut an den Bräutigam (*kanyādāna, saṃpradāna*), die dextrarum junctio (*pāṇigrahaṇa*), die diese Ceremonie begleitenden vedischen Sprüche (*pāṇigrahaṇika mantra*), die Feuerspende und die dreimalige Umschreitung des Hochzeitsfeuers, die sieben gemeinsamen Schritte des jungen Paars (*saptapadī*), die Heimführung (*vivāha*), wonach die ganze Feier ihren Namen hat, u. a. Gebräuche allgemein üblich und lassen sich bis in die vedische Zeit, ja teilweise in die indogermanische Urzeit, zurückverfolgen, wie sie auch in der Gegenwart noch die weiteste Verbreitung haben.

[1] *Mah.* 1, 73, 11; 1, 102, 16; 1, 219, 22. Vgl. HOPKINS 356 ff.; HOLTZMANN, Zur Gesch. 23. — [2] Vgl. DARGUN, Mutterrecht und Raubehe (Bresl. 1883), 92 ff.; L. v. SCHRÖDER, Hochzeitsgebräuche 56 ff.; SCHRADER, Sprachvergleichung und Urgeschichte [2] 553 f. — [3] MANDLIK 445 (Bhils); RISLEY, The Tribes and Castes of Bengal (Calc. 1891 f.) 1, 340 (Kamars); 2, 142 (Oraons); TUPPER, Punjab Customary Law 2, 90–94; BG. 3, 221 (Bhils), 5, 49 (Kṣatris), 6, 31 (Bhils), 8, 120 (Rajputen), 11, 60 (Kunbis), 12, 61 (Marvadis), 12, 90 (Bhils), 18, 1, 304 (Knubis) u. s. w.; LYALL, Asiatic Studies 219 f. (Rajputen); LYALL's Gazetteer for the Hyderabad Assigned Districts 188 (Gonds); HUNTER, Orissa 2, 82 f. (Kandhs); KOHLER ZVR 7, 227; 8, 103, 144, 266; 9, 325; 10, 74–77; 11, 167. Manche der als Scheinraub gedeuteten Hochzeitsceremonien scheinen mir auch anders erklärbar zu sein. — [4] *Mah.* 1, 189, 7; 219, 21. — [5] Vgl. HOPKINS 356 f.; HOLTZMANN 21 f. — [6] PISCHEL, Ved. Stud. 1, 16 ff. — [7] *Mah.* 12, 4. — [8] *Mah.* 12, 219, 21 ff. — [9] Vgl. BÜHLER, *Vikr.* Introd. 39 f. — [10] PISCHEL l. c. 30. — [11] Vgl. BÜHLER in Festgr. an R. von Roth, 46. — [12] Vgl. HOPKINS 345 ff., 358 ff.; HOLTZMANN 23 f.; A. MAYR 155 ff., 170 f.; WEST and BÜHLER[3] 273 ff.; Tag. Lect. 76. — [13] I. St. 5, 311. — [14] Vgl. BÜHLER zu *Vas.* 1, 37; ZIMMER, Altind. L. 310 f. — [15] RISLEY l. c. 1, 138 (Birhors), 1, 352 (Juangs), 1, 380 (Kaibarttas), 1, 496 (Kocchs), 1, 531 (Kurmis), 2, 96 (Muchis), 2, 102 (Mundas), 2, 229 (Santals) u, s. w. — [16] WEST and BÜHLER[3] 275, 277. Vgl. KOHLER l. c. 10, 77–81. — [17] BG 13, 1, 32. — [18] Madras Census Report (1893), 274 ff. — [19] TUPPER l. c. 2, 116, 194 ff., 220 f. Vgl. KOHLER l. c. 7, 227 f. — [20] Census of India, 1891, Assam Report 113. — [21] Vgl. HOPKINS 356 ff. Zwischen dem *prājāpatya v.* und dem *svayaṃvara* scheint mir trotz *Mah.* 1, 102, 12 ff. keinerlei Ähnlichkeit zu bestehen. — [22] Vgl. Tag. Lect. 74 f.; HOPKINS l. c. — [23] Vgl. WINTERNITZ, D. altind. Hochzeitsrituell 60, in d. Denkschr. d. Wiener Ak. 1892, 60 ff.

§ 17. Die Kinderhochzeiten. Die Ehe ist eine Notwendigkeit, Ehelosigkeit nur bei dem Mönch (*naiṣṭhika brahmacārin*) und der Nonne (*pravrajitā*) gestattet, die aber in den Smṛtis wenig vorkommt. Daher muss zeitig dafür Sorge getragen werden, besonders bei Mädchen, dass sie in den Stand der Ehe treten[1], denn ein mannbares Mädchen, das unverheiratet im Vaterhause weilt, wird zur Śūdrā (*vṛṣalī*), und ihr Vater, der nicht für ihre Verheiratung gesorgt hat, begeht dadurch eine schwere Sünde. Auch der Verlust des Brautpreises und seiner Mundschaft über die Familie war für den Vater mit diesem Vergehen verknüpft, die Tochter, die nun selbständig als *svayaṃvarā* zur Ehe schreiten musste, erlitt Vermögensnachteile, konnte sogar ungestraft geraubt werden (§ 16), ihr Gatte sollte, wenigstens nach spätern Autoren, als *vṛṣalīpati* geächtet und gemieden sein. Eine vorteilhafte, den Anschauungen der Kaste entsprechende Verbindung konnte nicht frühe genug angebahnt und abgeschlossen werden; für die Jungfräulichkeit der Braut konnte bei den pessimistischen Anschauungen der Smṛtis über weibliche Tugend nur so eine Bürgschaft bewirkt werden; ein Selbstbestimmungsrecht der Nächstbeteiligten hätte durchaus den herrschenden Ansichten über die Unselbständigkeit der Frauen (§ 22 ff.) und auch der Haussöhne widersprochen und zu den nur als ein odioses Privileg der Kṣatriyas anerkannten Gāndharva- und Rākṣasaheiraten geführt. So ist die bekannte indische Sitte der Kinderverlobungen (*bālavivāha*) durchaus begreiflich und hat Parallelen bei den verschiedensten andern Völkern.

Zu erklären bleibt nur, wie und wann der *vivāha*, der seinem Namen und den vedischen Hochzeitsliedern nach ursprünglich eine wirkliche Hochzeitsfeier war, sich in eine Verlobung verwandeln konnte, die zwar rechtlich vollkommen bindend war, aber erst einige Jahre später mit dem Eintritt der Pubertät von dem Übergang der Braut in das Haus des Bräutigams und Beginn des ehelichen Lebens gefolgt wurde.

Schon in den Gṛhyasūtras begegnet in den Aufzählungen der Eigenschaften, auf die man bei der Wahl einer Braut sehen soll, mehrfach die Forderung, dass sie *nagnikā* sein soll, so *Vaikhānasagṛ.* 3, 2, 1 (*nagnikāṃ kanyāṃ*), *Hiraṇyakeśigṛ.* 1, 19, 2 (*sajātāṃ nagnikāṃ*, wofür allerdings auch die das Gegenteil besagende Lesart *sajātānagnikāṃ* vorkommt), ferner *Gobh.* 3, 4, 6 (*nagnikā tu śreṣṭhā*) und *Mānavagṛ.* 1, 7 (*nagnikāṃ śreṣṭhām*), wo allerdings, wenn man die letztere Stelle nach der ersteren interpretirt, die *nagnikā* nur als die beste empfohlen wird. Unter der *nagnikā* ist jedenfalls, einerlei ob man es mit einigen Commentatoren wörtlich erklärt als ein noch nackt gehendes Mädchen, das noch keine Kleider trägt, mit Sandkörnern spielt, noch unschuldig ist und im Beisein von Männern nicht aus Scham seine Blösse bedeckt, oder ob man es nach der gewöhnlichen Erklärung als einen term. techn. für ein noch nicht mannbares Mädchen auffasst, eine noch Unerwachsene zu verstehen. Dagegen spricht das *Jaiminigṛ.* von einer *anagnikā* (*jāyāṃ vindetā 'nagnikāṃ*)[2], und den gleichen Ausdruck gebraucht *Gobhilaputra* 2, 27 (*prayacchet tv anagnikām*), dessen Lesart jedoch nicht gesichert ist, wie auch das seltsame *rātāṃ* im *Āpastambīyagṛ.* und *Yādavaprakāśa*'s *Vaijayantī*[3] zweifelhaft scheint. Unter *anagnikā* ist ein mannbares Mädchen zu verstehen. In denjenigen Gṛhyasūtras, wo von dem Heiratsalter überhaupt nicht die Rede ist, wie z. B. bei *Āśv.*, kann man dieses Schweigen vielleicht mit Prof. Bhandarkar[4] dahin deuten, dass die Mannbarkeit der Braut als selbstverständlich vorausgesetzt wird, da das Beilager, die Heimführung u. a. Bestandteile der Trauungsceremonien nur auf erwachsene Bräute Bezug haben können. Da nun diese Ceremonien auch in denjenigen Gṛhyasūtras vorkommen, die sich unbedingt für unerwachsene Bräute erklären oder sie wenigstens bevorzugen, so liegt in diesen Werken ein Widerspruch vor. Man darf wohl annehmen, dass dieser Widerspruch ebenso zu erklären ist, wie wenn in den Smṛtis, z. B. in der Lehre vom *niyoga*, jüngere und ältere Anschauungen unvermittelt neben einander auftreten, indem letztere als überlieferte Bestandteile des *dharma* nicht unerwähnt bleiben dürfen. So haben die Verfasser der Gṛhyasūtras selbst, z. B. *Āp.*, die alten Hochzeitssprüche, oft mit sinnstörenden Fehlern und falscher Anwendung, ausführlich reproducirt[5], nur deshalb, weil sie als Überreste aus einer ältern Epoche heilig gehalten wurden. Übrigens ist die *prattā strī Āśv.* 4, 4, 23, bei deren Tod ihre Blutsverwandten auf drei Tage unrein werden, vielleicht ebenso wie in der Parallelstelle *Vi.* 22, 34 als ein frühe verheiratetes und bis zur Mannbarkeit noch im Elternhause weilendes Mädchen aufzufassen.

Auf dem Gebiet der Smṛtilitteratur nehmen schon die ältesten Werke den oben gekennzeichneten Standpunkt ein, dass es eine Sünde ist, wenn mannbare Mädchen noch unverheiratet sind. Gemäss den allgemeinen Anschauungen von der Bestimmung der Frau und von dem Zweck der Ehe involvirt die Versäumnis eines *ṛtu*, d. h. der für die Erziehung von Nachkommenschaft als geeignet geltenden Tage bei den Frauen die Sünde der Embryotötung (*bhrūṇahatyā*). Hierin liegt offenbar der Grund, weshalb heiratsfähige Töchter, die noch nicht verheiratet sind, nach drei solchen *ṛtu* selbst zur Wahl eines Gatten schreiten dürfen; aus den drei *ṛtu* wurden dann bei einigen Autoren drei Jahre. Äusserungen wie die, dass es besser sei, wenn ein erwachsenes Mädchen bis zu ihrem Tode unvermählt im Elternhause bleibt, als wenn sie an einen unwürdigen Mann verheiratet wird (*M.* 9, 89), sind nach *Nīlakaṇṭha* u. a. Erklärern nicht buchstäblich auszulegen und bleiben vereinzelt. So ist nach *Baudh.* 4, 1, 11 selbst eine Ehe mit einem unwürdigen Freier dem dauernden Aufenthalt im Elternhause vorzuziehen. Fehlt der Vater, so haben für die Verheiratung der Töchter diejenigen Verwandten zu sorgen, denen an Stelle des Vaters die Mundschaft zufällt und die daher *kanyāpradāḥ* »Verheirater der Mädchen« heissen. In den Verzeichnissen dieser *kanyāpradāḥ* ist[6] meistens von männlichen Verwandten die Rede, dem Bruder, dem Grossvater väterlicher- und mütterlicherseits, den Oheimen u. a., während die Mutter oft weit zurückgeschoben wird; wenn gar keine Verwandte da sind, soll der König für sie eintreten. Der Bruder erscheint auch im Erbrecht als der nächste *kanyāprada* nach dem Vater; er soll die Schwester verheiraten und ihr ein Viertel eines Sohnteils von der Erbschaft abgeben (*Y.* 2, 124), d. h. nach der wahrscheinlichen Erklärung einiger Commentatoren, er hat die Kosten einer standesgemässen Hochzeit zu tragen, die ohne Zweifel schon im Altertum wie heutzutage sehr hoch waren. So vergiebt auch im *Mah.* 1, 113, 9 ff. *Śalya* die Hand seiner Schwester. Die Regel, dass der *vivāha* vor dem Eintritt der Pubertät zu erfolgen hat, dass die Braut, wie dies auch hier mehrfach ausgedrückt wird, *nagnikā* sein muss, ist allen Smṛtis gemeinsam; manche derselben gehen aber noch weiter und setzen ein bestimmtes Heiratsalter fest, das um so früher fixirt wird, je später das betreffende Werk[7] ist. So soll nach *M.* 9, 94 ein Dreissigjähriger eine Zwölfjährige, ein Vierundzwanzigjähriger eine Achtjährige heiraten. Dagegen soll nach dem jüngeren *Bṛh.* die Braut im gleichen Fall 10 und 7 Jahre alt sein. *Dakṣa* und *Saṃvarta* empfehlen das Alter von 8 Jahren. Bei andern Autoren erscheint das Alter von 10 oder 12 Jahren als die obere, oder das Alter von 7 Jahren als die untere Grenze; es giebt aber auch Texte, in denen 4—6 und 8 Jahre die untere und obere Grenze bilden. Manche gelegentliche Andeutungen beweisen, dass solche Vorschriften kein toter Buchstabe blieben[8]. So wird im Gastrecht (*M.* 3, 114; *Y.* 1, 105; *Vi.* 67, 39) unter den Familienmitgliedern von der *kumārī*, dem unverheirateten Mädchen, die *suvāsinī* oder *svavāsinī*, jetzt *suāsin*[9], unterschieden, worunter eine verheiratete, aber noch im Elternhause weilende Tochter zu verstehen ist, d. h. eine Braut, die noch nicht mannbar ist. Stirbt ein solches Mädchen, so müssen ihre Blutsverwandten für sie eine kürzere Trauerzeit halten, während sonst für verheiratete Töchter ihre Blutsverwandten nicht trauern (*Vi.* 22, 33 f.). Die seltsame Kategorie der »jungfräulich Wiederverheirateten« (*akṣatayonipunarbhū Nār.* 12, 46; *M.* 9, 176; *Vas.* 17, 20; *Vi.* 15, 8) erklärt sich daraus, dass es schon als Heirat gilt, wenn nur die übliche Trauung, namentlich der Akt der »Handergreifung« (*pāṇigrahaṇa*), stattgefunden hat, ohne dass der Jugendlichkeit der Braut wegen die Consummation folgte. Bezeichnend ist auch der Ausdruck *kaumāra pati* »der Jugendgemahl«, den eine *punarbhū* verlässt, um mit einem andern Mann zu leben (*Nār.* 12, 47); auch hier handelt es sich um den Bräutigam. Daher wird in einer anonymen Smṛti dem Gatten, d. h. Bräutigam, der eheliche Verkehr mit seiner Braut untersagt, bis sie mannbar geworden ist. Dem *vivāha*, als der eigentlichen Trauung, pflegten minder bindende Verabredungen vorherzugehen und wohl auch neue Feierlichkeiten beim Beginn des ehelichen Lebens zu folgen. Nach *Nār.* 12, 2 f. besteht das Sakrament (*saṃskāra*) der Trauung aus 2 Teilen, der Werbung oder Brautwahl (*varaṇa*) und der Handergreifung (*pāṇigrahaṇa*) nebst den sie begleitenden Sprüchen, aber die Werbung (*varaṇa*) oder darauf gefolgte Versprechung des Mädchens (*vāgdāna*) kann wieder rückgängig gemacht werden, wenn an der Braut oder dem

Bräutigam ein vorher verschwiegener Fehler (*doṣa*), z. B. Deformität oder ein schweres körperliches oder geistiges Leiden entdeckt wird. Während die Werbung und Verlobung anscheinend meist nur durch einen kurzen Zwischenraum von der Trauung getrennt war, hing es von dem Zeitpunkt des Eintritts der Pubertät ab, wie bald die dauernde Überführung der Braut in das Haus des Bräutigams und der Beginn des ehelichen Lebens darauf folgte. Bei dem ersten *ṛtu*, d. h. in der 5.—16. Nacht nach Eintritt der Pubertät, oder auch bei einem späteren *ṛtu* sollte dann die wahrscheinlich schon vedische Ceremonie stattfinden, die den bezeichnenden Namen »Befruchtung« (*garbhādhāna*) führt und als das erste der 12 oder 16 schon mit dem keimenden Leben beginnenden Sakramente (*saṃskāra*) im Leben des Inders gerechnet wird.

Wichtig für die Geschichte des *vivāha* ist auch das *Kāmasūtra*, das den Hergang bei einer indischen Verlobung und Hochzeit ausführlich und von einem ganz andern Standpunkt aus beschreibt als die Smṛtis, dagegen mit den Gṛhyasūtras mehrfach genau übereinstimmt. So ist die Stelle 193 f. über die Mädchen, die man bei der Brautwahl vermeiden soll, fast wörtlich = *Āp. gṛ.* 1, 3, 10—13. Hier wird nun auch eine *rākā* d. h. schon Erwachsene als nicht wählbar bezeichnet, und eine ähnliche Bedeutung hat, wenigstens nach dem einen Commentar, auch das Epitethon *phalinī*, wie auch nach 190 die Braut mindestens 3 Jahre jünger sein soll als der Bräutigam. Gleichwohl ist im Folgenden mehrfach von erwachsenen Bräuten die Rede, so 200 von einer schon Mannbaren (*nigāḍhayauvanā*), die, wie der Commentar bemerkt, doch trotz dieses verhältnismässig geringen Fehlers ihrer sonstigen guten Eigenschaften wegen einen Gatten gefunden hat. Wird ein Freier mit seiner Werbung abgewiesen, so soll er suchen ein Liebesverhältnis mit dem Mädchen anzuknüpfen (*gāndharvavivāha*), oder sich ihrer durch eine der drei niedrigen Heiratsformen zu bemächtigen (207—232). Auch hier werden anscheinend erwachsene Mädchen vorausgesetzt, ebenso 222 ganz ausdrücklich bei der Bräutigamssuche einer *prāptayauvanā*, die unvermählt geblieben ist, weil sie ihrer geringen Herkunft, oder ihrer Armut oder frühen Verwaistheit wegen keinen Bewerber gefunden hat. Hienach waren zur Zeit der Abfassung dieses alten Werks die Forderungen des brahmanischen Sittengesetzes schon wohl bekannt, stiessen aber in der praktischen Durchführung auf manche Schwierigkeiten; freilich ist der Standpunkt des *kāmaśāstra*, das den *gandharva vivāha* für die beste Heiratsform erklärt (§ 16), ein den strengen Anschauungen des *dharmaśāstra* geradezu entgegengesetzter.

Das *Mah.*[10] hat in seinem didaktischen Teil die Regel, dass ein Dreissigjähriger eine Zehnjährige heimführen soll, die noch *nagnikā* ist (13, 44, 19), oder ein Zwanzigjähriger eine Siebenjährige. Auch wird wie in den Smṛtis drei Jahre nach Eintritt der Pubertät der *svayaṃvara* gestattet und von langem Bleiben der Braut im Elternhause abgeraten (13, 44, 14—17). Von diesem gewöhnlichen *svayaṃvara* ist jedoch der feierliche *svayaṃvara* zu unterscheiden, der ebenso wie der *gāndharva vivāha* als ein Privileg der vornehmen Kreise erscheint, wie auch in der Gegenwart bei dem Rajputenadel die Mädchen oft später heiraten als in den anderen Ständen (§ 16). Es darf bei den idealen Mädchengestalten des *Mah.* wie überhaupt der indischen Poesie[11] auch nicht vergessen werden, dass es sich dabei um poetische, oft conventionelle Schilderungen handelt, denen die Wirklichkeit wenig entsprechen mochte. Die bekannte Nachricht griechischer Autoren von dem Eintritt der Geschlechtsreife mit sieben Jahren bei den indischen Frauen, ja von sechsjährigen Müttern in Indien, ist in dieser Form unrichtig, da die Pubertät gewöhnlich erst mit zwölf Jahren eintritt, aber sie mag auf einer Beobachtung indischer Hochzeitsfeste mit siebenjährigen Bräuten beruhen. Auch Albērūnī (2, 154) fielen die frühen Heiraten der Hindus auf.

In der Gegenwart sind die Kinderheiraten stehende Sitte namentlich bei allen Kasten, die dem Brahmanentum nahe stehen, haben sich aber von da aus auch zu den Mohammedanern verbreitet. So sind nach der Volkszählung von 1891 im Punjab[12] von 10000 Mädchen unter 10 Jahren bei den Hindus 477, bei den Mohammedanern 186 verheiratet. Auf die Hochzeit folgt erst einige Jahre später mit dem Eintritt der Pubertät die Übersiedlung der Braut in das Haus ihres Gatten (*muklava*). In den N. W. Provinzen und Oudh[13] verheiraten sich die Mädchen manchmal schon kurz nach ihrer Geburt, von je 10000 Mädchen im Alter von 0—4 Jahren sind 63 und im Alter von 5—9 Jahren 999 verheiratet, und im Alter von 10—14 Jahren verheiraten sich nahezu $^9/_{10}$ der weiblichen Bevölkerung. Doch findet die feierliche Überführung in das Haus des Gatten, hier *gauna* genannt, meistens erst 3—7 Jahre nach der Hochzeit bei Eintritt der Pubertät statt. In Nordbengalen beträgt bei den Hindumädchen das durchschnittliche Heiratsalter $11\,^1/_2$, in Westbengalen $10\,^5/_6$ Jahre, während 6.78 resp. 11.54% bei ihrer Hochzeit weniger als 10 Jahre alt sind[14]. Die »zweite Hochzeit«, bei den Brahmanen teilweise als *garbhādhāna* oder *punarvivāha* bezeichnet, findet bei Eintritt der Reife statt[15]. Sehr hoch ist der Procentsatz der Kinderbräute in einigen Distrikten der Centralprovinzen[16], so sind in Wardha 12%, in Nagpur 10.1% der Mädchen unter 10 Jahren verheiratet. In Bombay[17] sind von der weiblichen Bevölkerung bei den Hindus im Alter von 0—9 Jahren je 1130, im Alter von 10—14 je 6064 verheiratet. Die zweite Hochzeit, auch hier oft mit dem alten Namen *garbhādhāna* bezeichnet[18], findet bei Eintritt der Pubertät, resp. bis zu 16 Tagen später, statt wie nach den Smṛtis. Die Statistik für Madras[19] zeigt besonders deutlich, wie verbreitet die Kinderehe bei den Brahmanen und wie verhältnismässig selten sie dagegen bei den dravidischen Stämmen ist. So sind dort von der weiblichen Bevölkerung im Alter von 10—14 Jahren bei den Brahmanen 72.81, dagegen bei einigen anderen Kasten nur 5—10% verheiratet. Die zweite Hochzeit heisst bei den Brahmanen auch hier *garbhādhān*, dauert drei Tage und findet kurz nach dem Eintritt der Pubertät bei der Braut statt. Auch bei den Männern sind Heiraten in sehr jugendlichem Alter allgemein verbreitet, so sind in den N. W. Provinzen von 10000 Knaben im Alter von 5—9 Jahren 433 verheiratet, während im Alter von 10—14 nur noch ein Bruchteil mehr als die Hälfte unverheiratet ist[20]. Doch sind z. B. in Madras die Männer durchschnittlich um 10 Jahre älter als die Frauen, was ganz an die Regel bei *M.* und im *Mah.* erinnert. Die Auffassung der Smṛtis, dass ein mannbares Mädchen, das unverheiratet im Elternhause weilt, ein Schandfleck für die ganze Familie ist, beherrscht die moderne Volksanschauung in potenzirter Form, so dass selbst die niedrigsten Kasten immer mehr zu den Kinderheiraten übergehen.

[1] *Baudh.* 4, 1, 11 ff.; *Vas.* 17, 67—71; *Vi.* 24, 41; *M.* 9, 90 ff.; *Parāśara* 7, 5 ff. Vgl. meine Rechtl. Stellung d. Frauen 8 f.; ZDMG 46, 413—426; 47, 143—156, 610—615. — [2] Bhandarkar ZDMG 47, 154. — [3] Winternitz, D. altind. Hochzeitsrituell in d. Denkschr. d. Wien. Ak. 1892, 34—36. — [4] l. c. 153. — [5] Vgl. Winternitz l. c. 9—13. — [6] *M.* 9, 4; 5, 151; *Y.* 1, 63; *Vi.* 24, 38 f.; *Nār.* 12, 20—22; *Saṃvarta* 67; *Par.* 7, 6. — [7] Vgl. ZDMG 46, 414. — [8] l. c. 418 f. — [9] Grierson, Bihar Peasant Life § 1295. — [10] Vgl. Hopkins l. c. 339—344; Holtzmann 21 ff. — [11] Cl. Bader, La femme dans l'Inde antique (Par. 1867). — [12] Census of India, 1891, 19, 221, 225. — [13] l. c. 16, 246—248. — [14] l. c. 3, 185; Risley l. c. 1, 152. — [15] Bose, The Hindoos as they are 85. — [16] Census 11, 105. — [17] l. c. 7, 167, App. A, Table 2. — [18] BG 18, 1, 140; 23, 137, 140 u. a. — [19] Census 13, 145, 264. — [20] l. c. 16, 246 f.

§ 18. Die Ehehindernisse. Die beliebten Aufzählungen der schlechten

Eigenschaften an einer Braut (*kanyādoṣa*) oder der Mädchen die man bei der Brautwahl vermeiden soll, enthalten manches Wunderliche und Unverständliche, und selbst die Commentare bieten bei der Enträtselung dieser bis zu 27 Nummern umfassenden Leporellozettel keine ausreichende Hülfe [1]. Natürlich können die Vorschriften über Vermeidung einer geschwätzigen, buckligen, zwerghaften, verwachsenen, kahlköpfigen, schielenden, einen ominösen Namen tragenden Braut u. dgl. ebenso wie die Empfehlung einer schönen und reichen Braut aus angesehener Familie, die den Gang eines Elephanten und einen normalen Körperbau hat u. dgl. nur als wohlgemeinte Ratschläge betrachtet werden. Über das geeignete Heiratsalter s. o. Besonders wird empfohlen, nicht zu sehr auf Reichtum zu sehen; auch die Mädchen sollen nach *Kāmas.* 225 einen armen, aber ihnen ergebenen Gatten einem reichen, aber schon mehrfach beweibten vorziehen. Eine abergläubische aber alte Sitte ist das Brautorakel, wobei es darauf ankommt, welche von einer Anzahl ihr vorgelegter Erdschollen die Braut in die Hand nimmt [2]. Auch auf das Verhalten der Braut bei der Werbung nahm man Rücksicht und hielt es für eine üble Vorbedeutung, wenn sie bei der Ankunft der Werber schlief, weinte oder hinausging [3]. Wie die Braut, so sollte auch der Bräutigam auf seine Körpermerkmale (*lakṣaṇa*) hin geprüft werden. Nach *Nār.* 12, 8 ff., *Y.* 1, 55 kam es hiebei besonders darauf an, eine etwaige constitutionelle Impotenz des Bräutigams festzustellen, die nach *Nār.* 12, 16, 97 auch ein Scheidungsgrund bei einer schon geschlossenen Ehe ist. Dass solche Männer doch meist verheiratet wurden, scheint aus *M.* 9, 203 hervorzugehen. Bei diesen Prüfungen wurden auch Astrologen zugezogen, daher empfiehlt *Kāmas.* 192 f. dem Bräutigam seine guten Freunde, als Astrologen (*daivacintaka*) verkleidet, zu den Eltern des Mädchens zu schicken, damit sie denselben aus dem Vogelflug, der Stellung der Planeten u. s. w. eine glänzende Laufbahn für den Freier prophezeien sollten.

Ein wichtigeres Ehehindernis bildete das Vorrecht des Alters, welches es als sündhaft erscheinen liess, wenn der jüngere Bruder vor dem älteren, die jüngere Schwester vor der älteren in den Stand der Ehe trat [4]. Diese mit anderen Privilegien des Seniorats, namentlich im Erbrecht, und mit der Kostspieligkeit der Hochzeiten und der Gründung einer neuen Familie, die nach indischer Sitte bei den Eltern des Mannes wohnen blieb, zusammenhängende Auffassung liegt schon in den vedischen Saṃhitās und den Śrautasūtras vor und findet sich dann fast in allen Smṛtis sowie im *Mah.* Doch ist die Übertretung dieser Vorschrift nur ein religiöses, kein weltliches Vergehen, und kann daher durch eine Busse gesühnt werden, wobei u. a. die geschlossene Ehe wieder aufgelöst, jedoch alsdann neu geschlossen wird (*Vas.* 20, 7—10). Noch jetzt kommt es bei südindischen Brahmanenkasten vor, dass der ältere Bruder eine Scheinhochzeit mit einem Baumzweig feiert, damit der jüngere heiraten kann ohne eine Sünde zu begehen [5]. Auch diejenigen modernen Fälle von Polyandrie, wobei die gemeinsame Frau als die Gattin des ältesten Bruders und ihre Kinder als seine Kinder betrachtet werden [6], beruhen auf der gleichen Anschauung.

Die Braut muss Jungfrau sein. Diese Forderung tritt in den Heiratsregeln der Gṛhya- und Dharmasūtras allgemein auf, ergiebt sich auch aus der Sitte der Kinderheiraten von selbst, wird aber insofern besonders betont als sie die Wiederverheiratung der Witwen ausschliesst. Es ist jetzt nachgewiesen [7], dass die vermeinten Belegstellen für die Zulässigkeit der Witwenheirat im *ṚV* und *AV* dies nicht sind. Die »wieder (zur Gattin) gewordene Frau« (*punarbhū*) kommt allerdings schon *AV* 9, 5, 27 f. vor, wo von einem Opfer einer solchen die Rede ist, das sie darbringt, um im Jenseits mit ihrem zweiten und nicht mit dem ersten Gatten vereinigt zu werden. Man kann hier aus dem Wortlaut oder Zusammenhang nicht bestimmt entscheiden, ob dieser erste Gatte tot oder noch am Leben ist. Jedenfalls ist die letztere Auffassung möglich und gewinnt an Wahrscheinlichkeit durch die Erklärungen der Bezeichnung ***punarbhū*** in den Smṛtis. So wird die ***punarbhū***, die nur um eine Stufe höher steht als die liederliche Frau (*svairiṇī*, *Nār.* 12, 45 ff.) definirt als eine die noch als Jungfrau einem zweiten Gatten angetraut worden ist, oder zwar nicht noch einmal getraut worden ist, aber vor ihrer Hochzeit schon mit einem anderen Mann gelebt hat, oder ihren ersten Gatten verlassen hat, weil er impotent, aus seiner Kaste ausgestossen oder geisteskrank war, oder von ihm verlassen worden ist, oder zu dem Gatten, dem sie als Kind angetraut war, zurückkehrt, nachdem sie inzwischen mit Anderen gelebt hat, oder gemäss der Sitte des Levirats in Ermanglung eines Schwagers an einen entfernteren Verwandten (*sapiṇḍa*) ihres Gatten übergeben worden ist. *M.* 9, 175 (vgl. 69 f.), *Vas.* 17, 20, 74 und *Baudh.* 4, 1, 16 nehmen ausdrücklich auf den Fall Bezug, dass der erste Gatte gestorben ist, gestatten aber die Wiederverheiratung der Witwe nur dann, wenn der Tod des Gatten vor der Vollziehung der Ehe eintrat. Übrigens erscheint, auch angenommen, dass in der obigen Vedastelle der Fall der wiederverheirateten Witwe mit eingeschlossen ist, die Schliessung einer zweiten Ehe darin als eine Sünde, die durch ein Opfer zu sühnen ist. In den Smṛtis wird der Wiederverheiratung der Witwen noch bei Gelegenheit der fünf Notfälle (*āpad*) gedacht, in denen eine Frau einen anderen Mann heiraten darf, nämlich wenn ihr Gatte verschollen, gestorben, in einen Mönchsorden eingetreten, impotent oder aus der Kaste gestossen ist (*Nār.* 12, 97; *Par.* 4, 28), eine von den modernen Verfechtern der Witwenheiraten in Indien viel benützte, ja schon in einem Jainawerk von 1014 n. Chr.[8] verwertete Stelle. Der Begriff der Verschollenheit des Gatten und die Frage was die Gattin in solchem Falle zu thun hat, wird auch von anderen Autoren speciell erörtert. So soll nach *Gaut.* 18, 15—17 die Gattin eines verschollenen Mannes sechs Jahre lang Enthaltsamkeit üben (somit also nach Ablauf dieser Frist zu einem anderen Mann gehen); nur wenn er in einen Mönchsorden eingetreten ist, soll sie dauernd, und wenn er zum Zweck des Vedastudiums verreist ist, auf zwölf Jahre des Umgangs mit anderen Männern sich enthalten. Auch *M.* 9, 76 bestimmt eine ähnliche Wartezeit, was freilich von einem Teil der Commentatoren dahin ausgelegt wird, dass auch nach Ablauf dieser Zeit die Frau nur von erlaubter Handarbeit leben soll, ebenso wie wenn er verreist ohne für sie zu sorgen, oder ihren Gatten aufsuchen soll. Nach *Vas.* 17, 75—80 soll sie nicht zu einem Fremden, sondern in erster Linie zu einem Verwandten ihres Gatten gehen, auch verkürzt sich nach ihm und *Nār.* 12, 98—101 sowie *Devala*[9] die Wartezeit, wenn die Frau keine Kinder hat, und wenn sie niedrigen Standes ist, dagegen soll sie verlängert werden, wenn Nachrichten vorliegen, dass der Gatte am Leben ist. Doch ist an keiner dieser letzteren Stellen von der Schliessung einer zweiten Ehe die Rede, und so handelt es sich auch im Schuldrecht bei den Frauen oder Witwen, die mit einem anderen Mann leben und denselben dadurch unter Umständen verpflichten, die von ihrem Gatten gemachten Schulden zu bezahlen (*Nār.* 1, 20—24; *Y.* 2, 51; *Vi.* 6, 30; *Bṛh.* 11, 52), nicht um durch eine neue Trauung legalisirte Verhältnisse. Daher wird durch solche Bestimmungen die allgemeine Geltung des Grundsatzes kaum berührt, dass die Hochzeitssprüche nur für Jungfrauen sind (*M.* 8, 226). Es ist auch ein bekannter Gemeinplatz, dass Töchter nur einmal zur Ehe gegeben werden[10], und *M.* 5, 162 bemerkt ausdrücklich, es werde nirgends für tugendhafte Frauen ein zweiter Gatte vorgeschrieben. Im Erbrecht wird der ***paunarbhava***, der

Sohn einer *punarbhū*, zwar allgemein als einer der zwölf Söhne genannt, nimmt aber keine hohe Stelle unter denselben ein und ist bei *M.* 9, 160, *Baudh.* 2, 3, 32, *Gaut.* 28, 33, *Devala* u. a. sogar nur einer der zweiten sechs, die nur als Verwandte, nicht als Erben ihres Vaters angesehen werden. Immerhin sind auch auf diesem Gebiet wie in der Frage der Kinderhochzeiten, des *niyoga* und der Witwenverbrennung (§ 20) die strengeren Ansichten erst allmählich hervorgetreten. So dehnt erst *Kaśyapa* den Begriff der *punarbhū* auf solche Töchter aus, die ihr Vater zur Ehe zu geben nur versprochen oder intendirt hat oder deren Mutter eine *punarbhū* ist. Die sekundären Söhne (*gauṇaputra*), speciell der Sohn von einer *punarbhū*, werden erst von *Bṛh.* 25, 41 reprobirt, allerdings auch schon von *Āp.* mit Stillschweigen übergangen. Das allgemeine Verbot eine schon verheiratete Frau noch einmal zu heiraten (*ūḍhāyāḥ punarudvāhaḥ*) tritt erst in den bekannten Zusammenstellungen der im jetzigen Zeitalter der Sünde verbotenen Gebräuche (*kalivarjyāni*) im *Ādipurāṇa* u. a. späteren Werken auf[11].

Heutzutage ist zwar die Wiederverheiratung, mahr. *pāṭ*, der eigentlichen Witwen wie der Bräute, deren Gatte vor dem Beginn des ehelichen Lebens gestorben ist, durch engl. Gesetz von 1856 gestattet, widerspricht aber so sehr den herrschenden Anschauungen der vornehmeren Kasten, dass z. B. bei den Lohars und Mālis in Surat ein Junggeselle nur dann eine »Witwe« heiraten kann, wenn er sich vorher einer symbolischen Verheiratung mit einem Samibaum oder einer Baumwollpuppe unterzieht, um dadurch auch zum Witwer gestempelt zu werden, dass bei den Jats in Ajmir wer eine Witwe heiratet, der Familie ihres verstorbenen Gatten die Kosten seiner Hochzeit wiedererstatten muss, dass bei verschiedenen Kasten in Bombay die Witwe nur Nachts heiraten darf oder durch die Hinterthür aus ihrem Elternhaus treten muss u. dgl.[12] Überhaupt ergiebt sich aus dem enormen Material an Sittenschilderungen, das der Bombay Gazetteer enthält, mit Evidenz, dass bei den Brahmanen und fast allen höheren Kasten die Witwenehen streng verpönt sind und nur bei niedrigen Kasten vorkommen. Nicht minder beweisen die Resultate der Volkszählung von 1891, dass das Verbot der Witwenehen mit der Verbreitung der Kinderhochzeiten (§ 17) Hand in Hand geht. So befinden sich in den NW. Provinzen unter 10000 Köpfen der weiblichen Bevölkerung bei den Hindus 817, bei den besonders streng gegen die Witwenheiraten auftretenden Jainas sogar 1054 Witwen[13]. Die weibliche Bevölkerung im Alter von 20—24 Jahren besteht bei den Hindus in Nord- und Westbengalen zu 16.59 und 17.62 % aus Wittwen[14]. In dem Distrikt Wardha der Centralprovinz treffen auf 10000 Weiber jeden Alters 1610 Witwen[15]. In Madras schwankt bei den verschiedenen Brahmanenkasten, obschon sie alle gegen die Witwen- und für die Kinderheiraten sind, die Anzahl der Witwen unter 10000 Weibern im Alter von 15—39 Jahren zwischen 1994 und 2994. Entsprechend gross ist überall die Anzahl der Kinderwitwen und beträgt z. B. bei den Kalingis in Madras nahezu 1 % der Mädchen unter 9 Jahren, wie der Report bemerkt, »ein scheinbar kleiner, in Wirklichkeit aber in Anbetracht des Alters enormer Procentsatz«[16].

Die Forderung der Ebenbürtigkeit tritt schon in den Heiratsregeln der Gṛhyasūtras[17] und des *Kāmasūtra* auf und wird in den Smṛtis durchweg besonders betont, ebenso im *Mah.*[18]. Freilich lässt sich auch auf diesem Gebiet ein Fortschritt zu immer strengeren Anschauungen nicht verkennen. So war es eine alte Streitfrage ob Ehen zwischen Männern aus höherem Stande und Sūdrafrauen gestattet seien oder nicht, und nicht selten liegen beide Anschauungen unvermittelt neben einander, wie z. B. *Baudh.* 1, 16, 2, *M.* 3, 13, *Nār.* 12, 5 f., *Vi.* 24, 1 dem Brahmanen gestatten, der Reihe nach Frauen aus den vier Ständen heimzuführen, dagegen *Baudh.* 2, 2, 7 und 4, 1, 5, *M.* 3, 14 f., *Nār.* 12, 108, *Vi.* 26, 4 ff. u. s. w. Verbindungen mit Sūdrafrauen entschieden verwerfen. Auch *Āp.* 1, 26, 7, *Vas.* 1, 25 f., *Y.* 1, 56, *Pārask.* 1, 4, 11 u. A. erklären sich entschieden gegen die Zulässigkeit solcher Ehen, selbst wenn sie ohne die üblichen Hochzeitssprüche geschlossen werden, und andere alte Autoren wie *Uśanas*, *Hārīta*, *Gautama* u. a. (vgl. *M.* 3, 16, o. §§ 3, 4) waren nur darüber uneinig ob in solchen Fällen die Ausstossung des Schuldigen sofort oder erst späterhin einzutreten habe. Toleranter war man gegen die Ehen zwischen Kṣatriyafrauen und Brahmanen, überhaupt gegen solche Mischehen, wobei die Frau nur um einen Stand hinter dem Mann zurücksteht. So sollen nach *Baudh.* 1, 17, 3 ff. (ähnlich 1, 16, 6 und *Gaut.* 4, 16) aus solchen Ehen ebenbürtige Söhne hervorgehen, auch nach dem ungedruckten *dharmasūtra* des *Uśanas* (§ 4) wird der Sohn eines Brahmanen von einer Kṣatriyafrau wieder ein Brahmane, der Sohn eines Kṣatriya von einer Vaiśyafrau ein Kṣatriya, derjenige eines Vaiśya von einer Sūdrafrau ein Vaiśya. Auch das *Mah.* kennt Ehen zwischen Brahmanen und Königstöchtern[19]. Allgemein missbilligt werden die Ehen zwischen Männern niedrigeren und Frauen höheren Standes und die daraus entsprossenen Söhne als gegen die natürliche Ordnung erzeugt (*pratiloma*) mit den verachtetsten Kasten identificirt. Auch gilt als *dharmapatnī* nur die Frau aus gleichem Stande, und die Kastenvermischung (*varṇasaṃkara*) ist überhaupt eine grosse Sünde, deren Verhütung der König sich angelegen sein lassen muss. In späteren Texten werden Verbindungen der Arier (*dvija*) mit unebenbürtigen Frauen unter den im jetzigen Zeitalter der Sünde nicht mehr zulässigen Gebräuchen (*kalivarjya*) erwähnt. Statt *savarṇa* treten häufig auch die allgemeineren Ausdrücke *sajāti*, *samāna*, *samānajātīya*, *sadṛśa* u. dgl. zur Bezeichnung der Ebenbürtigkeit bei Heiraten auf, und man darf wohl annehmen, dass dieser Begriff schon auf jene engeren Verbände zu beziehen ist, die thatsächlich schon sehr frühe an die Stelle der grossen *varṇa* der Urzeit getreten waren. Heutzutage besteht z. B. zwischen den einzelnen Brahmanenkasten kein Connubium, doch kommt es vor, namentlich bei den durch ihre Polygamie bekannten Kulin-Brahmanen in Bengalen, dass vornehme Brahmanen sich für ihre Verheiratung mit Mädchen aus niedrigerem Stande bezahlen lassen, also entsprechend der Smṛtiregel, dass Mesalliancen wobei der Mann aus vornehmerem Stande ist als die Frau nicht unbedingt zu verwerfen sind. Näher ist auf diese Fragen in den Staatsaltertümern einzugehen.

Mit der Gleichheit des Standes und der Kaste soll sich Verschiedenheit des Geschlechts und der Familie verbinden. Da dieses exogamische Princip schon in den Gṛhyasūtras auftritt, so besteht kein Grund an dem hohen Alter desselben zu zweifeln[20], wenn die Forderungen in dieser Hinsicht sich auch erst allmählich gesteigert haben. Von den Gṛhyasūtras verbieten *Gobh.* 3, 4, 3—5, *Mān.* 1, 7, *Hir.* 1, 19, 2, *Vaikh.* 3, 2 Ehen mit einer *sagotrā* oder *samānapravarā*, *Gobh.* und *Vaikh.* ausserdem noch mit einer *sapiṇḍā* der Mutter[21]. Die Ausdrücke *sagotrā* und *samānapravarā* gehen beide auf die weiteren Geschlechtsverbände, nur dass letzterer sich bloss auf Brahmanen bezieht[22]; die *sapiṇḍā* ist eine eigentliche Blutsverwandte. Von den Dharmasūtras verbietet *Āp.* die Verheiratung einer Tochter mit einem *sagotra* (des Vaters) und einem Blutsverwandten (*yonisambandha*) der Mutter; statt oder neben *sagotra* finden sich in anderen Smṛtis (vgl. *Mah.* 13, 49, 18) auch die Ausdrücke *samānārṣagotraja*, *samānapravara* u. dgl. gebraucht, und die verbotenen Grade werden genauer dahin definirt, dass darunter Verwandtschaft bis ins 5. Glied mütterlicherseits und bis ins 7. väterlicherseits zu verstehen sein soll. Die *sapiṇḍa* werden nach Parentelen gerechnet, beginnend mit dem gemeinsamen Stammvater. Auch bei diesen ausgedehnten Heiratsverboten blieb man nicht stehen. So soll nach *Vyāsa* 2, 2 auch eine *sagotrā* der Mutter unter den Begriff der verbotenen Grade fallen, nach Anderen auch eine *mātṛnāmnī* d. h. ein mit der Mutter des Bräutigams nur gleichnamiges Mädchen, ferner die Tochter des geistlichen Lehrers (*guru*) oder geistlichen Schülers (*śiṣya*), wie uns diese geistliche Verwandtschaft auch sonst im Familien- und Erbrecht begegnen wird. Ehen zwischen Verwandten in verbotenen Graden sind nach den Commentatoren als nichtig zu betrachten, doch kann in gewissen Fällen die dadurch begangene Sünde durch eine Busse getilgt werden. Auch den Lokalbräuchen ist dabei Rechnung zu tragen, so erwähnen *Baudh.* 1, 2, 3 und *Bṛh.* 27, 19 als im Süden herrschend die Ehen zwischen Vettern und Cousinen, und solche Ehen kommen im Dekhan noch jetzt bei verschiedenen Brahmanen- und vielen anderen Kasten allgemein vor[23]. Im Übrigen ist aber das schon von Albērūni 2, 155 erwähnte Verbot der Heiraten in verbotenen Verwandtschaftsgraden, namentlich innerhalb eines *gotra*, allgemein durchgedrungen, wenigstens bei den Brahmanen, Rajputen u. a. höheren Kasten. So finden bei den verschiedenen Brahmanenkasten in Madras niemals Heiraten zwischen Personen aus gleichem *gotra* statt[24]. Die Brahma-Kṣatris in Puna erblicken in Gleichheit des Geschlechts (*gotra*), aber nicht des Zunamens, ein Ehehindernis[25]; aber auch da wo in Bombay die Gleichheit des Zunamens oder des *devak*, d. h. des Abzeichens oder Fetischs als Ehehindernis gilt, ist dies auf das nämliche Princip zurückzuführen, da viele Gotras durch gemeinsame Zunamen oder Abzeichen charakterisirt werden[26]. In den NW. Provinzen und Oudh sind Eheschliessungen innerhalb des *gotra* allgemein verpönt[27]. Die Soti-Brahmanen im ö. Tirhut führen genaue Geschlechtsregister für ihre ganze Kaste und stellen bei Heiraten Zeugnisse aus, dass Braut und Bräutigam nicht in einem der verbotenen Grade mit einander verwandt sind. Welche Grade verboten sind, ergiebt sich aus einem Behari-Sprüchwort, das alle Nachkommen der Onkel und Tanten väterlicher- und mütterlicherseits als ungeeignet zur Ehe bezeichnet; doch ist streitig, bis in das wievielte Glied dieses Verbot reicht[28]. In Lahore gilt die allgemeine Regel, dass kein Mann eine Frau aus seinem *got* heiraten darf; bei den Rajputen in Gurgaon im Penjab sind ausserdem auch Ehen mit den Verwandten der Mutter, der Grossmutter väterlicherseits und überhaupt allen nachweisbaren Verwandten väterlicherseits untersagt[29]. Vielleicht ist die Exogamie überhaupt zuerst bei den Rajputen (Kṣatriyas) aufgekommen, bei denen sie sich, wie dies Sir A. Lyall anziehend schildert[30], in Rajputana in Verbindung mit dem noch jetzt üblichen Scheinraub und dem ehemaligen Frauenraub, und der Geschlechterverfassung noch in ihrer ursprünglichsten Form studieren lässt.

1 Vgl. Winternitz, Hochzeitsrituell 33 ff. — 2 l. c. 37 f. — 3 *Āp. gṛ.* 3, 10; *Kāmas.* 193. — 4 Vgl. Delbrück, D. indog. Verwandtschaftsnamen 578—86. — 5 Nelson, Scientific Study 146 Anm. 2, vgl. Kohler ZVR 3, 372. — 6 Tupper, Punjab Customary Law 2, 186. — 7 Hillebrandt ZDMG 40, 708—712; Delbrück l. c. 553—555. — 8 Bhandarkar, Report on 1884—87 (Bomb. 1894) 16. — 9 *Jagannātha* 1, 941 f. meiner Hs. = Colebrooke, Dig. 4, 4, CLIII. — 10 Vgl. Böhtlingk, Sprüche 6650, 6652. — 11 *Vīramitrodaya* 2, 1, 11 ed. G. Sarkar. — 12 West and Bühler 3 417; Kohler ZVR 10, 94 (nach dem BG). — 13 Census of India, 1891, 10, 249. — 14 l. c. 3, 186. — 15 l. c. 11, 115. — 16 l. c. 13, 146—149. — 17 Vgl. Winternitz l. c. 38. Nach Weber I. St. 10, 73—75 hätte noch keine feste Norm bestanden; doch lagen Weber die jetzt bekannten Gṛhyasūtras erst teilweise vor. — 18 Vgl. Hopkins, Ruling Caste 352. — 19 Vgl. Holtzmann, Zur Gesch. u. Krit. 20. — 20 Vgl. Weber l. c. 75 ff. und o. Anm. 17, u. Anm. 23. — 21 Vgl. Winternitz l. c. — 22 Vgl. Bühler zu *Āp.* 2, 11, 15; *Gaut.* 18, 6; *M.* 3, 5. — 23 Vgl. Bühler zu *Baudh.* l. c.; Steele, Castes 163. Sehr alte Belege zu diesem Lokalgebrauch, auch zum Teil aus dem Süden, bei Weber l. c. — 24 Census of India, 1891, 13, 264. — 25 BG 18, 1, 266. — 26 Kohler ZVR 10, 86—90 (nach dem BG). —

[27] Kohler ZVR 11, 165 (nach dem Gazetteer). — [28] Grierson, Bihar Peasant Life § 1354; Risley l. c. 1, XLIX. — [29] Tupper l. c. 2, 112, 120, 194. — [30] Asiatic Studies 219—221; vgl. Risley l. c. 1, LIV.

§ 19. Polygamie, Concubinat und Ehescheidung. Während für die Frau ein zweiter Gatte, auch nach dem Tod des ersten, »nirgends vorgeschrieben ist«, soll der Gatte nach dem Tod seiner Gattin unverweilt zu einer neuen Ehe schreiten (*M.* 5, 162, 168; *Y.* 1, 89). Aber auch schon bei Lebzeiten seiner Gattin ist es ihm unverwehrt, ihr eine beliebige Anzahl von anderen Ehefrauen oder Concubinen an die Seite zu setzen. Die Polygamie kommt schon in den Vedas vor[1], so z. B. wenn *MS.* 1, 5, 8 von den zehn Frauen (*jāyā*) des *Manu* die Rede ist. Doch scheint es sich an solchen Stellen der Vedas und Śrautasūtras meist um fürstliche oder adlige Familien zu handeln, und der Dual *dampatī samanasā* »Mann und Frau, einträchtig gesinnt« und die Anwesenheit der einen Gattin *patnī* bei den Opfern beweisen, dass die Monogamie als das gewöhnliche und natürliche Verhältnis betrachtet wurde. Die Helden des *Mah.*[2] haben gewöhnlich eine Mehrzahl von Frauen, aber eine eigentliche oder Hauptgemahlin, die *mahiṣī*, die auch schon in den Vedas vorkommt, wie auch inschriftlich den Fürsten häufig ihre eine Gemahlin an die Seite gestellt wird. Auch bei den Brahmanen des *Mah.* erscheint, wenn sie mehrere Frauen haben, die Brahmanin als die eigentlich legitime Frau, die *dharmapatnī;* überhaupt soll man zuerst eine Frau gleichen Standes heimführen und erst dann mit Frauen niedrigeren Standes in der Reihenfolge der vier *varṇa* fortfahren, wobei dann nur der Śūdra auf eine einzige Gattin aus seinem eigenen Stande beschränkt ist. Doch liegt auch im *Mah.* die strengere Auffassung vor, wonach eine Śūdrafrau nie die Gattin eines Mannes aus höherem Stande sein kann. Die analogen Lehren der Smṛtis über diesen Punkt sind schon in § 18 berührt worden. Von den vier, drei und zwei Frauen, oder den drei und zwei Frauen und der einen Frau, die den Brahmanen, Kṣatriyas und Vaiśyas nach der Reihenfolge der Stände gestattet werden, ist immer nur die Frau gleichen Standes die *dharmapatnī*, die anderen sind als Frauen zweiten Ranges oder Concubinen zu betrachten, wesshalb auch ihre Söhne im Erbrecht zurückgesetzt werden. Überhaupt ist von den Vorrechten der ältesten d. h. zuerst geheirateten Frau (*jyeṣṭhā*) häufig die Rede, denn auch unter mehreren ebenbürtigen Frauen hatte sie in der Regel den ersten Rang. So soll nach *Vi.* 26, 1—4 wer mehrere Gattinnen (*bhāryā*) aus seinem eigenen Stande hat, mit der ältesten zusammen seine religiösen Pflichten vollziehen; hat er mehrere Gattinnen aus verschiedenen Ständen, so kommt der ebenbürtigen Frau dieses Recht zu, auch wenn sie die jüngste ist; hat er keine ebenbürtige Frau oder ist dieselbe abwesend, so tritt die Frau aus dem nächst niedrigeren Stande an ihre Stelle; nur eine Śūdrafrau soll unter allen Umständen von diesem Privileg ausgeschlossen sein. Freilich mochten sich die verschiedenen Frauen eines Polygamisten (*bahubhārya*) nicht immer bei dieser Auskunft beruhigen; die historische und poetische Litteratur bietet hiefür manche Belege, und selbst *M.* 9, 83 spricht von der Bestrafung der »überheirateten« Frau, die im Zorn das Haus ihres Mannes verlässt. Das traurige Loos einer solchen Frau war nach *Nār.* 1, 203 sprüchwörtlich; doch musste ihr der Gatte, der sie hinter einer anderen Frau zurücksetzte, den Unterhalt reichen und ihr das Überheiratungsgeschenk (*ādhivedanika*) geben, und zwar sollte dasselbe nach *Y.* 2, 148 (nach der Erklärung des *Vij.* und *Apar.*) ebensoviel betragen als das Hochzeitsgeschenk an die zweite Frau, jedoch mit Abzug des der ersten Frau etwa früher geschenkten *strīdhana*. War die zweite Frau keine legitime Gattin, so konnten solche Ansprüche natürlich nicht entstehen, jedenfalls kam das Concubinat oft vor, und namentlich sind unter dem pluralischen Ausdruck *striyaḥ* nicht bloss die Frauen, sondern auch die Concubinen eines Mannes zu verstehen. So soll nach *Nār.* 13, 26 die Versorgung der Frauen (*striyaḥ*) eines Verstorbenen die Sache seiner Brüder sein, die sein Vermögen erben, und nach ibid. 52 und *Bṛh.* 25, 68 hat der König solchen Frauen den nötigen Lebensunterhalt zu reichen, wenn das Vermögen des Mannes in Ermanglung anderer Erben an ihn fällt. Nach *Gaut.* 28, 47 sollen bei der Vermögensteilung die mit einem der Erben verbundenen Frauen *striyaḥ* nicht geteilt werden. Verkehr mit der Concubine (*dāsī, bhujiṣyā*) eines anderen Mannes wird wie Ehebruch angesehen (*Nār.* 12, 79; *Y.* 2, 290). Auch die Commentatoren heben häufig den Unterschied zwischen einer legitimen Gattin *patnī* und blossen Concubinen *dāsī* hervor und definiren erstere als eine Frau, die nach einer der erlaubten Heiratsformen geheiratet hat und an den religiösen Verrichtungen ihres Gatten teilnimmt, daher ihn in gewissen Fällen auch beerben kann. So zeigt sich freilich auch hier wieder eine monogamische Tendenz, die überhaupt auch in den Smṛtis das eheliche Verhältnis charakterisirt. Wie im Erbrecht nur die Erbansprüche der einen, legitim verheirateten Witwe anerkannt werden und sie als die überlebende Hälfte ihres Gatten bezeichnet wird (*Bṛh.* 25, 47), so werden auch im Eherecht Mann und Frau zu gegenseitiger Treue verpflichtet (*M.* 9, 101), und im religiösen Recht, z. B. bei den Opfern, erscheinen Mann und Frau ebenfalls in der Regel als eine Zweiheit. *Āp.* 2, 11, 12 stellt ausdrücklich den Grundsatz auf, dass ein Mann sich keine weitere Frau nehmen soll, wenn er eine Gattin hat, die an seinen religiösen Verrichtungen teilnimmt und ihm Söhne geboren hat.

Während bei den dravidischen Stämmen im Süden, den tibetanischen im Norden und den birmanischen im Osten Ehescheidungen sehr häufig vorkommen und lediglich eine gegenseitige Übereinkunft voraussetzen, gilt im indischen Recht das Princip, dass es eine Sünde ist wenn die Ehegatten aus gegenseitiger Abneigung sich trennen (*Nār.* 12, 90). Daher fiel auch dem Mohammedaner Albērūnī (2, 154) das Fehlen der Ehescheidungen in Indien auf. Die mit grossem Pomp und Aufwand in einem möglichst frühen Lebensalter in Scene gesetzte Verbindung begründete ein lebenslängliches Verhältnis, das nicht leichtsinnig aufgelöst werden sollte. Seitens der Frau reichte die Pflicht der ehelichen Treue, wie wir gesehen haben, nach der vorherrschenden Ansicht bis über das Grab hinaus, und selbst die Fälle, in denen wegen Abwesenheit und Verschollenheit, oder wegen Impotenz des Gatten, oder wegen seines Ausscheidens aus dem bürgerlichen Leben durch Ausstossung aus der Kaste oder Eintritt in einen Mönchsorden ihr die Eingehung einer neuen Ehe gestattet sein sollte, sind frühe durch das allgemeine Verbot der Witwenheirat beseitigt worden. Schon *M.* 9, 79 spricht von dem Benehmen einer Frau gegen einen impotenten oder aus der Kaste gestossenen Mann, setzt also voraus, dass sie trotz dieser Scheidungsgründe bei ihm bleibt. Auch *Nār.*, der 12, 96 bei Entdeckung eines vorher verschwiegenen Fehlers an ihrem Gatten den Verwandten der Frau oder eventuell ihr selbst das Recht einräumt zu einer anderen Eheschliessung zu schreiten, lässt 12, 3 im gleichen Falle nur die Auflösung der Verlobung (*varaṇa*) zu, wie es sich auch bei den Straffolgen für Verheimlichung oder Andichtung von Fehlern (*doṣa*) bei Braut oder Bräutigam 30—37 nur um Verlöbnisse zu handeln scheint. Seitens des Mannes konnte allerdings Verstossung (*tyāga*) über die Frau verhängt werden, allein die Tendenz der Rechtslitteratur ist darauf gerichtet dieselbe möglichst zu erschweren. Die Verlassung einer schuldlosen Frau gilt als ein schweres, dem Diebstahl gleiches und mit einer hohen Geldstrafe zu büssendes Verbrechen (*M.* 8, 389; *Vi.* 5, 163; *Nār.* 12, 95), das auch Ausstossung aus der Kaste zur Folge haben und noch in einem künftigen Leben bestraft werden soll (*Vyāsa* 2, 47; *Dakṣa* 4, 16). *Āp.* 1, 28, 19 beschreibt eine sechs Monate dauernde Busse für dieses Vergehen. Als eine Verschuldung der Frau, die ihre Verstossung rechtfertigt, wird hauptsächlich Ehebruch genannt, der auch ihre Ausstossung aus der Kaste zur Folge zu haben pflegt. Die Ehebrecherin soll in besonders schweren Fällen sogar eine verschärfte Todesstrafe erleiden (*Gaut.* 23, 14; *M.* 8, 371; *Bṛh.* 23, 16 u. a.), oder wenigstens harten Bussen (*prāyaścitta*) sich unterziehen, doch sollen nach *Vi.* 5, 18 die Gerichte sich nur dann einmischen, wenn der Mann allein mit seiner Frau nicht fertig wird. Die Strafmittel, die ihm zu Gebot standen, waren mannigfach. So konnte er ihr nach *M.* 9, 84 wegen Trunksucht oder Beteiligung an öffentlichen Lustbarkeiten eine Geldstrafe auferlegen, nach *M.* 9, 77 f. sie wegen Lieblosigkeit oder Ungehorsam ihrer Habe berauben, oder sie unter Confiscation ihres Schmucks und Hausgerätes auf drei Monate verstossen, jedoch ohne ihr die Sustentation zu entziehen. Mit einer unfruchtbaren Frau, oder einer die nur Mädchen zur Welt bringt, oder sich unpassend benimmt oder ihm stets widerspricht, soll ihr Gatte nach *Nār.* 12, 94 keinen Umgang haben. In solchen Fällen darf die Frau nach *M.* 9, 80 ff., *Āp.* 2, 11, 13, *Vaikh.-gṛ.* 6, 2 u. a. auch »überheiratet« werden, doch soll sie versorgt werden, nach *M.* 9, 83 auch im Hause ihres Gatten bleiben, nach anderen Autoren das oben erwähnte »Überheiratungsgeschenk« erhalten. Von einem ehelichen Züchtigungsrecht des Mannes, bestehend in Schlägen mit einem Strick oder einer Rute, ist mehrfach die Rede (*M.* 8, 299 f.; *Śaṅkha* 4, 16 u. a.). Auch der Ehebruch hat nicht unbedingt die völlige Verstossung der Frau zur Folge. So soll nach *Gaut.* 22, 35, *Vas.* 21, 8, 35 die Ehebrecherin ein Jahr lang Busse thun, dabei aber dürftige Nahrung empfangen; nach *Y.* 1, 70, *Nār.* 12, 91 soll sie schlechte Nahrung und Kleidung erhalten, auf dem Boden schlafen und zu der Sclavenarbeit des Kehrens und Fegens angehalten werden; *Par.* 10, 15 erwähnt ähnliche Bussen für verschiedene Fälle von Ehebruch und spricht von völliger Verstossung oder Verbannung in ein fremdes Land nur da wo der ehebrecherische Umgang nicht ohne Folgen geblieben ist oder die Frau sich dauernd von ihrer Familie getrennt hat; ähnlich bestimmt auch *Y.* 1, 72; *Hār.* 3, 13 erklärt sich sogar ausdrücklich gegen Verstossung der Ehebrecherin. Andrerseits ist von Verstossung der Frau auch wegen anderer Vergehen als Ehebruch die Rede. So soll nach *Nār.* 12, 92 f. eine verschwenderische, Abortus bewirkende oder nach dem Leben ihres Mannes trachtende Frau sogleich aus der Stadt, eine boshafte, unfreundliche oder vor ihrem Gatten essende Frau aus dem Hause getrieben werden, nach *M.* 9, 83 eine »überheiratete« Frau, die im Zorn das Haus verlässt, eingesperrt oder im Beisein der Familie verstossen werden, nach *Y.* 1, 72 überhaupt jede schwere Vergehung der Frau mit Verstossung (*tyāga*) bestraft werden. Doch gehört die Verstossung einer Frau wegen eines geringeren Vergehens als Ehebruch zu den im jetzigen Zeitalter abgeschafften Gebräuchen (*kalivarjya*).

Auch heutzutage gilt die Polygamie ebenso allgemein als zulässig, als eigentliche Scheidungen, wenigstens bei den höheren Kasten, selten sind. Die Anzahl der Kasten in Bombay, bei welchen nach den zuverlässigen Angaben des BG »polygamy is allowed and practised«, ist eine sehr beträchtliche und umfasst viele Brahmanen- u. a. vornehme Genossenschaften. Ähnliche Nachrichten liegen aus anderen Provinzen vor. Gleichwohl ist der Procentsatz der faktisch in Polygamie lebenden Männer nirgends bedeutend. So haben in Madras, wo die Polygamie am stärksten herrscht, nur 4% der Männer zwei Frauen[3], und im Punjab beträgt die Anzahl der Ehemänner mit mehr als einer Gattin weniger als 1%[4]. Unfruchtbarkeit der ersten Frau wird als die gewöhnlichste Ursache der Polygamie bezeichnet, was ganz den Lehren der Smṛtis entspricht. Auch Ehescheidungen gestattet das moderne Eherecht der Brahmanen, wie der Census Report für Madras bemerkt, nur wegen Ehebruchs der Frau. Im Punjab antworteten alle Hindustämme auf die ihnen vorgelegte Frage, ob bei ihnen Ehescheidungen üblich seien, mit Nein; doch kommt bei ihnen thatsächlich bisweilen der *tyāg* (= *tyāga* der Smṛtis) vor, d. h. der Mann verstösst seine Frau wegen Ehebruchs, dagegen kommt es nie vor, dass eine schon geschlossene Ehe wegen Impotenz oder anderer körperlichen Fehler annullirt wird[5]. Sehr häufig sind die Ehescheidungen bei allen dravidischen Stämmen, wie der Census Report für Madras zeigt. Auch in Bombay kommt bei niedrigeren Kasten die Scheidung der Frau häufig vor, nicht nur wegen Ehebruchs, in welchem Fall sie wie oben nach einigen Smṛtis wie eine Sclavin gehalten wird, aber im Hause bleibt, sondern auch wegen Impotenz, zwölfjähriger Abwesenheit und Verschollenheit oder Ausstossung des Mannes, in welchen Fällen die Frau eine neue Ehe eingehen kann[6]. Wahrscheinlich gab es schon im Altertum viele Kasten, die solchen Grundsätzen huldigten, woraus sich die entsprechenden Bestimmungen mehrerer Smṛtis erklären.

[1] Vgl. DELBRÜCK, D. indog. Verw. 540 f.; ZIMMER AL 324 f.; KÄGI, Der Rigveda 22. — [2] Vgl. HOPKINS 352—354; HOLTZMANN, Zur Gesch. 22. — [3] Madras Census Report, 1891, 138. — [4] Census of India, 1891, 19, 223. — [5] TUPPER 2, 129, 122. — [6] STEELE, Castes 168—173, 369.

§ 20. Die Witwenschaft. Da infolge der Kinderhochzeiten und des Verbots der Wiederverheiratung der Procentsatz der Witwen unter der weiblichen Bevölkerung wahrscheinlich schon frühe ebenso gross war als heutzutage (§ 18), so gewinnt die Frage nach der rechtlichen Stellung und den Pflichten der Witwe eine besondere Bedeutung. Die Witwenverbrennung (*satī*) passt an und für sich ganz gut in den Rahmen des brahmanischen Eherechts, als eine Potenzirung der strengen Anforderungen, die dasselbe an die eheliche Treue der verwitweten Frauen stellt. Gleichwohl wird in der ganzen vedischen Litteratur, selbst in den Sūtras, diese grausame Sitte fast nirgends erwähnt, obschon die ausführlichen Beschreibungen der Bestattungsgebräuche in den Śrauta- und Gṛhyasūtras zu solchen Erwähnungen reichlichen Anlass geboten hätten. Nur das späte *Vai.-gṛ.* nimmt auf das *sahamaraṇa* Bezug, wobei Mann und Frau auf dem gleichen Scheiterhaufen verbrannt werden (§ 3); *sahamaraṇa* ist wenigstens bei den Commentatoren eine gewöhnliche Bezeichnung der Witwenverbrennung. *Āp.*, *Hār.* und *Gaut.* werden zwar als Verfasser von Ślokas über *satī* citirt, aber diese Citate sind in ihren Dharmasūtras nicht enthalten, obschon namentlich dasjenige des *Hār.* die Pflichten der Frauen sehr eingehend erörtert; bei *Vi.* 25, 14 und 20, 39 kommt sie allerdings vor, aber diese beiden Stellen gehören wahrscheinlich erst der späteren Überarbeitung an. Selbst die Witwen eines Königs, bei denen nach den anderen Quellen die Verbrennung am häufigsten vorkam, sollen nach *Vas.* 19, 33 von seinem Nachfolger erhalten werden. Auch *M.*, *Y.*, *Nār.* schweigen in ihren versificirten Smṛtis über die *satī*, obschon sie die sonstigen Pflichten der Witwe ausführlich besprechen. Erst spätere Autoren wie *Dakṣa* 4, 18, *Par.* 4, 30 f., *Vyāsa* 2, 53, die Purāṇas und die Fragmente des *Bṛh.* (25, 8, 11), *Aṅgiras*, *Uśanas*, *Āp.* u. a. bieten mehr oder weniger specielle Erwähnungen oder Beschreibungen der *satī*. Zusammenstellungen dieser Stellen enthalten verschiedene Commentare und systematische Rechtswerke, von der *Mit.* (zu *Y.* 1, 86) bis auf *Jagannātha's Vivādabhaṅgārṇava* (1, 917 ff. meiner Hs. — COLEBROOKE's Dig. 4, 2) herab, und auf diesem Material beruht COLEBROOKE's bekannter Essay »on the duties of a faithful Hindu widow«[1]. Überall erscheint jedoch der Selbstmord der Witwe nur als ein fakultativer Brauch, dessen Befolgung nach der *Mit.* grosses Glück bringt, neben dem aber die andere Alternative eines züchtigen und eingezogenen Lebens (*brahmacaryapakṣa*) gleiche Berechtigung hat; es wäre auch sonst unerklärlich, wie in den nämlichen Werken ein Erbrecht der züchtigen Witwe, die keine Söhne hat, anerkannt werden kann. Entschliesst die Witwe sich dazu ihrem Gatten als *satī* im Tode nachzufolgen, so gilt es für wesentlich, dass sie sich, unter den vorgeschriebenen Gebeten, mit seiner Leiche verbrennen lässt (*sahamaraṇa*); doch darf sie, wenn er auswärts gestorben und verbrannt ist, sich auch allein in die Flammen stürzen, indem sie ein Paar Schuhe von ihm an ihre Brust drückt (*anumaraṇa*). Für eine grosse Sünde gilt es, wenn die Witwe ihren Entschluss bereut und als *citibhraṣṭā* den Scheiterhaufen verlässt. In gewissen Fällen, namentlich wenn sie schwanger war oder ein kleines Kind hatte, durfte die Witwe nicht *satī* werden. Die *Mit.* l. c. citirt auch einen Text, der sich bei Brahmanenwitwen überhaupt gegen die *satī* ausspricht und dieselbe für Selbstmord erklärt, der weder die Witwe noch ihren Gatten in den Himmel bringe; doch soll dieser Text, im Einklang mit einem anderen Text, nur auf *anumaraṇa* der Brahmanenwitwen zu beziehen sein. Auch einzelne Commentatoren wie *Medhātithi* zu *M.* 5, 157 und *Devaṇṇabhaṭṭa* sprechen sich gegen die *satī* aus. Man darf hieraus wohl den Schluss ziehen, dass sie nie eine speciell brahmanische Institution war. Auch in den beiden grossen Epen kommt sie nur wenig vor[2]. Das *Rām.* enthält einige gelegentliche Anspielungen darauf, aber keine der Witwen, die in der Erzählung auftreten, lässt sich verbrennen, und man hat diesen Umstand nicht mit Unrecht als einen Beweis für das hohe Alter des *Rām.* verwendet. Das *Mah.* zeigt sich der *satī* etwas günstiger; so wird 1, 74, 46 das *anugamana* als eine Pflicht einer treuen Witwe erklärt, und nach dem Tod des *Pāṇḍu* entbrennt ein Wettstreit zwischen seinen Witwen *Mādrī* und *Pṛthā* (*Kuntī*) um die Ehre, sich mit ihm verbrennen zu dürfen, wobei erstere den Sieg davon trägt; doch ist im Verhältnis zu dem ungeheueren Umfang des *Mah.* und dem häufigen Vorkommen verwitweter Fürstinnen darin das Vorkommen der *satī* ein beschränktes. Einen grossen Contrast hiezu bildet ihr Auftreten in den Geschichtswerken und Romanen. So erscheint es in der *Rājatar.* als etwas Selbstverständliches, dass bei dem Tod eines Königs eine oder mehrere Witwen desselben sich mit ihm verbrennen lassen. Nach dem Tode des Königs *Śaṃkaravarman* besteigen seine Hauptgemahlin und zwei weitere Witwen sowie vier treue Diener des Königs seinen Scheiterhaufen (ed. STEIN, 5, 225 f.). Nach dem Tod des *Kandarpasiṃha* schreitet seine Witwe *Bimbā* als *satī* in das Feuer (7, 103). In einem anderen Fall stürzt sich die verwitwete Königin von ihrem Wagen aus in den brennenden Scheiterhaufen, und mit ihr folgen drei Diener und zwei Concubinen (*dāsī*) dem verstorbenen König im Tod nach (7, 478—481). Der 5. *ucchvāsa* des *Harṣacarita* schildert ausführlich, wie schon vor dem Ende des Königs *Prabhākaravardhana* seine Gattin *Yaśomatī* nebst den anderen Königinnen sich dazu rüstet, ihm als *satī* in den Tod zu folgen und sich in diesem Entschluss auch durch das Zureden ihres Sohnes *Harṣa* nicht wankend machen lässt. Nach der Verbrennung des Königspaars geben sich auch mehrere vertraute Freunde, Minister und Diener des verstorbenen Königs den Tod, indem sie sich von hohen Felsen herabstürzen. Auch in *Bāṇa*'s *Kādambarī* 169 lässt sich *Mahāśvetā* einen Scheiterhaufen aufrichten, um ihrem toten Geliebten zu folgen. In den eigentlichen Geschichtsquellen, den Inschriften, begegnet die *satī* gleichfalls häufig. Das anscheinend älteste bis jetzt bekannte Beispiel einer zum Gedächtnis einer Witwenverbrennung errichteten Säule ist aus dem Jahre 509/10 n. Chr., also noch etwa um ein Jahrhundert älter als der im *Harṣacarita* geschilderte Fall[3]. Die *satī* einer Königin von Nepal erwähnt eine nepalesische Inschrift von 705[4]. Von den Nachrichten der klassischen Autoren sind diejenigen des Strabon und Diodorus Siculus die wichtigsten[5]. Der Wettstreit zwischen den beiden Witwen des indischen Truppenführers Keteus um die Ehre sich mit seiner Leiche verbrennen zu dürfen erinnert ganz an den oben erwähnten Wettstreit im *Mah.* Alberūnī (2, 155) berichtet, dass die indische Witwe nur zwischen Tod und Selbstverbrennung zu wählen habe, aber ihrer schlechten Behandlung wegen die letztere Alternative vorziehe; die Witwen der Könige würden stets verbrannt, auch gegen ihren Willen. Neuere Fälle von Witwenverbrennung, bis zu ihrer Abschaffung durch Lord Bentinck im Jahre 1829, sind häufig beschrieben, vgl. z. B. die anschauliche Schilderung der Verbrennung seiner Tante bei I. C. Bose, The Hindoos as they are 273—277. Ausserhalb des englischen Gebiets erhielt sich die Sitte noch länger. So verbrannten sich 1839 mit dem berühmten Ranjit Singh mehrere seiner Witwen. In Nepal wurde noch 1877 bei dem Tod des Mahārāja Jang Bahadur seine Witwe zur *satī*. Überblickt man die gesamte Entwicklung dieses Gebrauchs, die späte und bedingte Sanktionirung der *satī* in der Sanskritlitteratur, ihr vorherrschendes Auftreten bei Fürsten und Rajputenhäuptlingen — so wird noch jetzt in Amber in der Rajputana der Platz gezeigt, wo sich die Witwen der Fürsten verbrennen liessen — die Opferung der Lieblingsdiener mit den Lieblingsfrauen, so wird man zu der Vermutung geführt, dass wie bei andern Völkern die Witwenverbrennung ursprünglich nur in fürstlichen Familien vorkam und erst allmählich weitere Verbreitung fand und in dem officiellen Recht des Brahmanen recipirt wurde.

Blieb die Witwe leben, so war ihr Loos kein beneidenswertes. Schon die »Strohwitwe« (*proṣitabhartṛkā*), deren Mann nur verreist ist, darf keinen Schmuck tragen, sich nicht am Fenster zeigen, keine Salben oder andre Verschönerungsmittel gebrauchen, ihren Zopf nicht auflösen, keine Süssigkeiten geniessen, nicht in fremde Häuser oder zu Festen gehen u. s. w. Noch weit strenger soll die eigentliche Wittwe (*mṛtabhartṛkā*) gehalten werden. Sie soll nur einmal am Tag essen, nicht in einem Bett (*paryaṅka*) schlafen, keine Wohlgerüche gebrauchen, täglich ihrem Gatten opfern, Gelübde und Fasten halten, zu heiligen Wallfahrtsorten pilgern und nicht einmal den Namen eines andern Mannes als ihr verstorbener Gatte nennen. Hat sie erwachsene Söhne, so steht sie unter der Obhut derselben. Wenn nicht, so kommt sie unter die Mundschaft der näheren oder ferneren Verwandten ihres Mannes, die ganz über sie verfügen können, sie aber auch erhalten oder ihr eventuell sein Erbe ausfolgen müssen (§ 24); nur wenn es ganz an männlichen Verwandten ihres Mannes, die sie erhalten können, fehlt, soll sie in die Familie ihres Vaters zurückkehren, eventuell unter die Mundschaft des Königs kommen (*Nār.* 13, 28—31). Allerdings sagt *Nār.*, der diese Grundsätze aufstellt, auch (1, 36 f.), dass nach dem Tode des Vaters die Mundschaft über die Söhne auf die Mutter übergeht, und *Śaṅkha* oder *Śaṅkhalikhita* bemerkt, dass auch nach dem Tode des Vaters die Unselbständigkeit der Söhne so lange fortdauert als die Mutter am Leben ist; doch kann diese Regel nach den Commentaren nur dann Platz greifen, wenn die Witwe im Stand ist, das Familiengut zu verwalten; vgl. auch § 23 f. Der Anspruch der Witwe auf Unterhalt und das ihr in späteren Texten eingeräumte Erbrecht erlischt, sobald sie ihrem verstorbenen Gatten die Treue bricht. Sie ist dann ein »liederliches Weib« (*svairiṇī*), selbst wenn sie nur in der äussersten Not sich einem fremden Mann zu eigen gegeben hat (*Nār.* 12, 51), wird, wenn sie nicht eine der vorgeschriebenen Bussen verrichtet hat, aus der Kaste gestossen, und ihre Berührung befleckt jeden, der ihr nahe kommt (*Par.* 10,26—35). Der Sohn einer Brahmanenwitwe (*golaka; raṇḍagolaka* in neueren Kastenverzeichnissen)[6], gehört zu den verachteten Kasten, die man nicht zu einem *śrāddha* einladen darf (*M.* 3, 156, 174). Auch heutzutage fordert die harte Behandlung der Witwen und verwitweten Bräute das Mitleid heraus. Sie müssen allen vorher getragenen Schmuck ablegen, an jeder *ekādaśī*, also zweimal im Monat, ganz fasten und erhalten auch sonst nur eine Mahlzeit am Tag, keine Fische und keine ausserhalb des Hauses bereitete Esswaaren, werden vielfach am ganzen Kopf kahl geschoren, tragen nur schlichte Kleider, müssen, wenn sie reich sind, nach Benares u. a. heiligen Orten wallfahrten u. dgl. Die Schliessung einer neuen Ehe oder Anknüpfung eines Liebesverhältnisses wird, wenigstens bei den höheren Kasten, in der Regel mit dergleichen Strenge wie früher geahndet und die von *Iśvaracandra Vidyāsāgara* eingeleitete Reformbewegung zu Gunsten der Witwenehen hat bisher wenig Erfolg gehabt. Doch hat die englische Gesetzgebung die Wiederverheiratung der Witwen allgemein gestattet und in vermögensrechtlicher Beziehung den Grundsatz eingeführt, dass die einer Witwe einmal zugefallene Erbschaft ihr nicht wegen späterer Unkeuschheit wieder entzogen werden kann.

Trotz des strengen Verbots der Witwenehen empfehlen die ältern Smṛtis das Levirat, in dem einen Fall, dass die Witwe keinen Sohn von ihrem rechtmässigen Gatten hat und daher von den Gurus, insbesondere von den Verwandten desselben, unter deren Schutz sie lebt, den Auftrag (*niyoga*) erhält, mit einem überlebenden Bruder oder in Ermanglung eines solchen mit einem näheren oder entfernteren Blutsverwandten desselben oder eventuell einem Mitglied des nämlichen *gotra* oder wenigstens des Brahmanenstandes einen Sohn zu erzeugen, der *kṣetraja* heisst, als der Sohn des Verstorbenen gilt und nach erreichter Mündigkeit dessen Erbe erhält, das bis dahin von seinem Erzeuger oder von seiner Mutter verwaltet wird (*M.* 9, 146, 190; *Vas.* 17, 65). Auch seinen Erzeuger kann der *kṣetraja* als »Sohn zweier Väter« unter Umständen beerben (*Gaut.* 18, 13; *Y.* 2, 127; *Vas.* 17, 64 u. a., vgl. u.). Da es der ausgesprochene Zweck dieser Leviratsehe ist, für die Fortpflanzung des Geschlechts zu sorgen, um dadurch der Unterlassung der Totenopfer und den Verlust des Erbes vorzubeugen, so erscheint es nur als billig, dass auch der noch lebende Ehemann, der wegen Impotenz oder Krankheit nicht mehr auf Nachkommenschaft hofft, selbst das Levirat (*niyoga*) veranlassen kann. Auch den schon in § 18 besprochenen Fall der Wiederverheiratung der Gattin eines Abwesenden, der als verschollen betrachtet wird, bringen einige Autoren unter den Begriff des *niyoga* (*Gaut.* 18, 15—17; *Vas.* 17, 75—80). Dagegen wird die Ansicht, dass im Levirat mehr als ein Sohn erzeugt werden dürfe (*Gaut.* 18, 8), von den meisten Lehrern verworfen (*M.* 9, 61 u. a.) und überhaupt die Gültigkeit des *niyoga* an die Erfüllung einer Reihe strenger Bedingungen geknüpft: dass der Umgang zwischen den beiden Beauftragten (*niyukta*) abgebrochen wird, sobald die Frau sich schwanger fühlt, oder nur einmal stattfindet, dass überhaupt der Sinnlichkeit kein Spielraum gewährt wird, keine Erbschleicherei vorliegt, gewisse Förmlichkeiten beobachtet werden u. dgl. Solche kaum erfüllbaren Anforderungen verraten schon die Tendenz, den mit den sonstigen Grundsätzen des Brahmanismus unvereinbaren *niyoga* möglichst zu erschweren oder ganz zu verbieten. Dies wird häufig direkt ausgesprochen. So rechnet *Nār.*, der 12, 81 sehr strenge Forderungen aufstellt, 12, 48 diejenige *niyuktā*, die in Ermanglung eines Schwagers einem entfernteren Verwandten übergeben wird, unter die verachteten *punarbhū*. *Hār.* 4, 17 billigt dem Sohn aus einer solchen Verbindung nur den 18. (nach der Lesart der Hs. den 19.) Teil der Erbschaft zu. *Āp.* 2, 27, 2 ff. erklärt das Levirat wegen der Degeneration (*indriyadaurbalyāt*) der jetzigen Menschheit für nicht mehr zulässig und weist 2, 13, 6 ff. darauf hin, dass der Sohn seinem leiblichen Vater gehört und die Sünden, welche die Männer der Vorzeit ihrer Erhabenheit wegen (*tejoviśeṣeṇa*) ungestraft begingen, bei den jetzigen Sterblichen (*avara*) streng verpönt sind; daher lässt *Āp.* überhaupt die sekundären Söhne unerwähnt. Die gleiche Ansicht über die Unzulässigkeit des Levirats und der sekundären Söhne hatte schon *Aupajaṅghani*, ein alter Lehrer des weissen Yajurveda (*Baudh.* 2, 3, 33 ff.). *M.* 9, 64—70 verwirft den *niyoga*, unmittelbar nachdem er ihn beschrieben hat, als eine viehische Sitte (*paśudharma*), die nur unter König *Veṇa* geherrscht habe, und will ihn nur in dem speciellen Fall einer Verlobten (*vāgdattā*), deren Bräutigam vor der Hochzeit gestorben ist, zulassen. *Bṛh.* 24, 12 hebt diesen Widerspruch bei *M.* hervor und erklärt denselben daraus, dass in dem jetzigen Zeitalter der Sünde der *niyoga* nicht mehr zulässig sei. Auch sonst wird der *niyoga* zu den im Kalizeitalter abgeschafften Gebräuchen gezählt und macht so in den Smṛtis den Eindruck einer im Absterben begriffenen Sitte, die aber schon aus der vedischen Zeit überliefert war und daher wenigstens nicht unerwähnt bleiben konnte. Auch bemerkt *Bṛh.* 2, 31, dass die Leute von *Khaśa* ungestraft Ehen mit der Witwe eines verstorbenen Bruders eingehen. Eine Art von *niyoga* wird bereits *ṚV* 10, 40, 2 erwähnt, und diese Stelle war den Commentatoren wohl bekannt[7]. Er gehörte auch der epischen Tradition an und wird im *Mah.* sowohl theoretisch empfohlen als bei den Hauptheiden des Gedichts praktisch exemplificirt; doch kommt er vornehmlich in der ja allerdings auch den Smṛtis bekannten Form vor, dass ein Brahmane, nicht der Schwager, den Auftrag dazu erhält, was auch auf tendenziöse Umformung durch den Brahmanismus schliessen lässt[8]. Schon in den Śrautasūtras kommt eine Abart des *kṣetraja*, der *dvyāmuṣyāyaṇa* oder *dvipitṛ*, der zugleich als der Sohn seines Erzeugers gilt und in den Smṛtis oft erwähnt wird, mehrfach vor[9]. In der Gegenwart kommen, wenn nicht der *niyoga*, doch Ehen mit der Witwe eines verstorbenen Bruders noch mehrfach vor. Wohl am verbreitetsten sind sie im Punjab, der überhaupt so viel Altes bewahrt hat; sie heissen dort *karewa* und bewirken sehr häufig, dass ein Mann gleichzeitig zwei Frauen hat[10].

[1] Vgl. F. HALL, The source of Colebrooke's Essay »On the Duties« etc. JRAS 3, 183 ff. (1868). Was die bekannte, von COLEBROOKE als Beleg für die *satī* angeführte Rigvedastelle 10, 18, 7 betrifft, so kann von einer absichtlichen Fälschung derselben kaum die Rede sein, wenigstens müsste diese Fälschung schon in sehr alte Zeit zurückgehen, vgl. *Ratnākara* 442. Ursprünglich hatte diese Stelle freilich mit der *satī* nichts zu thun, und ebenso wenig auch *AV* 18, 3, 1, vgl. HILLEBRANDT ZDMG 40, 710. — [2] Vgl. M. WILLIAMS, Indian Wisdom 3 315; HOPKINS 172 f., 371; HOLTZMANN 28; JACOBI, *Rām.* 108. — [3] CII 3, 92. — [4] IA 9, 164; cf. 14, 344, 350. — [5] Vgl. M. WILLIAMS l. c. 258. — [6]. STEELE, Castes 91; J. WILSON, Caste 1, 65. — [7] Vgl. *Medh.* zu *M.* 9, 66. — [8] Vgl. HOPKINS 367 f.; HOLTZMANN 28—30. — [9] CALAND, Altind. Ahnencult 197. — [10] Census of India, 1891, 19, 222 f. Eine Art von *niyoga* ist es, wenn die buddhistischen Mönche in Spiti für einen ohne männliche Descendenz verstorbenen Bruder einen Sohn und Gutserben zeugen (TUPPER 2, 189 f., vgl. KOHLER ZVR 7, 209), doch ist dies wohl tibetanische Sitte.

§ 21. **Sohnschaft und Adoption.** Die zwölf Arten der Sohnschaft,[1] die teilweise auf illegitimen Verhältnissen der Mutter und zum grösseren Teil nicht auf Blutsverwandtschaft des Sohnes mit dem Vater beruhen, bilden wol die auffallendste Erscheinung des indischen Familienrechts. Die Erklärung dieser abnormen Wertschätzung männlicher Nachkommenschaft wäre nach den Smṛtis nur in der von derselben abhängigen Darbringung der Totenopfer zu suchen, noch massgebender dafür war aber ursprünglich wohl das wirtschaftliche Motiv, dem Familienhaupt eine möglichst grosse Anzahl leistungsfähiger Arbeiter zu verschaffen. Dem Mann als Eigentümer der Frau gehören von selbst ihre Kinder, auch wenn er nicht ihr Vater ist (*M.* 9, 48—56), überdies kann er bei der Adoption fremde Kinder aus der patria potestas eines Andern in seine eigene hinüberleiten. Doch werden in den Smṛtis und Purāṇas solche sekundären Söhne (*putrasthānīya*, *gauṇaputra*) von Anfang an nicht als gleichwertig mit dem ehelichen Sohn (*aurasa*) betrachtet, und es wird daher eine Stufenfolge von mindestens 12 Söhnen aufgestellt, die sich bei der Beerbung gradatim einander ausschliessen und wobei allgemein der *aurasa* an der Spitze steht, während die Aufeinanderfolge und Nomenclatur der übrigen je nach der individuellen Ansicht oder Schultradition des betreffenden Lehrers variirt. Ein etwas stärker abweichendes Verzeichnis der 12 Söhne findet sich *Mah.* 1, 120, 32 ff., eine Aufzählung von 5 Söhnen *Mah.* 1, 74, 99, von 3 Söhnen in buddhistischen Werken. In den Smṛtis kommt gleich nach dem *aurasa* gewöhnlich der »Sohn der Frau« (*kṣetraja*), d. h. der mit ihr von einem Bruder ihres Gatten u. s. w. im *niyoga* erzeugte Sohn (§ 20). An dritter Stelle nennen fünf Aufzählungen den »Sohn einer Erbtochter« (*putrikāputra*), doch wird er *M.* 9, 127—140 mit dem ehelichen Sohn auf völlig gleiche Stufe gestellt und von andern Autoren wenigstens über den *kṣetraja* gesetzt, von *Gaut.* 28, 33 allerdings erst als der 10. in der Reihenfolge der Söhne anerkannt. Er wird auch im *Mah.* 13, 44, 15 erwähnt und soll nach einer allerdings höchst zweifelhaften, aber alten Interpretation schon *ṚV* 1, 124, 7 vorkommen. Wie beim *niyoga* soll eine feierliche Überweisung stattfinden, durch welche in Ermanglung männlicher Descendenz die Tochter ihrem Bräutigam unter der Bedingung übergeben wird, dass ihr künftiger Sohn als der Sohn seines Grossvaters zu gelten habe. Nach einer andern Auffassung war eine solche Erklärung unnötig und die Tochter als Erbtochter anzusehen, wenn nur die Absicht des Vaters, sie dazu zu machen, vorlag, oder überhaupt, wenn sie keine Brüder hatte, die ihr nach den allgemeinen Grundsätzen des indischen Erbrechts selbstverständlich vorgingen. Daher wird schon im *Nirukta* 3, 5 von der Ehe mit einem Mädchen, das keine Brüder hat, abgeraten, da der Sohn aus einer solchen Ehe nicht seinem Vater, sondern seinem Grossvater gehören würde. Doch konnte nach einer allerdings erst in einigen Commentaren nachweisbaren Ansicht[2] dieses Anrecht auf seinen Enkel dem Grossvater seitens des Bräutigams abgekauft werden. Auch die Erbtochter selbst kann wie ein Sohn angesehen werden, so zuerst nach *Vas.* 17, 15, und nimmt dann einen sehr hohen Rang in der Reihenfolge der Söhne ein[3]. Über die verschiedenen Arten des »Sohnes einer Wiederverheirateten« (*paunarbhava*) s. § 15. Aus strafbaren Verhältnissen der Frau vor und nach ihrer Verheiratung gehen hervor der »Jungfernsohn« (*kānīna*), dem vedischen *kumārīputra* entsprechend, der teils seinem mütterlichen Grossvater, teils dem späteren Gatten seiner Mutter als Sohn zugerechnet wird, der »mitgeheiratete Sohn« (*sahoḍha*), d. h. ein Sohn, mit dem die Frau schon zur Zeit ihrer Hochzeit schwanger war, gleichviel ob ihre Schwangerschaft bekannt war oder nicht, und der »heimlich geborene Sohn« (*gūḍhaja*, *gūḍhotpanna*), d. h. der Sohn der Ehefrau aus ehebrecherischem Umgang, der im Hause ihres Gatten das Licht der Welt erblickt hat; der *sahoḍha* und der *gūḍhaja* gelten als Söhne des Gatten, nach dem Grundsatz pater est quem nuptiae demonstrant. Der *sahoḍha* rangirt von diesen drei Söhnen am tiefsten und wird gewöhnlich erst an 8. Stelle oder noch später genannt, wahrscheinlich weil eine Heirat mit einer schwangeren Frau für schmachvoll galt; der *kānīna* erscheint mehrfach schon an 4. Stelle und wird meistens dem *gūḍhaja* vorgezogen, dem der Makel des Ehebruchs anhaftet. Adoptivsöhne sind: der »gegebene« Sohn (*datta*, *dattaka*), der von seinen Eltern in Adoption gegeben wird, der »gemachte« oder »künstliche« Sohn (*kṛta*, *kṛtrima*), der schon in erwachsenem Alter adoptirt wird, der Sohn, der sich selbst aus eignem Antrieb adoptiren lässt (*svayaṃdatta*), der »verstossene« Sohn (*apaviddha*), der von seinen Eltern ohne Grund verstossen oder ausgesetzt und von Andern an Kindesstatt angenommen wird, endlich der »gekaufte« Sohn (*krīta*), den seine natürlichen an die Adoptiveltern verkaufen. Die Adoptivsöhne werden, offenbar weil sie mit keinem von beiden Eltern blutsverwandt sind, in den meisten Aufzählungen den obengenannten Söhnen nachgesetzt, der *svayaṃdatta* erscheint sogar bei vier Autoren als der letzte aller 12 Söhne, ähnlich wie unter den 15 Arten von Sklaven derjenige, der sich selbst verkauft, am niedrigsten taxirt wird (*Nār.* 5, 37); auch der *kṛtrima*, *apaviddha* und *krīta* figuriren mehrfach an letzter oder vorletzter Stelle. Mit Vorliebe, so auch im *Mah.*, wird jedoch der letzte Platz dem mit einer Śūdrafrau oder -Concubine erzeugten Sohn angewiesen, wenn er nicht ganz ignorirt wird, gemäss der herrschenden Anschauung von der Verwerflichkeit solcher Verbindungen, vgl. § 18.

Schon *Āp.* übergeht nicht nur die 12 Söhne mit Ausnahme des ehelichen Sohns mit Stillschweigen, sondern erklärt sich auch ausdrücklich gegen die Verschenkung (bei der Adoption) und den Verkauf eines Sohnes wie gegen den *niyoga* (2, 13, 11; 2, 27, 2 ff.), der überhaupt schon frühe auf Opposition stiess, vgl. § 20. Die Bevorzugung des ehelichen Sohnes vor allen andern Söhnen, die allen Autoren gemeinsam ist, trieb schon *Aupajaṅghani* so weit, dass er nur den *aurasa* als legitimen Sohn und Erben anerkannte (*Baudh.* 2, 3, 33). In den meisten Aufzählungen der 12 Söhne (auch im *Mah.*) werden sie in zwei Gruppen von je 6 eingeteilt, und nur die 6 ersten als Erben, die zweiten 6 als Verwandte, aber nicht als Erben ihres gesetzlichen Vaters anerkannt, eine Distinktion, die auch das birmanische Recht nebst den 12 Söhnen übernahm und die, was die zweiten 6 Söhne betrifft, an die moderne Institution des *dharmaputra* erinnert, der als »Pflichtsohn« oder Stellvertreter nur die Totenopfer darzubringen hat, früher in Ermanglung eines erbberechtigten Sohns auch den Scheiterhaufen einer *satī* anzuzünden hatte[4]. Von der strengen Regel, dass bei der Erbteilung immer der bessere Sohn den schlechteren ausschliesst und letzterer nur ein subsidiäres Erbrecht hat, wird allerdings mehrfach Umgang genommen, aber den schlechteren Söhnen bei Concurrenz mit dem *aurasa* nur ein verschwindend geringer Bruchteil der Erbschaft, bis zu $^1/_{21}$, oder nur Sustentation zugebilligt. Noch weiter geht *Bṛh.*, der 25, 33—41 nur den *aurasa* und die *putrikā* oder ihren Sohn als legitime Söhne gelten lässt, daneben allerdings tadellose Adoptivsöhne als Söhne von mittlerer Qualität anerkennt, desgleichen den Sohn einer Śūdrafrau, den *kṣetraja* u. a. Söhne der Frau aber entschieden verwirft und 24, 14 überhaupt alle 13 subsidiären Söhne für abgeschafft erklärt. Sonst werden als »heutzutage verboten« (*kalivarjya*) gewöhnlich alle Söhne ausser dem *aurasa* und *dattaka* genannt, und dies ist auch der Standpunkt der späteren Juristen, nur werden neben dem *dattaka* bisweilen alle andern Adoptivsöhne und mehrfach wenigstens noch der *kṛtrima* anerkannt. Als ein Überrest der bevorzugten Stellung des *putrikāputra* ist wohl der Vorzug zu betrachten, den im Erbrecht der Sohn der Tochter vor allen andern Verwandten geniesst, wo agnatische Descendenz fehlt[5]. Heutzutage scheint, wenigstens bei den höheren Kasten, auch nur die Adoption vorzukommen, doch ist ein interessanter Überrest von dem alten Gebrauch, die *putrikā* zum Sohn und Erben zu ernennen, wobei sogar ihr Name in ein Masculinum umgewandelt wurde, von BÜHLER (zu *Vas.* 17, 15) in Kashmir nachgewiesen.

Je mehr die andern Arten der Sohnschaft durch den Fortschritt der Sittlichkeit und die zunehmende Verbreitung der Kinderhochzeiten in Abnahme kamen, so dass man sie nur noch als ein odioses, in der Gegenwart nicht mehr anwendbares Privileg der Ṛṣis der Vorzeit ansah, desto mehr gelangte die Adoption zur Ausbildung und entwickelte sich zu einem der wichtigsten Institute des indischen Rechts. Die datio in adoptionem eines *dattaka* ist ein feierlicher Akt, bei dem die Eltern oder der Vater allein oder die Mutter mit Zustimmung des Vaters ihren Sohn vor Zeugen einem andern Elternpaar übergeben, mit der Wirkung, dass er vollkommen aus seiner eignen Familie aus- und in die Familie seiner Adoptiveltern übertritt. Die Hingabe des Sohns durch seine eignen Eltern wird mit ihrem Dispositionsrecht über den Sohn motivirt, kraft dessen sie ihn verschenken, verkaufen oder verstossen können; die Smṛtis berufen sich hiefür auf die bekannte Legende von *Śunaḥśepa* im *Ait. Br.*, den sein Vater *Ajīgarta* aus Not an König *Hariścandra* verkaufte und der nachmals von *Viśvāmitra* adoptirt wurde (*Vas.* 17, 31 ff.). Nach dieser Legende, die als das vedische Musterbeispiel einer Adoption angesehen wurde[6], ist wohl auch der Ausdruck *āpadi M.* 9, 168 auf Not oder Armut der natürlichen Eltern, nicht, wie ein Teil der Commentatoren ihn fasst, auf die in dem Fehlen eines Sohns bestehende Not der Adoptiveltern zu beziehen. Ein einziger Sohn seiner natürlichen Eltern soll keinenfalls hingegeben werden, weil er zur Fortpflanzung ihres Geschlechts unentbehrlich ist; aus ähnlichen Gründen wird vereinzelt auch die Hingabe des ältesten Sohns widerraten. Die Regel, dass die Adoption in früher Kindheit erfolgen muss, ehe an dem adoptandus die heiligen Gebräuche des Haarschneidens (*cūḍā*) und der Einweihung (*upanayana*) vollzogen sind, oder wenn er noch nicht mehr als fünf Jahre alt ist, beruht zwar nur auf einem Text des *Kālikāpurāṇa*, dessen Echtheit verschiedene Commentatoren bezweifeln, entspricht aber dem Wesen der *dattaka*-Adoption im Gegensatz zu der Adoption eines schon Erwachsenen bei der *kṛtrima*-Form (arrogatio). Die heiligen Gebräuche müssen an dem Knaben schon in der Adoptivfamilie vollzogen werden, um ihn derselben ganz zu eigen zu machen, nach dem Grundsatz, dass der adoptandus der Schatten eines wirklichen Sohns (*putracchāyāvaha*) ist (adoptio imitatur naturam). Daher muss der Adoptivsohn auch dem gleichen Stand und der gleichen Kaste angehören wie sein Adoptivvater; insbesondere sind nächste Blutsverwandte zu wählen, nach den Commentaren in erster Linie der Brudersohn, eventuell ein entfernterer agnatischer Verwandter, aber nicht der Sohn der Tochter oder der Schwester. Das Recht zu adoptiren hat von den Adoptiveltern die Mutter allein nur dann, wenn der Vater zustimmt, eine weitere Voraussetzung ist die, dass kein Sohn am Leben ist zur Zeit der Adoption. Bei der Adoption soll man die Verwandten beiziehen, auch den König benachrichtigen. Wie bei jeder Schenkung findet namentlich eine Wasserspende (*M.* 9, 168) und ein *dattahoma* statt. Der Adoptivvater bittet um den Sohn, und der leibliche Vater übergiebt ihm denselben. Dann zieht ersterer seinem künftigen Sohn zwei Kleider an und schmückt ihn mit zwei Ohrringen und einem Fingerring. Weitere Ceremonien folgen. Wird später noch ein ehelicher Sohn geboren, so erhält der Adoptivsohn nur ein Viertel eines Sohnteils. Umgekehrt können sich seine Aussichten dadurch verbessern, dass die übrigen Söhne seines leiblichen Vaters sterben und er dadurch auch die Anwartschaft auf dessen Erbe erhält. Er gilt dann als »Sohn zweier Väter« (*dvyāmuṣyāyaṇa*), ein Begriff, der ursprünglich nur beim *niyoga* vorkam (§ 20), schon von *Kātyāyana* aber ausdrücklich auch auf den Fall der Adoption ausgedehnt wurde.

Aus den einfachen, aber etwas vagen Regeln der Smṛtis[7] haben die späteren Juristen ein weitschichtiges Adoptionsrecht entwickelt, über das eine Menge von Monographieen existiren wie *Dattaka-candrikā*, *-darpaṇa*, *-dīdhiti*, *-mīmāṃsā*, *-kalpalatā*, *Dattakaumudī*, *-siddhāntamañjarī*, *Dattārka* u. a. Übersetzt sind von diesen Werken nur die *Dattakacandrikā* und *-mīmāṃsā*, und diese Übersetzungen bilden neben den gelegentlichen Bemerkungen über Adoption in den Werken über Erbrecht wie *Mit.* und *Dāyabh.* die Hauptgrundlage der englischen Rechtsprechung und der englischen Lehrbücher über Adoption. Indem ich hier im Allgemeinen auf die letzteren verweise, namentlich auf die sehr eingehende und belehrende Darstellung Sir R. WEST's[8], möchte ich nur bemerken, dass manche bedenkliche Theorieen, welche die Gerichtspraxis mit Mühe allmählich abzustreifen sucht, wohl nie entstanden wären, wenn man von Anfang an auch andre Werke als die obigen consultirt hätte. Dahin gehört z. B. die Lehre von der allgemeinen Notwendigkeit der in den Smṛtis erwähnten Ceremonien zu einer legalen Adoption, von der allgemeinen Unzulässigkeit der Adoption erwachsener oder halb erwachsener Personen oder des Tochter- und Schwestersohns, überhaupt solcher Personen, mit deren Mutter der Adoptivvater keine Ehe eingehen könnte, von der Unumgänglichkeit einer besondern Stipulation zwischen den beiderseitigen Eltern bei einer *dvyāmuṣyāyaṇa*-Adoption u. a.[9]. Dass die betreffenden Vorschriften der Smṛtis mehr als Ratschläge wie als Gesetze aufzufassen sind, zeigt auch das moderne Gewohnheitsrecht, über das hier noch einige Notizen folgen sollen.

Die Adoption ist auch heutzutage ungemein verbreitet, namentlich bei den höheren Kasten, wo der alte Glaube an die Notwendigkeit eines Sohns zur Darbringung der Totenopfer die Gemüter beherrscht, aber auch bei den unteren Kasten, die sich die höheren zum Vorbild nehmen. Freilich schiebt ein Vater, der keine Kinder hat, die Adoption oft hinaus bis es zu spät ist, sei es, dass er die mit der Adoptionsfeierlichkeit und dann mit der Ernährung des Adoptivsohns verknüpften Kosten scheut, oder dass er immer noch auf Leibeserben hofft, oder sich, wenn er reich ist, davor fürchtet, mit der Familie des Adoptivsohns in nähere Beziehungen gebracht zu werden, vielleicht in letzterem selbst einen Undankbaren zu finden, der ihm nicht anhänglich ist, ja ihm sogar nach dem Leben trachtet[10]. So kommt es sehr häufig vor, dass erst nach dem Tod des Mannes seine Witwe adoptirt, allerdings in seinem Namen, wobei streitig ist, ob hiezu ein vor seinem Tod seitens des Gatten erteilter Auftrag gehört und eventuell die Witwe wenigstens an die Zustimmung seiner Sapiṇḍaverwandten gebunden ist oder nicht; in der Regel gilt mindestens letztere für erforderlich, namentlich bei der Vererbung von grossen Gütern und Fürstentümern[11]. Schon die meisten Commentatoren haben aus den Smṛtis, gewiss in Übereinstimmung mit dem Geist derselben, den Grundsatz entwickelt, dass auch die Witwe adoptiren kann, sind aber uneinig darüber, ob sie auch ohne Auftrag ihres verstorbenen Gatten dazu schreiten darf oder nicht; erstere Ansicht vertritt z. B. der *Mayūkha*[12]. Das Fehlen eines erbberechtigten leiblichen Sohns gilt auch gewohnheitsrechtlich als notwendige Voraussetzung der Adoption, ebenso dass der adoptandus der gleichen Kaste, ja auch dem gleichen *gotra* angehört, auch werden die nächsten Agnaten bevorzugt, doch ist auch die Adoption des Tochtersohns und selbst des Schwestersohns nicht ausgeschlossen[13]. Was den Adoptionsakt betrifft, so halten die *śāstrin* in Bombay an der Notwendigkeit der in den Smṛtis vorgeschriebenen Ceremonien, besonders des *dattahoma* fest, wenigstens bei Brahmanen, während in Madras nur die Übergabe und Annahme des adoptandus verlangt wird[14], im Punjab schon die Thatsache der Aufnahme desselben in die Familie seines Adoptivvaters für beweiskräftig gilt[15]. Dass der adoptandus als *dvyāmuṣyāyaṇa*, auch ohne besondre Abrede, sein Erbrecht in seiner natürlichen Familie beibehält, kommt mindestens in Bombay, den N. W.-Provinzen und dem Punjab vielfach vor[16]. Insofern liegt hier eine adoptio minus plena vor, ähnlich wie bei dem *kṛtrima* der Smṛtis, der freilich nur von einem Teil der alten Autoren erwähnt und von den späteren Juristen meist als obsolet erklärt wird, aber für *Mithilā* (Tirhut, die Heimat des *Y.*, der ihn 2, 131 als einen von Jemand selbst adoptirten Sohn definirt, womit nach der *Mit.* ein Waisenknabe gemeint ist, den der Adoptivvater durch die Aussicht auf pekuniären Vorteil veranlasst, sich adoptiren zu lassen) noch jetzt officiell anerkannt ist. Dort kommt diese Art der Adoption in der Form vor, dass der adoptandus durch einfache Willenserklärung sich in eine andre Familie als erbberechtigter Sohn aufnehmen lässt, dabei aber seine Rechte innerhalb seiner eigenen Familie durchaus beibehält; daher kann Jedermann ohne Unterschied des Alters oder der Familie in dieser formlosen Weise adoptirt werden, wenn er nur ein Mitglied der gleichen Kaste ist[17]. Auch von dem gekauften Sohn (*krīta*) der Smṛtis haben sich noch Überreste erhalten. So findet sich Adoption durch Kauf in Guzerat, sie ist die einzige Art der Adoption bei mehreren Kasten in Madras, und bei der bekannten Sekte der Gosāvīs, die sich nicht verheiraten dürfen, werden manchmal Kinder gekauft, die als Söhne im geistlichen Sinn betrachtet werden[18]. Auch von der Legitimirung unehelicher Söhne der Frau als *kānīna*, *sahoḍha*, *gūḍhaja* haben sich gewohnheitsrechtlich manche Überreste erhalten, so im Punjab[19]. Über die Rechte der illegitimen Söhne des Mannes bei den Śūdras, d. h. den niedrigeren Kasten, s. § 24.

[1] *Baudh.* 2, 3, 11—35; *Gaut.* 28, 18 f., 32—34, 39; *Vas.* 17, 1—39; *Vi.* 15, 1—30; *M.* 9, 127—147, 158—181; *Y.* 2, 127—132; *Nār.* 13, 45—49; *Bṛh.* 24, 12—14; 25, 33—45; *Dev.*, *Yama*, *Hār.*, *Śaṅkhalikhita*, *Kālikā-* und *Brahma-purāṇa* (nach Citaten). Vgl. Mayne §§ 63 ff. (mit Tabellen der 12 Söhne nach obigen 14 Autoren); Mayr, D. ind. Erbr. 86—128; Tag. Lect. 144—166; Kohler ZVR 3, 393 ff.; West and Bühler 3 872—899; Leist, Altar. Jus gentium 103—111. — [2] Vgl. Stenzler und Oldenberg zu *Pār.* 1, 8, 18, *Śāṅkh.* 1, 14, 16. Mit Oldenberg bin ich der Ansicht, dass die Commentatoren diese Auffassung mit Unrecht in die Gṛhyasūtras hineingetragen haben und *duhitṛmate* einfach den Brautvater bedeutet, wie auch Bühler an der Parallelstelle *Āp.* 2, 13, 12 übersetzt. — [3] Vgl. Tag. Lect. 147—149. — [4] Steele, Castes 185, 226, cf. West and Bühler 3 891 f. — [5] Vgl. Mayne § 477. — [6] Vgl. auch *Nirukta* 3, 4. — [7] Vgl. *Vas.* 15, 1—10; *Baudh. Par.* (SBE 14, 334—336); Bühler JBAS 35; *Baudh.*, *Gaut.* u. s. w. l. c; *May.* ed. Mandlik 39—46 u. a. — [8] West and Bühler 3 859—1237. — [9] Tag. Lect. 159—166. — [10] Vgl. West and Bühler 3 901 f. — [11] l. c.; Tupper 2, 154, 178 f., 3, 90 f.; Steele l. c. 176, 187, 391 ff., 420 ff. Vgl. Kohler ZVR 7, 221; 8, 111. — [12] Über die sehr bedeudenden lokalen Verschiedenheiten der modernen Gerichtspraxis s. Mayne § 99. — [13] Vgl. Kohler l. c. 7, 218 ff., 8, 109 ff. — [14] West and Bühler 3 1084. — [15] Kohler l. c. 7, 222 (nach Tupper). — [16] West and Bühler 3 898; Tag. Lect. 166; Kohler l. c. 223 (nach T.). — [17] Mayne §§ 81—87. — [18] West and Bühler 3 1143 f. — [19] Tupepr 2, 185, 203, vgl. Kohler ZVR 7, 209.

§ 22. Die Gesamtfamilie. Die indische Gesamtfamilie beruht auf Gemeinsamkeit der Wohnung, der Mahlzeiten, des Gottesdienstes und des Eigentums[1]. Die gemeinsame Bereitung der Nahrung und das Zusammenspeisen ist ebenso wie in den viel umfassenderen Verbänden der Kasten (*jāti*) das sichtbarste äussere Zeichen der Zusammengehörigkeit, und die Mitglieder der Familie werden daher geradezu als die Gesamtheit der *ekapākena vasatām* d. h. »gemeinsam Kochenden« bezeichnet (*Bṛh.* 25, 6). Auf den »Cult der Manen, Götter und Brahmanen« (*pitṛdevadvijārcanam*) legen die Smṛtis begreiflicher Weise besondern Wert und empfehlen daher die Teilung des Vermögens, weil dann dieser vorher gemeinsame Cult in jedem Haus getrennt stattfinden muss (l. c., vgl. *M.* 9, 111). Die Vermögensgemeinschaft ist eine absolute und erstreckt sich nach *Nār.* 13, 38 auf Geben und Nehmen, Einnahmen und Ausgaben, auf Vieh und Reis so gut als auf Häuser, Äcker und Sklaven. Auch die Errungenschaft wird bei *Āp.* und *Baudh.* von dem Erbgut noch nicht getrennt. *Vas.* 17, 51 spricht von dem Selbsterworbenen (*svayamutpāditam*), wovon dem Erwerber ein doppelter Anteil gehören soll. Nach *Vi.* 17, 1, *Y.* 2, 114 kann der Vater, was er selbst erworben hat (*svayamupārjita artha*), nach Gutdünken unter seine Söhne verteilen. Gewöhnlich wird als nicht teilbare Einnahme der Erwerb durch Wissenschaft (bei Brahmanen) hervorgehoben, d. h. der Lohn für Unterweisung eines Schülers, Hersagen von Vedatexten, Vollziehung von Opfern u. dgl., ferner Kriegsbeute (bei Kṣatriyas), Geschenke von Verwandten, die Mitgift und das Sondergut einer Frau, verlorene und von einem einzelnen Familienmitglied wiedererworbene Güter u. dgl. Doch ist auch jeder solche Erwerb an die gemeinsame Kasse abzuliefern, wenn er auf Kosten des Familienvermögens gemacht wurde, so z. B. wenn ein Krieger ein Pferd oder eine Waffe der Gesamtfamilie benützt oder ein studirender Brahmane seinem ungelehrten Bruder die Fürsorge für seine Familie während seines Aufenthalts bei einem auswärtigen Lehrer überlassen hat (*Vyāsa; Nār.* 13, 10).

Der Umfang der Gesamtfamilie war und ist häufig ein sehr bedeutender. Nicht bloss Eltern und Kinder, Brüder und Stiefbrüder leben in Vermögensgemeinschaft, sondern dieselbe kann sich auch auf Ascendenten, Descendenten und Seitenverwandte aus mehreren Generationen erstrecken. Bei der Sitte der frühen Heiraten konnte der paterfamilias noch in jungen Jahren zum Grossvater werden und häufig auch zum Urgrossvater avanciren. So weit, vom Urgrossvater bis zum Urenkel in auf- und absteigender Linie, reichte ursprünglich der Kreis der durch die Totenopfer verbundenen Sapiṇḍaverwandten[2]. Der Ururenkel gehört nicht mehr hiezu (*Baudh.* 1, 11, 9), und so erstreckt sich auch im Erbrecht nach *Devala* u. a. bei einer Vermögensteilung unter zusammenwohnenden Verwandten (*kulya*) die Erbberechtigung bis zur vierten Generation, doch wird die Grenze von Andern auch noch weiter, teilweise auch enger gesteckt. Der Patriarch, der an der Spitze der Familie stand, konnte in der Regel zu einer Teilung des Vermögens nicht gezwungen werden, und so musste bis zu seinem Tod die Zahl der mit ihm in Gütergemeinschaft lebenden Familienmitglieder stetig anschwellen, zumal da jeder männliche Descendent schon in jugendlichem Alter eine Schwiegertochter in das Haus brachte, die Töchter auch nach ihrer Verheiratung bis zu ihrem 13. Jahre etwa im Elternhause blieben, zu den ehelichen Söhnen adoptirte oder illegitime Söhne jeder Art, zu den legitimen Frauen Concubinen hinzukamen. Starb der paterfamilias, ohne selbst eine Teilung vorgenommen zu haben, so ging seine Würde auf seinen ältesten Sohn über, der entweder geradezu als der Erbe, oder wenigstens als der Haushaltungsvorstand betrachtet wurde, der wie ein Vater für seine jüngern Brüder und Verwandten sorgen sollte (*Gaut.* 28, 3; *Āp.* 2, 14, 6; *M.* 9, 105—110; *Nār.* 13, 5; *Mah.* 13, 105, 17 u. a.). Nach einer andern, vielleicht jüngern Ansicht gilt jedoch dieses Vorrecht des Ältesten nur für den Fall, dass er es auch verdient, und kann auch ein jüngerer und selbst der jüngste Bruder an die Spitze der Gesamtfamilie treten, wenn er fähig (*śakta*) ist, da das Glück einer Familie auf der Fähigkeit beruht (*Baudh.* 2, 3, 13; *Nār.* 13, 5). Freilich konnten unter Brüdern leicht Erbstreitigkeiten entstehen und zu einer Teilung führen (§ 23), doch konnte auch nach vollzogener Teilung eine neue Erbvereinigung unter Verwandten stattfinden, die dann *saṃsṛṣṭin* heissen. Das Verhältnis der *saṃsṛṣṭin* zu einander (*Bṛh.* 25, 72—77) gleicht dem der noch unabgeteilten Verwandten, nur besteht dabei kein Vorrecht der Primogenitur. Die Regel des *Bṛh.*, dass solche Wiedervereinigung zulässig ist mit dem Vater, Bruder oder Vatersbruder, wird man mit einem Teil der Commentatoren dahin auslegen dürfen, dass diese nahen Verwandten nur beispielsweise genannt sind und eine neue Einigung die nämlichen Mitglieder umfassen konnte wie die ursprüngliche Gesammtfamilie, vielleicht auch solche Verwandte, die ursprünglich nicht zur gleichen Gesamtfamilie gehört hatten, vgl. § 25.

Die Stellung der einzelnen Familienglieder innerhalb des Ganzen war nach Alter, Geschlecht und Leistungen abgestuft. Nach *Nār.* 1, 32—42 herrscht der Hausvater (*gṛhin*) über seine Familie wie ein König über seine Unterthanen, ein Lehrer über seine Schüler. Seine Frauen und Diener sind ihm unbedingten Gehorsam schuldig, und selbst seine Söhne bleiben abhängig von ihm so lange er lebt, selbst wenn sie mit 16 Jahren volljährig geworden sind. Nur der Hausvater kann gültige Rechtsgeschäfte abschliessen und die Familie nach aussen hin vertreten; was ein unmündiges oder unselbständiges Mitglied der Familie thut, ist so gut wie ungeschehen. Allerdings hört die Handlungsfähigkeit des Vaters auf, wenn Zweifel an seiner Zurechnungsfähigkeit bestehen, auch kann nach *Hār.* 4, 3 der älteste Sohn an seiner Stelle die Vermögensverwaltung übernehmen, wenn er altersschwach (v. l. verschwenderisch), abwesend oder krank ist. Über die eheherrlichen Rechte des *gṛhin* s. § 19. Über die Söhne kann er unbedingt verfügen, sie verschenken, verkaufen oder verstossen (*Vas.* 15, 2); doch wird der Verkauf schon *Āp.* 2, 13, 11 verboten und die Verstossung eines Sohns ausser wegen Begehung eines schweren Verbrechens strafbar gemacht (*Vi.* 5, 163; *M.* 8, 389; *Y.* 2, 237). Der Erwerb der Söhne gehört im allgemeinen dem Vater, sie stehen in dieser Hinsicht mit Sklaven und Frauen auf gleicher Stufe (*Nār.* 5, 41). Die vermeinte Aussetzung der Mädchen in der vedischen Litteratur beruht auf einer irrigen Erklärung des Ausdrucks *parāsyanti*, wie Böhtlingk nachgewiesen hat (ZDMG 44, 494—496). Die Smṛtis sagen nur, dass der Vater seine Töchter möglichst frühe verheiraten soll[3]. Die Schwiegertöchter hat er, auch wenn sie verwitwet sind, zu erhalten (*Nār.* 13, 28), kann dafür aber von ihnen fussfällige Verehrung beanspruchen, wonach ein von ihm in Anerkennung solcher Devotion einer Schwiegertochter gemachtes Geschenk als *pādavandanika strīdhana* bezeichnet wird (*Kāty.*). Überhaupt steht in der Lehre von den verehrungswürdigen Personen (*guru*) der Vater meistenteils voran, er ist der *guru* schlechthin, und daher gebührt ihm auch in der Grussordnung die erste Stelle, er steht nebst der Mutter an der Spitze derjenigen Verwandten, die nicht nur durch Meldung (*abhivādana*), sondern auch durch Fussverehrung (*upasaṃgrahaṇa*) zu begrüssen sind (*Gaut.* 6, 1 ff.)[4].

Wie in der Grussordnung, so wird auch sonst die Mutter oder Hausmutter (*gṛhiṇī*) häufig dem Vater an die Seite gesetzt. In den Aufzählungen der *guru* in den Smṛtis wird sie sogar teilweise dem Vater vorgezogen (*M.* 2, 145 u. a.), und so stellt auch *Mah.* 13, 105, 15 die Mutter über alle andern *guru* (*nāsti mātṛsamo guruḥ*). Bei der Adoption wirkt sowohl die leibliche als die Adoptivmutter mit (§ 20). Schmähreden, in denen von der Mutter des Beschimpften die Rede ist, werden strenger bestraft als solche, die sich auf seine Schwester oder Tochter beziehen (*Vi.* 5, 33 f.). Im Erbrecht ist nach *M.* 9, 217 in Ermanglung männlicher Descendenz die Mutter zur Succession berufen, eventuell die Grossmutter väterlicherseits des Erblassers, und nach *M.* 9, 190 (anders 9, 146) hat die Witwe für einen im *niyoga* erzeugten Sohn sein väterliches Erbe zu verwalten, später gilt sie in Ermanglung männlicher Descendenz als die Erbin ihres Mannes. Näheres über die Stellung der Witwe s. §§ 20, 23 f. Freilich haben die Privilegien der Mutterschaft in der Regel nur für die Mütter von Söhnen Geltung; eine Frau, die nur Töchter hat, kann ebenso wie eine unfruchtbare Frau zurückgestellt werden (*M.* 9, 81). Auch sind die allgemeinen Anschauungen über die Inferiorität und die schlimmen Neigungen des weiblichen Geschlechts in Betracht zu ziehen, wonach die Frau nie ohne Bewachung bleiben darf und in ihrem Alter ebenso von ihren Söhnen bevormundet werden soll wie als Mädchen von ihrem Vater, als Frau von ihrem Gatten (*M.* 9, 2—18; *Y.* 1, 85; *Nār.* 13, 31 u. a.). Eine zunehmende Selbständigkeit der Frau auf dem Gebiet des Vermögensrechts zeigt jedoch die Entwicklung des *strīdhana* (§ 25). Eine anschauliche Schilderung der Pflichten einer Frau giebt *Hār.* 3, 3. Sie soll alle ihre Gedanken auf ihr Hauswesen und ihren Gatten concentriren, mit Sorgfalt die Speisen bereiten, essen, was ihr Gatte und ihre Söhne davon übrig lassen, die Küchengeräte abspülen, den Boden mit Kuhmist bestreichen (wie noch jetzt üblich), den Göttern die häuslichen Opfer darbringen, vor Schlafengehen ehrerbietig die Füsse ihres Gatten umfassen, ihn bedienen, in der heissen Zeit ihm Luft zufächeln, sein Haupt stützen, wenn er müde ist u. s. w. In ihrem häuslichen Kreise, namentlich ihren Töchtern und Schwiegertöchtern gegenüber, wird die Hausmutter unbedingt geherrscht haben, das Princip der Seniorität, des *yathāpūrvam*, wird auch auf die weiblichen Familienmitglieder ausdrücklich ausgedehnt (*Gaut.* 6, 3 ff.; *Āp.* 1, 14, 9; *Mah.* 13, 105, 19 u. a.).

Nach diesem Princip des Altersvorrangs konnte von den Söhnen, wie schon erwähnt, beim Tode oder bei dauernder Verhinderung des Vaters der älteste an die Spitze der Gesamtfamilie treten. Wie der älteste Sohn oder Bruder in der Grussordnung eine hohe Ehrenstellung einnimmt[5], vor seinen jüngern Brüdern heiraten darf (§ 18)[6], nicht in Adoption gegeben werden soll (§ 21), bei der Erbteilung ein Voraus erhält (§ 23), allein die *śrāddha* u. a. Opfer für die Gesamtfamilie darbringt[7] u. s. w., so gilt er auch als das natürliche Familienhaupt nach dem Tode des Vaters. Nach *M.* 9, 213 und *Mah.* 13, 105, 7 kann er wegen Übervorteilung seiner jüngern Brüder sein Erstgeburtsrecht verlieren, und nach *M.* 9, 214 = *Mah.* l. c. 10 darf der älteste Bruder nichts aus dem gemeinsamen Familienvermögen in seine eigne Tasche fliessen lassen, ohne seine Brüder dafür zu entschädigen. Nach *Nārāyaṇa* ist letztere Bestimmung auf jedes Familienmitglied anwendbar, das die Vermögensverwaltung der Gesamtfamilie (*kuṭumba*) führt. Hiemit wird auf den auch schon erwähnten Fall angespielt, dass ein jüngerer Bruder oder Seitenverwandter, der für besonders geeignet gilt, an die Spitze seines Geschlechts tritt, was jedoch nach *Śaṅkhalikhita* nur mit Einwilligung des ältesten Bruders geschehen kann. Ein solcher Vermögensverwalter, wer er auch sei, soll zur Entschädigung für seine Bemühung von seinen Brüdern verköstigt werden und Geschenke erhalten (*Nār.* 13, 35). Weitere Vorrechte kann er aber nicht beanspruchen und teilt sich mit den andern Familienmitgliedern in die Lasten der Erbschaft, als Sustentation der Witwen und Töchter verstorbener Brüder, Verheiratung der Töchter, Einweihung unmündiger Brüder, Bezahlung der Schulden des Vaters u. dgl. (*Nār.* 13, 26 f., 31 f. u. a.). Auch die wegen Krankheit oder körperlicher Gebrechen u. s. w. erbunfähigen Familienmitglieder bilden eine Last der Erbschaft (§ 23), dagegen kann ein arbeitsfähiger Bruder, der aus Lässigkeit nicht arbeitet, mit einer kleinen Entschädigung abgefunden und zum Austritt aus der Gesamtfamilie gezwungen werden[8]. Einen schwierigeren Stand hatten die Söhne gegenüber einem das Familiengut schlecht verwaltenden Vater, daher lag es im Interesse des Familienprincips, die patria potestas nicht in ihrer ganzen Schärfe aufrechtzuerhalten, sondern auch den Söhnen ein direktes Eigentums- und Einspruchsrecht zu gewähren. So wurde der Grundsatz aufgestellt, dass über das vom Grossvater ererbte Vermögen Vater und Söhne das gleiche Verfügungsrecht haben (*Vi.* 17, 2; *Y.* 2, 121 u. a.). Nach späteren Texten sollen sogar Immobilien und Sklaven, die der Vater selbst erworben hat, nicht verkauft werden, ohne dass alle Söhne darüber gehört worden sind, wie überhaupt zur Verschenkung oder Veräusserung von Familieneigentum die Zustimmung aller Familienmitglieder einzuholen ist[9].

Zu der indischen Gesamtfamilie gehört wie zu der Familie des römischen Rechts auch das Gesinde, das zweifellos wie heutzutage oft sehr zahlreich war. *Nār.* 5, 2—43 unterscheidet zwischen Arbeitern (*karmakara*) und Sklaven (*dāsa*); zu ersteren gehört z. B. der *kauṭumbika*, der den Vertrauensposten eines Verwalters oder Oberknechts bekleidet, die Sklaven zerfallen in 15 Arten, je nachdem sie gekauft, ererbt, im Haus geboren sind u. s. w. Näheres über die Sklaverei, die in der Regel in sehr milder Form auftrat, soll in den Staatsaltertümern folgen. Häufige Gäste waren ausser den Verwandten der *ācārya*, *ṛtvij* u. a. geistliche Berater und Hauptpriester, die wohl schwerlich nach der Smṛtiregel sich nur einmal im Jahr bewirten liessen[10].

Noch jetzt wird das Gesamteigentum der Familie als der normale Zustand betrachtet, bis der Beweis einer eingetretenen Teilung erbracht ist[11]. Die Präsumtion des bestehenden Gesamteigentums ist um so stärker, je näher die zusammenlebenden Familienmitglieder verwandt sind, und findet daher bei Brüdern leichter Anerkennung als bei Vettern u. s. w.[12], reicht aber wie nach den Smṛtis nicht über die vierte Generation hinaus. In Bengalen[13] übt der Hausvater (*kartā*) eine despotische Herrschaft über seine Familie aus; er verfügt über die Erziehung, Lebensweise und Verheiratung seiner Söhne und Töchter, zieht die Einnahmen aller Familienmitglieder an sich und bestimmt die Ausgaben. Neben ihm führt die *gṛhiṇī* ein nicht minder strenges Regiment über die Töchter, Schwiegertöchter und Dienerinnen, besorgt die Küche, begnügt sich mit einfacher Kost, die sie nie im Beisein ihres Gatten geniesst, meistens den Überresten seines Mahls, lebt einfach und sparsam und ist bigott und abergläubisch. Die Söhne werden, nachdem die aus den Smṛtis bekannten *saṃskāra*, namentlich die Umgürtung mit der heiligen Schnur, an ihnen vollzogen sind, frühzeitig verheiratet und haben wenig Einfluss auf die Vermögensverwaltung. Von der Primogenitur hat sich nur in dem Übergang von Ehrenämtern auf den ältesten Sohn ein Überrest erhalten. Diener und Sklaven, auf Besuch anwesende Verwandte, oft 6—20 an der Zahl, der Guru und Acharji (*ācārya*) vervollständigen das Personal der Gesamtfamilie in Bengalen. Ausserhalb Bengalens herrscht der auf den oben erwähnten Texten beruhende Grundsatz der *Mit.*, dass jedes Familienmitglied schon durch seine Geburt einen Anteil an dem Gesamteigentum der Familie erwirbt und daher auch bei Veräusserungen u. a. Dispositionen gefragt werden muss[14]. Mit der Primogenitur und einer unbeschränkten patria potestas war dieses Princip kaum vereinbar, doch hat sich erstere namentlich in vornehmen Familien noch mehrfach erhalten, indem nach dem Tod des Vaters der Älteste die Familiengötzen erhält (wie nach *Hār.* 4, 15), bei Totenopfern, Hochzeiten, Zeugenaussagen u. dgl. öffentlichen Akten die Familie vertritt, oder auch wie nach den Smṛtis die Vermögensverwaltung oder sogar das ganze Erbe übernimmt[15]. Die »joint-family« ist in ganz Indien verbreitet und findet sich z. B. auch in dem von den Smṛtis ganz unbeeinflussten Gewohnheitsrecht des Punjab[16].

[1] Vgl. Tag. Lect. 104—106, 141 f. — [2] l. c. 169 f. — [3] Vgl. § 17. — [4] Vgl. Delbrück, D. indog. Verwandtschaftsnamen 556 ff. — [5] l. c. 560 ff. — [6] Vgl. l. c. 578 ff. — [7] *Gaut.* 5, 7, vgl. Tag. Lect. 109. — [8] *M.* 9, 207; *Y.* 2, 116; vgl. l. c. 97 f. — [9] l. c. 84, 86. — [10] *M.* 3, 119; *Nār.* 3, 9—11 u. a., vgl. Weber, I. St. 10, 125; Delbrück l. c. 567 f. — [11] West and Bühler 3 601, 651 f. — [12] Vgl. die Entscheidung bei Mayne § 241. — [13] B. Mullick, Essays on the Hindu Family in Bengal (Calc. 1882). — [14] Vgl. Tag. Lect. 109—113; Mayne §§ 226 f. — [15] Steele, Castes 178 f., 228 f., 417—419. Vgl. auch Tupper 2, 188 u. a. — [16] Tupper 2, 70 f., 137 f. u. s. w. Vgl. Kohler ZVR 7, 195—201.

§ 23. Die Teilung. So lange das Vermögen fast ausschliesslich in Liegenschaften bestand, musste das Gesamteigentum der Familie als der normale, den ökonomischen Verhältnissen am besten entsprechende Zustand erscheinen. Es fehlt nicht an Spuren einer ehemaligen Feldgemeinschaft ganzer Dörfer, wie sie noch heute im Punjab vorkommt (§ 26). Jedenfalls deuten auf eine einstmalige Unteilbarkeit der Familiengüter, wie bei den Tarwaads der Gegenwart in Malabar, die oft sehr umfassenden Aufzählungen unteilbarer Gegenstände (*avibhājya*) in den Smṛtis. So soll nach *Uśanas* unter Verwandten (*sagotra*) bis in die 1000. Generation unteilbar bleiben: die Einnahme aus (oder Berechtigung zu), Opfern, Felder (*kṣetra*), Schriften, bereitete Speisen, Wasser und Frauen. *Śaṅkhalikhita* nennt unter den unteilbaren Dingen u. a. ein Haus (*na vāstuvibhāgo*, wofür freilich einige Commentatoren *cāsti vibhāgo* lesen). Noch nach *Bṛh.* 25, 93 sind die Verwandten (*sapiṇḍa*), ob in Gütergemeinschaft oder -trennung lebend, einander gleichgestellt was die Liegenschaften (*sthāvara*) betrifft, da die Verschenkung, Verpfändung oder Veräusserung derselben niemals durch einen allein erfolgen kann. Sonst freilich nimmt dieser Autor einen fortgeschrittenen Standpunkt ein und legt l. c. 79—86 dar, wie man die von den früheren Autoren[1] für unteilbar erklärten Gegenstände doch teilen könne. So sollen Kleider und Schmuck verkauft und dann der Erlös geteilt werden, ebenso ein Schuldschein, indem man das Darlehen einzieht, bereitete Speisen, indem man sie mit noch unzubereiteten vertauscht; das Wasser in einem Brunnen oder Teich soll nach Bedürfnis benützt werden; Sklavinnen und Sklaven sollen verteilt werden oder abwechselnd in den Häusern der Verwandten arbeiten; Felder und Dämme sind pro rata parte zu verteilen; Weideplätze und Wege sind entsprechend zu benützen. Nur die Geschenke des Schwiegervaters an seine Schwiegertöchter fallen auch nach *Bṛh.* nicht unter die Teilung.

Fand eine Teilung statt, so konnte, da das indische Recht Testamente nicht kennt, der Vater auf die Feststellung der Teile nur dadurch einen Einfluss üben, dass er die Teilung selbst vornahm. Die Teilung durch den Vater ist schon vedisch, und die Stelle *TS* 3, 1, 9, 4, wonach *Manu* sein Vermögen unter seine Söhne verteilte, wird in den Smṛtis auch speciell angeführt (*Baudh.* 2, 3, 2; *Āp.* 2, 14, 11). Kraft seiner väterlichen Gewalt konnte er in solchem Falle ursprünglich die Teile ganz nach Belieben festsetzen, wurde aber später verschiedenen Beschränkungen unterworfen s. u. Ob und in welchen Fällen der Vater von den Söhnen auch zu einer Teilung gezwungen werden kann, ist zweifelhaft. So soll nach *Hār.* 4, 2 gegen den Willen des Vaters geteilt werden, wenn er betagt, geistesverwirrt oder kränklich ist. Allein diese Stelle fehlt in der Hs. von *Hār.*'s *dharmasūtra* und in mehreren Citaten und lässt sich auch mit 4, 3, wo von der Übernahme der Vermögensverwaltung durch den ältesten Sohn im gleichen Falle die Rede ist, nicht gut vereinigen. In anderen Werken, so in der *Mit.* zu *Y.* 2, 114, im *Dāyabhāga* 41 u. s. w., wird der nämliche Text dem *Śaṅkha* oder *Śaṅkhalikhita* zugeschrieben, aber mehrfach mit Beifügung der Negativpartikel *na*, so dass der entgegengesetzte Sinn herauskommt und eine Teilung gegen den Wunsch des Vaters durchaus verboten wird; und da ein anderer Text dieses Autors ebenfalls den Söhnen die Teilung zu Lebzeiten des Vaters generell untersagt, so wird diese Lesart wohl die richtige sein[2]. Auch nach *Gaut.* 15, 19 sollen Söhne, die gegen den Wunsch ihres Vaters die Teilung des Familienguts erzwungen haben, von Einladungen zu einem *śrāddha* ausgeschlossen sein. Daher gestattet *Gaut.* 28, 2 eine Teilung durch die Söhne bei Lebzeiten des Vaters nur mit Zustimmung des Vaters. Eine solche von dem Vater genehmigte Teilung erwähnen auch *Baudh.* 2, 3, 8, *Nār.* 3, 3, *Bṛh.* 25, 1 u. a. Streitig ist auch ob mit der Teilung auf den Tod der Mutter gewartet werden muss oder nicht, wenn die Söhne nach dem Tod des Vaters teilen. Nach *M.* 9, 104, *Y.* 2, 117, sollen die Söhne »nach dem Tode des Vaters und der Mutter« oder »der Eltern« teilen, weil sie, wie *M.* sagt, keine Gewalt über das Vermögen haben, so lange beide Eltern leben. Noch bestimmter drückt dasselbe *Śaṅkhalikhita* aus mit den Worten »so lange sie einen Vater haben, sind sie unselbständig, dessgleichen so lange die Mutter noch lebt«; doch scheint dieses Citat nur bei den bengalischen Autoren vorzukommen, die auch den oben erwähnten Text über Teilung gegen den Wunsch des Vaters anders lesen als die übrigen. Auch nach *Nār.* 1, 36 f. können die Söhne, auch wenn sie schon alt sind, nie selbständig werden, so lange ihre Eltern leben und geht nach dem Tode des Vaters seine Würde auf die Mutter, erst nach ihrem Tode auf den ältesten Sohn über; doch bestimmt der nämliche Autor 13, 3 in Übereinstimmung mit *Gaut.* 28, 2, *Bṛh.* 25, 1 auch dass die Teilung schon bei Lebzeiten der Mutter stattfinden kann, wenn sie zu alt ist um noch Kinder zu bekommen und spricht 31, 28—31 von der Tutel der Verwandten und der Söhne über die Witwe, vgl. § 20. Es gab also jedenfalls eine Lehrmeinung, wonach nach dem Tode des Erblassers die Verwaltung des Familienguts zunächst an seine Witwe überging, vielleicht hatte man dabei hauptsächlich den Fall im Auge, dass die Söhne noch nicht erwachsen und die Töchter noch nicht verheiratet waren, was manchmal als die notwendige Voraussetzung für eine Teilung unter Brüdern erwähnt wird[3]. Die meisten Autoren betrachten jedoch den Tod des Vaters ausdrücklich oder stillschweigend als die einzige Voraussetzung für die Teilung unter Brüdern oder Seitenverwandten[4]. Dem natürlichen Tod wird mehrfach auch der bürgerliche Tod des Vaters gleichgestellt, wenn er sich nach der Vorschrift der Smṛti in den Wald oder einen Mönchsorden zurückgezogen hat oder aus der Kaste gestossen worden ist[5].

Die Art der Verteilung wird, wenigstens bei den älteren Autoren und schon *TS* 2, 5, 2, 7, zunächst durch die Rücksicht auf das Alter der Berechtigten bestimmt. Die altertümlichsten Bestimmungen sind offenbar diejenigen, welche jedem der Söhne nach der Reihenfolge ihres Alters, bei Polygamie auch nach der Reihenfolge in der ihre Mütter den gemeinsamen Vater geheiratet haben, namentlich aber dem Ältesten irgendwelche speciell benannte Stücke aus dem Familiengut als Voraus zuerkennen. So soll nach *Gaut.* 28, 5—8 der Älteste als Präcipuum (*uddhāra*) $^1/_{20}$ erhalten und ausserdem ein Paar (von Rindern u. dgl. Haustieren), einen Wagen nebst einem Gespann von Tieren die unten und oben Schneidezähne haben, und einen Stier; der Mittelste erhält die einäugigen, alten, ungehörnten und schweiflosen Haustiere, falls eine Mehrzahl solcher Tiere vorhanden ist; dem Jüngsten gebühren die Schafe, das Getreide, das eiserne Geräte, ein Haus, ein bespannter Wagen, sowie je eines der (übrigen) Tiere; der Rest wird in gleichen Teilen verteilt. Während die hier und in ähnlichen Aufzählungen erwähnten Vermögensstücke auf einen ausschliesslichen Betrieb der Landwirtschaft hinweisen, ist die rein arithmetische Feststellung der Teile in anderen Teilungsregeln wie *Gaut.* 28, 9 f., *M.* 9, 112 ff. u. a. auch auf commercielle und industrielle Verhältnisse anwendbar. Auch bei unebenbürtigen und bei unehelichen und Adoptivsöhnen nach dem Schema der 12 Söhne werden analoge Verhältniszahlen in Anwendung gebracht, namentlich wird bei Söhnen eines Brahmanen von verschiedenen Frauen aus je einem der vier Stände nicht nur in den Smṛtis, sondern auch im *Mah.* 13, 47, 4 ff. ein System der Verteilung im Verhältnis von 4 : 3 : 2 : 1 vorgeschlagen, und *Vi.* 18, 1—40 führt dieses System casuistisch für alle denkbaren analogen Fälle durch. Doch wurden nicht nur unebenbürtige Ehen schon frühe missbilligt (§ 18), sondern auch das Princip der Primogenitur und überhaupt der ungleichen Verteilung des Vermögens stiess schon frühe auf entschiedene Opposition und wurde nur noch als Lokalgebrauch anerkannt (*Āp.* 2, 14, 6 ff.), neben der von allen Autoren auch erwähnten gleichen Teilung, später überhaupt zu den veralteten (*kalivarjya*) Gebräuchen gezählt. Freilich kam bei einer von dem Vater vorgenommenen Teilung auch die patria potestas in Betracht, die einen bezeichnenden Ausdruck findet in der Regel *Hār.* 4, 5, dass der Vater entweder nach Verteilung seines Vermögens in den Stand des frommen Einsiedlers oder Bettlers übertreten oder den Hauptteil seines Vermögens zurückbehalten und auch von dem unter die Söhne verteilten Rest nach Bedürfnis wieder etwas zurücknehmen, oder auch den Söhnen noch zugeben soll. Dagegen soll nach *Hār.* 4, 4 eine Teilung nach dem Tod des Vaters nur zu gleichen Teilen erfolgen. Auch spätere Autoren wie *Y.* 2, 114, *Nār.* 13, 15, *Bṛh.* 25, 4 erkennen das unbedingte Recht des Vaters die Teile der Söhne nach Belieben festzusetzen noch an. Doch wurde der Willkür des Vaters eine Schranke gesetzt durch die Unterscheidung zwischen dem ererbten Familiengut und eigenen Erwerb (vgl. § 22); nur über letzteren sollte der Vater frei verfügen können, während auf das erstere Vater und Söhne gleiches Anrecht hatten, so dass die Söhne bei einer Teilung gleiche Teile wie der Vater beanspruchen konnten (*Vi.* 17, 27, 1 f.; *Y.* 2, 114, 121; *Bṛh.* 25, 2—4). Unklar bleibt, ob die Bestimmung, dass der Vater bei der Teilung einen doppelten Teil für sich zurückbehalten darf (*Y.* 2, 123; *Nār.* 13, 12; *Bṛh.* 25, 5) auch nur auf die Errungenschaft des Vaters zu beziehen ist. Dass der Vater sich einen grösseren Anteil reservirte, war um so berechtigter, als er unter Umständen auch für seine Gattin und namentlich für einen nach der Teilung geborenen Sohn (*vibhaktaja*) zu sorgen hatte, der trotz der Regel, dass die Teilung erst bei entsprechend vorgerücktem Alter der Eltern stattfinden soll (*Nār.* 13, 3), auf die Welt gekommen war; doch gingen die Ansichten darüber auseinander, ob der *vibhaktaja* nur auf das Vermögen seines Vaters Anspruch haben oder von seinen Brüdern bedacht werden sollte (*Gaut.* 28, 29; *M.* 9, 216; *Nār.* 13, 44; *Vi.* 17, 3; *Y.* 2, 122 u. a.). Die Enkel oder Urenkel eines gemeinsamen Ascendenten teilen unter einander und mit den Söhnen per stirpes (*Vi.* 17, 23; *Y.* 2, 120, vgl. § 22). Die Frauen und Mädchen hatten ursprünglich gewiss nur auf Alimentation Anspruch, und es war sogar streitig ob sie bei der Teilung ihren Schmuck und die von Verwandten erhaltenen Geschenke behalten durften (*Āp.* 2, 14, 9, vgl. *M.* 9, 200; *Vi.* 17, 22). Nach *Vi.* 15, 31 haben die Brüder für standesgemässe Verheiratung ihrer Schwestern zu sorgen, nach 18, 34 f. müssen sie ihnen auch einen entsprechenden Teil des Vermögens und der Mutter einen Sohnteil geben. Letztere Vorschrift giebt auch *Y.* 2, 123 und bestimmt 2, 115, dass auch wenn der Vater die Teilung vornimmt, seine Frauen je einen Sohnteil bekommen sollen, ausser wenn sie schon früher Geschenke an *strīdhana* empfangen haben; die Töchter sollen nach 2, 124 $^1/_4$ eines Sohnteils zur Bestreitung ihrer Hochzeitskosten erhalten. *Nār.* 13, 12 f., 26 f. spricht nur von der Teilung unter Brüdern: sie sollen der Mutter einen vollen, der unverheirateten Schwester einen geringeren Sohnteil geben, die Gattin und Tochter eines Bruders, der keinen Sohn hat, versorgen, letzteres aber nur bis zu ihrer Verheiratung. *M.* 9, 118, *Bṛh.* 25, 64 und *Kāty.* 24, 3 sprechen wieder von dem Viertel der Tochter, doch werden wohl diejenigen Commentatoren Recht haben, die diesen Ausdruck lediglich auf eine zur Deckung der Hochzeitskosten genügende Summe beziehen, und so wird auch in dem Sohnteil der Frauen, gemäss den Bestimmungen über geschlechtliche Tutel, keinenfalls mehr als ein Leibzuchtsrecht zu erblicken sein, vgl. § 24.

Ausgeschlossen sind nach *Gaut.* 28, 43, *Baudh.* 2, 3, 37 ff. u. a. solche, die wegen körperlicher, geistiger oder moralischer Gebrechen arbeits- oder verkehrsunfähig sind, wie z. B. Blinde, Stumme, Taube, Lahme, Impotente und Castraten, Schwachsinnige, Verrückte, unheilbar Erkrankte, Aussätzige, solche die sich mit ihrem Vater verfeindet oder ihre Brüder übervorteilt oder überhaupt ein schweres Vergehen begangen haben, das Ausstossung aus der

Kaste zur Folge hat u. s. w. Solche erbunfähigen Familienmitglieder haben für ihre Person nur auf Unterhalt Anspruch, und auch dieser Anspruch ist bei dem Ausgestossenen (*patita*) bestritten; doch kann der *patita* nach Vollziehung der vorgeschriebenen Busse wieder Zutritt zu seiner Kaste erhalten, und so sollte die weite Ausdehnung der Ausschliessungsgründe wohl überhaupt nur dazu dienen, den Brahmanen durch die von ihnen zu diktirenden Bussen Vorteile zu verschaffen[6].

Eine Beurkundung der stattgehabten Teilung durch einen Teilungsvertrag (*vibhāgapattra*) erwähnen erst späte Autoren wie *Nār.* 13, 40, *Bṛh.* 8, 5. Auch durch Indicienbeweis kann eine bestrittene Teilung festgestellt werden, so wenn Verwandte die häuslichen Opfer und ihre Geschäfte getrennt betreiben, jeder seinen eigenen Haushalt haben, liegende oder fahrende Habe und Sklaven getrennt besitzen, für einander Zeugnis ablegen oder sich verbürgen, was nur bei in Gütertrennung lebenden Verwandten zulässig ist u. dgl.

In der Commentatorenepoche treten sehr bedeutende lokale Verschiedenheiten hervor, namentlich zwischen Bengalen und den übrigen Provinzen[7]. Man darf hieraus wohl einen Fingerzeig entnehmen, dass die vielen Differenzen in den Smṛtis betreffs des Teilungsrechts auch grossenteils oder überwiegend auf der Verschiedenheit des *deśadharma* beruhen. Auch das Gewohnheitsrecht zeigt sehr mannigfache Gestaltungen, die oft ganz mit den Smṛtis übereinstimmen. So besteht in dem Punjabrecht eine Dispositionsbeschränkung des Vaters durch die Söhne u. a. agnatische Verwandte bald in Bezug auf Liegenschaften im Gegensatz zu fahrender Habe, bald in Bezug auf ererbtes Vermögen im Gegensatz zu der Errungenschaft. Zur Erhebung eines Einspruchs gegen Veräusserungen durch den Vater sind meistens nur die Söhne oder nächsten Erben, in Sialkot aber alle Nachkommen des gemeinsamen Urgrossvaters berechtigt. Zu einer Teilung des Familienguts kann der Vater bei Lebzeiten nicht gezwungen werden, doch gilt es seinem Tod gleich, wenn er in einen religiösen Orden eintritt, teilweise auch wenn er seine Religion ändert oder seine Kaste verliert. Das Familienhaupt kann das Familiengut nach Gutdünken verteilen, einerlei ob noch weitere Nachkommenschaft erwartet werden kann oder nicht, nur braucht, wenn die Verteilung ungleich war, dieselbe meistens nach seinem Tod nicht anerkannt zu werden. Nach seinem Tod kann in allen Fällen jedes erbberechtigte Familienmitglied eine Teilung verlangen. Die Frauen erhalten keinen Teil, ausser wenn männliche Descendenz fehlt, s. § 24.

[1] Vgl. *M.* 9, 219; *Vi.* 18, 44; *Gaut.* 28, 46 f. — [2] Vgl. Tag. Lect. 98 f. — [3] *Nār.* 13, 3; *Hār.* 4, 7. — [4] *Gaut.* 28, 1; *Hār.* 4, 4; *Baudh.* 1, 11, 11; *Vi.* 17, 23; *Vas.* 17, 41, 81 u. a. — [5] *Hār.* 4, 5; *Nār.* 13, 3, vgl. *Dāyabh.* 34 (COLEBROOKE 1, 32 f.); *Nār.* 13, 25 u. a. — [6] Vgl. Tag. Lect. 271—282. — [7] l. c. 107—143. — [8] TUPPER 2, 163—171, 206. Vgl. KOHLER ZVR 7, 195—201.

§ 24. Die Erbfolge. In der Gesamtfamilie rückt jedes vollberechtigte Mitglied schon durch seine Geburt in die Rechte eines Familiengenossen ein, und die beiden Ausdrücke *dāyāda* »Teilgenosse, Erbe« und *sapiṇḍa* »Teilnehmer am Opferkloss, Agnat« werden daher häufig mit einander vertauscht. Der letztere Ausdruck kennzeichnet eine weitere Eigentümlichkeit des indischen Erbrechts, seinen engen Zusammenhang mit den Totenopfern. »Wer das Vermögen erbt, opfert auch den *piṇḍa*«, sagt *Vi.* 15, 40. Umgekehrt wird wer den *piṇḍa* giebt, d. h. mit Zustimmung seiner Verwandten die Totengebräuche für einen Verstorbenen vollzieht, häufig nach der Volksanschauung als sein Erbe betrachtet. Die juristische Bedeutung dieser Anschauung darf jedoch nicht überschätzt werden. Es ist eine Übertreibung das Erbrecht als einen geistlichen Handel aufzufassen, bei dem die Darbringung der üblichen

Totenopfer mit der Erbberechtigung belohnt wird[1]. Häufig fällt allerdings beides zusammen, man widmet aber den *piṇḍa* z. B. auch den drei weiblichen Ascendenten und den drei *mātāmaha*, d. h. dem Vater der Mutter und dessen beiden männlichen Ascendenten, obschon man diese Verwandten nicht beerbt[2].

Das nächste Anrecht auf den Nachlass (*riktha*) des Vaters haben die Söhne, zunächst die ehelichen, dann bei denjenigen Autoren, welche den *niyoga*, die Adoption u. a. Formen der Substitution anerkennen, die sekundären Söhne. Über die Teilung unter Brüdern und den Anteil eines nach erfolgter Adoption geborenen ehelichen Sohnes s. §§ 23, 21. Bei Śūdras kann der Vater auch einem illegitimen Sohn einen vollen Sohnteil geben, aber nach dem Tod des Vaters brauchen die Brüder ihm nur einen halben Teil zu geben; ist er der einzige Sohn und sind auch keine Enkel von einer Tochter des Erblassers vorhanden, so erhält er das Ganze (*M.* 9, 179; *Y.* 2, 133 f.). Der Grund dieser Bestimmung ist in der verachteten Stellung der Śūdras zu suchen, die dazu führte ihnen nur die niedrigsten Heiratsformen zuzuweisen und ihre Ehen nicht höher als regellose Verbindungen zu stellen (*Baudh.* 1, 20, 14—16 u. a.).

Nach den Söhnen kommen die Söhne der Söhne, nach diesen ihre Söhne; die drei Descendenten und die drei Ascendenten bilden mit dem Erblasser zusammen die engere Gemeinschaft der Sapiṇḍaverwandten (*Baudh.* 1, 11, 9; *M.* 9, 137, 186 f. u. a.), was den Zusammenhang des Erbrechts mit den Totenopfern illustrirt. Doch wird unter *sapiṇḍa* häufig auch die Gesamtheit der Agnaten verstanden, (so wohl *Vas.* 71, 81; *Āp.* 2, 14, 2), und so sind auch die anderen Ausdrücke, mit denen die erbberechtigten entfernteren Verwandten und Geschlechtsgenossen bezeichnet werden, wie *sakulya*, *sagotra*, *gotraja*, *bandhu*, *bāndhava*, *jñāti* u. a. (*M.* 9, 187; *Baudh.* 1, 11, 12; *Gaut.* 28, 21; *Vi.* 17, 10 f.; *Y.* 2, 135; *Nār.* 13, 51; *Bṛh.* 25, 59, 62 u. a.) mehr oder weniger unbestimmt. Die nähere Parentel schliesst die entferntere aus (*M.* 9, 187; *Āp.* 2, 14, 2). Daher werden an der Spitze der Agnaten nicht selten ausdrücklich der Vater oder beide Eltern oder die Brüder genannt (*M.* 9, 185; *Vi.* 17, 6 ff.; *Y.* 2, 135; *Bṛh.* 25, 67, 63 u. a.). Nach *Gaut.* 28, 27 ist unter nicht wiedervereinigten Brüdern der älteste als Erbe zu betrachten.

Eine Streitfrage bildete die Beteiligung der weiblichen Familienmitglieder, insbesondere der Witwe des Erblassers, an der Erbschaft eines ohne männliche Descendenz Verstorbenen. Nach *Baudh.* 2, 3, 46 (und schon *Nirukta* 3, 4) sind die Frauen unfähig zu erben, was mit einer Vedastelle *TS* 6, 5, 8, 2 bewiesen wird, die freilich in der That auf die Somaopfer Bezug hat. Auch *Āp.* 2, 14, 2—4 erwähnt die Witwe gar nicht und die Tochter nur subsidiär nach den Sapiṇḍas. *Gaut.* 28, 21 fügt zu den oben genannten Erben noch die Witwe hinzu, womit aber nach *Haradatta* nur gesagt sein soll, dass die Erben für die Frauen sorgen oder eventuell ihnen einen für ihren Unterhalt ausreichenden Anteil an den Feldern u. s. w. anweisen sollen[3]. Eine andere Möglichkeit besteht nach *Gaut.* 28, 22 darin, dass die Witwe durch *niyoga* (§ 20) einen Sohn bekommt. *Vas.* 17, 55—66 fasst diese Möglichkeit allein in das Auge. Auch *Hār.* 4, 9 spricht der Witwe nur Unterhalt zu. *Śaṅkhalikhita* dagegen beruft direkt nach den Brüdern die Eltern oder die älteste Frau zur Erbschaft. *Vi.* 17, 4 ff. und *Y.* 2, 135 f. nennen sogar die Witwe und dann die Töchter — wohl ein Überrest von dem Vorrecht der Erbtochter, s. § 21 — als die nächsten Erben beim Fehlen männlicher Descendenz; es ist auch vielleicht kein blosser Zufall, dass gerade diese beiden Autoren auch die *bandhu* nach oder vor den entfernteren Geschlechtsgenossen einschieben. Der Ausdruck *bandhu* ist allerdings unbestimmt und kann Verwandte im Allgemeinen bezeichnen. Doch wird häufig darunter in erster Linie der Mutterbruder verstanden, und nach einem oft citirten Text[4] giebt es insbesondere 9 *bandhu:* die Söhne der Vatersschwester, die Söhne der Mutterschwester, die Söhne des Mutterbruders, dann die Söhne der Vatersschwester, Mutterschwester und des Vatersbruders des Vaters, endlich die Söhne der Vatersschwester und der Mutterschwester der Mutter und ihrer Mutterbrüder. Die Beteiligung der Cognaten an der Succession ist offenbar ein mindestens ebenso sekundäres Princip wie die Beteiligung der Frauen. Nach *M.* 9, 217 (vgl. *Bṛh.* 25, 63) ist in Ermangelung männlicher Nachkommen die Mutter, eventuell die Grossmutter väterlicherseits erbberechtigt, doch ist diese den obigen Successionsregeln direkt widersprechende Vorschrift wohl ein später Zusatz[5]. Nach *Nār.* 13, 28 f., 51 f. hat die Witwe nur auf Unterhalt Anspruch und zwar nur wenn sie züchtig lebt, dagegen kann die Tochter erben, auch nennt er die *bāndhava* als Erben. Auch die Schwester wird mehrfach neben den Brüdern als Erbin genannt, doch ist die Meinung wohl nicht die, dass sie einen vollen Teil erhalten soll, s. § 23. In den fragmentarischen Smṛtis wird das Erbrecht der Witwe mehrfach anerkannt, jedoch an gewisse Bedingungen geknüpft. So soll nach *Vṛddha-M.* (ed. Herberich) 92 die sohnlose Witwe den ganzen Erbanteil ihres Gatten erhalten, wenn sie einen züchtigen und streng religiösen Lebenswandel führt. *Bṛh.* 25, 46—71 giebt eine Reihe sehr ausführlicher, freilich auch höchst widerspruchsvoller Bestimmungen über das Erbrecht der Witwe, Tochter und Mutter. Die Witwe ist die überlebende Hälfte ihres Gatten und soll daher sein ganzes Vermögen erben, aber nur unter der Bedingung, dass sie ihm die *śrāddha* darbringt und andere fromme und Wohlthätigkeitsakte verrichtet, oder sie soll nur die fahrende Habe erben, und auch diese nur, wenn ihr Gatte nicht mehr in Gütergemeinschaft mit seinen Agnaten lebte, oder sie soll überhaupt nur Unterhalt empfangen. Nach *Katy.* 24, 55 ff. soll die züchtige Witwe beim Fehlen männlicher Descendenz ihren Gatten beerben, doch darf sie seinen Anteil an dem Familiengut nicht verschenken, verpfänden oder verkaufen, muss bei den Agnaten ihres Gatten leben, und diese erhalten das Vermögen nach ihrem Tod. Zeigt sie sich ungefügig, so brauchen die Agnaten ihr nur dürftigen Unterhalt zu reichen. Wahrscheinlich sind diese starken Differenzen grossenteils mehr scheinbar als wirklich. Nachdem der *niyoga* abgekommen war, musste für die Witwe in anderer Art gesorgt werden. Auch wenn sie zur Erbin ihres Gatten erklärt wurde, so konnte sie doch über sein Vermögen nicht unbeschränkt verfügen, sondern stand ganz unter der Controle seiner nächsten Agnaten, unter deren Schutz sie lebte, vgl. § 23.

Wo Verwandte fehlen, fällt das Erbe an den König (*Gaut.* 28, 42 u. a.). So soll auch in dem speciellen Fall, dass ein von auswärts zugereister Kaufmann in seinem Reich stirbt, der König auf sein Eigentum Beschlag legen; meldet sich binnen 10 Jahren kein direkter Erbe (*dāyāda*) oder Verwandter (*bandhu, jñāti*) des Kaufmanns, so darf der König es behalten (*Nār.* 3, 16—18). Wahrscheinlich machten die indischen Fürsten von diesem Heimfallsrecht einen noch weit ausgedehnteren Gebrauch als die Smṛtis gestatten. So wird es in der *Śakuntalā* 138 f. (ed. Pischel) als selbstverständlich betrachtet, dass der Millionennachlass eines auf der See verunglückten reichen Kaufmanns dem König zufällt, da derselbe keine Söhne hatte. Der König *Kumārapāla* verzichtet nach seiner Bekehrung freiwillig auf sein Recht das Vermögen ohne Söhne verstorbener Erblasser einzuziehen (Bühler, *Hemacandra* 30). Das Erbe eines Brahmanen soll nach den Smṛtis diesem Heimfallsrecht überhaupt nicht unterworfen sein, sondern an den geistlichen Lehrer oder Schüler oder die Mitschüler des Verstorbenen oder an die Gesamtheit der Brahmanen, namentlich an gelehrte Brahmanen, gelangen, vgl. § 25. Der zum Beleg hiefür citirte Vers (*Baudh.* 1, 11, 16; *Vas.* 17, 86), wonach Brahmanengut schlimmer als Gift ist, kommt auch in den Inschriften häufig vor. Der hier den Brahmanen gewährte Vorzug erinnert an ihre Bevorzugung bei gefundenen Schätzen, die sonst auch dem König zufallen (*M.* 8, 30 ff. u. a.). Vielleicht hängt die Unbestimmtheit der Smṛtiregeln über das Erbrecht der entfernteren Verwandten mit dem Heimfallsrecht des Königs zusammen, zum Teil gewiss auch mit der Seltenheit der Teilungen in älterer Zeit, da in ungeteilten Familien beim Fehlen männlicher Descendenz die mit dem Erblasser in Gütergemeinschaft lebenden Verwandten auch seine Erben waren. Auch mochte es bei der Weitherzigkeit des indischen Rechts in Bezug auf den Begriff der Sohnschaft nicht allzuhäufig vorkommen, dass gar kein Sohn von irgend einer Art da war. Erst die mittelalterlichen Juristen sind an die Aufstellung eines vollständigen Systems der Erben gegangen, weichen dabei aber sehr bedeutend von einander ab, namentlich tritt hier wieder wie bei der Teilung (§ 23) ein sehr starker Unterschied zwischen dem bengalischen System und den übrigen hervor, der sich besonders auf die Stellung und Rechte der Frauen bezieht. Um wenigstens eines dieser Systeme teilweise anzuführen, so ist die Tabelle der männlichen Agnaten (*gotraja*) nach der *Mit.* so aufzustellen[6].

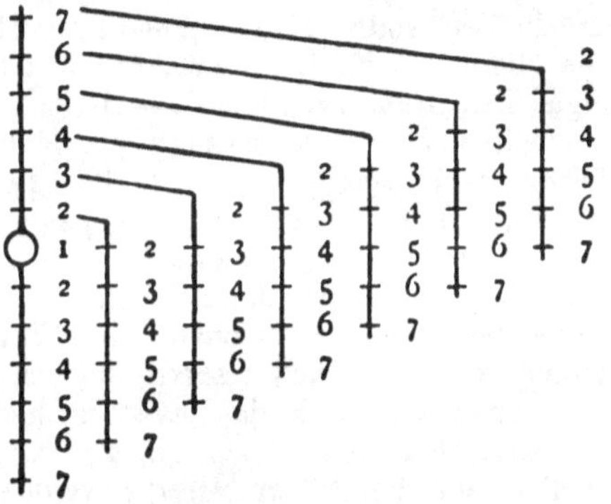

Das Gewohnheitsrecht des Punjab stimmt auch hier wieder mehrfach mit den Smṛtis überein, obschon ihm der Zusammenhang des Erbrechts mit den Totenopfern fremd ist[7]. Die Erbfolge ist streng agnatisch geordnet, nach Parentelen und mit unbedingtem Repräsentationsrecht; nie geht das Familiengut aus dem *got* (*gotra*) hinaus. Sind gar keine männlichen Descendenten vorhanden, so erbt die Witwe, aber sie kann das Familiengut nicht veräussern, da es nach ihrem Tod wieder an die Agnaten ihres Gatten fällt, und kann durch die Agnaten überhaupt in ihren Dispositionen mehr oder weniger beschränkt werden. Die Tochter hat nur Anspruch auf Unterhalt bis zu ihrer Verheiratung, doch finden sich auch Ansätze zu einem Erbrecht der Tochter, wogegen anderwärts auch der Witwe nur Sustentation gewährt wird[8].

1 Goldstücker, On the deficiencies in the present administration of Hindu Law 19 ff. — 2 Vgl. Tag. Lect. 168—175; Caland, Altind. Ahnencult 163. — 3 Vgl. Tag. Lect. 193, 286. — 4 *Mit.* zu *Y.* 2, 136 (Colebrooke 2, 6, 1). — 5 Bühler SBE 25, LXX. — 6 West and Bühler 3 123. — 7 Tupper 2, 142. — 8 l. c. 2, 101, 142, 258 u. s. f. Vgl. Kohler ZVR 7, 201—217.

§ 25. Besondere Formen des Erbgangs. 1. Das Frauengut (*strīdhana*), d. h. das peculium der weiblichen Familienmitglieder, und die besondere Erbfolge in dasselbe[1] kommt teils der Sache, teils auch dem Namen nach schon in den älteren Dharmasūtras vor, namentlich bei *Gaut.* 28, 24 ff., doch giebt zuerst *Vi.* 17, 18 eine Aufzählung der verschiedenen Bestandteile des *strīdhana.* Als solche nennt er die Geschenke, welche die Frau von ihren Eltern, Söhnen, Brüdern oder Verwandten erhalten hat, was ihr bei und nach der Hochzeit geschenkt worden ist, das *śulka* und die von ihrem Gatten im Fall ihrer Zurückstellung hinter eine zweite Frau erhaltene Entschädigung (*ādhivedanika*). Unter *śulka* ist die nach einer auch bei anderen Völkern vorliegenden Entwicklung[2] aus dem Brautpreis entstandene Zuwendung des Gatten an die Frau vor oder bei der Hochzeit zu verstehen (§ 16). Das *strīdhana* soll, wenn die Eigentümerin desselben Kinder hat, auf die Töchter vererbt werden, also eine ausschliesslich weibliche Erbfolge wie bei der berühmten »Gerade« des deutschen Rechts; doch darf man wohl annehmen, dass in Ermanglung von Töchtern die Söhne erben sollen. Bei einer kinderlos verstorbenen Frau ist dagegen zu untersuchen, ob sie nach einer der vier höheren oder der vier niederen Formen (§ 16) verheiratet war; im ersteren Falle fällt ihr *strīdhana* an ihren Gatten, im letzteren an ihren Vater. Der Gatte soll hienach Vermögensnachteile erleiden, wenn er nicht nach einer der orthodoxen Formen heiratet, oder seine Ehe (vgl. *Nār.* 12, 29) gilt in solchem Falle nicht für so fest geschlossen als sonst; auch kann daran erinnert werden, dass die gebräuchlichste der niederen Formen die Āsuraehe ist und das aus dieser Heiratsform stammende *śulka* ursprünglich dem Vater zukam, an den es so durch Vererbung zurückfallen soll. *Y.* 2, 142—144 (vgl. 117) stimmt mit *Vi.* in der Hauptsache überein, auch *M.* 9, 131, 194, 196 f., *Nār.* 31, 8 f. u. a. verfügen ähnlich, desgleichen *Mah.* 13, 45, 12 (= *M.* 9, 131). Die weibliche Erbfolge in den Schmuck und die Ausstattung der Mutter oder überhaupt ihr *strīdhana*, erwähnen auch *Baudh.* 2, 3, 43, *Vas.* 17, 46, *Gaut.* 28, 24, *Gaut.* (vgl. *Bṛh.* 25, 86; *M.* 9, 131) mit dem interessanten Zusatz, dass es zunächst an die unverheirateten und daher einer Versorgung bedürftigen, erst subsidiär an versorgungsbedürftige verheiratete Töchter gelangen soll. Bei einer Teilung des Vermögens soll der Schmuck der Frauen nicht mit zur Teilung gebracht werden, sondern ihnen reservirt bleiben (*Āp.* 2, 14, 9; *Vi.* 17, 22; *M.* 9, 200). Ebenso soll auch das *śulka* nach der allerdings vieldeutigen und vielfach gedeuteten Stelle *Gaut.* 28, 24 f. zuerst auf die Mutter und erst nach deren Tod auf die Brüder vererbt werden. Jünger ist wohl die Auffassung, dass das *strīdhana* zwischen den Söhnen und Töchtern geteilt werden soll, so nach *M.* 9, 192, 195, *Nār.* 31, 9, *Bṛh.* 25, 87 u. a. *Kāty.* 24, 94—97 lässt das von Verwandten geschenkte *strīdhana* wieder an dieselben zurückgehen, das übrige sollen zunächst die (unverheirateten) Töchter, eventuell die Söhne und die verheirateten Töchter erhalten; hat die Erblasserin keine Kinder, so erben, falls sie nach einer niedrigen Form verheiratet war, ihre Eltern, jedoch sollen Liegenschaften stets an die Brüder kommen. Die Berücksichtigung des Mannesstamms und die Unterscheidung verschiedener Arten des *strīdhana* einschliesslich Immobilien bei der Vererbung deuten auf eine Epoche, in der dasselbe sich weit über blosse Schmuck- und Gebrauchsgegenstände hinaus entwickelt hatte. Eine solche Entwicklung verraten auch die namentlich bei *Kāty.* 24, 80—92 wieder sehr complicirten Bestimmungen über das Dispositionsrecht der Frau über ihr *strīdhana.* Ganz nach Belieben soll sie die Geschenke liebender Verwandten (*saudāyika*) verwenden, verschenken oder veräussern dürfen, selbst wenn sie in Immobilien bestehen. Weder ihr Gatte, noch ihre Blutsverwandten haben ein Recht auf ihr *strīdhana* und sollen es ihr bei gewaltsamem Gebrauch mit Zinsen zurückerstatten und eine Busse bezahlen; doch wird auch der Fall in Betracht gezogen, dass sie freiwillig ihrem Gatten ihr *strīdhana* leiht, etwa zum Betrieb seiner Geschäfte. Selbst von dem Gatten nur versprochenes *strīdhana* müssen ihr die Söhne nach seinem Tod auszahlen, jedoch nur wenn sie bei seiner Familie, nicht bei ihrem Vater lebt. Überhaupt soll man den Frauen möglichst viel *strīdhana* schenken, jedoch nicht über 2000 *paṇa* und keine Immobilien. Nicht unter den Begriff des *strīdhana* fällt das von einer Frau durch ihre Kunstfertigkeit Erworbene oder ihr von Fremden Geschenkte; sie kann hierüber nur mit Zustimmung ihres Gatten verfügen. Solche Vorschriften waren nötig in einer Zeit als das *strīdhana* einen grösseren Umfang angenommen hatte; da die Frau den Haushalt führte und die täglichen Einnahmen und Ausgaben durch ihre Hände gingen (*M.* 9, 11), so fehlte es ihr nicht an Gelegenheit zu Übergriffen, die das ganze Familienvermögen untergraben konnten (*Nār.* 12, 92). Als ebenso bedenklich musste es erscheinen, nach ihrem Tod die etwa in ihrem Besitz befindlichen Liegenschaften auf ihre Töchter über- und dadurch aus dem *gotra* hinausgehen zu lassen.

Die vielfach divergirenden Angaben der Smṛtis über das *strīdhana* und seine Vererbung haben dem Scharfsinn und der Spitzfindigkeit der indischen Commentatoren, und die oft noch stärker differirenden Lehren der letzteren der Auslegungskunst der englischen Richter ein reiches Feld zur Bethätigung geboten. So hat sich z. B. eine fast endlose Diskussion an die freilich höchst sophistische Deduktion der *Mit.* geknüpft, dass unter *strīdhana* der etymologischen Grundbedeutung dieses Worts gemäss jeder beliebige Besitz einer Frau zu verstehen und daher jeder solche Besitz nach dem besonderen Erbgang zu vererben sei, den die Smṛtis für das *strīdhana* d. h. das peculium der Frau aufstellen.

2. Mehrere abgeteilte Verwandte (*vibhakta dāyāda*) können unter sich wieder eine neue Erbvereinigung eingehen. Sie heissen dann *saṃsṛṣṭin, saṃsṛṣṭa* und beerben sich in Ermanglung männlicher Descendenz gegenseitig, mit Ausschluss der übrigen Verwandten (*Gaut.* 28, 28; *M.* 9, 212; *Vi.* 17, 17; *Y.* 2, 138; *Bṛh.* 25, 76). Doch tritt auch die Ansicht hervor, dass eine solche Wiedervereinigung sich nur auf fahrende Habe beziehen könne, weil auf die Liegenschaften alle Sapiṇḍaverwandten gleiches Anrecht haben (*Hār.* 4, 22; *Prajāpati*). Die berüchtigten Dunkelheiten der viel commentirten[3] Stelle *Y.* 2, 139 beruhen wohl nur auf einer schlechten Lesart der *Mit.*; liest man mit *Apar. nānyodaryadhanaṃ haret* und *sodaryo nānyamātṛkaḥ*, so kommt der einfache Sinn heraus, dass Stiefbrüder sich nie beerben können, selbst wenn sie »wiedervereinigt« sind[4]. Zweifelhaft bleibt nach den Smṛtis die Stellung der anderen Erben, namentlich der Witwe, bei einem ohne männliche Descendenz verstorbenen (*saṃsṛṣṭin*), weshalb diese Frage von den späteren Juristen lebhaft diskutirt wurde und einen der Streitpunkte zwischen *Mit.* und *Dāyabh.* bildet. Heutzutage scheint die »Wiedervereinigung« im Ganzen wenig vorzukommen[5].

3. Die geistliche Verwandtschaft, die bei der gewöhnlichen Erbfolge nur bei dem gänzlichen Mangel verwandter Personen in Betracht kommt (§ 24), kann bei Mitgliedern eines geistlichen Standes oder Ordens ein direktes Erbrecht begründen. So soll nach *Vi.* 17, 15 f. die Habe eines Einsiedlers im Walde (*vānaprastha*) nach seinem Tod auf seinen Lehrer, eventuell auf seinen Schüler übergehen. *Y.* 2, 137 dehnt diese Erbfolge auch auf die Habe eines Asketen (*yati*) und (lebenslänglichen *naiṣṭhika*) Brahmanenschülers (*brahmacārin*) aus und nennt als deren Erben den geistlichen Lehrer, einen tugendhaften Schüler, ein Mitglied der gleichen frommen Bruderschaft und einen der die gleiche heilige Stätte bewohnt (so nach *Apar.*). Freilich ist die praktische Bedeutung dieser Regel nicht gross, da man beim Eintritt in den Mönchsstand (*pravrajyā*) in der Regel alles weltliche Vermögen aufgab und dasselbe unter die Verwandten verteilt wurde (§ 24). Noch heutzutage kommt dieses geistliche Erbrecht nicht selten vor, am bekanntesten ist wohl der Fall

der Gosāvīsekte[6]. Bei den Gosāvīs ernennt der *guru* häufig schon bei Lebzeiten einen seiner Schüler zu seinem Nachfolger und Erben, aber auch ein Schüler eines Schülers, ein Lehrer, Mitschüler und andere geistliche Verwandte können ihn beerben.

[1] Vgl. Tag. Lect. 226—270. — [2] Vgl. KOHLER ZVR 3, 431; SCHRADER, Sprachvergl. u. Urgesch. 552 f. — [3] Vgl. GOLDSTÜCKER, On the deficiencies 7 f.; ROTH bei MAYR, D. ind. Erbrecht 134; MAYNE § 502 u. a. — [4] Tag. Lect. 194 f., 286. — [5] MAYNE l. c.; Tag. Lect. 224. — [6] WEST and BÜHLER 3 550—567.

3. SACHEN- UND OBLIGATIONENRECHT.

§ 26. Besitz, Eigentum und Ersitzung. Eigentum und Besitz werden im indischen Recht bestimmt unterschieden. Während der Besitz durch Ableitungen von *bhuj* »geniessen, benützen, besitzen« wie *bhukti, bhoga, upabhoga* »Besitz«, *bhoktṛ, upabhoktṛ* »Besitzer« ausgedrückt wird, dient zur Bezeichnung des Eigentums das Pronomen *svam* »suum« nebst Ableitungen davon wie *svāmin* »Eigentümer«, *svatva, svāmya, svāmitva* »Eigentumsrecht«, ferner Substantive in der Bedeutung »Habe, Gut, Erbe« wie *dhana*, *dravya, riktha* u. a. Wesen und Entstehung des Eigentums haben schon in sehr alter Zeit den Gegenstand philosophischer Erörterungen gebildet. So bestehen nach *Gaut.* 10, 39 die Quellen des Eigentumsrechts in Erbschaft, Kauf, Teilung, Besitzergreifung (von herrenlosem Gut) und Finden, wozu bei Brahmanen noch der Empfang von Geschenken, bei Kṣatriyas die Kriegsbeute oder Eroberung, bei Vaiśyas und Śūdras der Lohnerwerb kommt. Von besonderem Interesse ist hier die Occupation einer res nullius als Begründung des Eigentums. Daher entsteht Grundeigentum dadurch, dass man ein unbebautes Stück Land urbar macht, indem man die Bäume fällt (*M.* 9, 44). Ebenso gehört das erlegte Wild demjenigen der es zuerst getroffen hat; wer es nachher noch trifft, hat seine Pfeile vergeblich versendet. Selbst durch die Bestellung eines nur vorübergehend brach gelegenen Grundstücks erwirbt man gewisse Rechte auf dasselbe. In den indischen Inschriften begegnet häufig der Ausdruck, dass ein Dorf oder Grundstück *bhūmicchidranyāyena* geschenkt sei. Damit ist offenbar gemeint, dass dem Beschenkten alle Rechte desjenigen zustehen sollen, welcher ein Grundstück zuerst urbar gemacht hat; also ganz die nämliche Auffassung wie in den Gesetzbüchern[1]. Nach den letzteren erwirbt man einigermassen ähnliche Rechte auch auf ein Grundstück das 5 oder 3 Jahre oder wenigstens 1 Jahr lang brach gelegen hat (*aṭavī, khila, ardhakhila*). Zwar darf der rechtmässige Eigentümer es von dem Besteller reclamiren, aber letzterer darf den Ertrag behalten und muss für seine Mühe von dem Eigentümer entschädigt werden (*Nār.* 11, 23—27). Andere Autoren lassen als die allen Ständen gemeinsamen legitimen Arten des Erwerbs nur die drei: Erbschaft, Geschenke und Kauf oder Mitgift der Gattin gelten. Diese Einteilung der Erwerbsarten wird von einer wohl jüngeren durchkreuzt, wonach es 1., sieben weisse Arten von Erwerb giebt, nämlich religiöses Wissen, Tapferkeit, Kasteiungen, (die Mitgift einer) Braut, Unterricht, Opfer und Erbschaft, 2., sieben gefleckte Arten, nämlich Geldverleihen, Ackerbau, Handel, der Preis (für ein Mädchen), Künste, Dienst, Vergeltung (für erwiesene Wohlthaten), 3., sieben schwarze Arten, nämlich Bestechung, Spiel, Botendienst, (Zufügung von) Schmerz, Fälschung, Raub, Betrug (*Nār.* 1, 44—49, vgl. *Vi.* 58). Die Früchte, die man aus der Anwendung seines Vermögens zieht, besonders bei Opfern u. a. religiösen Handlungen, entsprechen der Art wie man es erworben hat. Wie wenig blosser Besitz Eigentumsrechte verleihen kann, ist in einem oft citirten Texte des *Smṛtisaṃgraha* ausgedrückt: »Wenn Einer etwas in Händen hält, so wird er dadurch noch nicht zum Eigentümer davon; liegt denn nicht z. B. bei gestohlenem Gut der Fall vor, dass das Eigentum des Einen sich in der Hand eines Andern befindet?« »Daher«, fährt der Text fort, »ist das Eigentumsrecht nur durch die Wissenschaft (*śāstra*), nicht durch blosse natürliche Wahrnehmung zu erkennen, denn sonst könnte man nicht mit Grund sagen, dass das Eigentum des Einen von einem Andern weggenommen worden sei. Die legitimen Erwerbsarten, nämlich Geschenke, Beute, Handel und Dienst nach der Reihenfolge der Stände, sind in der Wissenschaft einzeln aufgezählt.« Diese Auffassung, dass das wahre Eigentumsrecht nur mit Hülfe der Wissenschaft erkannt und festgestellt werden könne, hat frühe in der indischen Jurisprudenz und Philosophie Wurzel geschlagen, aber auch schon frühe eine Reaktion erzeugt seitens derjenigen, welche darauf hinwiesen, dass auch die in den Smṛtis aufgezählten Erwerbsarten lediglich aus Beobachtung des täglichen Lebens abstrahirt seien und überhaupt die gesetzlichen Bestimmungen der Smṛtis wie die Regeln der Grammatik nur das von jeher Übliche darstellen und bekräftigen sollen, dass daher das Eigentumsrecht etwas auf der täglichen Erfahrung, nicht auf der Wissenschaft oder heiligen Lehre (*śāstra*) Beruhendes sei. Während der religiös-wissenschaftliche Charakter des Eigentums besonders von *Jīmūtavāhana*, *Raghunandana* u. a. Bengalen verteidigt wurde, wird die Lehre »das Eigentum ist weltlich« *svatvaṃ laukikam* schon in der *Mitākṣarā*, dann in der *Smṛticandrikā*, im *Vīramitrodaya*, *Vyavahāramayūkha*, *Sarasvatīvilāsa* u. a. Werken des Südens und Westens vertreten. Das zuletzt genannte südindische Werk geht vielleicht am weitesten in dieser Richtung, indem es die Entstehung des Eigentums aus rein weltlichen Akten betont, während in der *Mitākṣarā* nur die weltlichen Wirkungen des Eigentums hervorgehoben werden.

Von der oben als eine der Erwerbsarten erwähnten Occupation einer herrenlosen Sache ist die Ersitzung zu unterscheiden, die vor Augen des Eigentümers und mit seiner Zulassung stattfindet. Die allgemeine Regel geht dahin, dass nach zehn Jahren dem rechtmässigen Eigentümer, der, obwohl er zugegen ist, keinen Einspruch erhebt, sein Recht auf das von einem Andern occupirte Gut verloren geht (*Gaut.* 12, 37; *M.* 8, 147; *Vas.* 16, 17 u. a.), wie ein Zeitraum von 10 Jahren überhaupt die gewöhnliche Verjährungsfrist zu sein scheint (*Nār.* 13, 41). Doch galt dies offenbar für ein gefährliches Princip, da das Bestreben unverkennbar ist, seine Wirksamkeit durch Statuirung möglichst vieler Ausnahmen zu beschränken. So findet, da die Ersitzung die Möglichkeit eines Einspruchs seitens des Berechtigten voraussetzt, dieselbe nicht statt, wenn derselbe geistesschwach oder minderjährig, d. h. weniger als 16 Jahre alt ist (*Gaut.* l. c. u. a.). Ebenso sollen die Rechte Abwesender gewahrt werden, weshalb z. B. ein geistlicher Schüler, der auswärts eine 36 Jahre in Anspruch nehmende Observanz verrichtet, oder ein reisender Kaufmann bei ihrer Heimkehr ihr Eigentum reclamiren können; erst nach 50 Jahren soll ihr Eigentumsrecht erlöschen, wenn Fremde sich ihres Guts bemächtigen, und Freunden oder Verwandten gegenüber cessirt es überhaupt niemals (Quot. fr. *Nār.* 4, 7—10; *Kāty.* 8, 7). Demgemäss wird auch im Erbrecht betont, dass ein aus der Fremde kommender Erbe jeder Zeit den ihm gebührenden Anteil an dem Familiengrundstück gegen seine Geschlechtsgenossen (*gotraja*) geltend machen kann, selbst wenn er im 3., 5. oder erst im 7. Glied von dem ausgewanderten Erblasser abstammt (*Bṛh.* 25, 22—26). Wesentlich ist auch, dass der Besitz ununterbrochen ausgeübt wurde; die Ersitzung findet nur dann statt, wenn durch Urkunden oder Zeugen bewiesen werden kann, dass das beanspruchte Haus oder Feld nicht *chinnabhoga*, d. h. der Besitz desselben nicht unterbrochen war (*Bṛh.* 9, 15; *Nār.* 13, 48). Gewissen Kategorien von Eigentümern wird die Rechtswohlthat erwiesen, dass ihr Eigentum überhaupt keiner Ersitzung unterworfen ist; diesen Vorzug geniessen ausser den schon erwähnten unmündigen oder schwachsinnigen Personen auch Fürsten und ihre Beamte, Frauen, Śrotriyas und Asketen (*Gaut.* 12, 38; *Y.* 2, 25; *Bṛh.* 9, 21 u. a.). Natürlich gilt die Ersitzung auch nicht bei Gegenständen, die man leihweise oder durch Hinterlegung oder Verpfändung in Besitz bekommen hat (*Vas.* 16, 18; *Nār.* 1, 81 u. a.), auch nicht bei Sklavinnen (*M.* 8, 149 u. a.), worunter vielleicht Concubinen zu verstehen sind, die auch bei einer Vermögensteilung ihrem Gewalthaber verbleiben sollen (*Gaut.* 28, 47). Ganz besonders aber kommt es bei der Ersitzung darauf an, ob sich der Besitz auf Liegenschaften oder auf fahrende Habe erstreckt. Nach *Gaut.* 12, 39 sollen ausser Sklavinnen auch Tiere und Grundstücke der Ersitzung nicht unterworfen sein; man wird durch diese Bestimmung an die erbrechtlichen Texte erinnert, welche die Unteilbarkeit der Immobilien aussprechen (§ 23). Die Immobilien, ursprünglich der einzige wertvolle Besitz, sollten der Familie unter keinen Umständen entfremdet werden. Bei jüngern Autoren ist jedoch auch von der Ersitzung von Immobilien häufig die Rede, nur soll dieselbe nach *Y.* 2, 24 zwanzig Jahre, also doppelt so lange als bei Mobilien währen. Die späteren Smṛtis sind überhaupt für längere Ersitzungs- und Verjährungsfristen, so spricht *Bṛh.* 9, 7 allgemein von 30, *Kāty.* 8, 6 sogar von 60 Jahren. Auch wird die Lehre vom Erwerbs- oder Besitztitel (*āgama*) ausgebildet. Kann der Besitzer beweisen, dass er das Streitobjekt durch Kauf, Schenkung oder sonst in rechtmässiger Weise erworben hat, so muss er im Besitz desselben belassen werden (*Vi.* 5, 185); hingegen ist derjenige, welcher sich nicht durch eine Urkunde oder sonst als rechtmässiger Besitzer ausweisen kann, wie ein Dieb anzusehen und zu bestrafen, wenn er das Objekt auch noch so lange in Besitz gehabt hat (*Nār.* 1, 85—87). Doch giebt es auch nach den späteren Autoren eine legitime Ersitzung ohne Erwerbstitel. So soll schon bei dem Sohn des ersten Besitzers der Besitz mehr gelten als ein Erwerbstitel, falls nicht etwa schon zwischen dem ersten Besitzer und einem andern Prätendenten ein ungeschlichteter Streit über das Objekt geschwebt hat; ganz unanfechtbar und unabhängig von einem Erwerbstitel aber wird der Besitz (*bhukti*), der als *tripuruṣāgatā* drei Generationen überdauert hat. Hierauf beziehen sich die Bezeichnungen *pauruṣī*, *dvipauruṣī*, *tripauruṣī bhukti* »Besitz von einer, zwei oder drei Generationen«, wobei die Generation zu 30 Jahren gerechnet wird. Der »Besitz von drei Generationen« soll besonders für unvordenkliche Zeiten (*asmārte kāle*) in Betracht kommen; die *Mit.* u. a. Commentare erklären diesen Ausdruck als das, was einen Zeitraum von 100 Jahren übersteigt (*Vi.* 5, 186 f.; *Y.* 2, 27—29; *Nār.* 1, 88—91; *Bṛh.* 9, 23—29; *Kāty.* 8, 1—8). Eine Begünstigung frommer Stiftungen involviren die Regeln, dass gegen eine Stiftungsurkunde (*śāsana*) selbst der Besitz von drei Generationen nicht aufkommen kann, und dass ein Complex von Liegenschaften, der in einer solchen Urkunde vorkommt, demjenigen rechtmässig gehören soll, der auch nur einen Teil davon wirklich besitzt (*Bṛh.* 9, 30, 18).

Die Tendenz, einer Occupation und Ersitzung des Familienguts durch Fremde vorzubeugen, hängt mit der ursprünglichen Unteilbarkeit desselben (§ 23) zusammen und lässt sich noch in dem heutigen Gewohnheitsrecht des Südens beobachten[3]). Daher tritt auch Ersitzung erst nach 100 Jahren ein, und auch dann wie nach den Smṛtis nur, wenn der Besitz ununterbrochen war (»Nywedbhogy« = *niravadhibhoga?*); bei unterbrochenem Besitz (»Suwedhbhogy« = *sāvadhibhoga?*) muss der Besitzer das Besessene an den Eigentümer herausgeben, wird aber entschädigt[4]. Wer verpfändete Immobilien von dem Pfandgläubiger kauft, kann sie nach 60 Jahren als sein freies Eigentum betrachten, ausser wenn der ursprüngliche Eigentümer wiederholt sein Anrecht darauf geltend gemacht und dadurch die Verjährung unterbrochen hat[5]. Auch der Ausdruck *khīl* für Brache (= *khila*) hat sich noch erhalten, im 3. Jahr nach der Urbarmachung heisst das Land *khet* = *kṣetra*[6]. Die Rechte abwesender Erben werden besonders im Punjab sorgfältig gewahrt, doch müssen die heimkehrenden Erben ihren Verwandten ihre Auslagen zurückerstatten[7]. Über die *śāsana* s. § 35.

1 BÜHLER EI 1, 74. — 2 *Mit.* (Bomb. 1882) 189; *Vīram.* (ed. G. Sarkar) 1, 12; *May.* (ed. Mandlik) 32; *Sarasvatīvilāsa* §§ 401 ff. — 3 WEST and BÜHLER 3 692. — 4 STEELE, Castes 282 f. — 5 l. c. 253. — 6 GRIERSON, Bihār Peasant Life § 797. — 7 TUPPER 3, 145 ff.

§ 27. Feldgemeinschaft und Grenzstreitigkeiten. Wichtiger als über die »religiöse« oder »weltliche« Entstehung des Eigentums wäre es für den Historiker, über die Frage Aufschluss zu erhalten, ob Gesamt- oder Privateigentum die vorherrschende Form des Eigentums war. Das Gesamteigentum ausgedehnter Familienverbände war zweifellos sehr verbreitet (§ 22), weit weniger deutlich und sicher sind die Spuren eines Gesamteigentums der Dorfgemeinden in den Smṛtis. Wohl bilden die Dörfer in politischer Beziehung eine Einheit, die kleinste in dem bekannten Schema, das die Smṛtis (*Vi.* 3, 7 ff. u. a.) für die Verwaltung eines indischen Fürstentums aufstellen. An der Spitze des Dorfs steht der *grāmādhipa*, *grāmaṇī*, der *grāmakūṭa*, *grāmapati*, *paṭṭakila* der Inschriften, der moderne *pāṭil*, der *gāmabhojaka* der Jātakas, ein vom König eingesetzter, jedoch erblicher Beamter, der die Criminalpolizei ausübt und den Bauern die Steuern auferlegt und abnimmt, die er nach Abzug seines Anteils seinen Vorgesetzten übermittelt[1]. Die Einwohner eines Dorfs tragen auch gemeinsam die Verantwortlichkeit für vermutete Viehdiebstähle eines der Einwohner, wenn nämlich die Spur des gestohlenen Viehs in ihr Dorf führt und sich von dort nicht weiter verfolgen lässt (*Nār.* 14, 23). Gegen die Nachbardörfer ist das Dorf nach allen Seiten hin sorgfältig abgegrenzt, s. u. Im weiten Umkreis um das Dorf dehnt sich das Weideland aus, dessen Breite 100 Bogenlängen, d. h. etwa 600 Fuss betragen soll, bei grösseren Dörfern oder »Städten« entsprechend mehr (*M.* 8, 237; *Y.* 2, 167). Auf dem Weideland, das daher zu den unteilbaren Gegenständen gerechnet wird (*M.* 9, 219; *Vi.* 18, 44), grast und tummelt sich das Vieh der Dorfbewohner unter der Aufsicht der Hirten, die es davon abhalten müssen, auf den angrenzenden Feldern Schaden anzurichten (*M.* 8, 240 u. a.). Die Felder hingegen, meist mit Einzäunungen versehen, scheinen durchweg einzelnen Eigentümern (*kṣetrin*, *kṣetrika*, *kṣetrasvāmin*) zu gehören, die daher für den auf ihrem Eigentum angerichteten Schaden Ersatz verlangen können (*M.* 8, 241 u. a.). Auch zu Vergleichen wird das Privateigentum an Feldern benützt und z. B. darauf hingewiesen, dass der Same, der durch Wasser oder Wind in ein fremdes Feld geführt wird und dort aufgeht und Frucht trägt, lediglich dem Eigentümer dieses Feldes zu gute kommt (*M.* 9, 54; *Nār.* 12, 56). Die Früchte solcher Bäume, die auf dem Grenzrain zwischen zwei Feldern emporgewachsen sind, sollen den Eigentümern der beiden Felder gemeinsam gehören (*Nār.* 11, 13). Ein Pächter eines fremden Feldes, der dem Eigentümer die Hälfte des Ertrags als Pacht zahlt, heisst *ardhika*, *ardhasīrin* (*Vi.* 57, 16 u. a.); ein fauler Pächter ist strafbar und muss das gepachtete Land einem Andern zur Bestellung überlassen (*Y.* 2, 158). Auch die von *Bṛh.* 14, 21—26 erwähnten Genossenschaften zu gemeinsamer Bodenbestellung sind offenbar nicht auf ursprüngliche Feldgemeinschaft zu beziehen, da er besondre Vorsicht in der Auswahl der Teilnehmer empfiehlt und diese ländlichen Genossenschaften in Zusammenhang mit der Lehre von den Handelsgesellschaften bespricht. Eher können zwei in der *Mit.* 191 f. (1, 1, 31 f. Colebrooke) citirte anonyme Texte auf ein Gesamteigentum und Retractrecht der Dorfgemeinde bezogen werden. Der eine Text erklärt den Verkauf von Liegenschaften überhaupt für unzulässig und selbst eine Verpfändung nur mit Zustimmung (der Berechtigten) als möglich; der andre macht die Besitzübergabe von Grundstücken von sechs Bedingungen abhängig, nämlich der Zustimmung der Dorfgemeinde (*svagrāma*), der Verwandten (*jñāti*), der Nachbarn (*sāmanta*) und der Erben und der Übergabe von Gold und Wasser (Zeichen einer Schenkung). Die Commentatoren nehmen freilich diesem Text jede Bedeutung, indem sie die Mitwirkung der Dorfgemeinde u. s. w. auf eine blosse Beurkundung des Akts beziehen; doch kann die Stelle ein Überrest aus einer Zeit oder Gegend sein, wo ein wirkliches Einspruchsrecht der Gemeinde bei Besitzübertragungen bestand.

Dass im Allgemeinen zwar die Dörfer sich nach aussen hin abschlossen, aber innerhalb der einzelnen Dörfer Privateigentum der Felder bestand, beweisen am besten die Regeln der Smṛtis über Grenzstreitigkeiten, welche einen der gewöhnlichsten Processgründe gebildet haben müssen. Es ist die Rede von Grenzen (*sīmā, maryādā*) sowohl zwischen zwei Ländern und zwei Dörfern als zwischen zwei Feldern und Häusern. Die Grenze ist entweder sichtbar (*prakāśa*) oder geheim (*aprakāśa*). Unter den sichtbaren Grenzen sind im Allgemeinen die Grenzzeichen (*setu*) zu verstehen, die nach *M.* 8, 245 im Sommer, wenn die Sonne alle Gräser und Kräuter versengt hat, am besten zu sehen sind; die eigentliche Bedeutung von *setu* ist »Damm«, wie die Dämme auch speciell als Grenzzeichen erwähnt werden und noch heutzutage z. B. in Behar zur Bezeichnung der Grenzen eines Feldes dienen[2]. Zu den sichtbaren Grenzzeichen gehören auch natürliche Grenzen, namentlich Berge und Ströme, die dazu dienen, zwei Nachbarländer oder Nachbardörfer gegen einander abzugrenzen. Hohe Bäume, wie z. B. heilige Feigenbäume, Palmen, Bambus, Banianen, werden ebenfalls hervorgehoben, ferner Sträucher und Gestrüpp, Steinhaufen, künstliche und natürliche Erhöhungen, Ameisenhaufen, Seen, Teiche, Brunnen, Cisternen, Kanäle, Strassen, Vertiefungen, Gräben, Heiligtümer, Tempel u. a. Geheime Grenzzeichen sind Steine, Knochen, Kohlen, Scherben, Sand, Asche, getrockneter Kuhmist u. a. durch die Erde nicht leicht angreifbare Gegenstände, die man in Krüge füllt und auf der Grenze vergräbt, weshalb eine solche Grenze eine Vergrabungsgrenze (*naidhānī sīmā*) genannt wird. Die geheimen Zeichen sollen besonders den Kindern gezeigt werden, und diese sollen sie, wenn sie zu Männern herangewachsen sind, wieder ihren Kindern zeigen, damit sich die Kenntnis der Grenze von einer Generation zur andern fortpflanzt (*Bṛh.* 19, 6 f.). Auf Verrückung einer Grenze, wie auch auf Übergriffen in ein Nachbargebiet, z. B. indem man über die Grenze hinaus ackert, stehen strenge Leibes- und Geldstrafen (*Vi.* 5, 172; *M.* 9, 291; *Y.* 2, 155). Bei den Gesetzen über die Schlichtung von Grenzstreitigkeiten wird hauptsächlich der Fall eines Streits zwischen zwei Nachbardörfern in Betracht gezogen. Es müssen die Grenzzeichen untersucht und Zeugen vernommen werden, und zwar gilt als besonders massgebend das Zeugniss alter und angesehener Einwohner, solcher, die von Alters her ortsansässig (*maula*) sind, auch wenn sie zur Zeit in einer andern Gegend wohnen, dann der Nachbarn oder überhaupt solcher, die sich häufig in der Nähe der streitigen Grenze aufhalten, sei es um zu ackern, oder als Hirten, Vogelsteller, Schlangenfänger, Jäger, Fischer, Wurzelgräber, Waldbewohner jeder Art. Solche Leute sind nach den Commentaren vermöge ihrer unstet umherschweifenden Lebensweise in der Lage, die Grenzen des Dorfs, die häufig durch eine Ödung oder Wildnis führen mochten, am besten zu kennen. Zur Erhöhung der Feierlichkeit sollen die Zeugen oder als Schiedsrichter gewählten Nachbarn rote Kleider anziehen, rote Kränze aufsetzen, ihr Haupt mit Erde bestreuen und in diesem Aufzug die Grenze begehen und festsetzen; oder ein einzelner Mann, der das allgemeine Vertrauen geniesst, soll hiemit beauftragt werden (*M.* 8, 256; *Y.* 2, 152; *Nār.* 11, 10). Ein solcher Akt hat den Charakter eines Gottesurteils; es wird daher abgewartet, ob nicht etwa dem, der die Grenze festsetzt, binnen kurzer Zeit irgend ein Unglück zustösst, in welchem Fall seine Festsetzung für falsch gilt (*Katy.* 18, 19). Verlassbare Zeugenaussagen werden besonders durch die Androhung hoher Geldstrafen für falsches Zeugnis zu erzielen gesucht. Sind die Angrenzer bestochen und machen eine wissentlich falsche Aussage, so sollen entferntere Nachbarn gehört werden (*Kāty.* 18, 10). In letzter Instanz soll der König die Grenze bestimmen, er soll nach *M.* 8, 255 überhaupt bei allen Grenzstreitigkeiten angerufen werden und die Namen der vernommenen Zeugen in eine Urkunde eintragen lassen, wie die Grenzverträge (*sīmapattra*) auch sonst erwähnt werden. Für Streitigkeiten über ein Haus oder Feld wird auch ein ganzer Instanzenzug aufgestellt, nämlich 1) Entscheidung des Grenzstreites durch die Nachbarn; wenn diese uneinig sind, 2) durch Urkunden; 3) durch die Ältesten oder sonstige Vertreter der Dorf- oder Stadtgemeinde; 4) durch zehnjährigen ununterbrochenen Besitz (*Śaṅkhalikhita*). Auch Differenzen über Gärten, Pflanzungen, Brunnen, Tempel, Teiche, Herbergen, Paläste, Leitungen für Regenwasser u. a. Immobilien finden Erwähnung-was für ein sehr ausgebildetes Individualeigentum spricht. An die Häufigkeit grosser Überschwemmungen in Indien erinnern die Bestimmungen über Veränderungen eines Flussbetts und der längs desselben laufenden Grenze zwischen zwei Nachbardörfern oder -feldern: der hiedurch entstehende Gewinn oder Verlust ist als eine göttliche Fügung ruhig hinzunehmen, gerade wie man sich gegen eine königliche Verordnung nicht auflehnen darf, doch soll ein schon bestelltes Feld, das von den Fluten fortgerissen und anderswo angeschwemmt wurde, bis zur Ernte dem ursprünglichen Eigentümer überlassen werden (*Bṛh.* 19, 16—21).

Dämme (*setu*) und Brunnen (*kūpa*) geben ihrer Wichtigkeit für die Bewässerung wegen Anlass zu besonderen Gesetzesbestimmungen, die nebst einer Reihe anderer polizeilichen Bestimmungen gewöhnlich an die Lehre von den Grenzstreitigkeiten angeschlossen werden. Der Anlegung eines Dammes auf seinem Feld durch einen Nachbar soll sich der Eigentümer des Grundstücks nicht widersetzen, wenn dadurch nur wenig Land verloren geht und der Gewinn an Wasser den Verlust an Boden überwiegt. Wer dagegen ohne den Eigentümer zu fragen einen in Verfall geratenen alten Damm wiederherstellt, soll denselben nicht benützen dürfen; erst nach dem Tod des Eigentümers und seiner Erben kann dergleichen nach Einholung der königlichen Erlaubnis gestattet werden (*Nār.* 11, 17—22; *Y.* 2, 156). Die Eigentümer zweier Nachbarhäuser müssen sich gegenseitiger Rücksicht befleissigen; so ist es verboten, eine Veranda, ein Fenster, eine Abzugsröhre, einen Laden u. dgl. zu verbauen oder zu beschädigen, oder in unmittelbarer Nähe des Nachbarhauses einen Abort, einen Herd, eine Grube oder einen Platz für Abfälle anzulegen, oder ein Fenster zu öffnen oder einen Abzugskanal zu führen (*Kāty.* 18, 20 f.; *Bṛh.* 19, 24—26). Es muss eine Distanz von mindestens drei Fuss oder zwei *aratni* gehalten werden (*Vas.* 16, 12; *Kāty.* 18, 22). Auch öffentliche Strassen, Badeplätze, Gärten u. dgl. dürfen nicht zu ähnlichen Zwecken missbraucht oder verunreinigt oder versperrt werden (*Nār.* 11, 15 f.; *Bṛh.* 19, 27 f.; *Kāty.* 19, 23—26).

Die Feldgemeinschaft kommt heutzutage häufig vor, namentlich im Punjab. Dort werden die Dörfer nach der Gestaltung des Bodenrechts in drei Gruppen eingeteilt, die nach dem officiellen Jargon als Zamīndārī-, Pattīdāri- und Bhayācāra-Dörfer bezeichnet werden. Bei dem Zamīndārīsystem herrscht vollkommene Gütergemeinschaft, indem der ganze Ertrag der Grundstücke in eine gemeinsame Kasse gelegt und nach Abzug der Kosten unter den Familienvorständen verteilt wird. Bei dem Pattīdārīsystem ist der gemeinsame Grundbesitz in Loose (*pattī*) aufgeteilt, die sich im Privatbesitz befinden, aber periodisch wiederverteilt werden können. Bei dem Bhayācāra- (*bhrātrācāra-*) system cultivirt jede Familie ihren Grundbesitz als freies Eigentum. Man hat in diesen drei Systemen oft eine historische Stufenfolge von der absoluten Bodengemeinschaft zum reinen Privateigentum erblickt[3]. Hiegegen ist jedoch BADEN-POWELL der Ansicht, dass vielleicht einige, aber keinenfalls alle Bhayācāra-Dörfer durch Verfall der ursprünglichen Feldgemeinschaft aus Dorfgemeinden mit Gesamteigentum hervorgegangen seien. Die bei *M.* geschilderten Verhältnisse findet er in dem Landsystem der N. W.-Provinzen erhalten: das Land in kleine Fürstentümer geteilt, in den Dörfern reines Privateigentum der einzelnen Familien, das nur durch die Verleihung der Dörfer als Lehen an einzelne mächtige Gutsbesitzer, Adlige u. s. w. und Vererbung dieser Lehen auf die Familien derselben nachmals häufig zum Gesamteigentum geworden ist, bis es später auch wieder aufgeteilt wurde[4]. Im Punjab scheinen dagegen gemeinsame Ansiedlungen einzelner Stämme die gewöhnliche Quelle der Feldgemeinschaft zu bilden[5]; vielleicht sind hiemit die von *Bṛh.* erwähnten ländlichen Genossenschaften zu combiniren. Gemeinsame Weiden finden sich wie nach den Smṛtis häufig auch da, wo die Felder sich in Privatbesitz befinden. Die Inschriften nehmen häufig auf Felder Bezug, die besondere Namen haben oder durch die Namen ihrer Eigentümer bezeichnet werden, so dass also hier reines Privateigentum herrscht wie nach den Smṛtis. Die Grenzen der Dörfer werden in den Stiftungsurkunden (*śāsana*) nach den vier Himmelsrichtungen sorgfältig beschrieben, weshalb ein so beschriebenes Dorf *caturāghāṭaviśuddha* »durch vier Grenzen bestimmt« heisst. Zur Markirung der Grenze werden Flüsse, Berge, Bäume, Hügel, Teiche u. s. w. benützt, wenn nicht einfach die Namen der Nachbardörfer angegeben werden. Auch die Grenzen von Feldern werden beschrieben; so wird in einem *śāsana* von 1091 n. Chr. die Grenze eines geschenkten Feldes in der Weise bestimmt, dass die Namen der östlich und südlich davon gelegenen Felder, resp. der Eigentümer dieser Felder, genannt werden und als die westliche und nördliche Grenze die Grenze eines gewissen Dorfs angegeben wird[6]. Über Ziehung der Grenze s. § 34. Über die Notwendigkeit, die Grenzdämme in Ordnung zu halten, giebt es noch jetzt in Behar ein Sprichwort, das einen Bauersmann, der sich nicht um seine Grenzdämme bekümmert, mit einem von einem Ast gefallenen Affen vergleicht[7].

[1] Näheres in den Staatsaltertümern. — [2] GRIERSON, Bihār Peasant Life § 833. [3] TUPPER 2, 2; MAYNE § 197 u. a. — [4] BADEN-POWELL, A Manual of the Land Revenue Systems and Land Tenures of British India (Calc. 1882) 395 f. — [5] l. c. 393—399. — [6] EI 1, 317 f. — [7] GRIERSON l. c. § 834.

§ 28. Zinsen. Von den Liegenschaften oder Immobilien (*sthāvara*), eigentl. »feststehendes, unbewegliches Gut«, das in Grundstücken, Pflanzungen, Feldern, Wäldern, Häusern u. dgl., aber auch in Renten aus einem Grundstück oder einer Stiftung (*nibandha, vṛtti* [j. *vattan*]), bestehen kann, wird die fahrende oder bewegliche Habe (*jaṅgama*) unterschieden, als deren ursprünglichster Bestandteil wohl das Vieh anzusehen ist, namentlich milchgebende (*dohya*) und Zug-, Last- oder Reittiere (*vāhya, vāhana*). Der Standpunkt der Vedas, wonach die Kühe der eigentliche Wertmesser sind, tritt namentlich noch bei verschiedenen *prāyaścitta* und beim Wergeld, dann auch in der

Eheform (*ārṣa*, § 16) hervor. Doch herrscht Metallgeld, namentlich der schon sehr alte *kārṣāpaṇa*[1], vor, so bei der Bemessung der Strafen, die meistens Geldstrafen sind (*M.* 8, 131—138 u. a.). Die Schwurformeln und Gottesurteile sollen nach dem in Gold abgeschätzten Wert des Streitobjekts in Anwendung gebracht werden (*Vi.* 9, 4), also die reine Goldwährung. Die griechischen Bezeichnungen *dīnāra* = δηνάριον und *dramma* = δραχμή finden sich erst in späteren Werken, auch wird der schon frühe vorkommende *suvarṇa* später dem *dīnāra* an Wert gleichgesetzt. Neben dem Geld und dem Hausvieh erscheinen Sklaven und Sklavinnen, die unter dem Namen »Zweifüssler« (*dvipada*) zusammengefasst werden, Schmucksachen, Getreide, Früchte, Metalle u. a. Rohprodukte, Waffen und Gewänder als die hauptsächlichsten Bestandteile der fahrenden Habe.

Dem Vermögen (*dhana*) steht die Schuld (*ṛṇa*) gegenüber, deren Begriffsentwicklung die gleiche ist wie bei *debitum* und unserem *Schuld* (von *skulan*). Die allgemeine Bedeutung »Verpflichtung« hat sich auch in den Smṛtis noch erhalten, so namentlich in der Lehre von den drei Schulden, in Opfern, Erzeugung eines Sohns und Recitation des Veda bestehend, die man an die Götter, Ahnen und Ṛṣis zu entrichten hat. Umgekehrt kennt schon der Veda das Wort *ṛṇa* in der Bedeutung einer Zahlungsverpflichtung, wie auch die indische Arithmetik den Begriff »minus« durch *ṛṇa* (»plus« durch *dhana* oder *sva*) ausdrückt. Die »Eintreibung einer Schuld« (*ṛṇādāna*) ist die erste der achtzehn Rechtsmaterien, und bei den meisten processualischen Vorschriften wird in erster Linie auf Schuldklagen Bezug genommen, ja das ganze Beweisverfahren bildet bei *M.* und *Nār.* nur einen Teil des Schuldrechts. Das hohe Alter des letzteren zeigt sich auch in der starken Betonung des religiösen Motivs; unbezahlte Schulden verfolgen den Schuldner noch in einer künftigen Geburt, indem er als Sklave in dem Haus seines Gläubigers wiedergeboren wird, um die Schuld durch seine Arbeit abzuverdienen und das religiöse Verdienst seiner Opfer und Bussübungen lediglich seinem Gläubiger angerechnet wird (*Nār.* 1, 7—9). Andrerseits gilt, ebenfalls vom religiösen Standpunkt aus, das Gewerbe des Geldverleihers (*kusīdin*) und besonders des Wucherers (*vārdhuṣin*) als unmoralisch. Selbst in der äussersten Not soll ein Brahmane keinen Wucher treiben (*Nār.* 1, 111); der Wucherer wird mit dem Dieb auf gleiche Stufe gestellt (*Y.* 1, 132) und in einer künftigen Existenz als Epileptiker wiedergeboren (*Vi.* 45, 26). Auch das Zinsennehmen (*kusīda*) an und für sich, ohne Überschreitung des erlaubten Zinsfusses, ist eine Erwerbsart von zweifelhafter Qualität (*Nār.* 1, 46), und *kusīda* soll nach *Bṛh.* 11, 2 der Zins heissen, weil man ihn von einem verachteten *kutsita* und in Bedrängnis befindlichen *sīdat* (Mann) erhebt. Dem Vaiśya ist jedoch diese Erwerbsart gestattet, und was den *āpaddharma*, das Recht in Zeiten der Not, betrifft, so findet sich neben dem obigen Verbot auch die laxere Anschauung, dass in solchen Zeiten selbst der Brahmane vom Geldverleihen leben darf (*M.* 10, 116 f.; *Y.* 3, 42).

Da der Wucher nicht ganz verhindert werden konnte, so sollte er wenigstens nach Möglichkeit eingeschränkt werden, was die Smṛtis besonders durch Bestimmungen über die Höhe des zulässigen Zinsfusses und die Dauer des Zinsenlaufs zu erreichen suchen. Allgemein herrscht die Ansicht, dass bei Golddarleihen die rückständigen Zinsen nicht über den Betrag des Kapitals hinausgehen dürfen und der Zinsenlauf stockt, sobald dieses Maximum erreicht ist. Betreffs des Maximums bei anderweitigen Darleihen gehen die Ansichten auseinander, was auf der von *Nār.* 1, 105 f. hervorgehobenen Verschiedenheit der Ortsgebräuche beruhen mag. Der Zins wird in natura bezahlt. Nach den besonders eingehenden Bestimmungen bei *Bṛh.* 11, 13—16 dürfen die rückständigen Zinsen bei Kleidern und unedeln Metallen das Dreifache, bei Getreide, Frucht, Lasttieren und Wolle das Vierfache, bei Gemüsen das Fünffache, bei Samen und Zuckerrohr das Sechsfache, bei Salz, Öl, berauschenden Getränken, Zucker und Honig das Achtfache des ursprünglichen Darlehens erreichen, während bei Gras, Holz, Ziegelsteinen, Faden, Gährungsstoffen zu geistigen Getränken, Blättern, Knochen, Leder, Waffen, Blumen und Früchten entweder (nach einer Lesart) die Zinsen unbegrenzt anwachsen können oder (nach einer andern Lesart) gar kein Zins erhoben werden soll. Dieses starke Anwachsen der Zinsen wird dadurch ermöglicht, dass der Zinsfuss sehr hoch ist und nach einer Regel, die *M.* 8, 140 dem *Vas.* zuschreibt und die sich bei *Vas.* 2, 51 auch wirklich findet, $1^1/_4$ % im Monat, also 15 % im Jahr, betragen soll, aber wenn der Schuldner der untersten Kaste gehört und bei ungenügender Sicherheit bis zu 5 % im Monat, also 60 % im Jahr, steigen kann, was nach *M.* 8, 152 allgemein das Maximum ist. Schuldner höheren Standes sollen begünstigt werden und der Zinsfuss je nach dem Stande des Schuldners in der Weise abnehmen, dass der Brahmane bei Darlehen ohne Unterpfand nur 2 % im Monat zu zahlen hat. Bei besonderem Risiko können aber auch noch höhere Zinsen stipulirt werden; so sollen Kaufleute, die eine Wildnis durchziehen wollen, 10, solche, die eine Seereise vorhaben, 20 % bezahlen (*Y.* 2, 38), weil bei solchen Darlehen auch das Kapital gefährdet erscheint (*Mit.*); überhaupt soll ein freiwillig versprochener Zins von Jedermann entrichtet werden (*Vi.* 6, 3 u. a.).

Eine Beschränkung des Wuchers suchen die Gesetzbücher auch dadurch herbeizuführen, dass gewisse besonders drückende Formen des Zinses verboten und gewisse Schulden für der Natur der Sache nach unverzinslich erklärt werden. So verpönt *M.* 8, 153 Zinsen, die über ein Jahr hinausgehen, unerlaubte, d. h. nach den ältesten Commentaren ganz kurzfristige Zinsen, Zinseszins, periodische d. h. monatlich fällige Zinsen, auf besondere Vereinbarung beruhende Wucherzinsen und Körperzinsen, d. h. solche, die mit dem Körper eines Menschen oder Tieres abzuverdienen sind (*kāyikā*, nach einer andern Erklärung täglich fällige Zinsen). Freilich stehen dieser und ähnlichen Stellen die Bestimmungen andrer Gesetzbücher entgegen. *M.* selbst 155 billigt den Zinseszins in der verschleierten Form, dass in einem neuen Schuldschein die rückständigen Zinsen zu dem Kapital geschlagen werden, und das nämliche Verfahren wird heutzutage beobachtet. Auch das Abverdienen einer Schuld erkennt *M.* selbst an (8, 177). Als unverzinslich werden u. a. hervorgehoben[2]: Lohn, Spielschulden, ungültige (z. B. einer Buhlerin gemachte) Versprechungen, ein Depositum, der Preis für eine gekaufte Waare, freundschaftliche Darlehen, insbesondere ausdrücklich als zinslos gegebene Darlehen (*uddhāra*, was mit *niṣphalam ṛṇam* erklärt wird), und zum Gebrauch geliehene Gegenstände (*yācitaka*), sodann Sondergut einer Frau (*strīdhana*), welches von den männlichen Verwandten mit ihrer Zustimmung benützt wurde, Bürgschaftsverpflichtungen, Geldbussen und die in der oben erwähnten *Bṛh.*-stelle 11, 16, deren Lesart freilich unsicher ist, genannten meist wenig wertvollen Gegenstände wie Holz, Gras, Faden u. a. Doch sollen bei einigen dieser Kategorien unter gewissen Voraussetzungen, z. B. wenn der Schuldner die Rückgabe verweigert, oder überhaupt nach Ablauf einer kurzen Frist doch Zinsen (Verzugszinsen) berechnet werden, und zwar zu 5 % im Monat, was einen weiteren Beweis für die Allgemeinheit dieses Zinsfusses abgiebt. Unverzinslich wird ein Darlehen auch, wenn der Gläubiger die Annahme der fälligen Zinsen verweigert, besonders wenn der Schuldner die Zinsen bei einem Vertrauensmann deponirt hat (*Y.* 2, 44).

Die Ausdrücke *kusīda, kusīdin* kommen schon in der *TS* und im *Nirukta* vor, und die bei *M.* 8, 142 vorliegende Bezeichnung der Procente durch Zahlenadjective kennt schon *Pāṇini* 5, 1, 47, wie er auch schon den Ausdruck *vṛddhi* »Zins« gebraucht, andrerseits auch schon von zinslos zum Gebrauch geliehenen Gegenständen (*yācita*, *yācitaka*) spricht (4, 4, 21). Hienach ist auf die Angabe des Megasthenes fr. 27 B, wonach den Indern der Begriff der Zinsen unbekannt sein soll (οὔτε δανείζουσι οὔτε ἴσασι δανείζεσθαι), offenbar kein Gewicht zu legen. Alte inschriftliche Belege für Zinsen und die Höhe des Zinsfusses in der Zeit vom ersten Jahrhundert n. Chr. ab bieten die Nasik-Inschriften[3]. So ist dort die Rede von Zinsen im Betrag von 100 für 2000 und 75 für 1000 *kāhāpaṇa* (*kārṣāpaṇa*), d. h. da es sich wohl um monatliche Zinsen handelt, von 60 und 90 %; der erstere Ansatz entspricht dem Zinsfuss der Smṛtis. Der Zinsfuss ist auch heutzutage noch sehr hoch, namentlich auf dem Lande. So müssen in Bengalen die Bauern dem Mahājan (*mahājana*) »Dorfbanquier«, der dem *kusīdin* oder *vārdhuṣin* der Smṛtis entspricht, für Vorschüsse an Getreide zur Zeit der Aussaat 50 % vergüten; der Zins wird, wie nach den Smṛtis, in natura gezahlt, und der Mahājan hat ein Pfandrecht auf das geerntete Getreide. Für Vorschüsse an Geld werden 2 % per Monat berechnet[4]. In Behar, wo sich auch die alten Ausdrücke *mūl* für »Kapital« (*mūla*), *khaduka* für »Schuldner« (*khādaka*), *udhār* (*uddhāra*) für unverzinsliche Darlehen erhalten haben, giebt es eine ganze Reihe provinciell verschiedener Ausdrücke für die nach der Ernte in natura zahlbaren Zinsen für Saatkorn und für jede Abstufung des Zinsfusses, der auch hier häufig 50 % beträgt[5]. In Bombay wurden nach Steele für Darlehen gegen Unterpfand an wohlhabende Bauern ½—1 % im Monat beansprucht, aber es kam in Puna und im südlichen *Mahārāṣṭra* auch vor, dass ein Bauer am Schluss des Jahres 1¼ mal so viel oder selbst den doppelten Betrag des geliehenen Getreides zurückerstatten musste. Für das durch die aufgelaufenen Zinsen verdoppelte Kapital hat das Mahratti einen besondern Ausdruck (*dāmdupaṭ*); ist diese Verdoppelung eingetreten, so hört wie nach den Smṛtis der Zinsenlauf in der Regel auf, doch ist bei Getreidedarlehen Verdreifachung (*tripaṭ*) zulässig. Kleine Kaufleute müssen bis zu 6¼ % in der Woche zahlen, wie überhaupt die Höhe des Zinsfusses von den Verhältnissen und der Kaste des Schuldners abhängt. Die Geldverleiher sind häufig Brahmanen. Unverzinsliche Darlehen kommen auch vor[6]). Dubois berichtet von 20 % als dem Minimum, 100 % als dem Maximum, 50 % als dem gewöhnlichen Zinsfuss in Mysore[7].

[1] Cunningham, Coins of ancient India (Lond. 1891) 1—3, 42—54. — [2] Vgl. mein ind. Schuldrecht, Sitzungsber. d. b. Ak. d. W. 1877, 295 f. — [3] Arch. Surv. W. I. 4, 101 ff. — [4] Phear, The Aryan Village (Lond. 1880) 62—64. Vgl. auch Kohler ZVR 9, 352 (nach Hunter). — [5] Grierson §§ 1475—81. — [6] Steele, Castes 266 ff., 247. — [7] Dubois, People of India 496.

§ 29. **Schulden, Pfänder und Bürgen.** Die Haftung für Schulden erstreckt sich nach den früher entwickelten Grundsätzen des Familienrechts und Gesamteigentums (§ 23), wenn die Schulden zum Besten der Gesamtfamilie (*kuṭumbārthe*) gemacht sind, auf alle Mitglieder derselben, insbesondere aber auf den Haushaltungsvorstand (*kuṭumbin*) und geht auch auf die Erben über, wobei, wie im Erbrecht, der Eintritt in einen religiösen Orden oder die Verschollenheit dem Tod des Erblassers als gleich geachtet wird (*Vi.* 6, 27—39 u. a.). Wie weit die Schulden des Erblassers sich in seiner Descendenz vererben, ist streitig, indem z. B. nach *Vi.* l. c. und *Nār.* 1, 4 nur die Söhne und Enkel, nach *Bṛh.* 11, 49 die Enkel nur für das Kapital ohne Zinsen, dagegen nach *Nār.* 1, 6 auch die Urenkel zahlungspflichtig sind. Die nämliche Meinungsverschiedenheit lässt sich auch durch die Commentare verfolgen. So schliesst sich die *Mit.* zu *Y.* 2, 50 der Ansicht des *Bṛh.* an, dass die Haftung für Schulden sich nicht auf die Urenkel erstreckt und selbst die Enkel nur für das Kapital ohne die Zinsen aufkommen müssen. Dagegen sind nach *Asahāya* zu *Nār.* l. c. auch die Urenkel haftbar, was er durch einen angeblich in einem Gerichtshof zu Pāṭaliputra verhandelten Fall illustrirt, wo der Sohn und Enkel des Schuldners rasch nach einander weggestorben waren und der Urenkel sich vergebens seiner Zahlungspflicht zu entziehen suchte. Bis zum Urenkel erstreckt sich auch der engere Kreis der Sapiṇḍaverwandten, und so tritt hier wie im Erbrecht das religiöse Motiv, der Zusammenhang mit den Totenopfern, bedeutsam hervor. Daher befreit auch das Fehlen von Activvermögen die Söhne nicht von der Haftbarkeit für die Passiva des Vaters. Andrerseits verpflichten aber unmoralische Zahlungsversprechen wie z. B. Spiel- oder Zechschulden des Vaters die Söhne nicht, ebenso wenig die Schulden eines wegen körperlicher oder geistiger Gebrechen handlungsunfähigen Vaters (*Bṛh.* 11, 51; *Kāty.* 10, 53 f. u. a.). Das Familienhaupt ist im Allgemeinen haftbar für solche Schulden, welche die Söhne, die Frau oder andre Familienmitglieder für andre als Haushaltszwecke contrahirt haben; nur bei denjenigen Berufen, wo der Mann sich nur mit Hülfe der Frau ernähren kann, z. B. bei Wäschern, Hirten, Schauspielern, Schiffern, sollen die Schulden der Gattin stets auch den Gatten verpflichten (*Vi.* 6, 37 u. a.). Die Frau haftet für Schulden ihres Mannes, die sie mit ihm zusammen gemacht oder ausdrücklich anerkannt hat, nach seinem Tod auch dann, wenn sie ihn beerbt oder auf seinem Totenbett von ihm Auftrag zur Zahlung erhalten hat; sind weder Activa noch Söhne vorhanden, so kann die Haftung auch auf den übergehen, bei dem die Witwe lebt, indem derselbe gewissermassen der Erbe ist (*Nār.* 1, 16, 22).

Bei der Zahlung einer Schuld sind, ebenso wie bei der Rückgabe eines Depositums (§ 30), die gleichen Formen wie bei der Eingehung derselben zu beobachten (*Vi.* 6, 1). Daher müssen, wenn sie mündlich oder schriftlich vor Zeugen contrahirt wurde, die nämlichen Zeugen auch bei der Rückzahlung zugegen sein (*Vi.* 6, 29; *Y.* 2, 94). Wurde ein Schuldschein ausgestellt, was wohl das Gewöhnliche war, wenigstens in der späteren Zeit, so muss der Gläubiger denselben zurückgeben oder zerreissen oder dem Schuldner eine Quittung ausstellen; ebenso müssen Ratenzahlungen jedesmal auf der Rückseite der Schuldurkunde vermerkt oder, wenn dieselbe nicht zur Hand ist, besonders quittirt werden (*Vi.* 6, 25 f.; *Y.* 2, 93). Weigert sich der Gläubiger, eine geleistete Zahlung zu quittiren, so soll er den Rest seiner Forderung einbüssen, auch soll der zurückgezahlte, aber nicht quittirte Betrag fortan dem Schuldner wie bis dahin dem Gläubiger Zinsen tragen (*Nār.* 1, 115). Nimmt der Gläubiger die angebotene Zahlung (aus Habgier, um auch weiterhin Zinsen zu erhalten, sagen die Commentatoren) nicht an, so stockt nur der Zinsenlauf; doch tritt nach *Y.* 2, 44 diese Wirkung nur dann ein, wenn der Schuldner das Geld bei einem Unparteiischen deponirt. Unter mehreren concurrirenden Forderungen ist nach *Kāty.* die älteste am ersten zu befriedigen, mit Ausnahme der Forderungen eines Brahmanen oder Königs, welche allen andern vorausgehen sollen. Die Brahmanen erscheinen auch darin begünstigt, dass nach dem Tod eines dieser Kaste angehörigen Gläubigers der Schuldner das Darlehen nicht nur an seine Nachkommen, oder nähere und entferntere Verwandte, sondern in Ermanglung solcher an andre Brahmanen zurückerstatten und wenn auch diese fehlen, es ins Wasser werfen soll (*Nār.* 1, 112 f.). Über Eintreibung einer Schuld s. § 53.

Zwei Sicherungsmittel, sagt *Nār.* 1, 117, giebt es (für den Gläubiger): Bürgen und Pfänder. Sach- und Personenhaftung erscheinen gleichmässig ausgebildet, doch wird das Pfandrecht ausführlicher behandelt und spielt auch in der Gegenwart die Hauptrolle. Das Pfand heisst *ādhi* »Hinterlegung« oder *bandha, bandhaka* »Bindung, Band«. Hypotheken werden in der alten Litteratur nicht erwähnt, es giebt nur Besitzpfänder, gleichviel ob die verpfändeten Objekte Liegenschaften oder mobile Werte sind. Besonders wichtig ist von den verschiedenen Einteilungen der Pfänder diejenige in Benützungspfänder (*bhogya*) und nur zur Aufbewahrung ausgehändigte Vermögensstücke (*gopya*) (*Nār.* 1, 125 u. a.). Benützbare liegenschaftliche Pfänder, wie z. B. ein Haus, Feld, Obstwald, scheinen in der Regel auch wirklich benützt worden zu sein; die damit erzielten Einnahmen vertraten die Stelle der Zinsen. Auch Sklaven und Sklavinnen, Ochsen, Kühe u. a. Haustiere werden als benützbare Pfänder erwähnt. Für Beschädigung, Verlust oder Entwertung eines Pfandes hat der Gläubiger aufzukommen, von vis major abgesehen, büsst bei unerlaubter Benützung eines bloss aufzubewahrenden Pfandes Zinsen ein und ist für Misshandlung eines verpfändeten Sklaven strafbar; andrerseits muss der Schuldner ein ohne culpa des Gläubigers wertlos gewordenes Pfand durch ein anderes ersetzen, wenn er nicht vorzieht, die Schuld abzuzahlen. Pfandrechte verschiedenen Rangs sind natürlich ausgeschlossen, da ein Pfand nur dann rechtsgültig ist, wenn es sich im faktischen Besitz des Gläubigers befindet; daher gilt von wiederholten Verpfändungen des nämlichen Objekts an verschiedene Gläubiger nur die erste, bei gleichzeitiger Verpfändung ist die Priorität des Besitzers oder der bessere Rechtstitel massgebend, oder das Pfand wird geteilt. Die Rückgabe seines Pfandes konnte im Allgemeinen der Schuldner jeder Zeit beanspruchen gegen Erstattung der Schuld nebst den aufgelaufenen Zinsen, die nach der früher erwähnten Regel nicht über den gleichen Betrag wie das Kapital hinaus anwachsen dürfen; denn im Princip können »Pfänder nicht verjähren«. Dieses Princip gilt insbesondere für die Nutzpfänder, die demgemäss dem Schuldner zurückzugeben sind, sobald durch das Anwachsen der Zinsen die Verdopplung der Schuld eingetreten und der ganze fällige Betrag durch den Fruchtgenuss hereingebracht ist. Eine andere, vielleicht jüngere Ansicht ist die, dass auch bei Nutzpfändern entweder der Verfall derselben oder das Aufhören der Benützung nach Ablauf einer bestimmten Frist stipulirt werden könne. Allgemein üblich waren Stipulationen über Verfall, z. B. für einen Termin von 2, 5 oder 10 Jahren, bei Aufbewahrungspfändern; auch ohne solche Stipulation sollten dieselben verfallen, sobald die rückständigen Zinsen bis zur Höhe des Kapitals angewachsen waren, oder nach 20 Jahren, doch wird zu Gunsten des Schuldners eine zehn- oder vierzehntägige Frist, oder eine gerichtliche Ermächtigung das Pfand zu veräussern, teilweise auch die Herausgabe des bei einem solchen Verkauf erzielten Überschusses verfügt. Die Befriedigung des Gläubigers konnte auch dadurch erfolgen, dass er von der blossen Aufbewahrung des Pfands zur Benützung desselben überging. Als Aufbewahrungspfänder werden besonders Gold und Pretiosen, Kleider und Stoffe erwähnt, aber auch Sklaven, Pferde, kupferne Küchengeräte u. s. w. konnten in dieser Weise verpfändet werden. Anstatt von dem Gläubiger selbst, konnten solche Pfänder auch von einem Pfandbewahrer (*ādhipāla*) verwahrt werden[1].

Bürgen, *pratibhū* »Stellvertreter« oder *lagnaka* »haftbar« genannt, können nicht nur für die Bezahlung einer Schuld (*dāna*) gestellt werden, sondern auch für das Sichstellen des Schuldners (*darśana* oder *upasthāna*), für Auslieferung seines Vermögens (*ṛṇidravyārpaṇa*), für die Auslieferung eines Pfandes (*gṛhītabandhopasthāna*), für Vertrauen (*viśvāsa* oder *pratyaya*), d. h. für das Wohlverhalten oder die Zahlungsfähigkeit des Schuldners, in einem Process (*vāde*) für den Kläger oder Beklagten, im gleichen Fall für Vollziehung eines Gottesurteils (*divya* oder *śapatha*), für Sicherheit (*abhaya*), d. h. zum

Schutz gegen einen Überfall, für einen schriftlichen Vertrag (*lekhye kṛte*). Die fünf ersten Arten von Bürgen können eventuell zur Bezahlung des fälligen Darlehens angehalten werden, wobei aber der Gläubiger mit thunlichster Milde verfahren und Aufschub gewähren muss. Betreffs der Vererbung der Bürgschaftsverpflichtungen scheint eine historische Entwicklung vorzuliegen von gänzlicher Unvererblichkeit derselben zu einer auf die Söhne und bei diesen auf das Kapital beschränkten Vererblichkeit, die sich indessen nur auf die Zahlungsbürgschaft und die Überlieferungsbürgschaft erstreckt. Die Wahl eines Bürgen darf niemals auf solche Personen fallen, die ihrer Stellung und ihren Eigenschaften nach oder wegen ihrer speciellen Beziehungen zu dem Schuldner oder Gläubiger sich nicht zur Bürgschaftsleistung qualificiren; ausgeschlossen sind daher z. B. Unselbständige, königliche Beamte, Asketen, unvermögende oder unbekannte Personen, Freunde oder Feinde. Auch die nächsten Verwandten können, wenn sie in Gütergemeinschaft leben, sich nicht für einander verbürgen. Ist mehr als ein Bürge vorhanden, so hängt es von der Art der übernommenen Verpflichtung ab, ob sie solidarisch für das Ganze oder jeder nur für den von ihm garantirten Teil der Schuld haften. Der Regress des Bürgen gegen den Schuldner geht im Allgemeinen auf das Doppelte, soll aber bei Naturalien unter Umständen bis auf das Achtfache steigen können[1].

Noch heute besteht im Süden nach STEELE die gegenseitige Haftung der Familienmitglieder für Schulden fort, wobei der Gläubiger sich zunächst an den Verwalter hält[2]; doch ist durch die englische Gesetzgebung die Haftbarkeit des Erben für die Schulden des Erblassers auf den Betrag der von ihm ererbten Activa eingeschränkt worden. Über moderne Schuldscheine s. § 35. Bei den Pfändern treten noch gegenwärtig verschiedene Arten des Nutzpfandes besonders hervor, für das sich auch der alte Name *bhogyādhi* in Kanara noch erhalten hat. Auch die Ersatzpflicht des Pfandgläubigers für ein verlorenes Pfand ist geblieben, ebenso die Befreiung von dieser Pflicht bei Feuersbrünsten, Überschwemmungen und sonstiger force majeure. Pretiosen, Baumwoll- und Seidenstoffe, metallene Gefässe, Geld in einem versiegelten Sack u. dgl. Gegenstände werden nur zur Aufbewahrung, nicht zur Benützung an den Gläubiger übergeben[3]. In Behar heisst das Pfand im Allgemeinen noch jetzt *bandhik* = *bandha* der Smṛtis; bei Verpfändung von Immobilien unterscheidet man zwischen dem für eine bestimmte Zeit eingeräumten Niessbrauch eines Grundstücks, aus dem Kapital und Zinsen getilgt werden, demjenigen Niessbrauch, der zur Befriedigung der Zinsen allein dient, und derjenigen Verpfändung, wobei das Pfand zum Eigentum des Gläubigers wird, wenn er innerhalb einer bestimmten Frist das Kapital nicht heimzahlt[4]. Auch im Punjab ist das Nutzpfand die gewöhnlichste Form der Verpfändung[5]. Auch von den alten Bestimmungen über Bürgschaft hat sich im Süden nach STEELE noch Manches erhalten[6]. So giebt es vier Arten von Bürgen: für Bezahlung, für Stellung, für loyales Verhalten und gegenseitige Bürgschaft. Vererbung der Bürgschaftsverpflichtung auf die Söhne tritt bei der ersten, unter Umständen auch bei der zweiten und dritten Art ein; die Zahlungsverpflichtung erstreckt sich meistens nur auf das Kapital. Asketen, Agenten, Frauen, die nächsten Verwandten können sich nicht verbürgen.

[1] Über die Belegstellen zu Obigem siehe mein ind. Schuldrecht l. c. 298—307. — [2] STEELE, Castes 265 f. — [3] l. c. 247—257. — [4] GRIERSON § 1481 f. — [5] TUPPER 3, 218 ff. — [6] l. c. 274—276.

§ 30. Hinterlegung und gefundene Schätze. Bezeichnend für die allgemeine Unsicherheit der Person und des Eigentums ist die Ausbildung des Depositenrechts. Als Motive für eine Hinterlegung gibt *Bṛh.* 12, 2 die Furcht vor dem König, Räubern u. dgl. und die Absicht, seine Miterben zu übervorteilen an. Ein Depositum (*nikṣepa*, *upanidhi*, *nyāsa*) kann entweder offen oder verschlossen sein; der Verschluss erfolgt gewöhnlich durch Versieglung und Verwahrung in einer Cassette oder einem Sack. Auch eine Hinterlegung aus zweiter Hand (*anvādhi*, *anvāhita*), ein in Abwesenheit des Hausherrn seiner Familie oder Dienerschaft übergebenes Depositum (*nyāsa*), ein zum Gebrauch bei einem Feste u. dgl. entliehener Gegenstand (*yācita*, *yācitaka*), was einem Kaufmann zu geschäftlichen Zwecken oder einem Handwerker zur Bearbeitung übergeben wird, gegenseitige Hinterlegungen (*pratinyāsa*) u. a. Unterarten des anvertrauten Guts werden genannt (*Nār.* 2, 14 f.; *Bṛh.* 12, 15; *Kāty.* 11, 1). Der Depositar ist strafbar im Fall der Aneignung oder nicht ausdrücklich gestatteten Benützung der hinterlegten Sache, auch haftet er für durch seine Schuld verursachten Verlust des Depositums. Bei Untersuchung der Schuldfrage kommt es besonders darauf an, ob er das Depositum getrennt von seinen eigenen Wertsachen aufgehoben, also nicht mit der gleichen Sorgfalt wie die letzteren behandelt hat, überhaupt ob er es an der nötigen Achtsamkeit fehlen liess; kein Verschulden trifft ihn, wenn das Depositum durch eine Feuersbrunst oder Überschwemmung, durch Diebe, durch (Confiscation durch) den König oder überhaupt durch vis major (*daiva*) abhanden gekommen ist, oder wenn er den Deponenten von der bestehenden Gefahr rechtzeitig in Kenntnis gesetzt hat. Am klügsten ist es, ein Depositum überhaupt nicht anzunehmen; doch kann man sich durch getreuliche Bewahrung eines Depositums hohes religiöses Verdienst erwerben, während dagegen die Veruntreuung desselben eine ebenso grosse Sünde ist wie der Mord naher Verwandten (*Bṛh.* 12, 6—8). Erfinderisch sind die Gesetzbücher in der Angabe von Mitteln, um der wahrscheinlich häufigen Unterschlagung eines Depositums seitens des Depositars vorzubeugen und entgegen zu wirken: man soll als Depositar nur einen zuverlässigen und wohlhabenden Mann wählen; man kann Zeugen beiziehen, die dann auch bei der Rückgabe des Depositums zugegen sein müssen; auch der Verschluss u. s. w. muss bei der Rückgabe intakt sein; wo Zeugen fehlen, soll der Richter die Redlichkeit des Depositars dadurch auf die Probe stellen, dass er durch Geheimpolizisten einen anderen Gegenstand bei ihm hinterlegen lässt und zusieht ob er ihn zurückgiebt oder nicht; im äussersten Fall kann zu einem Gottesurteil gegriffen werden, besonders bei heimlichen Hinterlegungen (*M.* 8, 179—184; *Nār.* 2, 4; *Bṛh.* 12, 14). Die Veruntreuung oder fälschliche Beanspruchung eines Depositums wird streng bestraft.

Durch ähnliche Motive wie die Hinterlegung wertvoller Gegenstände bei zuverlässigen Personen wird die Vergrabung eines Schatzes in der Erde veranlasst. Wird ein solcher Schatz (*nidhi*) irgendwo gefunden, so gilt als Eigentümer desselben der König, weil er der Herr des Bodens ist mit allem was sich darin befindet; oder der Finder darf 1/6 behalten (*Gaut.* 10, 43, 45; *Vas.* 3, 13; *M.* 8, 39; *Nār.* 7, 6). Ein Brahmane, namentlich ein gelehrter, pflichttreuer Brahmane darf einen Schatz, den er findet, ganz behalten (*Gaut.* 10, 44 u. a.). Dies scheint die ursprüngliche Lehre zu sein, gewöhnlich aber wird der König geringer bedacht. Findet ein Mitglied eines anderen Standes als der Brahmanenstand einen Schatz, so muss er dem König Anzeige erstatten und darf nach Abgabe eines Sechstels — der gewöhnliche Anteil des Königs, auch bei der Besteuerung — das Übrige für sich behalten; wer die Anzeige unterlässt, muss den ganzen Schatz abgeben und kann auch noch ausserdem gestraft werden; findet der König selbst einen Schatz, so darf er ihn zur Hälfte behalten, die andere Hälfte muss er den Brahmanen geben (*M.* 8, 35—39; *Y.* 2, 34 f.; *Vi.* 3, 56 ff.). *Vi.* 3, 59 ff. führt die Berücksichtigung des Standesunterschiedes bei dem Finder casuistisch durch: ein Kṣatriya muss je $^1/_4$ des gefundenen Schatzes an den König und die Brahmanen abgeben, ein Vaiśya $^1/_4$ an den König, $^1/_2$ an die Brahmanen, ein Śūdra $^5/_{12}$ an den König und $^5/_{12}$ an die Brahmanen. Im Zusammenhang mit diesen Bestimmungen steht das Verfahren bei verlorenen Gegenständen, die gefunden und an den König abgeliefert worden sind; auch von solchen Funden kann der König einen Anteil beanspruchen, ja sie nach Ablauf einer gewissen Frist ganz behalten (*M.* 8, 30 ff. u. a.). Dagegen muss er gestohlenes und durch seine Häscher beschlagnahmtes Gut den rechtmässigen Eigentümern unverkürzt ausliefern (*M.* 8, 40; *Y.* 2, 36).

Aus der poetischen Litteratur bietet ein bekanntes Beispiel eines Depositums die Hinterlegung des Schmucks (*alaṃkāranyāsa*) in der *Mṛcch.*; der Schmuck wird dann gestohlen, und der Depositar hält sich für verpflichtet ihn zu ersetzen. In der *Rājatar.* 8, 123 ff. wendet ein durch seine gerechten Urteile berühmter König eine List nach Art der in den Smṛtis empfohlenen Kunstgriffe an, um der Veruntreuung einer grossen Summe, die der Eigentümer bei einem Kaufmann deponirt hat, auf die Spur zu kommen; die Überführung des ungetreuen Depositars (*nyāsadhārin*) erfolgt dadurch, dass er als zu den Überresten des Depositums gehörig ganz neue Münzen vorweist, die nur durch den Umtrieb der ursprünglich deponirten Summe hineingekommen sein können. Der Unterschied zwischen den offenen und verschlossenen oder versiegelten Depositen wird im Bihari noch jetzt durch besondere Ausdrücke bezeichnet, die aber nicht mit den Smṛtis übereinstimmen[1]. Das Gewohnheitsrecht in Bombay weist die Ersatzpflicht des Depositars für unerlaubte Benützung und Verlust einer hinterlegten Sache u. a. Grundsätze des alten Rechts auf[2]. Schätze fallen auch nach einem in der *Rājatar.* 7, 499 vorkommenden Beispiel vollständig an den König; doch kann er das Recht auf dieselben bei Schenkung eines Dorfs als besonderes Privileg an den Beschenkten verleihen nach EI 1, 400, 27. Auch das Gewohnheitsrecht in Bombay verfügt bei Schätzen, die auf herrenlosem Land gefunden sind, deren Heimfall an die Regierung; in anderen Fällen kommt auch eine Quote der Regierung von $^1/_6$ oder $^1/_4$ vor wie in den Smṛtis; in der Mahrattenzeit durften angeblich Brahmanen u. a. vornehme Leute einen gefundenen Schatz ganz behalten[3].

[1] Grierson § 1480. — [2] Steele 242—246. — [3] l. c. 283—285.

§ 31. Geschenke und Stiftungen. Geschenke (*dāna*) spielen nicht nur im weltlichen Leben eine bedeutende Rolle, wie sie z. B. den Ausgangspunkt für die Entwicklung des Sonderguts der Frauen gebildet haben (§ 25), sondern sie sind noch wichtiger für die Religion (*dharma*), da die Berechtigung zum Empfang von Geschenken (*pratigraha*) das wichtigste Privileg der Brahmanen bildet. In profaner Beziehung fallen die Geschenke in das Gebiet der Rechtsmaterie *dattasyā 'napakarma* oder *dattāpradānikam* »Zurücknahme von Geschenken oder Versprechungen« (*M.* 8, 212—214; *Nār.* 4, 1—12) oder, wie *Bṛh.* 15, 1 sagt, der Lehre von den zulässigen und unzulässigen, gültigen und ungültigen Geschenken. Weit umfangreicher sind schon in den Smṛtis und Purāṇas die Bestimmungen über Schenkungen und Stiftungen religiösen Charakters (*dharmārtham*), die dann z. B. bei *Hemādri* einen starken Band füllen; schon in der vedischen Litteratur spielt der Opferlohn (*dakṣiṇā*) wie überhaupt die Beschenkung der Brahmanen eine grosse Rolle. Je wertvoller das Geschenk, desto grösser der Himmelslohn. Besonders hervorgehoben werden die 10 oder 16 grossen Geschenke (*mahādāna*): die 10 Geschenke bestehen nach dem *Bhaviṣyapurāṇa* in Gold, Pferden, Sesam, Elephanten, Sklavinnen, Wagen, Land, Häusern, Mädchen und einer braunen Kuh; an der Spitze der 16 wird der *tulāpuruṣa* genannt d. h. Gold oder andere Kostbarkeiten die so viel wiegen als ein Mann[1]. Neben Gold war den Brahmanen Grundbesitz besonders erwünscht. Schon *Vi.* 3, 81 f. rät dem König den Brahmanen Land zu schenken und zur Beglaubigung der Schenkung einen Stiftungsbrief auf Baumwollzeug oder einer Kupferplatte anfertigen zu lassen, zur Benachrichtigung künftiger Herrscher, der den Namen und Stammbaum des Stifters, eine Beschreibung der Stiftung und einen Hinweis auf die Verdienstlichkeit der Stiftung und die Sündhaftigkeit jeder Antastung derselben enthalten soll. Sehr eingehend äussern sich spätere Smṛtis über die Ausfertigung dieser Stiftungsbriefe (§ 35). Ausser Land, insbesondere Feldern, Häusern oder ganzen Dörfern, worunter jedoch nur das Recht auf den Steuerertrag aus denselben zu verstehen ist, werden auch Renten (*nibandha*), z. B. die monatlichen oder jährlichen fixen Beiträge einer Kaufmannsgilde zur Unterhaltung eines Tempels, verschenkt. Auch für Korporationen von gelehrten Brahmanen soll der König bestens sorgen, ihnen Unterhalt schaffen und in seiner Hauptstadt ein Gebäude für sie errichten (*Y.* 2, 185—191, vgl. *Bṛh.* 17, 2 ff.). Auch eigentliche Klöster (*maṭha*) werden erwähnt, die man den Brahmanen oder Asketen schenken soll. Für nicht minder verdienstlich gelten gemeinnützige Werke (*pūrta*) wie die Anlegung von Unterkunftshäusern für Arme und Reisende (*dharmaśālā*), von Brunnen, Cisternen und Wasserstationen (*prapā*), Teichen, öffentlichen Gärten u. dgl. Sehr ausführlich handeln hievon die Purāṇas[2], denen auch zu entnehmen ist, dass in solchen Fällen in der Regel keine Schenkung, sondern nur eine Eigentumsaufgabe (*utsarga*) stattfindet, wie z. B. auch die Freilassung eines Stiers *vṛṣotsarga* (*Vi.* 86 u. a.) bei den Totenopfern unter diesen Begriff fällt. Ferner gehört zu solchen Bethätigungen frommer Gesinnung die Aufrichtung (*pratiṣṭhā*) von Götterbildern und Tempeln und die Wiederherstellung derselben, wenn sie verfallen oder beschädigt sind (*jīrṇoddhāra*). Mit den Schenkungen sind wichtige Immunitäten und Vorrechte verknüpft. So wird den Beschenkten Steuerfreiheit zugesichert (vgl. § 35); ein einem Brahmanen versprochenes Geschenk ist klagbar wie eine Schuld (*Kāty.* 14, 4) u. s. w. Die willkürliche Änderung oder Fälschung eines königlichen Stiftungsbriefs soll mit der höchsten Geldstrafe, resp. mit dem Tod bestraft werden (*Y.* 2, 295; *M.* 9, 232); wer ein Versprechen sich an der Errichtung eines Versammlungshauses, einer Wasserstation, eines Tempels, der Ausgrabung eines Teichs, der Anlegung eines Gartens, Wegs u. dgl. gemeinnützigen oder frommen Werken zu beteiligen nicht hält, soll verbannt und sein Vermögen eingezogen werden (*Bṛh.* 17, 11—13). Andrerseits soll auch dafür Sorge getragen werden, dass Gaben nicht an Unwürdige verschwendet werden; ungültig sind daher Geschenke, die zu einem frommen Zweck gemacht sind, aber anders verwendet werden, oder bei denen Betrug, Bestechung, Angst, Feindschaft u. a. unerlaubte und unlautere Motive zu Grunde liegen (*M.* 8, 212; *Nār.* 4, 9—12; *Bṛh.* 15, 8—11 u. a.). Bezeichnend ist der Umstand, dass es für nötig gilt, dem frommen Eifer eine Grenze zu setzen, indem Schenkungen des ganzen Vermögens, wenigstens bei männlicher Descendenz, für ungültig erklärt werden (*Nār.* 4, 4 u. a.); alles was übrig bleibt, nachdem für die Verköstigung und Kleidung der Familie gesorgt ist, soll man verschenken dürfen, nur wenn man noch mehr verschenkt, würde sich »was zuerst wie Honig schmeckte nachher in Gift verwandeln« (*Bṛh.* 15, 3). Ist einmal eine Schenkung gemacht, so kann sie nie durch fremde Usurpation verloren gehen; daher wird das Eigentum eines gelehrten Brahmanen unter den Gegenständen aufgezählt, die nicht durch Ersitzung in fremdes Eigentum übergehen können (*M.* 8, 149 u. a.).

Ein historisches Beispiel eines *tulāpuruṣa* liefert der Minister *Caṇḍeśvara* von *Mithilā*, der im J. 1314 n. Chr. einer Versammlung von Brahmanen sein eigenes Gewicht in Gold schenkte[3]. Sein eigenes Gewicht in Silber verschenkte

Mandlik, der bekannte Verfasser des »Hindu Law«, 1875 oder 76 in Wāi bei Sattārā (Bühler). Die reichlichsten Belege für Stiftungen und Schenkungen jeder Art bieten die Inschriften. Schon König *Aśoka* rühmt sich der Anlegung von Mangowäldern u. a. Pflanzungen, von Brunnen, Serais und Wasserstationen an den Strassen[4]. Die Stiftung eines Klosters für Asketen (*tāpasamaṭha*) wird z. B. in einer Inschrift von 1114 erwähnt[5], Tempelgründungen und Errichtungen von Götterstatuen werden häufig von besonderen Stiftungen zur Instandhaltung derselben und zu Cultuszwecken begleitet, die von besonderen Ausschüssen (*goṣṭhījana*) verwaltet werden, namentlich aber werden Dörfer, Felder und Grundstücke jeder Art an Brahmanen verschenkt. Auch Häuser, Gärten, Läden, Teiche und Kanäle u. s. w. erscheinen in den Stiftungsurkunden. Den *nibandha* der Smṛtis entsprechen die zu bestimmten Terminen, oft täglich, zahlbaren Renten[6]. Über die Formulirung der Schenkungsurkunden s. § 35. Ein sehr altes Specimen aller möglichen Arten von Schenkungen bieten die Höhleninschriften des *Uṣavadāta* in Nāsik[7], etwa aus dem 1. Jh. n. Chr., der darin u. a. von sich berichtet, dass er jährlich 100000 Brahmanen gespeist, den Brahmanen 100000 Kühe und 16 Dörfer geschenkt, acht Brahmanen Frauen gegeben, eine Treppe zu einem heiligen Badeplatz im Banas, viereckige Herbergen (Serais), Gärten, Teiche, Trinkbrunnen, Fähren, Herbergen, Wasserstationen, Cisternen, eine Höhle für Mönche angelegt, den in der Höhle lebenden Mönchen ein Feld zu ihrem Unterhalt angewiesen, bei Kaufmannsgilden Geld verzinslich angelegt habe u. dgl. Viele Stiftungen für religiöse und wohlthätige Zwecke bestehen noch heutzutage fort; sie heissen in Behar[8] *saṃkalp* = *saṃkalpa* »der einleitende, die Absichten des Stifters verkündende Teil des Stiftungsrituals«, die geschenkten Ländereien heissen überall *devotar*, *devasthān* »einem Gott gehöriges Land« (letzterer Ausdruck schon inschriftlich). Die Verwaltung dieser *devotar* kann je nach dem Wortlaut der Stiftungsurkunde entweder in der Familie des Stifters vererbt werden, oder an den Vorsteher der Tempelpriesterschaft oder Sekte, nach dessen Tod an seinen Nachfolger übergehen. In Tod's Rājasthān finden sich interessante Angaben über den Umfang der *devotar* in Rajputana im Anfang dieses Jahrhunderts; so gehörte damals ein grosser Teil des Staates Mewar (Udaipur) den Bettlerorden. Bei den Klöstern (*maṭha*) ist der Vorstand entweder wählbar, oder er wird von seinem Vorgänger bestimmt oder von der Regierung oder dem Stifter und dessen Familie ernannt. Bei den vor 1765 zu religiösen Zwecken gestifteten Ländereien wird die Steuerfreiheit noch jetzt respektirt[9].

[1] *Hemādri* 1, 19. — [2] Vgl. Mandlik 333—344. — [3] Vgl. WZKM 4, 72. — [4] EI 2, 270—274. — [5] EI 1, 36. — [6] Vgl. ZDMG 44, 355 ff.; EI 1, 288. — [7] Arch. Surv. WI. 4, 99 ff. — [8] Grierson § 1209. — [9] H. Cowell, Tagore Law Lectures (Calc. 1870) 65—69.

§ 32. Lohn, Miethe und Schadenersatz. Unter den Bestimmungen über Lohndienst werden die ältesten diejenigen sein, die sich auf ländliche Arbeiter beziehen. Hirten (*pāla*) werden gewöhnlich in Naturalien bezahlt, indem sie einen Teil der Milch erhalten, nach Anderen auch jährlich einen gewissen Procentsatz der ihnen anvertrauten Tiere, z. B. ein Kalb für je 100 Kühe, wofür sie dann aber auch für böswilliges Verlassen der Herde und für unerlaubtes Melken strafbar sind. Sie haben bei Tagesanbruch das Vieh auf die Weide zu treiben und es bei Eintritt der Dunkelheit wieder vollzählig und unversehrt in den Stall zurückzubringen. Für allen während dieser Zeit dem Vieh zugestossenen Schaden ist der Hirte ersatzpflichtig, ausser wenn er nachweisen kann, dass er es an der nötigen Achtsamkeit nicht fehlen liess, indem er z. B. seine Herde gegen die sie angreifenden Wölfe nach Kräften verteidigte oder bei einem Angriff von Räubern um Hülfe rief. Für Feldschaden,

den seine Herde angerichtet hat, treffen ihn je nach der Schwere des verursachten Schadens und seines eigenen Verschuldens abgestufte Strafen, aber die Ersatzpflicht fällt in diesem Falle auf seinen Dienstherrn; doch giebt es auch Fälle, in denen beiden Straflosigkeit zugesichert wird, z. B. wenn das Feld uneingezäunt, der Hirte krank oder von einem Unfall betroffen war, die Kuh soeben erst gekalbt hatte oder besonders störrig war (*Gaut.* 12, 18—26; *Y.* 2, 159—165; *Vi.* 5, 137—150; *M.* 8, 229—244; *Nār.* 6, 10—17; 11, 28—41 u. a.). Eine Differenz besteht darüber, ob der Eigentümer abgesehen von seiner Ersatzpflicht für den von seinem Vieh angerichteten Schaden auch noch die verhängte Geldstrafe zu bezahlen hat, in welchem Fall dann der Hirte mit einer Prügelstrafe davon kommt; allgemein anerkannt scheint der Grundsatz zu sein, dass der Eigentümer allein verantwortlich ist, wenn bei dem Vieh kein Hirte war. Die Prügelstrafe ist nach *Āp.* 2, 28, 2 f. überhaupt bei einem Viehhirten oder Feldarbeiter (*kīnāśa*), der seine Arbeit nicht thut, in Anwendung zu bringen. Die Löhnung soll bei dem Feldarbeiter oder Ackersmann (*kṛṣīvala*), wie bei den Hirten, wenn keine andere Verabredung getroffen wurde, in einem Gewinnstanteil bestehen (vgl. *Āp.* 2, 28, 1). So soll er nach *Bṛh.* 16, 11—13 nur $^1/_5$ des Ertrags erhalten, wenn er ausserdem freie Station hat, $^1/_3$ wenn er nichts frei hat; *Nār.* 6, 3 und *Y.* 2, 194 sprechen nur von $^1/_{10}$; dagegen leistete der *ardhika*, *ardhasīrin* (M. 9, 253; *Vi.* 57, 16; *Y.* 1, 166) wie der Name sagt, seine Dienste für die Hälfte des Ernteertrags.

Spätere Autoren stellen eine Classification der verschiedenen Lohnarbeiter auf. Am höchsten steht der Krieger, nach ihm kommt der Feldarbeiter, der Lastträger und der Hausdiener nehmen die unterste Stelle ein (*Nār.* 5, 22—24; *Bṛh.* 16, 10 f.). Bei allen solchen Dienstverhältnissen, auch bei einem Kaufmannsdiener, kann statt des Lohns auch ein Anteil an den Einnahmen verabredet werden; bei kürzerer Dienstzeit wurde wohl in der Regel ein Fixum stipulirt (*Bṛh.* 16, 9). Faule Bedienstete, die ihre Arbeit nicht leisten oder nicht vollenden, sollen keinen Lohn empfangen, oder den schon empfangenen Lohn doppelt zurückerstatten, oder auch eine Geldbusse bezahlen; doch wird Krankheit als legitimer Verhinderungsgrund anerkannt. Andrerseits kann der Arbeitgeber, der sich ohne Grund weigert den bedungenen Lohn zu bezahlen, dazu gezwungen und ihm noch eine Geldstrafe auferlegt werden; besondere Leistungen seines Bediensteten kann er nach Belieben honoriren. Die Geräte ihres Dienstherrn müssen die Arbeiter in Acht nehmen und für etwaige Beschädigungen derselben und überhaupt des Eigentums ihres Herrn Ersatz leisten, ausser bei force majeure (*daiva*). Ähnliche Bestimmungen gelten für Transportverträge. So sind die Transporteure für Beschädigungen der Fracht verantwortlich und strafbar, wenn dieselben durch ihre Nachlässigkeit entstanden sind; bei unmotivirter Vernachlässigung ihrer Vertragspflichten müssen sie eine Entschädigung bezahlen, deren Höhe von den Umständen abhängt. Andrerseits muss aber auch der Eigentümer der Fracht Ersatz leisten, wenn er einseitig von dem Transportvertrag zurücktritt und einen unterwegs erkrankten Diener verpflegen; bei unverschuldeter Unterbrechung des Transports, z. B. durch einen räuberischen Überfall, muss er den Transporteur für den zurückgelegten Teil der Reise bezahlen (*Vi.* 5, 153—159; *M.* 8, 215—217; *Nār.* 6, 4—9; *Y.* 2, 193—198; *Kāty.* 15, 16—18 u. a.). In dem Lichte eines Dienstverhältnisses wird auch die Stellung des Schülers (*śiṣya*) zu seinem Lehrer und des Lehrlings (*antevāsin*) zu seinem Meister betrachtet (*Nār.* 5, 3, 8—21). Die Verhaltungsregeln für den *brahmacārin*, der seine Schulzeit bis zur Absolvirung seines Vedastudiums bei einem *guru* zubringt und während dieser Zeit seinem Lehrer und sogar der Familie desselben auch äusserlich jede Art von Ehrerbietung zu erweisen hat, werden gewöhnlich im religiösen Recht, und zwar mit der grössten Ausführlichkeit, gegeben; sie bilden einen der Hauptbestandteile des *āśramadharma*[1]. Auch der Lehrling muss bei seinem Meister bis zum Ablauf der Lehrzeit ausharren und ihm seinen Verdienst überlassen; der Meister soll ihn wie einen Sohn behandeln und nicht zu anderweitiger Arbeit verwenden. Am Schluss der Lehrzeit soll der Schüler seinen Lehrer und der Lehrling seinen Meister entsprechend honoriren. Auch bei Prostituirten (*veśyā*) wird ein Dienstvertrag angenommen, der ähnlichen Grundsätzen wie die obigen unterliegt (*Nār.* 6, 18 f.). Ein Pietätsverhältnis besteht zwischen dem Opferpriester (*ṛtvij*), namentlich dem erblichen Familienpriester (*pūrvajuṣṭa*), und dem ihn beschäftigenden und bezahlenden Laien (*yājya*); jede einseitige Lösung dieses Verhältnisses ist strafbar (*Vi.* 5, 113 f. u. a.).

Unter den Begriff der Miete fällt ausser dem schon erwähnten Fall der Benützung von Lastträgern und Last- oder Zugtieren oder Wagen auch die Miete eines Hauses, einer Cisterne, eines Ladens u. dgl. Wer dieselben, oder gemietete Elephanten, Kameele u. a. Lasttiere nicht zur bestimmten Zeit zurückgiebt, muss entsprechend dafür zahlen (*Kāty.* 15, 19 f.). Etwaige Sachbeschädigungen müssen dem Eigentümer, ausser im Fall von force majeure, vergütet werden (*Nār.* 6, 22). Hat sich Jemand auf einem fremden Grundstück ein Haus gebaut, so darf er das dafür verwendete Baumaterial beim Verlassen des Hauses nur dann mitnehmen, wenn er dem Grundeigentümer Miete gezahlt hat; andernfalls muss er das Baumaterial als Entschädigung zurücklassen (*Nār.* 6, 20 f.).

Die Ersatzpflicht für Beschädigungen jeder Art wird im weitesten Umfang anerkannt, wofür schon das Vorstehende Belege bietet. So müssen auch für getötete Haustiere, gefällte Bäume, ausgerissene oder beschädigte Pflanzen die Eigentümer entschädigt, für verwundete Menschen oder Haustiere die Kurkosten bezahlt, zerstörte oder beschädigte Mauern, Dämme oder Häuser wiederhergestellt, verunreinigte Strassen rein gefegt werden (*Vi.* 5, 51, 59, 75 f., 106—109 u. a.). Hieher gehört auch der Ersatz, den ein Metallarbeiter beim Schmieden von Eisen, Kupfer, Blei, Zinn, Silber oder Gold dem Eigentümer dieser Metalle, der sie bei ihm bearbeiten lässt, für den beim Schmelzen über einen gewissen, erfahrungsgemäss angenommenen Betrag hinaus eingetretenen Verlust zu leisten verpflichtet ist, wie auch die Ersatzpflicht eines Webers für das von ihm gewobene und dadurch schwerer oder wertvoller gewordene Garn. (*Nār.* 9, 12—15; *Y.* 2, 178; *M.* 8, 397). Bei einem Wäscher nimmt man an, dass die Wäsche beim ersten Waschen $^1/_8$, beim zweiten Waschen $^1/_4$ ihres ursprünglichen Wertes verliert u. s. w., wesshalb der Wäscher jeden über diese Beträge hinausgehenden Schaden seinem Kunden ersetzen muss (*Nār.* 9, 8 f.). Es liegt daher auch in seinem eigenen Interesse, die Wäsche möglichst vorsichtig auf einem Brett von weichem Holz zu waschen (*M.* 8, 396). Überhaupt kommt es bei der Beurteilung der Ersatzpflicht durchaus darauf an ob böse Absicht oder strafbare Nachlässigkeit vorliegt oder nicht. So zählt *M.* 8, 290 ff. beim Überfahren zehn Fälle auf, in denen der Fuhrmann straflos bleiben soll, so wenn er die Vorübergehenden angerufen hat Platz zu machen, wenn ein Rad, eine Achse oder das Joch gebrochen ist u. s. w.; andernfalls sind der Fuhrmann oder die Insassen des Wagens strafbar. So ist auch der Eigentümer eines Pferdes, Hundes oder Affen nicht verantwortlich für den etwa von diesen Tieren angerichteten Schaden, ausser wenn er sie aufgehetzt hatte; Schiffer sind haftbar für jede Beschädigung der Ladung, die sie durch Nachlässigkeit verursacht haben, aber nicht haftbar bei force majeure (*Nār.* 15, 32; *M.* 8, 408 f.). Über das Wergeld s. § 44.

Schon das *Mahābhāṣya* nimmt auf die Strafen Bezug, welche der König für die Beschädigung des Korns durch Kühe verhängt[2]. Die um die Hälfte des Ertrags dienenden Feldarbeiter (*addhika* = *ardhika*) finden sich schon in einer alten Pallavainschrift[3]. Noch jetzt giebt es im Behari besondere Ausdrücke für den dem Hirten und Ackerknecht als Lohn überlassenen Anteil an der Milch und dem Getreide[4]. Im Süden kommt die Bezahlung der Hirten durch Überlassung der jungen Tiere an dieselben in der Weise vor dass der Hirte eine trächtige Kuh weidet und dafür nach zwei Jahren das Kalb erhält. Lohnarbeiter, die ihre Arbeit im Stich lassen, erhalten keinen Lohn, Transporteuren, welche die Fracht verzögern, können Abzüge auferlegt werden. Die Baumaterialien eines Hauses, das Jemand auf einem fremden Grundstück erbaut hat und zur Miete bewohnt, darf er beim Verlassen desselben mitnehmen. Bei Sachbeschädigungen jeder Art wird sorgfältig zwischen culpa und casus unterschieden. Die Wäscher (*dhobi* = *dhāvaka*) erhalten noch jetzt alle Wäsche zum Waschen und werden dafür in den Dörfern mit einem Anteil an der Ernte bezahlt, über ihre Misshandlung der ihnen anvertrauten Wäsche giebt es mehrere Sprüchwörter[6].

[1] Vgl. z. B. *Āp.* 1, 2—12. Über Sklaverei s. die Staatsaltertümer. — [2] Weber I. St. 13, 466. — [3] EI 1, 9. — [4] Grierson § 1205. — [5] Steele 192 f., 258—262, 280 f. — [6] Grierson § 393.

§ 33. Handels- und Gesellschaftsrecht. Im Handelsrecht, das im Ganzen eine späte Entwicklung ist, fällt zunächst der Kauf auf Probe auf. Der Käufer darf und soll die Ware persönlich einer genauen Prüfung unterziehen und sie Anderen zeigen, ehe der Kauf als abgeschlossen gilt. Worauf sich die Prüfung erstreckt, hängt von der Natur des verkäuflichen Gegenstands ab, der entweder nach der Zahl verkauft wird wie z. B. Betelnüsse, oder nach dem Gewicht wie Gold oder Sandelholz, nach dem Mass wie Getreide, nach den Leistungen wie Zugtiere oder Milchkühe, nach der Schönheit wie z. B. eine Sklavin, nach dem Glanz oder Feuer wie ein Edelstein (*Nār.* 8, 3). Der Verkäufer ist strafbar, wenn er falsches Mass gebraucht, etwaige Mängel künstlich verdeckt, Öl, Salz, Getreide u. dgl. mit minderwertigen Artikeln aufmischt, Edelsteinen, Eisen u. s. w. einen falschen Glanz verleiht, oder überhaupt den Wert seiner Waren in betrügerischer Weise zu erhöhen sucht, oder gar einen anderen Gegenstand als den anfänglich vorgezeigten dem Käufer aushändigt. (*M.* 8, 203; *Y.* 2, 244—248; *Nār.* 8, 7; *Bṛh.* 18, 4 u. a.) Über die Prüfungszeit gehen die Angaben auseinander, was zum Teil auf lokalen Verschiedenheiten beruhen mag, hauptsächlich aber von dem Wert des Gegenstandes, seiner Dauerhaftigkeit, der Schwierigkeit der Untersuchung u. s. w. abhängt. So soll nach *Nār.* 9, 5 f. die Prüfungszeit bei Eisen und Kleidern einen Tag, bei Milchkühen 3 Tage, bei Lasttieren 5 Tage, bei Edelsteinen, Perlen und Korallen 7 Tage, bei Getreide 10 Tage, bei Sklaven einen halben Monat, bei Sklavinnen einen ganzen Monat dauern. Auch ein abgeschlossener Kauf kann nach *Nār.* 9, 3 gegen Bezahlung eines Reugelds rückgängig gemacht werden, das am 2. Tage $^1/_{30}$, am 3. $^1/_{15}$ des Preises betragen soll; nach 3 Tagen wird jedes Kaufgeschäft definitiv. Wurde von dem Käufer ein Handgeld (*satyaṃkāra*) gezahlt, so verfällt dasselbe, wenn er den Kauf rückgängig macht; dagegen muss der etwa zurücktretende Verkäufer dem Käufer das Doppelte des Handgelds erstatten (*Vyāsa*; *Y.* 2, 61). Bei Verweigerung oder Verzug der Annahme geht das Risiko betreffs Beschädigung oder Verlust der verkauften Sache durch Feuersbrunst, Diebstahl u. s. w. auf den Käufer über, und die Sache kann anderweitig verkauft werden; dagegen ist das Risiko von dem Verkäufer zu tragen, wenn er sich nach Empfang des Preises weigert die Sache auszuliefern (*Gaut.* 12, 42; *Vi.* 5, 127—129; *Y.* 2, 254 f. u. a.)[1] Auch für den etwaigen Entgang an Nutzen, z. B. an Milch von einer verkauften Kuh, ferner für einen etwa nach dem Verkauf eingetretenen Preisrückgang, oder bei einer Exportware für den beim Export erwachsenden Gewinn, muss der Verkäufer in solchem Fall den Käufer entschädigen (*Nār.* 8, 4—10 u. a.). Die *Mit.* (zu *Y.* 2, 258) hat unter Berücksichtigung der verschiedenen einschlägigen Texte die Grundsätze entwickelt, dass bei schon geprüften Waren ein übermässig hoher Preis den Käufer, ein übermässig niedriger Preis den Verkäufer zum Rücktritt innerhalb drei Tagen, bei noch ungeprüften Waren die Entdeckung eines Fehlers den Käufer zum Rücktritt innerhalb der Prüfungsfrist berechtigt, dass aber in Ermanglung solcher Gründe schon innerhalb der bestimmten Frist, und nach Ablauf derselben in allen Fällen, für Annullirung von Kauf oder Verkauf ein Reugeld von 1/6 des Preises zu zahlen ist.

Nicht nur gegen falsche Vorspiegelungen u. a. betrügerische Manipulationen des Verkäufers muss sich der Käufer zu schützen suchen, sondern er muss auch auf seiner Hut sein, damit er nur von dem wirklichen Eigentümer kauft. Der »Verkauf fremden Eigentums« (*asvāmivikraya*), der schon bei *M.* eine der 18 Rechtsmaterien bildet, ist ungültig, und der rechtmässige Eigentümer kann die verkaufte Sache jederzeit von dem zeitigen Besitzer reclamiren. Wie es scheint, fanden regelmässige Märkte statt. Nur auf diesen soll man kaufen, und zwar vor Zeugen, zu der üblichen Marktzeit, bei ehrenhaften Verkäufern und zu entsprechenden Preisen; andernfalls soll der Käufer in Strafe genommen werden, wenn es ihm nicht gelingt, den Verkäufer nachzuweisen, der ihm dann den bezahlten Kaufpreis zurückerstatten muss, während die gekaufte Sache ihrem rechtmässigen Eigentümer restituirt wird. Auch wenn der Verkäufer nicht mehr auffindbar ist, der Kauf aber wenigstens auf offenem Markt stattgefunden hat, trifft den Käufer keine Strafe, doch muss er dem Eigentümer die Sache zurückgeben. Der Verkäufer ist auf jeden Fall strafbar, sei es, dass er ein Verwandter des Eigentümers ist oder nicht, und gleichviel, ob es sich um ein veruntreutes Pfand oder Depositum, oder um einen gefundenen oder gestohlenen Gegenstand handelt (*Vi.* 5, 164—166; *M.* 8, 197—202; *Y.* 2, 168—170; *Nār.* 7, 1—5 u. a.). Auch der Eigentümer muss sein Anrecht auf die Streitsache durch Zeugen oder andre anerkannte Beweismittel erhärten; kann er den Beweis nicht führen, so muss er den doppelten Wert der fälschlich von ihm beanspruchten Sache als Busse bezahlen. Auch wenn er den Beweis geführt hat, muss er die Hälfte des Preises dem Käufer gegen Rückgabe der Sache erstatten, wenn der Käufer sie in einem Bazar (*vaṇigvīthī*) und vor den Augen königlicher Beamten, also vollkommen bona fide gekauft hat (*Bṛh.* 13, 4—9).

Die hier angedeutete Controle und das Eingreifen des Königs macht sich überhaupt in dem ganzen Handelsrecht sehr bemerkbar. Der König soll alle 5—14 Tage, oder je nach der Raschheit der Preisbewegung, die Marktpreise festsetzen, wobei der Gewinn der Händler an inländischer Waare 5%, an ausländischer 10% betragen soll; er soll nach Erwägung der Marktpreise und der Kosten für Reisen, Unterhalt der Diener und Eskortirung der Transporte eine Abgabe erheben, die je nach Umständen 1/20 oder sogar 1/10 des Wertes betragen soll; er soll an den Zollstätten (*śulkasthāna*) und Fähren (*tara*) Zölle und Fährgeld erheben und Kaufleuten, welche die Zollstätten umgehen, eine hohe Geldstrafe auferlegen; er soll Mass und Gewicht aichen und zweimal im Jahr verificiren lassen, Fälschungen von Mass, Gewicht und Münzen streng bestrafen; die Bildung von Ringen in der Kaufmannschaft zur Erzeugung eines künstlichen Steigens oder Fallens der Preise soll er zu verhindern suchen (*M.* 8, 398—405; *Y.* 2, 249—253, 261—263; *Vi.* 3, 29—31; 5, 130 f. u. a.). Auch die Spielhäuser soll der König überwachen und von ihnen seine Procente beziehen (*Y.* 2, 200; *Nār.* 17, 8). Näher ist auf diese und ähnliche, wahrscheinlich sehr ergiebige Einnahmequellen des königlichen

Schatzes in den Staatsaltertümern einzugehen, ich erwähne nur noch, dass der König selbst als Industrieller auftritt, indem ihm nicht nur der Ertrag der Bergwerke ganz oder wenigstens zur Hälfte gehören soll (*Vi.* 3, 55; *M.* 8, 39), sondern auch Faktoreien von ihm betrieben werden (*M.* 7, 62) und die Gewinnung und der Verkauf z. B. von Saffran in Kashmir, Edelsteinen im Süden, Pferden im Westen, feinen Zeugen und Wolle im Osten, Elephanten allerwärts zu den königlichen Monopolen gehört (*Medh.* zu *M.* 8, 349).

Auch die Genossenschaften, Gilden, Korporationen jeder Art sollen den besonderen Schutz des Königs geniessen. Das Gesellschaftsrecht ist allerdings erst in den späteren Smṛtis ausgebildet worden, anscheinend im Anschluss an die religiösen Bruderschaften und Associationen, die schon in den älteren Werken erwähnt werden. So spricht *Vi.* 5, 167 von der Strafe für Veruntreuungen von Gegenständen, die einer religiösen Korporation (*gaṇa*) gehören. *M.* erörtert 8, 206—211 im Anschluss an die Śrautasūtras die Verteilung der Opferlöhne (*dakṣiṇā*) im Verhältnis von 48 : 24 : 16 : 8 unter den vier Rangklassen der Opferpriester und erklärt dieses Schema für allgemein anwendbar; ausserdem bespricht er 8, 218 ff. kurz die Strafe für Übertretung der Regeln einer Genossenschaft. Dagegen werden bei *Nār.*, *Y.*, *Bṛh.* u. a. jüngeren Autoren die Rechte der Handelsgesellschaften u. a. Genossenschaften ausführlich erörtert, und man gewinnt durch diese Erörterungen, die weit mehr auf realer Grundlage beruhen als die Lehre von den vier *varṇa*, einen interessanten Einblick in die Entwicklung des Kastenwesens. Allgemein wird vor einer Verbindung mit unfähigen, kranken oder unthätigen Personen gewarnt, nur zu vornehmen, klugen, thätigen, unternehmenden, ehrlichen, erfahrenen Männern soll man in Beziehung treten. Die Verteilung des Gewinns bei einer Handelsgesellschaft soll nach dem Verhältnis der Einlagen erfolgen, ebenso sind die Auslagen und etwaigen Verluste zu teilen. Wer jedoch durch Nachlässigkeit oder eigenmächtiges Handeln die Gesamtheit schädigt, muss Ersatz leisten; andrerseits soll demjenigen, der durch seine Thatkraft die Güter der Genossenschaft vor einer Gefahr bewahrt hat z. B. durch Abwehrung eines räuberischen Überfalls, $^1/_{10}$ der geretteten Güter als Voraus gehören. Gesellschaften zur Bodenkultur müssen besondere Achtsamkeit auf die Auswahl eines geeigneten Terrains und kräftigen Viehs verwenden; Verluste an Vieh oder Ernteertrag muss der sie verschuldende Teilhaber den andern vergüten. Wenn unter Handwerkern ein Lehrling, ein Geselle, ein geschickter Arbeiter und ein Meister zusammenwirken, so soll der Gewinn im Verhältnis von 1 : 2 : 3 : 4 unter ihnen geteilt werden, also genau nach der oben nach *M.* berichteten Proportion bei Opferpriestern. Ebenso sollen Freibeuter oder Räuber ihre Beute verteilen. Bei Bauhandwerkern, Teichgräbern und Gerbern soll der Leiter oder Meister einen doppelten Anteil erhalten, bei Musikern $1^1/_2$ Teile (*Nār.* 3, 2—7; *Bṛh.* 14, 1—32; *Kāty.* 13, 1—6 u. a.).

Der Kauf auf Probe ist nach Steele im Süden noch jetzt sehr gebräuchlich, zum Teil mit ähnlichen Prüfungsfristen wie nach den Smṛtis, z. B. einer Frist von einer Woche bei Edelsteinen, Gold- und Silberartikeln. Verzögerung der Auslieferung oder Annahme einer verkauften Sache wird entsprechend gestraft. Bei Verkauf einer fremden Sache muss der Käufer dem rechtmässigen Eigentümer die Sache restituiren, falls der Verkäufer im Bazar nicht mehr zu finden ist oder der Preis unverhältnismässig niedrig war. Handelsgesellschaften mit Verteilung von Gewinn, Verlust und Auslagen im Verhältnis der Einlagen oder nach besonderer Verabredung kommen vielfach vor, z. B. bei Tuch-, Getreide-, Butterhändlern, Wechslern, Maklern[2].

1 In Stenzler's Übersetzung 2, 255 steht irrig »Verkäufer« für »Käufer« (*kretur*). — 2 Steele, Castes 276—281.

§ 34. Form der Verträge. Wichtig für die Gültigkeit der Verträge war in vielen Fällen nicht nur ihr Inhalt, sondern auch die Beobachtung gewisser Formen bei der Vertragsschliessung. Feierliche und symbolische Handlungen und certa verba sind überhaupt mit den meisten Rechtsgeschäften verknüpft, besonders wenn sie irgendwie einen religiösen Charakter haben. Über die Ceremonien bei der Hochzeit und der Adoption s. §§ 16, 21. Solche Feierlichkeiten (*saṃskāra*) finden bei allen bedeutsamen Lebensabschnitten statt und werden in den Gṛhyasūtras ausführlich beschrieben. Schenkungen jeder Art werden durch eine Wasserspende ratificirt. Daher begleitet eine Wasserspende auch die Übergabe der Braut an den Bräutigam, die Besitzübergabe eines Grundstücks (§ 27). Viele und eingehende Angaben über das Ceremoniell bei der Einweihung von Tempeln, Teichen, Brunnen, Serais u. a. frommen und gemeinnützigen Stiftungen enthalten die Purāṇas[1]. Die Begehung einer bestrittenen Grenze ist ein feierlicher Akt, bei dem derjenige oder diejenigen, die durch das Vertrauen der beiden streitenden Parteien dazu berufen werden, nach vorherigem Fasten einen Kranz von roten Blumen aufsetzen, einen roten Mantel anziehen und Erde auf ihr Haupt streuen müssen; die so gezogene Grenze soll als definitiv anerkannt werden, wenn dem Vertrauensmann nicht binnen kurzer Zeit irgend ein Unglück zustösst (§ 27). Haben die Diener des Königs in einem Wald oder anderswo herrenloses Gut gefunden, so soll der Fund unter Trommelschlag, der überhaupt alle königlichen Proclamationen begleitet, bekannt gemacht werden, damit sich der Eigentümer melden kann (*Medh.* zu M. 8, 30). Hat Jemand Geld von einem Brahmanen geliehen und der Brahmane und alle Rechtsnachfolger desselben sind gestorben, so soll er das Geld ins Wasser werfen (*Nār.* 1, 113), wie auch der König eine unrechtmässig von ihm erhobene Geldstrafe ins Wasser wirft (*M.* 9, 244; *Y.* 2, 307). Die Sklaverei kann u. a. dadurch begründet werden, dass ein freier Mann sich Jemand zu eigen giebt mit den Worten *tavāham* »Ich bin dein«. Bei der Freilassung eines Sklaven giesst sein Herr einen Topf mit Wasser nebst unenthülstem Getreide und Blumen über dem Kopf des Sklaven aus, wobei er ihn dreimal für einen freien Mann erklärt; der Krug wird auf die Erde geworfen, so dass er zerbricht (*Nār.* 5, 27, 34, 43 f.). Gegen einen renitenten Schuldner kann ein Gläubiger das Zwangsmittel *prāya*, *prāyopaveśana*, *ācarita* in Anwendung bringen, welches darin besteht, dass er so lange vor dem Haus seines Schuldners sitzt und fastet, bis seine Forderung befriedigt ist; stirbt der Gläubiger hiebei, so gilt der Schuldner als sein Mörder (*M.* 8, 49 u. a.). Eidliche Beteuerungen und Versprechungen, deren bindende Kraft durch das Weihwasserordal erhöht werden kann, sind in vielen Fällen üblich und spielen namentlich in Zeugenaussagen vor Gericht eine Rolle. Zeugen werden bei Transactionen jeder Art gerne zugezogen, so bei Darlehen, Hinterlegung, Kauf und Verkauf besonders von Immobilien, Verpfändung, Stiftungen, Beurkundungen, Verstossung einer Ehefrau u. s. w. Die Zuziehung von Zeugen kann auch heimlich geschehen, indem man sie von einem Versteck aus eine mündliche Verabredung belauschen lässt, für die man später einen Beleg haben möchte (*Nār.* 1, 150).

Die Wasserspenden bei Schenkungen werden auch in den Inschriften häufig erwähnt. Nicht minder bekannt und verbreitet ist die Institution des Dharnasitzens der Gläubiger, die sich auch bis auf die Gegenwart erhalten hat (§ 53). Grenzstreitigkeiten können noch jetzt dadurch entschieden werden, dass die streitenden Parteien sich über einen Schiedsrichter einigen, der sich nach einem Bad in einem heiligen Strom (rotes) Basilienkraut oder andre heilige Blumen um den Hals legt, ein Götterbild anbetet und sich mit (rotem) Sandelholz die Stirne bestreicht. Er begeht dann das bestrittene Terrain, und wo er gegangen ist, da soll künftig die Grenze sein. Doch gilt seine Bestimmung für falsch, wenn kurze Zeit nachher ihm oder seiner Familie irgend ein Unglück zustösst[1].

[1] MANDLIK 332—344. — [2] STEELE, Castes 288.

§ 35. Das Urkundenwesen. Vielleicht wäre die Überlieferung noch reicher an Formen und symbolischen Gebräuchen, wenn nicht schon frühe schriftliche Verträge in Aufnahme gekommen wären. In den älteren Dharmasūtras findet sich die Schrift überhaupt noch nicht erwähnt, was aber mit BÜHLER wohl nur auf den mehr religiösen Charakter dieser Werke zurückzuführen ist, der sie von profanen und mehr zum *arthaśāstra* gehörigen Gegenständen wie das Urkundenwesen absehen liess. Dagegen nehmen bereits *Vas.*[1], *Vi.* und *M.* mehrfach auf geschriebene Verträge und Urkunden Bezug, und die späteren Smṛtis enthalten eine Fülle detaillirter Angaben über dieselben. Hienach ist zunächst zwischen königlichen und Privaturkunden (*rājakīyaṃ* und *laukikaṃ* oder *jānapadaṃ lekhyam*) zu unterscheiden. Die Privaturkunden zerfallen in Teilungs-, Schenkungs-, Kauf-, Pfand-, Vereinigungs-, Knechtschafts-, Grenz-, Friedens-, Cessions- und Schuldverträge (*vibhāga-*, *dāna-*, *kraya-*, *ādhi-*, *saṃvit-*, *dāsa-*, *sīma-*, *saṃdhi-*, *anvādhi-*, *ṛṇa-pattra* oder *-lekhya;* selbst über eine vollzogene Busse kann eine Bescheinigung (*viśuddhipattra*) ausgestellt werden. Schuldverträge, die gebräuchlichsten von allen, sollen das Datum (*kāla*) enthalten, ferner den regierenden König (*rājan*), das Land (*sthāna*), die Ortschaft (*nivasana*), den Gläubiger (*dāyaka*), den Schuldner (*grāhaka*), sowie die Namen ihrer Väter, die Kaste des Schuldners (*jāti*), sein Geschlecht (*gotra*), sein Vedastudium (*śākhā*), den Gegenstand des Darlehens (*dravya*), das Pfand (*ādhi*), den Wert beider (*saṃkhyā*), den Zinsfuss (*vṛddhi*), die Unterschrift des Schuldners (*grāhakahasta*), endlich zweier kundiger Zeugen (*viditārthau sākṣiṇau*)[2]. Der Schuldner soll sich am Schluss der Urkunde unterschreiben und dazu bemerken: »Ich, der Sohn von dem und dem, bin mit dem Obigen einverstanden«; dann sollen die Zeugen ihren eigenen Namen und denjenigen ihres Vaters unterschreiben, mit der Bemerkung: »Hierin bin ich, der und der, Zeuge«; am Schluss soll der Schreiber bemerken: »Obiges habe ich, N. N., der Sohn von N. N., im Auftrag beider Parteien geschrieben« (*Y.* 2, 84—88). Ein des Schreibens unkundiger Schuldner oder Zeuge kann einen Andern für sich schreiben lassen. Ein durchaus von dem Schuldner selbst geschriebener Schuldschein ist auch ohne Zeugenunterschriften gültig, jedoch nur dann, wenn er nicht durch Nötigung des Schreibers zu Stande gekommen oder Betrug, Bestechung, Feindschaft u. dgl. dabei im Spiele gewesen ist, wie auch die Unterschrift eines bestochenen oder sonst anfechtbaren Zeugen ungültig ist. Überhaupt hat im Fall einer Anfechtung jede Urkunde eine strenge Prüfung zu bestehen, die sich sowohl auf den Inhalt und die Form des Dokuments, als auf die Handlungsfähigkeit und den Charakter des Ausstellers und der Zeugen und die Verhältnisse im allgemeinen erstreckt. Besonders wird auf die Geschicklichkeit der Schriftfälscher hingewiesen, welche Handschriftenvergleichung und genaueste Untersuchung der Dokumente notwendig macht. Erschwert wird der Nachweis der Echtheit durch das Alter einer Urkunde, namentlich wenn die darin unterschriebenen oder erwähnten Personen sämtlich oder teilweise nicht mehr am Leben sind; daher wird empfohlen, die Urkunde bei jeder Gelegenheit vorzuzeigen und vorzulesen und den Schuldner wiederholt zu mahnen, da sonst nach 30 Jahren die Urkunde ungültig wird, selbst wenn die Zeugen noch am Leben sind. Geht eine Urkunde verloren, z. B. durch eine Feuersbrunst, oder wird sie beschädigt, so muss der Aussteller dafür ein neues Dokument liefern. (*Vi.* 7, 6—13; *M.* 8, 168; *Y.* 2, 89—92; *Nār.* 1, 135—146; *Bṛh.* 8, 20—31).

Von öffentlichen oder königlichen Urkunden[3] werden folgende Arten erwähnt: *śāsana* Stiftungsurkunden, Dokumente über einem Beamten oder Offizier u. a. Leuten als Zeichen der königlichen Huld geschenkten Ländereien u. dgl. (*prasādalikhita*), Urteilsausfertigungen, die nach Entscheidung eines Processes der siegreichen Partei gegeben werden (*jayapattra* oder *paścātkāra*), Edicte, die an Vasallen, Gouverneure u. a. Untergebene gerichtet werden (*ājñāpattra*), höfliche Aufforderungen oder Proclamationen, die an Priester, geistliche Lehrer u. a. verehrungswürdige Personen ergehen (*prajñāpanapattra*). Auch »vom König attestirte« (*rājasākṣika*) Privaturkunden werden erwähnt, sie sind in einem königlichen Gerichtshof von einem königlichen Schreiber abzufassen und von dem Richter zu unterzeichnen (*Vi.* 7, 3). Weitaus am ausführlichsten verbreiten sich die Gesetzbücher über die Stiftungsurkunden (*śāsana*). Als Schreibmaterial sind Kupferplatten (*tāmrapaṭṭa*) oder Baumwollzeug (*paṭa*) zu verwenden. Das königliche Siegel (*mudrā*) darf nicht fehlen, es soll ein Tier, z. B. einen Eber (*varāha*) oder den mythischen Vogel *garuḍa*, darstellen. Inhaltlich soll das *śāsana*, analog den Privaturkunden, aber ausführlicher als dieselben, in der Regel über folgende Punkte Auskunft geben oder dieselben enthalten: 1) den Ort der Ausfertigung, 2) den Stifter und seine Vorfahren, 3) das geschenkte Dorf u. s. w. und die Provinz, in der es liegt, 4) die versammelten Zeugen, 5) den frommen Zweck der Stiftung, 6) die genaue Lage und die Grenzen der Stiftung, 7) den Empfänger der Stiftung, 8) die Dauer der Stiftung, 9) ihre Vererbung, 10) ihre Unentreissbarkeit, 11) ihre Steuerfreiheit u. a. Privilegien, 12) die Benachrichtigung künftiger Herrscher durch die Urkunde, 13) entsprechende Gesetzesstellen, 14) die Unterschrift des Königs, 15) den Verfasser der Urkunde, 16) das Datum. Die Fälschung eines solchen *śāsana*, wie überhaupt einer Urkunde, wird als ein todeswürdiges Verbrechen bezeichnet.

Bühler hat nachgewiesen, dass die Entlehnung des nordsemitischen Alphabets, auf welches die indische Brāhmaschrift zurückgeht, um 800 v. Chr. zu setzen ist[4]. Es kann daher nicht überraschen, dass schon in den Jātakas Schuldscheine (*iṇapaṇṇāni*) und auf goldenen Tafeln eingegrabene königliche Proclamationen und lehrreiche Sprüche Erwähnung finden[5]. Auch die berühmten Edikte des Königs *Aśoka* sind solche Proclamationen und lassen sich mit den *prajñāpana*- und *ājñāpattra* der Smṛtis vergleichen. Weitaus am häufigsten treten aber die *śāsana* inschriftlich auf, die gewöhnlich auf Kupferplatten eingegraben und genau nach dem oben erwähnten Formular der Smṛtis abgefasst sind. Auch die dabei befindlichen Siegel entsprechen der Vorschrift, indem z. B. die Siegel der Cālukyas den Eber, diejenigen der Guptas den *garuḍa* zeigen[6]. Über das auf der Insel Java gefundene alte inschriftliche Specimen einer Urteilsausfertigung (*jayapattra*) s. § 13. Auch das *saṃdhi*- und *dānapattra* lassen sich durch Inschriften belegen. Fälschungen, namentlich von Stiftungsurkunden, kamen auch schon frühe vor, wie z. B. schon König *Harṣa* in einem Edikt von 631/32 eine gefälschte Stiftungsurkunde (*kūṭaśāsanam*) erwähnt, die ein Brahmane als Besitztitel benützt hatte[7]. Beispiele moderner Schuldscheine führt Steele an, sie erinnern ganz an die Smṛtis. So heisst es darin: »N. N. bekennt von N. N. so und so viele Rupees zu x % Zinsen, rückzahlbar am so und so vielsten, empfangen zu haben«; folgen das Datum, die Unterschrift oder ein Zeichen, dann die Unterschriften der Zeugen. Auch ganz von dem Schuldner geschriebene Schuldscheine sind gültig, doch muss ihre Echtheit durch Schriftvergleichung festgestellt werden, wie überhaupt jede Urkunde einer strengen Prüfung unterzogen wird[8].

1 Bühler, Ind. Studies 3, 6 f. (1895). — 2 ZDMG 44, 359 f. — 3 l. c. 350—359. — 4 Bühler l. c. 80. — 5 Jātakas 4, 256, 7; 2, 371, 381; Bühler l. c. 10 f. — 6 ZDMG l. c. — 7 l. c. 360. — 8 Steele, Castes 272—274.

4. VERGEHEN, BUSSEN UND STRAFEN.

§ 36. Religiöse Vergehungen. Die Ausdrücke für den allgemeinen Begriff »Verbrechen, Vergehen« sind sehr zahlreich, aber meist religiöser Natur, ich erwähne beispielsweise *agha*, *āgas*, *enas*, *pāpa*, *pāpman* »Übel, Sünde«, *aśubha*, *kalmaṣa*, *paṅka*, *mala* »Schmutz, Sünde«, *adharma* »Unrecht«, *kilbiṣa*, *doṣa*, *duṣṭa* »Verfehlung, Vergehen«, *unmārga* »Abweg«, *hiṃsā*, *aparādha*, *apakāra* »Verletzung, Vergehen«, *atikrama*, *dharmavyatikrama*, *apacāra*, *duṣkṛta*, *vikarman*, *vikṛta* »Übertretung, Übelthat«, *patanīya*, *saṃkarīkaraṇa*, *jātibhraṃśakara*, *pātaka* nebst den Ableitungen *atipātaka*, *mahāpātaka*, *anupātaka*, *upapātaka* »zum Verlust der Kaste führendes Verbrechen«. Die letzte Gruppe von Ausdrücken ist besonders wichtig, da sie den engen Zusammenhang des Criminalrechts mit dem Kastenwesen zeigt. Die unbussfertigen Sünder und diejenigen, deren Verbrechen überhaupt unsühnbar ist, kommen nicht nur in die Hölle und haben später schlimme Wiedergeburten durchzumachen, sondern sie werden auch aus der Kaste gestossen. Auf dem Gesichtspunkt, ob die Wiederaufnahme in die Kaste leichter oder schwerer oder gar nicht durch Vollziehung gewisser Bussen zu erlangen ist, beruhen die systematischen Zusammenstellungen der Verbrechen in den Smṛtis, von denen diejenige bei *Vi.* 33—42 als die vollständigste hier Platz finden mag. 1) Todsünden (*atipātaka*), nämlich unerlaubter Umgang mit der Mutter, Tochter oder Schwiegertochter; 2) schwere Sünden (*mahāpātaka*), nämlich Brahmanenmord, Genuss geistiger Getränke (*surā*), Diebstahl von Gold, das einem Brahmanen gehört, unerlaubter Umgang mit der Frau eines Lehrers (*guru*), Verkehr mit solchen, die eines dieser Verbrechen begangen haben; 3) einer schweren Sünde gleichkommende Verbrechen (*anupātaka*), und zwar gleichen dem Brahmanenmord: der Mord eines gerade mit einem Opfer beschäftigten Kṣatriya oder Vaiśya, einer menstruirenden, oder eben erst menstruirt habenden oder schwangeren Frau, eines Embryo, dessen Geschlecht noch nicht unterscheidbar ist, oder eines Schutzflehenden; dem Genuss von Spirituosen gleichen: falsches Zeugnis und Mord eines Freundes; dem Golddiebstahl gleichen: die Usurpation von Land, das einem Brahmanen gehört und die Unterschlagung von anvertrautem Gut; dem unerlaubten Umgang mit der Frau eines Lehrers gleichen: Umgang mit der Frau eines Vatersbruders, eines Grossvaters mütterlicherseits, eines Schwiegervaters, eines Königs u. a. Inceste; 4) kleinere Sünden (*upapātaka*), nämlich lügnerisches Prahlen, Denunciation beim König, falsche Beschuldigungen gegen einen Lehrer, Schmähung oder Vergessen des Veda, böswilliges Verlassen der Eltern, des Sohns, der Gattin oder des heiligen Feuers, Genuss verbotener Nahrung, Wegnahme fremden Eigentums, Ehebruch, Opfern für Unwürdige, unerlaubter Erwerb, Annahme verbotener Geschenke, Tötung eines Kṣatriya, Vaiśya, Śūdra oder einer Kuh, Verkauf verbotener Waare, Verheiratung eines jüngeren Bruders vor dem älteren, sowie jede Mitwirkung bei diesem Vergehen, die Lebensweise eines Ausgestossenen (*vrātya*), Lehren und Lernen des Veda um Lohn, die Arbeit in Bergwerken, die Anfertigung grosser Maschinen, Beschädigung von Bäumen oder Pflanzen, Gewinnung des Lebensunterhalts durch die Gattin, Zauberei, Gewaltthätigkeit, Vernachlässigung des Opferns, Vedastudiums u. a. religiöser Pflichten, das Lesen schlechter Bücher, Atheismus, das Gewerbe eines Tänzers oder Sängers, Verkehr mit Frauen, die geistige Getränke geniessen; 5) Vergehen, die Ausstossung aus der Kaste zur Folge haben (*jātibhraṃśakara*), nämlich Verletzung eines Brahmanen, das Riechen an ekelerregenden Dingen und geistigen Getränken, Unredlichkeit, verbotener Umgang mit Tieren oder Männern; 6) Vergehen, die den Thäter in eine Mischlingskaste hinabstossen (*saṃkarīkaraṇa*), nämlich Verletzung von Haus- oder Waldtieren; 7) Vergehen, die den Thäter unwürdig machen (Geschenke zu empfangen, *apātrīkaraṇa*), nämlich Annahme von Geschenken oder Almosen von verächtlichen Leuten, Handel, Geldverleihen, Lügenhaftigkeit, Bedienung eines Śûdra; 8) Vergehen, die Verunreinigung herbeiführen (*malāvaha*), nämlich das Töten von Vögeln, Amphibien, Wassertieren, Würmern oder Insekten und der Genuss von Substanzen, die mit Spirituosen in Berührung gekommen (oder denselben ähnlich) sind; 9) vermischte Vergehungen (*prakīrṇaka*), nämlich alle nicht besonders aufgeführten. Schon dieser letzte Ausdruck zeigt, dass *Vi.*'s Aufzählung auf Vollständigkeit keinen Anspruch macht, und in der That lassen sich aus den Parallelstellen der andern alten Autoren noch viele weitere Vergehungen entnehmen, wie z. B. Seereisen, Ausübung ärztlicher Praxis, Gattenmord, Königsmord u. a. schwere Fälle von Totschlag, böswillige Verlassung der nächsten Angehörigen, verschiedene Fälle von Diebstahl u. s. w. Weitere Sünden und Verfehlungen ergeben sich namentlich aus der Lehre von den Bussen (*Vi.* 50 ff. u. a.), aus der Lehre von der Wiedervergeltung (*karmavipāka*), wo besonders die verschiedenen Arten des Diebstahls mit spielender Symbolik erörtert werden (der Fleischdieb wird als Geier wiedergeboren *Vi.* 44, 21 u. dgl.), aus dem *snātakadharma* (*Vi.* 71 u. a.) und aus den Aufzählungen derjenigen Brahmanen, die man nicht zu einem *śrāddha* einladen darf (*Vi.* 82 u. a.).

Vieles in diesen Sündenregistern macht einen befremdlichen, selbst phantastischen Eindruck, über manche der darin vorkommenden Ausdrücke sind sogar die Commentatoren geteilter Ansicht. So wird die Sünde der Gewinnung des Lebensunterhalts durch die Gattin (*M.* 11, 64 u. a.) auf Preisgebung derselben, aber auch auf Aneignung ihres Erwerbs, oder ihres Sonderguts, oder auf den Verkauf der Gattin bezogen. Im Grossen und Ganzen giebt es jedoch keinen Teil des brahmanischen Sittencodex, dessen Wurzeln so weit in das höchste Altertum hinaufreichen und der sich zugleich mit allen seinen Sonderbarkeiten so zähe bis auf die Gegenwart behauptet hat, als die Lehre von den Sünden und den Bussen für dieselben. Bis in die vedischen Saṃhitās lassen sich der *sūryābhyudita* und *-nimrukta*, die *brahmahan*, *bhrūṇahan*, *parivitta*, *didhiṣūpati*, *agredidhiṣū* u. a. charakteristischen Kategorieen von Sündern zurückverfolgen (*Kāṭh.* 31, 5; *AV* 6, 112, 3 u. a.)[1]. Das *Taitt. Brāhm.* 3, 2, 8, 11 ff. enthält eine Aufzählung der Sünder, die fast wörtlich mit *Āp.* 2, 12, 22 übereinstimmt. Zu den Sühnevorschriften des *Sāmavidhānabrāhmaṇa* hat Konow in seiner Übersetzung desselben viele Parallelen in den Smṛtis nachgewiesen. Ich vergleiche noch *Sāmav.* 1, 5, 6—9 (unehrerbietige Anreden an Brahmanen oder Verwandte) mit *M.* 11, 205, *Y.* 3, 292; 1, 5, 12 (Riechen von unreinen Dingen) mit *Vi.* 38, 2, *M.* 11, 68; 1, 6, 7 (Unterdrückung des Atems als Busse) mit *Vi.* 55, 8; 1, 8, 2 (Verkauf von Tieren, die oben und unten Schneidezähne haben) mit *Vi.* 45, 23; 1, 8, 5 (Raub eines Mädchens) mit der Rākṣasaheirat der Smṛtis. Auch im *Mah.* 12, 165, 34 ff. werden die Todsünden und viele kleinere Sünden der Smṛtis erwähnt, ebenso in den Inschriften z. B. EI 1, 366, 39 (*gohatyābrahmahatyādi mahāpātakam*). Manche Berührungspunkte mit den Smṛtis bieten auch die buddhistischen Sündenregister[2]. Noch jetzt werden in Bombay bei vielen Kasten als die Haupsünden folgende betrachtet: Brahmanen-, Frauen- und Kindermord (*brahma-*, *strī-* und *bālahatyā*), Incest, Genuss geistiger Getränke oder verbotener Speisen, Unterlassung der Bestattungsgebräuche bei dem Tod eines Verwandten, dann auch jeder Verkehr mit Leuten niedrigeren Standes und Mohammedanern. Auch die Tötung einer Kuh (*gohatyā*) wird als eine besonders schwere Form des Totschlags, Golddiebstahl als die schwerste Form des Diebstahls hervorgehoben[3].

Ähnlich sind in Nepal die fünf Hauptverbrechen (*pañc khāt*) aus den fünf Todsünden der Rechtsquellen hervorgegangen, nämlich *brahmahatyā, strīhatyā, bālahatyā, gohatyā, agamyāgamana*[4]. Ebenso galten nach Alberūnī in Indien im Mittelalter als Todsünden: die Tötung eines Brahmanen oder einer Kuh, Weingenuss und Incest, besonders mit der eigenen Mutter oder der Gattin des Lehrers[5]. Wie sehr die Übertretung der Speiseverbote, namentlich der Genuss von Rindfleisch, stets den religiösen Fanatismus der Hindus entflammt hat, ist aus der indischen Geschichte bekannt; noch jetzt nimmt sich die Society for the Protection of Cows (*gorakṣiṇī sabhā*) der Kühe sowohl gegen die Mohammedaner als gegen die Europäer in Indien an.

[1] Vgl. Weber I. Str. 2, 210 f. — [2] Kern, Der Buddhismus 2, 100—138. — [3] Steele, Castes 147—152. — [4] Hodgson, Ess. 2, 215. — [5] Alb. 2, 162.

§ 37. Die Bussen. Ebenso alt als die Sündenregister ist die Lehre von den Bussen (*prāyaścitta*), deren Festsetzung und Verhängung eines der wesentlichsten Mittel für die Behauptung des Einflusses der Brahmanen und häufig auch eine ergiebige Einnahmsquelle für dieselben bildete. Es ist nicht unwahrscheinlich, dass das Princip der geistlichen Strafen schon in die indo-iranische Epoche zurückgeht, da die häufige Anwendung von Gebeten, Geschenken jeder Art an die Priester und Kuhurin bei Sühnungen auch im Vendidād auftritt. Auf indischem Boden scheint das schon erwähnte *Sāmavidhānabrāhmaṇa* die älteste eingehende Darstellung der Bussen zu enthalten. Seinem Zusammenhang mit dem *Sāmaveda* entsprechend erwähnt es namentlich viele Sāmans, deren Absingung eine busskräftige Wirkung haben soll, beschreibt aber in 1, 3 auch die drei Kasteiungen (*kṛcchra*). Das *kṛcchra* im engern Sinn besteht darin, dass man die ersten drei Tage lang nur Morgens ungewürzte Speise geniesst, an den drei nächsten Tagen ebenso nur Abends, an drei weiteren Tagen nur unerbetene Speise geniesst, an den drei letzten Tagen aber ganz fastet. Eine Steigerung dieser Busse ist das *atikṛcchra,* bei dem man bei jeder Mahlzeit nur soviel geniessen darf, als man auf einmal in den Mund nehmen kann; als der Gipfelpunkt der Kasteiung aber ist das *kṛcchrātikṛcchra* anzusehen, bei dem man nur von Wasser leben darf.

Von den Smṛtis hat *Gaut.* 26 die drei *kṛcchra* wörtlich aus dem *Sāmav.* übernommen, und sie kommen auch in anderen Werken vor, namentlich das *kṛcchra* im engeren Sinn, das aber gewöhnlich *prājāpatya*, die von *Prajāpati* erfundene Busse heisst. Andere *kṛcchra* sind: die heisse Busse (*taptakṛcchra*), bei der man je drei Tage lang nur heisses Wasser, heisse Milch und heisse zerlassene Butter geniesst und die drei letzten Tage ganz fastet; die kalte Busse (*śītakṛcchra*), bei der man die nämlichen Flüssigkeiten kalt geniesst, die Blätterbusse (*parṇakṛcchra*), Wasserbusse (*udakakṛcchra*), Wurzelbusse (*mūlakṛcchra*), Viertelsbusse (*pādakṛcchra*) u. a. (*Vi.* 46, 10—23 u. a.). Hervorzuheben ist ferner die Mondbusse der Smṛtis (auch *Mah.* 12, 165, 69) mit ihren Abarten *yati-, śiśu-, sāmānyacāndrāyaṇa,* so genannt, weil man mit dem ab- und zunehmenden Mond täglich seine Nahrung vermindert resp. vermehrt (*Vi.* 47 u. a.). Die Parākabusse besteht in zwölftägigem vollständigen Fasten (*Y.* 3, 321 u. a.). Bei der Busse *sāṃtapana*, die in verstärkter Form *mahāsāṃtapana* genannt wird, darf man einen Tag lang nur Kuhurin, Kuhmist, Milch, saure Milch, zerlassene Butter und eine Brühe von Kuśagras geniessen und muss den zweiten Tag fasten (*Y.* 3, 315 f. u. a.). Die hier erwähnten »fünf Dinge von der Kuh« (*pañcagavya*) kommen auch bei andern Bussen vor, und so kann überhaupt alles, was von diesem heiligen Tier herrührt, auch wenn es an und für sich noch so unrein ist, als Reinigungs- und Sühnemittel dienen. Bei dem *govrata* (*Vi.* 50, 24 u. a.), der Busse für die Tötung einer Kuh, soll man die Kühe auf die Weide begleiten und sie auf jede Weise bedienen, den von ihnen erregten Staub einschlürfen, sie bei Unwetter und Gefahr mit Preisgebung des eigenen Lebens in Sicherheit bringen und von nichts als *pañcagavya* leben. Selbst wenn man nur einer Kuh den Rücken kratzt oder sich mit den von ihren Hörnern herabfallenden Wassertropfen benetzt, kann man dadurch eine sühnende Wirkung erzielen (*Vi.* 23, 59 f.). Eine noch wichtigere Rolle als der Cultus der Kuh spielen bei den Bussen die Gebete, unter denen besonders die Sāmans hervortreten, auf deren bussbräftige Wirkung schon das *Sāmav.* hinweist. Die wichtigsten Gebete haben besondere Namen (*Vi.* 56 u. a.). Je öfter man sie wiederholt, desto grössere Wirkungen erzielt man damit; so kann nach *Baudh.* 4, 5, 31, wer beim Sonnenaufgang 1008 mal die *Gāyatrī* murmelt, dadurch Befreiung von allen Sünden mit Ausnahme des Brahmanenmords erlangen. Häufig wird das Hersagen von Gebeten mit andern Observanzen combinirt, so z. B. bei dem *anaśnatpārāyaṇa*, der mit Fasten u. a. Kasteiungen verbundenen Recitation des ganzen Veda (*Baudh.* 3, 9). Eine andere, den Verfassern der Smṛtis natürlich besonders sympathische Art der Sühnung besteht in Geschenken, die den Brahmanen gegeben werden. Als passende Gegenstände für Geschenke nennt *Baudh.* 3, 10, 14 im Allgemeinen Gold, Kühe, Kleider, Land, Sesam, zerlassene Butter und Speise, *Gaut.* 19, 16 ausserdem noch Pferde, es werden aber bei den einzelnen Vergehen noch viele zur Sühnung derselben geeignete Geschenke namhaft gemacht. So wird bei den Bussen für die Tötung von Tieren bestimmt, dass man für eine getötete Schlange einen eisernen Spaten geben soll, für einen Eber einen Topf zerlassene Butter, für ein Rebhuhn einen *droṇa* Sesam, für einen Papagei ein zweijähriges Kalb, für einen Pfau u. a. Vögel oder für einen Affen eine Kuh, für ein Pferd ein Kleid, für einen Elefanten fünf dunkelfarbige Stiere, für einen Esel ein einjähriges Kalb, für ein Kameel einen *kṛṣṇala* Gold, für ein Raubtier eine Milchkuh, für Entwendung von Gold eines Brahmanen ebensoviel Gold als man selbst wiegt u. dgl. (*Vi.* 50, 25 ff. u. a.). Dass diese Geschenke für Brahmanen bestimmt sind, in erster Linie wohl für den *ācārya*, der die Busse diktirt hat, wird zwar nur an einigen Stellen (*Vi.* 50, 31, 33; *M.* 11, 131 u. a.) ausdrücklich gesagt, ergiebt sich aber aus dem Zusammenhang. Bei *Baudh.* 1, 19, 6 werden allerdings die Sühngeschenke für die Tötung eines Schwanṣ u. a. Tiere der Entschädigung gleichgestellt, die für den Totschlag eines Śūdra zu entrichten ist, und die Quelle der sehr bedeutenden, bis zu 1000 Kühen gehenden Bussen, die für Tötung eines Menschen zu leisten sind, ist jedenfalls in dem Wergeld zu suchen (§ 44). Doch treten Schenkungen und Stiftungen jeder Art von Anfang an in dem religiösen Recht sehr bedeutsam hervor, vgl. § 30. Andere Sühnemittel sind: der Besuch von Wallfahrtsorten (*tīrtha*), deren *Vi.* 85 allein 51 aus allen Teilen Indiens aufzählt, ein Bettelleben, wobei man sich nur durch Almosen erhält, Baden, besonders mit den Kleidern, Opfer, auf dem Boden zu schlafen, in der Sonne zu sitzen, Scheren der Haare, Wohnen im Walde, demütige Entschuldigungen und Verneigungen u. s. w. Eine besondere Kategorie bilden die Bussen für heimliche Vergehen (*rahasyaprāyaścitta*); diese zumeist in Gebeten bestehenden Bussen soll nach *Mit.* zu *Y.* 3, 301 ein mit dem *dharmaśāstra* vertrauter Sünder sich selbst auferlegen, ein ungelehrter dagegen soll sich an einen Sachverständigen wenden und unter dem Vorgeben, dass irgend ein Anderer die betreffende Sünde begangen habe, die dafür geeignete Busse zu erkunden suchen.

Je schwerer die Sünde, desto schwerer die Busse; daher kann die Begehung einer Todsünde nur durch Selbstmord gesühnt werden. Nach *Mah.* 12, 165, 46 ff. soll der Mörder eines gelehrten Brahmanen (*bhrūṇahan*) sich in das Kampfgetümmel begeben, um durch den Tod von Feindeshand Absolution zu erlangen, oder sich in das Feuer stürzen. Wer ein berauschendes Getränk getrunken hat, wird rein wenn er so lange heisses Wasser geniesst, bis er durch Verbrühung den Tod findet. Wer das Ehebett seines Lehrers befleckt hat, soll eine aus Eisen geformte, glühend gemachte Frau umarmen, bis er daran zu Grunde geht, oder sein Glied und seine Hoden abschneiden und diese abgeschnittenen Körperteile in der Hand tragend so lange nach Südwesten vorwärts schreiten, bis er tot zu Boden stürzt, oder er soll sein Leben lassen, indem er einen Brahmanen aus Todesgefahr errettet. Doch werden neben diesen tödlichen Bussen fakultativ auch gelindere zugelassen, wie z. B. der Genuss von Spirituosen auch durch Fasten, Keuschheit und Schlafen auf der Erde gesühnt werden kann. Obige und ähnliche Arten des Selbstmords zur Abbüssung von Todsünden kommen auch in den meisten Smṛtis vor, doch werden späterhin die zum Tod führenden Bussen unter den im jetzigen Weltalter nicht mehr zulässigen Gebräuchen (*kalivarjya*) aufgezählt.

Im Übrigen zeigen sich die späteren Smṛtis bestrebt, Lücken in der Lehre von den Bussen auszufüllen und die Casuistik weiter auszubilden. So wird nun neben der Tötung einer Kuh auch der Fall einer mehr oder minder schweren Verletzung derselben in Betracht gezogen. Haben Kinder, Frauen oder Kranke sich vergangen, so sollen sie die entsprechende Busse nur halb vollziehen. Die zu consultirenden Brahmanen sollen ihr Gutachten über das für den betreffenden Fall geeignete *prāyaścitta* schriftlich abgeben (*Bṛh.*, *Kāty.* u. a.). Die Bussen können allgemein in Geld und Geldeswert verwandelt werden.

Schon Albērūnī 2, 172 f. erwähnt die Fastengelübde *kṛcchra, parāka, cāndrāyaṇa* u. a. Auch heutzutage sind für die Bussen, die noch immer von rechtsgelehrten Brahmanen (*dharmādhikārin*), meist in schriftlichen Gutachten, festgesetzt werden, die Grundsätze des *dharmaśāstra* in Geltung geblieben. Am allgemeinsten finden sich Geldstrafen oder Geschenke, sei es, dass dieselben direkt eingetrieben werden, oder dass, was das Gewöhnliche ist, der zu Büssende den sämtlichen Mitgliedern seiner Kaste ein Gastmahl mit vorgeschriebener Bewirtung geben muss. Doch spielt auch das *pañcagavya* und überhaupt der Cultus der Kuh noch eine bedeutende Rolle bei religiösen Sühnungen, wie u. a. Dubois berichtet, der auch von einer mit dem *govrata* der Smṛtis vergleichbaren Observanz erzählt, wobei man die Kühe auf der Weide begleitet und ihren Urin in eigens dazu mitgebrachten Gefässen auffängt[1]. Für schwerere Vergehen gelten Wallfahrten (*tīrthayātrā*) als die geeignete Sühne[2]. Auch die *rahasyaprāyaścitta*, entweder von dem Schuldigen selbst oder von dem Familienhaupt festgesetzt, kommen wenigstens in Kashmir noch vor[3].

[1] Dubois 29. — [2] Steele 150. — [3] Bühler, Kaśmīr Report 22.

§ 38. Ausstossung aus der Kaste. Der Vollbringung der vorgeschriebenen Bussen kann sich Niemand entziehen, der nicht Gefahr laufen will aus seiner Kaste ausgestossen zu werden. Der Hergang bei der Ausstossung (*tyāga*), die in dem gefürchteten Umwerfen oder Zerbrechen des Wassertopfs (*ghaṭaparyasana, ghaṭasphoṭa*) ihr sichtbares Zeichen hat und den davon Betroffenen zu einem Gefallenen (*patita*) und dadurch völlig Rechtlosen macht, ist nach *M.* 11, 183—188 nebst Parallelstellen und Commentaren etwa folgender. Hat Jemand eine schwere Sünde (*mahāpātaka*) begangen und ist deshalb bei seinem Guru, seinen Verwandten oder dem König verklagt worden, so wird er, wenn er ein Geständnis ablegt, aufgefordert einen *ācārya* anzunehmen, der die entsprechende Busse bestimmen soll. Weigert er sich dieser Aufforderung nachzukommen oder die verhängte Busse zu vollziehen, so findet die Ceremonie der Umstürzung des Wassertopfs statt. Seine Verwandten und geistlichen Lehrer halten an einem unglückverheissenden Tag eine Versammlung, bei der sie, gerade als ob er gestorben wäre, alle Bestattungsceremonien, von der Wasserspende angefangen, für ihn vollziehen. Hierauf bringt ein Sklave oder Diener, oder ein Verwandter von niedriger Herkunft, aus einem Kehrichthaufen einen zerbrochenen Topf oder eine unreine Schüssel herbei, füllt sie aus dem Wassertopf einer Sklavin mit Wasser und stösst sie mit dem linken Fuss um, wobei die Verwandten des Auszustossenden, nachdem sie ihre Haare aufgelöst, ihn berühren; oder die Sklavin oder die Verwandten selbst besorgen das Umstossen des Topfes. Bei diesem Akt wird der Name des Auszustossenden ausgerufen und gesagt, dass die Spende für ihn bestimmt ist und man ihm für die Zukunft das Wasser entzieht (*anudakaṃ karomi*). Beim Verlassen der Stätte sollen die Verwandten zum Zeichen ihrer Geringschätzung derselben ihre linke Seite zuwenden, dann nach einem Bad nach Hause gehen. Fortan ist es verboten, mit dem Ausgestossenen zu sprechen, neben ihm zu sitzen, oder irgendwie mit ihm zu verkehren; wer doch mit ihm spricht, muss Busse thun, und wer ein Jahr lang fortgesetzt mit ihm verkehrt, wird selbst ausgestossen. Der *patita* ist von allen religiösen Gebräuchen und den Beschäftigungen seiner Kaste ausgeschlossen, ja er wird enterbt (vgl. § 24) und geht, wenn er der älteste Bruder ist, der Primogenitur und der damit verbundenen Vorrechte verlustig. Nach seinem Tod kommt er in die Hölle (*Gaut.* 21, 6), auch empfängt er keine Totenopfer, sondern anstatt der Totenspende stösst an seinem Todestag eine Sklavin einen Krug mit Wasser um, mit den Worten »Trink du dies« (*Vi.* 22, 57). Ausgestossene Frauen sind ebenso wie die Männer zu behandeln, doch soll man ihnen Unterhalt reichen und eine Wohnung in der Nähe des Familienhauses anweisen (*Y.* 3, 297 u. a., vgl. § 19).

Die Wiederaufnahme des Ausgestossenen in seine Kaste kann auf Beschluss derselben in dem Fall erfolgen, dass er die vorgeschriebenen Bussen vollzogen hat. Es finden dann Ceremonien statt, die das genaue Gegenstück zu den Ausstossungsgebräuchen bilden. Man holt einen neuen Topf von Thon oder von Gold, füllt ihn mit Wasser aus einem heiligen Teich oder Fluss und wirft ihn um oder giesst ihn über dem Ausgestossenen aus, während auch seine Verwandten in dem nämlichen Wasser baden. Sprüche aus dem Veda, Geschenke an Brahmanen und die gleichen Feierlichkeiten wie bei der Weihung eines Neugeborenen begleiten die heilige Handlung. Doch soll, ehe der Ausgestossene wieder zu Gnaden aufgenommen wird, noch eine Probe stattfinden, indem er Kühen Gras zum Futter vorwirft; erst wenn die Kühe davon gefressen haben, gilt er wieder für gesellschaftsfähig (*Y.* 3, 300; *M.* 11, 197). Nach seiner Wiederaufnahme in die Kaste darf man ihn nicht mehr zurücksetzen, sondern muss in jeder Weise mit ihm verkehren (*Y.* 3, 296). Bezeichnend ist der Spruch, dass man den die Wiederaufnahme in die Kaste vornehmenden Verwandten unter Scherzen und Sprüngen vorausgeht, den die Ausstossung vornehmenden unter Jammern und Wehklagen nachfolgt (*Vas.* 15, 18).

Noch heute wird die Ausstossung aus der Kaste durch die Ceremonie des *ghaṭasphoṭa* bewirkt[1], noch heute ist sie allgemein gefürchtet, wenn auch die civilrechtlichen Folgen durch ein englisches Gesetz von 1850 aufgehoben worden sind und die Wiederaufnahme des Schuldigen ausser in den schwersten Fällen durch seine Unterwerfung unter das gefällte Urteil und Bezahlung einer Geldbusse erreicht werden kann. So lange die Ausschliessung dauert, darf der Ausgestossene mit keinem Mitglied seiner Kaste zusammen essen, den geistlichen Berater wie den Wäscher und Barbier des Dorfs nicht in Anspruch nehmen und ist nebst seiner ganzen Familie von dem connubium mit seiner Kaste ausgeschlossen[2]. Dubois 28 f. schildert anschaulich die demütigenden

Proceduren, denen ein Ausgestossener sich unterwerfen musste, um seine Wiederaufnahme in die Kaste zu erreichen. Im Mittelalter mussten Hindus, denen es gelungen war aus der Sklaverei bei einem mohammedanischen Volk zu entspringen, in ihrer Heimat fasten, sich längere Zeit in eine Mischung von Kuhmist, Kuhurin und Milch stecken lassen und davon geniessen, ehe sie wieder in ihre Kaste aufgenommen werden konnten[3].

[1] West and Bühler[3] 58. — [2] IG 6, 199 f. — [3] Albērūnī 2, 162 f.

§ 39. Verhältnis der geistlichen zu den weltlichen Strafen. Ist das weltliche Strafrecht in Indien jünger als das geistliche, und hat ersteres sich aus letzterem entwickelt? Burnell[1] hat diese beiden Fragen bejaht, es ist aber gewiss richtiger mit Weber, Barth und Konow eine im Ganzen selbständige Entwicklung der beiden strafrechtlichen Systeme anzunehmen. Ist die Lehre von der religiösen Sühnung als ein wichtiger Bestandteil des *dharma* auch früher zu litterarischer Fixirung gelangt als die Lehre von den Strafen, so hat doch die Strafgewalt von jeher eines der wesentlichsten Attribute des Königtums gebildet. Es stand auch nichts im Wege, dass geistliche und weltliche Strafen cumulirt wurden und der bestrafte Verbrecher auch noch die im *dharmaśāstra* vorgeschriebenen Bussen vollzog, um die Wiederaufnahme in seine Kaste zu erlangen[2].

Darin hat jedoch Burnell Recht, dass in allen Smṛtis eine weitgehende Vermischung der geistlichen mit den weltlichen Strafen vorliegt. So sollen nach *M.* 9, 240 Verbrecher jeden Standes der Brandmarkung im Auftrag des Königs entgehen und nur eine Geldstrafe bezahlen, wenn sie die vorgeschriebenen Bussen vollziehen. Umgekehrt heisst es: »Die Sünder, die ihre Strafe von dem König empfangen haben, gehen rein von Schuld wie heilige Männer in den Himmel ein« (*M.* 8, 318; *Vas.* 19, 45; *Nār.* App. 48). Daher ist der Dieb, der mit einer Keule vor den König tritt, sein Verbrechen bekennt und den König auffordert ihn zu Boden zu schlagen, gereinigt, gleichviel ob der König dieser Aufforderung nachkommt oder ihm Verzeihung gewährt; allerdings überträgt sich im letzteren Fall die Sündenschuld des Diebs auf den König (*M.* 8, 314 ff. u. a.). Nach *Nār.* 14, 11 ist bei *sāhasa* des ersten und zweiten Grades der bestrafte Verbrecher wieder in seine Kaste aufzunehmen; nur wer *sāhasa* des höchsten Grades begangen hat, soll dauernd ausgeschlossen bleiben. Unter den *prāyaścitta* erwähnen *Gaut.* 23, 14 f. und *Mah.* 12, 165, 64 f. eine Busse für Ehebruch, wobei die Frau von Hunden zerrissen, der Mann auf einem Bett von glühendem Eisen geröstet werden soll. Gewöhnlich (*M.* 8, 371 f. u. a.) ist von dieser Strafe im Strafrecht die Rede. Auch die Brandmarkung der grossen Sünder (*mahāpātakin*), z. B. des Brahmanenmörders mit dem Brandmal eines Mannes ohne Kopf, erscheint überall unter den Königsstrafen (*Baudh.* 1, 18, 18; *Vi.* 5, 3—7 u. a.), soll aber nach *M.* 9, 236 nur subsidiär an Stelle einer Busse eintreten. Ursprünglich haben die *mahāpātakin*, wie schon der Name zeigt, gewiss nur dem geistlichen Recht angehört. Andrerseits ist das Wergeld (§ 44) aus dem weltlichen in das geistliche Recht übergegangen.

Auch sonst bestehen zwischen dem beiden Strafsystemen vielfache Wechselbeziehungen und Analogieen. So ist ihnen die durchgreifende Berücksichtigung der Standesunterschiede und Bevorzugung der Brahmanen gemeinsam, die besonders in den Strafen und Bussen für Mord, Körperverletzung, Ehebruch, Diebstahl, Injurien u. a. schwere Verbrechen hervortritt. Auch im Civilrecht lässt sich z. B. die schon *Sāmav.* 1, 6, 8 vorliegende Abstufung der Bussen für Vorenthaltung der Zinsen für ein Darlehen, je nachdem der Gläubiger ein Brahmane ist oder nicht, mit der Verschiedenheit des Zinsfusses je nach dem Stand des Schuldners und den Vergünstigungen für die Brahmanen bei Eintreibung einer Schuld vergleichen. Ferner wird bei den Sühnungen wie bei den Strafen das Vorhandensein oder Fehlen des verbrecherischen Willens in Betracht gezogen. Zwar stellen *Y.* 3, 226 u. a. den Gesichtspunkt auf, dass bei unwissentlich begangenen Sünden Bussen, bei wissentlich (*kāmataḥ*) begangenen Strafen am Platze sind, und es entspricht der religiösen Anschauung, dass für das Bestehen einer Sündenschuld, die gesühnt werden muss, nur der objektive Thatbestand, nicht der dolus in Betracht kommt. Doch ist häufig auch von der Sühnung wissentlich begangener Sünden durch *prāyaścitta* die Rede. So sind nach *M.* 11, 46 als Busse für unwissentliche Sünden Gebete, für wissentliche Sünden die verschiedenen *prāyaścitta* in Anwendung zu bringen. Im Allgemeinen wird die Regel aufgestellt, dass die Bussen für unabsichtliche Vergehen zu verdoppeln sind, wenn böse Absicht vorliegt (*Mit.* zu *Y.* 3, 226). Nach *Viśvāmitra* ist die absichtliche Tötung einer Kuh durch 4, die unabsichtliche durch 2 *kṛcchra* zu sühnen. *Raghunandana* (228 ed. Calc.) erläutert dies dahin, dass es z. B. nicht als absichtliche Tötung einer Kuh anzusehen ist, wenn Jemand sie in der Meinung einen bos gavaeus zu treffen erlegt, oder wenn ein auf ein anderes Ziel abgeschossener Pfeil zufällig eine Kuh getroffen hat. Die Commentatoren wie z. B. *Nandapaṇḍita* wissen von allen in den Smṛtis erwähnten Bussen anzugeben, ob dieselben auf absichtliche oder unabsichtliche Vergehen zu beziehen sind. Hienach sind die Begriffe von dolus und culpa dem religiösen ebenso geläufig wie dem weltlichen Recht, vgl. § 32. Ähnlich verhält es sich mit dem Begriff der erlaubten Notwehr. Für die Tötung eines Angreifers (*ātatāyin*), selbst wenn er ein im Veda gelehrter Brahmane wäre, sind weder Strafen noch Bussen festgesetzt; der Wut des Angreifers begegnet in solchem Fall die Wut des Verteidigers (*M.* 8, 350f. u. a.). Doch gehört der Totschlag eines Brahmanen im Fall der Notwehr zu den jetzt abgeschafften Bestimmungen (*kalivarjya*). Die Teilnahme an einem Verbrechen wird ebenfalls im geistlichen und weltlichen Recht nach gleichen Gesichtspunkten beurteilt. So begeht wer das Fleisch eines getöteten Tieres isst oder aufträgt, kocht oder verkauft, eine ebenso grosse Sünde wie der, welcher das Tier selbst getötet oder zerlegt hat (*Vi.* 51, 74 u. a.). Die *Mit.* citirt zu *Y.* 3, 227 in der Lehre von den Bussen einen Text, angeblich von *M.*, dem zufolge bei einer Schar von Waffentragenden nicht nur derjenige, welcher den tötlichen Streich führt als Mörder zu betrachten ist, sondern seine Genossen ebenso schuldig sind als er. Ähnlich spricht *Āp.* 2, 29, 1 im weltlichen Recht von dem Himmelslohn und den Höllenstrafen, welche dem Anstifter (*prayojayitṛ*), Helfer (*mantṛ*) und Thäter (*kartṛ*) einer That gemeinsam zu Teil werden. Auch der Wiederholung eines Verbrechens wird bei den Bussen und Strafen in gleicher Weise Rechnung getragen. So soll nach *Āp.* 2, 27, 11 ff. bei wiederholtem Ehebruch die Busse des Ehebrechers entsprechend verschärft werden. Ähnlich bestimmt *M.* 9, 277 im Strafrecht, dass Beutelschneider, wenn sie das erste Mal ertappt werden, zwei Finger, das zweite Mal eine Hand und einen Fuss, das dritte Mal ihr Leben verlieren sollen, und erklärt *Vi.* 3, 93, dass der König ein zum zweiten Mal begangenes Verbrechen Niemand hingehen lassen soll. Bei Diebstählen werden die Bussen wie die Strafen nach dem Wert des gestohlenen Gegenstandes abgestuft. So heisst es auch von den Bussen im Allgemeinen z. B. *Y.* 3, 294, dass in den nicht speciell im Gesetz vorgesehenen Fällen die Busse nach Erwägung von *deśa*, *bala*, *vayaḥ*, *śakti* und *pāpa* festzusetzen ist, gerade wie nach *Y.* 1, 367 der König unter Berücksichtigung von *aparādha*, *deśa*, *kāla* und *bala* die Strafe bestimmen soll.

Bei diesem durchgreifenden Parallelismus der beiden Systeme ist es auch natürlich, dass sie sehr viele einzelne Sünden und Vergehen mit einander gemein haben. Man muss in solchen Fällen, wie schon erwähnt, im Allgemeinen annehmen, dass Bussen und Strafen cumulirt wurden, was auch mehrfach ausdrücklich ausgesprochen wird. So soll nach *Baudh.* 1, 19, 4 wer eine Milchkuh oder einen Stier erschlagen hat, schliesslich, d. h. nach Bezahlung einer Geldstrafe noch die Busse *cāndrāyaṇa* verrichten. Nach *Nār.* 12, 77 soll bei schweren sexuellen Verbrechen (*agamyāgamana*) der König eine Strafe verhängen, zugleich aber die Sünde durch *prāyaścitta* getilgt werden. Doch deutet die ebenfalls schon erwähnte Vermischung zwischen geistlichen und weltlichen Strafen darauf hin, dass häufig auch nur weltliche Strafen oder Bussen in Anwendung kamen. Im Mittelalter waren nach Alberūnī 2, 162 f. bei Bestrafung von Mordthaten Bussen und Strafen in der Weise verteilt, dass bei Ermordung von Leuten niedrigeren Standes durch einen Brahmanen nur Busse, bestehend in Fasten, Beten und Almosengeben, bei Mordthaten begangen unter Leuten aus niedrigerem Stande sowohl Busse als Strafe, bei Mordthaten u. a. schweren Verbrechen unter Brahmanen und Kṣatriyas nur Strafe, bestehend in Confiscation und Verbannung, stattfand. Wahrscheinlich waren die Grenzen zwischen Staat und Kirche niemals fest gezogen, es ist auch daran zu erinnern, dass glaubenseifrige Fürsten die Vollziehung der im *dharmaśāstra* festgesetzten Bussen selbst zu erzwingen pflegten, vgl. § 47.

[1] *Sāmav.* XIV ff. — [2] Vgl. Bühler in »Festgruss an R. v. Roth« 47 Anm.

§ 40. Weltliche Vergehen und Verbrechen. Die weltlichen, d. h. von dem König zu bestrafenden Vergehen und Verbrechen werden in den Dharmasūtras noch ohne jede Spur einer systematischen Anordnung nebst den entsprechenden Strafen im Königsrecht abgehandelt. Bei *M.* bildet das Criminalrecht, eingeteilt in Real- und Verbalinjurien, Diebstahl, Gewaltthätigkeit und sexuelle Vergehen, den Inhalt der 11.—15. seiner 18 Rechtsmaterien. Bei *Nār.* erscheint das Strafrecht als die 14.—16. Rechtsmaterie, bestehend aus Gewaltthätigkeit oder schweren Verbrechen (*sāhasa*), Real- und Verbalinjurien, diese 3 Materien zerfallen in 15 Unterabteilungen; ausserdem enthalten bei ihm Strafrechtliches die 12. und 18. Materie, »Pflichten der Ehegatten« und »Vermischtes« betitelt, und ein Anhang, der ähnlich wie *M.* 9 von Diebstahl und Raub und der Ausrottung von Übelthätern (*kaṇṭakaśodhana*) handelt. Auch enthält ein Citat aus *Nār.* (Quot. 1, 11 f.) eine Zusammenfassung der 10 Hauptverbrechen (*daśāparādha*) wie folgt: Übertretung eines königlichen Befehls, Tötung einer Frau, Kastenvermischung, Ehebruch, Diebstahl, von strafbarem Umgang herrührende Schwangerschaft, Verbalinjurien, grobe Schmähung, Realinjurien, Abtreibung der Leibesfrucht. Aber erst *Bṛh.* 2, 5—10 unterscheidet ausdrücklich zwischen Civil- und Criminalfällen (*dhanodbhavāni* und *hiṃsodbhavāni*); letztere bestehen auch bei ihm aus Real- und Verbalinjurien, Gewaltthätigkeit und Ehebruch, wobei jedes dieser vier Verbrechen wieder in drei Grade zerfällt. Nach *Kāty.* soll der König die 10 Hauptverbrechen (*daśāparādha*), ferner die *chalāni* und die *padāni nṛpateḥ* selbst prüfen und entscheiden, auch ohne dass er durch einen Ankläger davon Kenntnis erlangt hat. Die *chalāni nṛpasaṃnidhau* sind nach *Pitāmaha* 1, 8—18 folgende 50: (1) Versperrung des Wegs; (2) drohendes Aufheben der Hand; (3) Überspringen einer Einzäunung; (4) Zerstörung einer Cisterne oder (5) eines Tempels; (6) Auffüllung eines Grabens; (7) Verratung der Schwächen eines Königs (an seine Feinde); (8) unerlaubtes Betreten des Harems, (9) des Schlafgemachs, (10) der Schatzkammer, (11) der Küche, (12) Zusehen bei Mahlzeiten (des Königs); (13—16) in Gegenwart des Königs absichtlich seinen Leib zu entleeren, sein Wasser zu lassen, die Nase zu schnäuzen oder Winde abgehen zu lassen; (17, 18) (vor dem König) mit untergeschlagenen Beinen zu sitzen, oder den vordersten Platz einzunehmen; (19—22) die Audienzhalle in geschmückterem Anzug als der König oder allein oder anders als durch die Thür oder zu unpassender Zeit zu betreten; (23—25) auf des Königs Lager zu liegen, auf seinem Sessel zu sitzen, oder seine Schuhe anzuziehen; (26) dem auf einem Lager ruhenden König nahe zu treten; (27) seinen Feinden zu dienen; (28) sich auf einen nicht angebotenen Sitz zu setzen; (29, 30) an Kleidern oder Schmucksachen Gold zu verwenden (?); (31) Betel ohne Aufforderung zu nehmen und zu geniessen; (32) unaufgefordert das Wort zu ergreifen; (33) den König zu beleidigen; (34) nur ein einziges Kleid zu tragen; (35) sich zu salben; (36) seine Haare aufzulösen; (37) sein Gesicht zu verhüllen; (38) sich zu bemalen; (39) einen Kranz zu tragen; (40) sein Kleid zu schütteln; (41) seinen Kopf zu bedecken; (42) die Schwächen (des Königs) aufzuspüren; (43) ihn zu berühren (?); (44) sich das Haar zu scheren; (45—47) auf die Nase, die Ohren oder Augen hinzuweisen; (48) in den Zähnen zu stochern; (49, 50) sich die Ohren oder die Nase zu reinigen. Diese Verbote enthalten zumeist Etikettenregeln für das Verhalten am Hof des Königs. Ernsterer Natur sind die gleichfalls den König zu direktem Einschreiten berechtigenden 22 *padāni nṛpateḥ*, nämlich (1) Tötung (eines Tiers); (2) Zerstörung von Getreide; (3) Brandlegung; (4) Defloration einer Jungfrau; (5) Aneignung eines Depositums oder Schatzes; (6) Zerstörung eines Damms oder (7) einer Dornenhecke; (8) Vieh auf einem fremden Felde grasen zu lassen; (9) einen Wald zu fällen; (10) Giftmord; (11) Verrat gegen den König; (12) Zerbrechen des königlichen Siegels; (13) Durchkreuzung seiner Pläne; (14) Befreiung eines Gefangenen; (15—18) Unterschlagung einer Steuer oder Geldbusse oder eines Geschenks oder verkaufter Sachen; (19) einen Trommelwirbel unhörbar zu machen; (20, 21) Unterschlagung herrenlosen oder vom König confiscirten Gutes; (22) Verhinderung einer vom König befohlenen Verstümmelung eines Verbrechers (*Pitām.* 1, 19—23).

Die Ausrottung der Übelthäter, wörtl. »Beseitigung der Dornen« (*kaṇṭakaśodhana*), erscheint auch in den Inschriften als eine Hauptaufgabe eines tüchtigen Herrschers, so in Inschriften des 12. und 13. Jahrhunderts EI 1, 198, 210, 334. Auch mit den *daśāparādha* oder *daśāpacāra* (IA 15, 306) zeigen sich die Inschriften vertraut, und wie sehr dieser Begriff gang und gäbe war, beweist die darauf beruhende Benennung eines Beamten, des *dāśāparādhika* (IA 14, 167; 15, 306).

§ 41. Verbrechen gegen das Eigentum. Manche Gesichtspunkte sprechen dafür, dass Verbrechen gegen das Eigentum am frühesten und schärfsten verfolgt wurden. So liegt vielleicht schon *ṚV* 6, 45, 1 eine Anspielung auf Viehdiebstähle und eine den modernen Khojis entsprechende Klasse von Spähern vor[1]. Jedenfalls waren solche in der Verfolgung von Fuss- und Hufspuren erfahrene Späher den Verfassern der Smṛtis bekannt. Dieselben sollen, wenn Vieh u. a. Habe geraubt worden ist, die Spur bis zu ihrem Ausgangspunkt verfolgen; die Bewohner oder Vorsteher oder Eigentümer des betreffenden Dorfes oder Weideplatzes müssen dann entsprechenden Ersatz leisten, ausser wenn sie nachweisen können, dass die Spur weiter führt (*Nār.* 14, 22 ff., App. 16—18; *Y.* 2, 271 f.). Gelingt es nicht die Diebe zu fangen, so wird der König in Person ersatzpflichtig gemacht (*Vi.* 3, 67 u. a.); doch kann sich der König an seine Beamten und Diebswächter (*cauragrāha*, *cauroddhartṛ*, die *cauroddharaṇika* der Inschriften) halten, in deren Bezirk der Raub vorkam (*Nār.*, *Y.* l. c.). Der den Dieben abgenommene Raub ist den Eigentümern zu restituiren, wenn sie ihn binnen eines Jahres reclamiren; nach Ablauf dieser Frist soll er dem König zufallen (*Y.* 2, 173). Zu dem ältesten Strafrecht gehört offenbar auch der reuige Dieb, der mit fliegendem Haar als Zeichen seiner Unterwerfung und eine Keule tragend vor den König tritt, ihm seine That gesteht und ihn auffordert ihn niederzuschlagen; also eine persönliche Ausübung der Justiz, wie sie nur bei dem Häuptling eines kleinen Stammes denkbar ist (*Gaut.* 12, 43—45 u. a.). Bezeichnend ist auch, dass in der Lehre vom Beweis (*Nār.* I, 1, 42; *Bṛh.* 2, 13) und von den Strafen der Diebstahl als das typische Verbrechen erscheint. »Wie ein Dieb« (*cauravat*) ist z. B. zu bestrafen wer freilaufendes Vieh anbindet oder angebundenes freilässt (*M.* 8, 342), wer Vieh auf ein fremdes Feld treibt (*Y.* 2, 162), wer ohne Erlaubnis fremdes Eigentum benutzt (*Nār.* Quot. 7, 10), wer einen gefundenen Schatz unterschlägt (*Nār.* 7, 7), wer fahrlässig einen Mann tötet (*M.* 8, 296) u. a. Daher werden die verschiedensten Vergehen unter den Begriff des Diebstahls gebracht. »Offene Diebe« oder Räuber (*prakāśataskara*) sind die Betrüger jeder Art, insbesondere Fälscher von Waren, Mass und Gewicht oder Münzen, Wahrsager, von Bestechung oder Erpressung lebende Leute, Quacksalber, Gaukler, betrügerische Schiedsrichter (*madhyastha*), falsche Zeugen — sie werden als »Wortdiebe« betrachtet (*Nār.* 1, 228) — ungerechte Richter, Spieler u. a. (*M.* 9, 256 ff.; *Nār.* App. 1—3; *Bṛh.* 22, 2—4). Über die Zulässigkeit oder Verwerflichkeit des Spiels sind jedoch die Ansichten geteilt, wie schon *Bṛh.* 26 hervorhebt. So betonen auch *M.* 9, 221—228, *Gaut.* 12, 41, *Baudh.* 2, 2, 16 u. a. stark die Sündhaftigkeit des Spiels, während dagegen *Āp.* 10, 25, 12 ff. das Spiel als eine erlaubte Unterhaltung der höheren Stände betrachtet und *Nār.* 17, *Y.* 2, 199 ff. nur die Forderung aufstellen, dass der König seine Procente bekommt und nicht falsch gespielt wird. Auch in den Vedas wird das Spiel mehrfach erwähnt (*ṚV* 10, 34; 1, 41, 9; *AV* 7, 50 u. a.), und im *Mah.* bildet eine Spielscene den Mittelpunkt der Handlung[2]. Als »geheime Diebe« (*aprakāśataskara*) gelten die eigentlichen Diebe, Einbrecher, Strassenräuber, Beutelschneider u. dgl. (*Bṛh.* 22, 5 u. a.). Die Unterarten der Diebe sind nach *Bṛh.* 22, 2 tausendfach.

Die Aufspürung von Diebstählen und Betrügereien und die Überwachung der Diebe ist nach den Smṛtis eine der wichtigsten Pflichten der Fürsten. Namentlich in den Spielhäusern soll man den Dieben nachgehen (*Y.* 2, 203; *Bṛh.* 26, 2), auch in Schenken, verrufenen Häusern, Läden, Wäldern, Festversammlungen u. s. w. soll sie der König durch Spione und agents provocateurs (*cāra*) überwachen lassen und zur Ausübung ihres Gewerbes veranlassen, um sich ihrer bemächtigen zu können (*M.* 9, 261—269). Schon ein blosser Verdacht, z. B. wenn Jemand auffallend grosse Ausgaben macht, mit Verbrechern verkehrt, trinkt oder spielt, in Verkleidung oder unter falschem Namen umhergeht, Erkundigungen über die Vermögensverhältnisse und die Wohnung anderer Leute einzieht, abhanden gekommene Gegenstände verkauft, in einem verdächtigen Hause wohnt, als ein gewohnheitsmässiger Verbrecher bekannt ist, vor Gericht sich in auffallender Weise benimmt u. dgl. genügt um ihn zu verhaften, und er muss sich dann durch menschlichen oder göttlichen Beweis reinigen, um nicht als Dieb bestraft zu werden (*Y.* 2, 266—269; *Nār.* App. 8—12; *Bṛh.* 22, 6). Als sicherer Schuldbeweis gilt der Besitz der gestohlenen Sache (*loptra, hoḍha*), oder auch eine Fussspur (*Y.* 2, 266; *Nār.* App. 6).

Die Strafen für Diebstahl sind sehr streng. In allen schwereren Fällen soll die Todesstrafe eintreten, durch Pfählen, Hängen, Ertränken u. s. w., manchmal verschärft durch Abhacken der Hände u. a. Martern, so bei Einbruchsdiebstahl, öfter wiederholtem Taschendiebstahl, Menschenraub, Entwendung von Kühen, Pferden oder Elephanten, von mehr als 10 *kumbha* an Getreide, mehr als 100 *pala* an Edelmetallen, besonders wertvollen Kleinodien oder Stoffen u. dgl. (*Y.* 2, 273; *M.* 8, 320 f.; 9, 276 f., 280; *Bṛh.* 22, 17—19 u. a.). Auch auf Fälschung von königlichen Schenkungsbriefen und selbst von Privaturkunden steht die Todesstrafe (*Vi.* 5, 9 f.; *M.* 9, 232); einen unehrlichen, d. h. nach den Commentaren mit falschen Gewichten, Probirsteinen, Legirungen u. dgl. Betrug verübenden Goldschmied soll der König sogar mit Schermessern in Stücke schneiden lassen (*M.* 9, 292). Bei dem Ausmass der Strafe nach dem Wert des gestohlenen Gegenstands werden mehrfach drei Abstufungen unterschieden. So spricht *Y.* 2, 275 von dem Diebstahl kleiner, mittlerer und grosser Gegenstände, ähnlich *Nār.* 14, 13; 15, 6; App. 29; *Bṛh.* 22, 24. Allgemein werden Aufzählungen der Gegenstände von ungefähr gleichem Wert gegeben, mit Angabe der Strafen für Entwendung derselben, die abgesehen von den schon erwähnten Capitalfällen in Abhacken einer Hand und eines Fusses u. a. Verstümmelungen und in Geldstrafen bestehen, die meistens ein Vielfaches des Wertes der gestohlenen Sache betragen. Raub und Diebstahl stehen sich an Strafbarkeit gleich, auch Teilnahme an diesen Verbrechen, Vorschubleistung jeder Art und Unterlassung der Hülfeleistung wird der Thäterschaft gleich geachtet (*Nār.* 14, 12, 19 f.; *Y.* 2, 276 u. a.). Der Stand, welchem der Dieb und der Bestohlene angehören, sind bei der Bemessung der Strafe ebenfalls in Betracht zu ziehen. So bleibt der Brahmane straflos, der seinem Śūdrasklaven seine Habe wegnimmt (*M.* 8, 417), oder der auf Reisen zwei Stengel Zuckerrohr und zwei essbare Wurzeln aus einem Feld nimmt (*M.* 8, 344; *Nār.* 18, 39). Gold zu stehlen, das einem Brahmanen gehört, ist dagegen eine Todsünde. Andrerseits wächst aber mit dem Rang und der Einsicht des Schuldigen auch seine Verantwortlichkeit und Strafbarkeit für einen von ihm begangenen Diebstahl (*M.* 8, 337 f.; *Gaut.* 12, 15—17; *Nār.* App. 51 f.). Für Betrug werden meist Geldstrafen festgesetzt, je nach dem Betrag des zugefügten Schadens (*Bṛh.* 22, 13 f. u. a.).

Die Pfählung als Strafe für Diebstahl kommt auch sonst in der Litteratur vor, so *Mah.* 1, 63, 92. Die Abstufung der Bestrafung je nach dem Wert des gestohlenen Gegenstandes und die drei Grade der Strafbarkeit kennt auch Albērūnī 162; er fügt hinzu, dass bei Diebstahl besonders wertvoller Gegenstände Verbrecher aus dem Brahmanenstande mit Blendung und Abhackung einer Hand und eines Fusses, Kṣatriyas mit Verstümmelung ohne Blendung, Verbrecher aus niedrigerem Stande mit dem Tod bestraft werden. In Nepal hat sich nach HODGSON die Todesstrafe bei schwerem oder wiederholtem Diebstahl und Unterschlagung eines gefundenen Schatzes erhalten, in leichteren Fällen tritt Verstümmelung oder eine hohe Geldstrafe ein. In Mysore trat nach DUBOIS ebenfalls Verstümmelung ein; von dem einem Dieb abgenommenen Raub erhielt der Eigentümer nur einen Teil zurück, während der Löwenanteil dem König und seinen Beamten zufiel. In Bombay hat sich die Ersatzpflicht der Ortsvorsteher für das in ihrem Distrikt Gestohlene bis auf die Gegenwart erhalten[4].

[1] ZAL 182 f., vgl. ELLIOT, Memoirs (Lond. 1869) 1, 276 ff. — [2] Vgl. HOPKINS R. C. 122 f. — [3] People of India 499. — [4] BÜHLER zu *Āp.* 2, 26, 8.

§ 42. Andere Verbrechen. Neben dem Diebstahl und Raub werden als Hauptverbrechen Mord und Totschlag nebst Brandlegung, Hochverrat, Real- und Verbalinjurien, Notzucht, Ehebruch u. a. sexuelle Verbrechen genannt. Häufig werden die Capitalverbrechen, insofern es sich dabei um Gewaltakte handelt, unter dem Namen »Gewaltthätigkeit« (*sāhasa*) zusammengefasst, der das weltliche Correlat zu den Todsünden (*mahāpātaka*) des geistlichen Rechts bildet. So giebt es nach *Nār.* 14, 2—6 vier Arten von *sāhasa*, nämlich Totschlag, Raub, Notzucht und Real- oder Personalinjurien; doch unterscheidet er hievon zwei geringere Grade, die nur in Sachbeschädigungen bestehen. Die Strafen für *sāhasa* werden nach der Schwere des Verbrechens, aber auch nach den Standesunterschieden abgestuft, insbesondere geniessen die

Brahmanen das Vorrecht, dass sie nie an Leib und Leben gestraft werden dürfen (*Vi.* 5, 2 f. u. a.).

Für Mord und Totschlag tritt die Todesstrafe keineswegs in allen Fällen ein, vielmehr herrschte ursprünglich das Compositionssystem (§ 44), wonach die als Busse zu gebenden Kühe der Familie des Erschlagenen zufielen. An die Stelle dieses Wergelds traten später teils weltliche, teils geistliche Strafen, deren Festsetzung in letzterem Fall den Brahmanen zufiel, die sich dabei selbst nicht vergassen; vgl. § 37. Von den weltlichen Strafen tritt nach *Baudh.* 1, 18 f. u. a. die Todesstrafe nebst Vermögensconfiscation nur dann ein, wenn der Getötete ein Brahmane und der Angreifer aus niedrigerem Stande ist; ist der Thäter ein Brahmane, so soll man ihn brandmarken und verbannen; gehört der Erschlagene einem anderen als dem Brahmanenstande an, so soll er eine entsprechende Busse an Geld oder Geldeswert entrichten. Nach *Y.* 2, 279 soll eine Giftmischerin oder Brandstifterin, dann eine Mörderin ihres Gatten oder ihres Kindes auf grausame Weise hingerichtet werden. Nach *Y.* 2, 273, *Bṛh.* 22, 27 f. u. a. sollen überhaupt alle Mörder, offene wie geheime, mit dem Tod und Einziehung ihres Vermögens bestraft werden. Die Todesstrafe wird auch besonders für die Ermordung von Frauen und Kindern bestimmt (*M.* 9, 232 u. a.).

Der Hochverrat (*nṛpadroha*) wird sehr streng bestraft. Ein todeswürdiger Verbrecher ist, wer ein königliches Edikt fälscht, die Minister des Königs besticht, seinen Feinden dient oder mit ihnen Einverständnis pflegt, wer, obschon von niedriger Herkunft, nach der Königswürde strebt, wer sich gegen seine Gebote auflehnt (*M.* 9, 232, 275; *Vi.* 5, 14). Wer gegen einen König die Hand erhebt, auch wenn derselbe ein Übelthäter ist, soll gepfählt und verbrannt werden, denn seine Sünde ist schlimmer als hundertfacher Brahmanenmord (*Nār.* 15, 31). Wer sich in feindseliger Weise gegen den König äussert (z. B. indem er seine Feinde lobt, *Mit.*) oder ihn tadelt oder seine Pläne verrät, soll mit Abschneidung seiner Zunge und Verbannung bestraft werden; wer des Königs Reittier oder seinen Thron besteigt, soll verurteilt werden, die höchste Geldbusse zu bezahlen (*Y.* 2, 302 f.). Hochverrat und selbst eine Verletzung der sehr zahlreichen Etikettenregeln über das an dem Hof des Königs zu beobachtende Verhalten gehört auch zu den Vergehen, die der König, auch ohne dass sie ihm durch einen Ankläger hinterbracht worden sind, verfolgen und aburteilen kann (§ 40). Auch kann den Verdächtigen in solchen Fällen ohne weiteres die Vollziehung eines Gottesurteils auferlegt werden (§ 52). Vergehen gegen die öffentliche Ordnung unterliegen gleichfalls strengen Strafen, so steht auf der Durchbrechung eines Damms die Todesstrafe (*Vi.* 5, 15; *Y.* 2, 278; *M.* 9, 279.)

Bei Verbal- und Realinjurien (*vāk-* und *daṇḍapāruṣya*) wird ganz besonders auf den Stand des Beleidigers und Beleidigten Rücksicht genommen die Strafe ist festzusetzen nach *varṇa* und *jāti* (*Y.* 2, 206). So soll ein Kṣatriya um 100 *paṇa* gebüsst werden, wenn er einen Brahmanen schmäht, um 200, wenn er ihn thätlich insultirt; ein Vaiśya soll 1½ mal so viel als ein Kṣatriya zahlen; dagegen soll ein Brahmane, der einen Kṣatriya beleidigt, nur 50 bezahlen, für Beleidigung eines Vaiśya nur 25, und für Beleidigung eines Śūdra nichts (*Gaut.* 13, 8—13 u. a.). Besonders strenge Strafen stehen auf Injurien eines Śūdra gegen die höheren Stände; so soll man einem Śūdra, der einen tugendhaften Arier lästert, die Zunge ausschneiden, wenn er den Namen oder die Kaste (eines Zweimalgeborenen) schmäht, ein zehnzölliges glühendes Eisen in den Mund stossen, wenn er sich erfrecht, Vedatexte auswendig zu lernen, seinen Körper in zwei Teile spalten (*Āp.* 2, 27, 14; *M.* 8, 271; *Gaut.* 12, 6 u. a.). Im Allgemeinen soll der Beleidiger oder Angreifer aus niedrigem Stande dasjenige Glied verlieren, mit dem er ein Mitglied eines hohen Standes beleidigt oder angreift (*Vi.* 5, 19 u. a.); so soll er, wenn er sich auf den gleichen Sessel setzt, auf dem Hintern gebrandmarkt werden; wenn er ihn anspeit, sollen ihm die Lippen abgeschnitten werden. Auch kann sich in solchen Fällen der Angegriffene selbst auf der Stelle Recht verschaffen, indem er den Angreifer auspeitscht, denn durch Einziehung einer Geldstrafe von so unreinen Leuten würde der König nur sich selbst verunreinigen (*Nār.* 15, 11—14). Bei Verletzung eines Gleichstehenden sind nur kleinere und grössere Geldstrafen zu bezahlen, je nachdem nur die Haut geritzt wurde, oder auch Blut geflossen ist, oder ein Knochenbruch stattgefunden hat, beide Augen ausgeschlagen wurden u. s. w. (*Vi.* 5, 66—72 u. a.); noch geringer sind die Geldstrafen bei Beleidigungen von Gleichstehenden. Bei gegenseitiger Beleidigung kommt es darauf an, wer angefangen hat (*Nār.* 15, 9). Bei Sachbeschädigungen ist in der Regel eine Geldstrafe zu bezahlen (*Nār.* 14, 4 f.). Über Ersatzleistung s. § 32.

Auch bei den Strafen für Ehebruch (*strīsaṃgrahaṇa*) sind die Standesunterschiede von der grössten Bedeutung, ausserdem kommt es darauf an, ob die Ehebrecherin bewacht war (*guptā*) oder nicht, indem das Fehlen der nötigen Aufsicht strafmildernd wirkt, und ob Gewalt angewendet wurde. So soll ein Śūdra als Strafe für Ehebruch mit der Frau eines Ariers Abschneidung seines Zeugungsorgans und Einziehung seines Vermögens erleiden; stand die Frau unter Aufsicht, so soll er ausserdem hingerichtet werden (*Gaut.* 12, 2 f. u. a.). Dagegen braucht ein Brahmane für das gleiche Verbrechen nur eine Busse von 500 *paṇa* zu zahlen, wenn die Frau eingewilligt hatte, von 1000 *paṇa* bei gewaltsamer Schändung (*M.* 8, 378 u. a.); bei einem Kṣatriya und Vaiśya treten entsprechend höhere Geldstrafen ein, verschärft durch Einkerkerung, Scherung der Haare und Begiessung des Kopfes mit Urin (*M.* 8, 375 ff. u. a.). Eine ähnliche Abstufung findet bei den Strafsätzen für Defloration einer Jungfrau statt; am niedrigsten sind die Geldstrafen bei erzwungenem Umgang mit Buhlerinnen oder Sklavinnen, höher bei unnatürlichen Verbrechen mit einer Kuh (*Y.* 2, 288—291 u. a.). Als ehebrecherische Akte werden schon einsame Unterredungen an einem Badeplatz, in einem Walde, oder überhaupt an einem unpassenden Ort oder zu unpassender Zeit betrachtet, namentlich aber die Zusendung von Blumen, Schmuck u. a. Geschenken, Berührungen, Spielen und Scherzen u. dgl. (*Nār.* 12, 62—68 u. a.). Ein besonders schweres, mit Castration des Schuldigen zu bestrafendes Verbrechen ist der Umgang mit der Frau des geistlichen Lehrers, dem auch Incest mit der Mutter, Schwester u. a. weiblichen Verwandten, dann auch Umgang mit einer Königin, einer Nonne (*pravrajitā*), einer Amme, einer frommen Frau, einer Brahmanin u. s. w. gleichgestellt wird (*Nār.* 12, 73—75 u. a.), freilich gehört dieses Vergehen mehr in das geistliche Recht. Auch der Umgang mit einer Frau niedrigster Herkunft gilt für besonders strafbar (*Y.* 2, 289, 294 u. a.), auch die Abtreibung der Leibesfrucht (*Y.* 2, 277); milder sind die Strafen für widernatürliche Unzucht (*Nār.* 12, 76 u. a.). Von öffentlichen Strafen für Ehebrecherinnen ist meist nur in besonders flagranten Fällen die Rede, sie sollen dann eine verschärfte Todesstrafe erleiden (*M.* 8, 371; *Vi.* 5, 18 u. a.); in gewöhnlichen Fällen griff hier nur die Jurisdiktion des beleidigten Ehegatten oder der Familie ein (vgl. § 19).

In Mysore wurden zur Zeit von Dubois[1] fast nur Hochverräter mit dem Tode bestraft, sonst traten in der Regel nur Geldstrafen ein, bis zu Confiscation des ganzen Vermögens. In Nepal steht oder stand die Todesstrafe auf Totschlag des Vaters, älteren Bruders, Lehrers, der Frau, eines Kindes oder einer Kuh, nach einer andern Quelle überhaupt auf Totschlag ohne Unterschied der Person, ferner auf Hochverrat, Incest, Ehebruch oder Unzucht eines Mannes aus niedrigem Stande mit einer vornehmen Frau, namentlich einer Brahmanin, Giftmord, Brandstiftung. Doch werden Brahmanen nicht hingerichtet, sondern nur verbannt, nach Einziehung ihres Vermögens und verschiedenen entehrenden Proceduren wie Scherung der Haare, Zerreissung ihrer Brahmanenschnur[2]. Über Albērūnī's Nachrichten s. §§ 36, 39. In der *Mṛcch.* 154 empfiehlt der Richter dem König, den des Mords überführten Brahmanen *Cārudatta* nach *M.* (etwa *M.* 9, 241) nicht hinrichten zu lassen, sondern nur ohne Vermögensconfiscation zu verbannen.

[1] People of India 499. — [2] Hodgson, On the Administration of Justice in Nepal AR 20, 1, 94—134 und Ess. 2, 235.

§ 43. Die Strafen. Die Nützlichkeit und Notwendigkeit der Strafe (*daṇḍa*) wird in nachdrücklicher, oft überschwänglicher Weise hervorgehoben. Das Wort *daṇḍa*, eigentl. »Stock«, soll von *dam* »bändigen« herkommen (*Gaut.* 11, 28), und die Bändigung der Menschen durch die Strafe erscheint als die Hauptaufgabe eines guten Herrschers, der daher *daṇḍadhara* »der Inhaber des *daṇḍa*« d. h. der Strafgewalt genannt und als eine Incarnation des Totenrichters *Yama* bezeichnet wird. Unterliesse es der König, seine vom Pfade der Pflicht abgewichenen Unterthanen zu strafen, so würden alle Geschöpfe zu Grunde gehen, ein Brahmane, ein Kṣatriya würde den anderen verlassen, die Vaiśyas würden ihre Arbeit im Stich lassen, die Śūdras alles beherrschen und die Starken die Schwachen wie Fische am Spiess braten. Die Strafe ist identisch mit *dharma*, sie ist der schwarze, rotäugige Gott, der Sohn des Weltenschöpfers, unter dessen mächtigem Walten die Welt sich sicher fühlt. Die Strafe beschützt die Menschen und wacht, wenn sie schlafen. Die ganze Welt wird durch die Strafe in Ordnung gehalten, denn ein schuldloser Mann ist schwer zu finden; selbst die Götter und Halbgötter werden nur durch die Furcht vor der Strafe zur Erfüllung ihrer Pflichten getrieben (*M.* 7, 14—30; *Vi.* 3, 95; *Y.* 1, 353—356; *Nār.* I, 1, 1 u. a.).

Eine Einteilung der Strafen in Tadel, Verweis, Geld- und Leibesstrafen giebt *M.* 8, 129. *Nār.* App. 53 ff. unterscheidet nur Körper- und Geldstrafen; erstere gehen von Haft bis zur Hinrichtung, letztere von einer *kākaṇī* bis zur Confiscation des ganzen Vermögens. Nach *M.* 8, 124 f. (= *Nār.* App. 36 f.) giebt es 10 Stellen, an denen bei den drei niedrigeren Ständen — denn Brahmanen unterliegen keiner Körperstrafe — Bestrafung eintreten kann, nämlich das Zeugungsorgan, der Bauch, die Zunge, die Hände, die Füsse, das Auge, die Nase, die Ohren, das Vermögen und der Körper, d. h. das Leben. Die Geldstrafen zerfallen nach der gewöhnlichen Einteilung in die drei Stufen *pūrva-* oder *prathamasāhasa* zu 250 (oder 270), *madhyamas.* zu 500 (oder 540), *uttamas.* zu 1000 (oder 1080) *paṇa* (*Vi.* 4, 14 u. a.). Nach *Bṛh.* 27, 4—12 sind die nämlichen vier Arten der Strafe wie nach *M.* zu unterscheiden, doch hebt er besonders die Haft (*bandhana*) und die Verbannung (*nirvāsana*) hervor, empfiehlt bei schweren Verbrechen eine Cumulation der verschiedenen Strafarten und nennt 14 anstatt der 10 traditionellen Stellen für die Verhängung von Körperstrafen, wobei in seiner Aufzählung ausser den obigen Körperteilen noch der Hals, ein halber Fuss, der Daumen und Zeigefinger, die Stirne, die Lippen, der Hintere und die Hüfte erscheinen.

Thatsächlich kommen bei den Strafbestimmungen der Smṛtis Geldstrafen am häufigsten vor, entweder nach den erwähnten Graden abgestuft, oder sonst in bestimmten Beträgen, oder ohne Angabe des Betrags, oder in relativ bestimmten, d. h. von dem Wert des Streitobjekts abhängigen Beträgen. Schwere Verbrecher erleiden Einziehung ihres ganzen Vermögens, doch sollen in solchen Fällen die Waffen eines Kriegers, die Instrumente eines Musikers u. a.

zur Gewinnung des Lebensunterhalts notwendige Geräte nicht mit Beschlag belegt werden (*Nār.* 18, 10 f.). Bei den Verstümmelungen und Hinrichtungen kommt, wie in andern alten Strafsystemen, das Princip der Wiedervergeltung (Talion) und der symbolischen Strafen zur Anwendung. Dasjenige Glied, mit dem ein Beleidiger oder Räuber Jemand angegriffen oder beschädigt hat, soll er verlieren. Die schmähsüchtige Zunge soll ausgerissen, das ehebrecherische Zeugungsglied abgeschnitten, die zum Schlag erhobene Hand, der zum Treten erhobene Fuss abgehauen, dem lästernden Śūdra ein glühendes Eisen in den Mund gestossen oder siedendes Öl in Mund und Ohren gegossen, für gestohlenes Gut ein Vielfaches desselben erstattet werden. Die aus Hass Jemand anspeienden Lippen und die diebischen Finger des Taschendiebes werden abgeschnitten. Der Ehebrecher wird auf einem Bett von glühend gemachtem Eisen geröstet, der Durchstecher eines Damms ertränkt. Symbolisch ist auch die Brandmarkung des Brahmanenmörders mit dem Bild eines Mannes ohne Kopf, des Trinkers mit der Fahne einer Schenke, des Blutschänders mit dem Zeichen einer weiblichen Scham. Nicht minder haben die Ehrenstrafen, der Eselritt, das Scheren der Haare, Besprengen des Kopfes mit Urin, die Behängung der Falschspieler mit einem Kranz von Würfeln u. dgl. und viele *prāyaścitta* symbolischen Charakter. Grausame Formen der Hinrichtung sind das Pfählen, Rösten, Verbrennen, in Stücke Schneiden, Niedertrampeln durch Elephanten, Zerreissen durch Hunde, Ertränken u. a. Prügelstrafen werden besonders bei Frauen, Kindern und Personen niederen Standes erwähnt. Zwangsarbeit kommt sowohl als öffentliche Strafe wie zum Abverdienen einer Schuld vor. Gefängnisstrafen finden sich bei den älteren Autoren ziemlich selten vorgeschrieben. Die Gefängnisse sollen nach *M.* 9, 288 an öffentlichen Strassen angelegt werden, damit Jedermann die leidenden und entstellten Verbrecher erblicken kann, die, wie dies die Commentare ausführen, mit ihren von Hunger und Durst ausgemergelten Gestalten, ungepflegtem Haar und Bart, Fesseln tragend, oft durch Abhackung der Hände oder in andrer Weise verstümmelt, einen abschreckenden Eindruck hervorbringen sollen. Verbannung wird meistens, jedoch nie bei Brahmanen, mit Einziehung des Vermögens verbunden, wie auch andre Strafhäufungen vielfach vorkommen.

Schon Megasthenes fr. 27 berichtet von der Talion durch Abschneidung des Gliedes, das man einem Andern verstümmelt hat, und von der Abhackung der Hände, wie auch die Strafe des Scherens der Haare den Alten (vgl. LIA 3, 344) bekannt war. Hiouen Thsang[1] nennt als in Indien übliche Strafen die lebenslängliche Einkerkerung, besonders bei Rebellen, das Abschneiden der Nase und der Ohren, der Hände und Füsse, die Verbannung und das häufig an die Stelle einer Strafe tretende Lösegeld. Albērūnī 2, 162 erwähnt u. a. die Verbindung der Vermögensconfiscation mit der Verbannung und verschiedene Verstümmelungen. Von den Todesstrafen war die auch im *Mah.*, der *Rājatar.* und der Märchenlitteratur häufig erwähnte Pfählung u. a. in Golkonda noch im 17. Jahrh.[2], in Kolhapur bis zur Zeit der englischen Herrschaft[3], und das auch *Mṛcch.* 144, Jātakas (Fausböll) 1, 199 ff. erwähnte Niedertrampeln durch Elephanten in den Mahrattenstaaten[4] allgemein gebräuchlich. Sonst werden als unter der Mahrattenherrschaft, speciell in Centralindien, übliche Strafen erwähnt: Geldstrafen, Auspeitschung, Gefängnis, Stockung, Einziehung und Verkauf aller Besitzungen, Abschneiden der Hände, Finger oder der Nase u. a. Körperstrafen; Falschmünzern wurde mit einem Hammer die Hand zerschmettert, also eine symbolische Bestrafung[5]. Die Geldstrafen (*daṇḍ*) waren auch nach Tod[6] in Rajputana, nach Dubois[7] in Mysore, nach dem Gazetteer in Kolhapur[8] besonders gebräuchlich, wie auch unter den *prāyaścitta* Geldstrafen noch jetzt die Hauptrolle spielen, vgl. § 37. In Nepal haben sich neben den sehr häufigen und bis zur Confiscation des ganzen Vermögens gehenden Geldstrafen, der Verbannung und den Strafen an der Ehre wie z. B. Scherung der Haare (§ 42) auch die grausamen Verstümmelungen und Todesstrafen der Smṛtis erhalten. Die Kerkerhaft ist vorübergehender Natur, indem von Zeit zu Zeit die Kerker ausgeleert und die Gefangenen zur Vollziehung der verhängten Strafen an Leib und Leben den Scharfrichtern übergeben werden[8]. Entehrende Strafen kommen in Indien selbst noch jetzt als durch die Kaste verhängte *prāyaścitta* nicht selten vor. So muss bei den Bedars in Bijapur eine aus der Kaste gestossene Ehefrau sich mit einem Rasirmesser die Haare abrasiren lassen und mit der Zunge eine glühende Kohle berühren, ehe sie wieder Aufnahme in ihrer Kaste finden kann[7].

[1] Mém. 1, 83 f. — [2] Fryer bei Wheeler, Hist. 4, 487. — [3] BG 24, 267. — [4] l. c. — [5] Grant, C. P. Gazetteer 70 f.; Malcolm, A Memoir of Central India[2] 1, 558. — [6] Annals of Rajasthan 1, 142 f. — [7] People of India 499 f. — [8] Hodgson AR 20, 1, 94—134. — [9] BG 23, 93 f. Vgl. Kohler ZVR 10, 174—177.

§ 44. Das Wergeld. So entschieden das weltliche Strafrecht der Smṛtis dem Princip der staatlichen Justiz huldigt, so haben sich doch Spuren eines älteren Zustandes erhalten, wo die Sühnung von Mord und Totschlag noch Privatsache war und ein Wergeld[1] gezahlt wurde. Roth hat an den vedischen Ausdrücken *śatadāya* und *vairadeya* nachgewiesen, dass in der vedischen Epoche für einen getöteten Mann ein Wergeld von 100 Kühen an seine Verwandten als Entschädigung gezahlt wurde. *Baudh.* 1, 19, 1 schreibt für die Tötung eines Kṣatriya, Vaiśya oder Śūdra eine in 1000, 100 oder 10 Kühen und einem Stier bestehende Busse an den König vor. Für eine Frau ist im Allgemeinen die gleiche Entschädigung wie für einen Śūdra zu leisten, ebenso für ein Rind ausgenommen eine Milchkuh oder einen Zugstier, sowie für einen Schwan, Pfau u. a. Tiere. Nach Bühler's wahrscheinlicher Vermutung behielt der König diese Bussen nicht für sich, sondern zahlte sie an die Familie des Erschlagenen aus. Das Wergeld von 100 Kühen erinnert an die 100 Kühe, die als Kaufpreis für einen adoptandus und als Brautpreis zu entrichten sind.

Während die obigen Bussen bei *Baudh.* einen Teil des »Königsrechts« bilden, stehen sie bei *Āp.* 1, 24, 1 ff. an der Spitze der *prāyaścitta*, und der Stier wird *prāyaścittārthaḥ* (v. l. *prāyaścittārtham*) gegeben, sollte also jedenfalls dem die Busse bestimmenden *ācārya* oder *dharmādhikārin* zufallen, während die Kühe wohl auch nach *Āp.* als Composition der Familie des Erschlagenen gehören. Zweifelhafter ist *Gaut.*'s Stellung zu dieser Frage (22, 14—18). Nach *Y.* 3, 266 f., *M.* 9, 128—131 werden auch die Kühe als *prāyaścitta* einem Brahmanen geschenkt, d. h. das Wergeld ist ganz und gar zu einer geistlichen Busse geworden. *Vas.* und *Vi.* scheinen das Wergeld auch in dieser Form nicht mehr zu kennen, sondern lassen andere *prāyaścitta* dafür eintreten.

Noch in neuerer Zeit kam das Wergeld als *mund-kati* (*muṇḍakāṭī* »Kopfabschneiden«), bestehend in Grundstücken oder Dörfern, in Rajputana vor. Aus der neuesten Zeit berichtet Sir A. Lyall von einem Raubzug eines halbwilden Grenzstamms in Rajputana, der damit endigte, dass derselbe sich bereit erklärte, für einen im Kampf erschossenen Brahmanen »das übliche Blutgeld« zu bezahlen. In einem andern Teil des Rajputana finden regelmässige Zusammenkünfte unter den Grenzstämmen statt, wobei die erschlagenen Männer, Knaben, Greise, alte und junge Frauen, Kühe u. s. w. nach bestimmten Sätzen taxirt und hienach die herauszuzahlenden Entschädigungen bemessen werden[2]. Auch in Centralindien war der Blutpreis bekannt[3], doch mussten die Verwandten ihre Zustimmung zu einer solchen Abfindung geben[4]. In Kolhapur wurden in der Mahrattenzeit die Mörder bisweilen gezwungen, die Familie des Erschlagenen zu entschädigen; das als Composition gegebene Land hiess *khunkat*[5].

[1] Roth, Wergeld im Veda ZDMG 41, 672—676; Bühler, Das Wergeld in Indien und L. von Schröder, Indogermanisches Wergeld in Festgr. an R. v. Roth 44—52; Leist, Altar. jus gentium 294—307; ZDMG 44, 339 f. — [2] Tod, Annals of Rajasthan 1, 161—164, 209, App. XVIII; Lyall, As. Stud. 159; Bühler l. c. — [3] Malcolm 1, 557 f., 576 f. — [4] Grant, C. P. Gazetteer 70 f. — [5] BG 24, 267.

5. DAS GERICHTSVERFAHREN.

§ 45. Der König als Richter. Die Ausübung der Justiz[1], die Bestrafung der Verbrecher erscheint als eine Hauptaufgabe eines guten Königs. Wenn ein Strafwürdiger unbestraft bleibt, soll der König einen Tag lang, wenn ein Unschuldiger bestraft wird, drei Tage lang fasten (*Vas.* 19, 40—43). Um gerechte Urteile fällen zu können, soll er sich bei den massgebenden Leuten darüber informiren, was bei jeder Kaste geltendes Recht ist, und in Zweifelsfällen sich von gelehrten Brahmanen beraten lassen (*Gaut.* 11, 22—26). Täglich soll sich der König in Begleitung kundiger Brahmanen und erfahrener Räte und Beisitzer in die Gerichtshalle begeben und dort sitzend oder stehend die Anliegen der Kläger prüfen (*M.* 8, 1 f.; *Y.* 1, 359 u. a.). Diese patriarchalische Ausübung der Rechtspflege kann sogar dazu führen, dass der König in höchsteigener Person einen geständigen Dieb mit einer eisernen Keule niederschlägt (*Gaut.* 12, 43—45 u. a.). Dem König wird auch empfohlen, nicht selbst Processe zu veranlassen (*M.* 8, 43), da die Geldstrafen eine ergiebige Einnahmsquelle der Fürsten bildeten. Unrechtmässig erhobene Bussen muss er in das Wasser werfen oder, um das Dreissigfache vermehrt, den Brahmanen geben (*M.* 9, 244; *Y.* 2, 307). Auch die Vollziehung der *prāyaścitta* des geistlichen Rechts überwachte der König (§ 47).

An dem Unrecht, das der König durch Fällung eines ungerechten Urteils begeht, haben auch seine Räte Anteil. Von der so entstandenen Sündenschuld fällt je ein Viertel auf den mit Unrecht Verurteilten oder Freigesprochenen, auf einen falschen Zeugen, auf sämtliche Beisitzer des Gerichts und auf den König (*Gaut.* 13, 11; *M.* 8, 18 u. a.). Die Beisitzer (*sabhya, sabhāsad*) sollen selbst unaufgefordert (*aniyukta*) ihre Meinung offen heraussagen und nicht aus Berechnung einem ungerecht urteilenden König beistimmen, da sie sich sonst zu Mitschuldigen desselben machen und mit ihm in die Hölle fahren würden (*Nār.* I, 3, 2; *Kāty.* 1, 7 f.). Einen hervorragenden Platz nimmt unter den Beisitzern der Hauspriester (*purohita*) des Königs ein, der daher die durch ein ungerechtes Urteil des Königs entstandene Sündenschuld durch entsprechendes Fasten sühnen muss (*Vas.* 19, 40 f.). Ferner nennen spätere Smṛtis als Begleiter des Königs den Oberrichter, die Minister, die Ältesten, die Brahmanen und das Gefolge (*Kāty.* 1, 3; *Bṛh.* 1, 23). Der Gerichtshof wird dann mit dem menschlichen Körper verglichen, wobei der König der Kopf, der Oberrichter der Mund, die Beisitzer die Arme sind u. s. w. Näher wird die Funktion der als 10 gerechneten Glieder oder Bestandteile (*aṅga*) eines Gerichtshofs so definirt: der Oberrichter fällt das Urteil, der König verhängt die Strafe, die Beisitzer oder Richter untersuchen den Thatbestand, das Gesetzbuch (*smṛti*) liefert das Urteil, Gold und Feuer dienen zur Anwendung von Ordalien, das Wasser ist zur Erfrischung da, der Rechner berechnet den Wert des Streitobjekts, der Schreiber protokollirt die Verhandlung, der Gerichtsdiener hat den Angeklagten, die Beisitzer und die Zeugen vorzuladen und die beiden Parteien, falls sie keine Bürgen gestellt haben, in Gewahrsam zu halten (*Bṛh.* 1, 4—10). Ausserdem werden von *Vyāsa* noch erwähnt der

»Bewahrer der Streitobjekte« (*sādhyapāla*), ein Śūdra, der als eine Art Büttel oder Gerichtsvollzieher die Zwangsvollstreckung des Urteils zu besorgen hat, und der *sabhāstāra*, der zur Erbauung der Anwesenden Reden über Moral (*dharmavākya*) halten soll. Im *Mah.* 4, 1, 24 erscheint allerdings der *sabhāstāra* nur als ein Höfling (*sabhya Nīl.*), der sich besonders am Spiel beteiligt; doch ist von Vorlesungen aus den *purāṇa*, den *dharma*- und *arthaśāstra* im Gerichtshof auch sonst die Rede (*Bṛh.* 1, 23). Auch einige angesehene Kaufleute (*vaṇij, naigama Kāty.* 1, 12; *Mah.* 16, 7, 8) sollen zu dem Gericht zugezogen werden, um das Volk zu gewinnen (*lokarañjanārtham Mit.* zu *Y.* 2, 2). Das Gericht soll in einem mitten in der Festung (*durga*) des Königs gelegenen Gebäude stattfinden, die Gerichtshalle soll nach Osten liegen und mit Statuen, Bildern, Götzen, Juwelen, Kränzen und einem Thron geschmückt sein (*Bṛh.* 1, 19). Als die geeignete Zeit für Abhaltung eines Gerichts gilt der Vormittag, genauer das 2.—4. Achtel des Tags (*Kāty.* 1, 19). Der König soll sich bei der Fällung des Urteils an das *dharmaśāstra* halten und der Ansicht seines Oberrichters folgen (*Nār.* 1, 1, 35).

Schon Megasthenes fr. 28 hebt hervor, dass die indischen Fürsten in Friedenszeiten ihren Palast ausser zum Opfern und Jagen nur zum Zweck der Rechtsprechung verlassen und dabei den ganzen Tag über ausharren, selbst während sie sich von vier Dienern mit hölzernen Walzen massiren lassen. Auch in den Inschriften erscheint die Prüfung der Processe als eine wichtige Regententugend, so bei einem nepalesischen König IA 9, 170, und die *Rājatar.* erwähnt verschiedene Beispiele von salomonischen Urteilen kashmirischer Fürsten (6, 14 ff., 42 ff.; 8, 123—156). So fungirt in Nepal noch jetzt der Staatsrat (*bhāradār sabhā*) unter dem Vorsitz des Königs teils als höchste Instanz in Processen, teils verhängt er schwere Strafen in erster Instanz[2]. Ebenso war es in der Mahrattenzeit in Centralindien, wo Processe über höhere Beträge als 1000 Rupees direkt an den Rājā gingen, in anderen Fällen sein Hof die höchste Instanz bildete. Der König urteilte meist nach dem Rat eines *śāstrin*[3]. Eine Art Cultusdepartement (*dhaṃmamahāmātā*) für Überwachung des frommen Wandels seiner Unterthanen eingesetzt zu haben, rühmt sich schon König *Aśoka* in seinen Inschriften[4].

[1] Vgl. Colebrooke, On Hindu Courts of Justice (Ess. 1, 490—527); ZDMG 44, 342—362; Kohler, Altindisches Prozessrecht (Stuttg. 1891). — [2] Hodgson, Ess. 2, 213—215. — [3] Grant, C. P. Gazetteer 70 f.; Malcolm, Central India 1, 557. — [4] Bühler ZDMG 48, 53.

§ 46. Andere staatliche Gerichte. Schon die älteren Smṛtis lassen eine Stellvertretung des Königs durch einen gelehrten Brahmanen zu, der für ihn die Processe untersuchen und entscheiden soll (*Gaut.* 13, 26; *Vi.* 3, 73; *Vas.* 16, 2 u. a.). Näheres über die Stellung und Thätigkeit des Oberrichters (*prāḍvivāka, adhikṛta, adhyakṣa, dharmādhyakṣa, sabhāpati*), der dem anwesenden König zur Seite steht, den abwesenden vertritt, ist den späteren Quellen zu entnehmen. Der Name *prāḍvivāka* wird davon abgeleitet, dass er die Parteien verhört (*pṛcchati*) und dann sein Urteil abgiebt (*vivecayati*). Wie ein geschickter Wundarzt den Stachel oder Krankheitsstoff aus einer Wunde entfernt, so soll der *prāḍvivāka* durch Untersuchung und Verhör den Stachel des Unrechts aus einem Process entfernen. Dem Stand nach soll er ein Brahmane sein, oder wenigstens einer der höheren Kasten angehören, während Śūdras von dem Richterstand gänzlich ausgeschlossen werden. Sein Wissen soll sich nicht nur auf die 18 Rechtsmaterien nebst ihren Unterabteilungen, sondern auch auf die Logik u. a. Wissenschaften, auf die *śruti* wie auf die *smṛti* erstrecken; auch soll er entschlossen, fest, geduldig, tugendhaft, unparteiisch, fromm, sanft, thätig und von guter Familie sein. Als Zeichen seiner

Würde führt er den Siegelring (*mudrā*) des Königs, der besonders für die Vorladung der Parteien nötig ist; das von ihm geleitete Gericht heisst daher *mudritā* »mit dem königlichen Siegel versehen« (*Bṛh.* 1, 3, 12, 24; *Kāty.* 1, 5 f., 31; *Nār.* 1, 3, 16; Quot. 1, 1 u. a.).

Die Beisitzer des Oberrichters müssen wie der Oberrichter selbst angesehene, fromme, gelehrte, wahrheitsliebende, unparteiische, unbestechliche Männer aus einem der drei höheren Stände sein (*Vi.* 3, 74 u. a.). Sie sind dem Oberrichter ebenso wie dem König untergeordnet, doch können die *sabhya* unter Umständen auch selbständige Richtercollegien gebildet haben, deren Beschlüsse mit Stimmenmehrheit oder Einstimmigkeit gefasst wurden. So wird nach *Nār.* I, 3, 17 nur dann der Stachel der Ungerechtigkeit aus einem Process entfernt, wenn das ganze Richtercollegium (*sabhyo janaḥ sarvaḥ*) sich über die Entscheidung desselben geeinigt hat. Auch wird ein Instanzenzug von den *sabhya* zu dem Oberrichter und von diesem zu dem König aufgestellt (*Bṛh.* 1, 30 f.), oder von dem Dorfgericht zu dem Stadtgericht und von diesem zu dem König (*Pitām.*). Diese drei Instanzen der staatlichen Gerichte unterscheiden auch die Commentatoren, dagegen kennen *Y.* 2, 30, *Nār.* I, 1, 7 u. a. nur die beiden Instanzen der königlichen Richter und des Königs selbst, was den einfacheren Verhältnissen einer älteren Periode zu entsprechen scheint. Eine andere Einteilung der Gerichte ist die in ständige (*pratiṣṭhitā*), die in einer Stadt oder einem Dorf tagen, und ambulante (*apratiṣṭhitā*), die keinen festen Sitz haben (*Bṛh.* 1, 2 f.), doch mögen hiemit private Schiedsgerichte gemeint sein. Als Dorfrichter fungirten die königlichen Dorfvorsteher (*grāmaṇī, grāmādhipa, grāmapati*), deren Würde eine erbliche war. Die Competenz der unteren Instanzen beschränkt sich nach *Vyāsa* auf Erteilung von Verweisen, indem die Verhängung von Vermögens- oder Körperstrafen ein Reservatrecht des Königs bildet. Nach *Bṛh.* 1, 6 soll überhaupt nur der König Strafen diktiren können. Doch schloss wenigstens in den Dörfern die Verfolgung der Verbrecher, die eine Hauptaufgabe der Dorfvorsteher bildete (*Vi.* 3, 11 u. a.), jedenfalls eine weitgehende Strafgewalt in sich. Ungerechte Richter sollen das Doppelte der Streitsumme als Strafe zahlen (*Y.* 2, 4, 305; *Nār.* I, 1, 66), können aber auch noch härter bestraft werden, namentlich mit Einziehung ihres Vermögens und Verbannung (*Vi.* 5, 180; *M.* 9, 231, 234; *Bṛh.* 22, 10 u. a.).

Die Beauftragung einsichtiger Männer mit der Prüfung der Processe an Stelle des Königs wird auch *Mah.* 12, 69, 27 empfohlen. Eine von dem Oberrichter (*adhikaraṇika*) des Königs in dessen Hauptstadt abgehaltene Gerichtsverhandlung schildert der neunte, der Process (*vyavahāra*) betitelte Akt der *Mṛcch.* Die Zusammensetzung des Gerichtshofs ist hier wesentlich die nämliche wie bei den königlichen Gerichten der Smṛtis (§ 45), selbst die Terminologie stimmt überein. Das Collegium der Richter (*adhikaraṇika, niyukta, adhikṛta, draṣṭṛ*) versammelt sich in der Gerichtshalle (*adhikaraṇamaṇḍapa, adhikaraṇa,* ebenso *Vi.* 7, 3), die einen Teil des königlichen Palastes zu bilden scheint. Auch die Bezeichnung *rājakaraṇam*[1] in dem ersten Monolog des *Cārudatta* scheint auf die Gerichtsversammlung zu gehen, als deren Mitglieder genannt werden (144, 12 ed. Stenzler): die in tiefes Nachdenken versunkenen Minister (*mantrin*), die hin und her eilenden Boten (*dūta*), die gefrässigen Krokodilen gleichenden Späher (*cāra*, in den Smṛtis besonders bei der Aufspürung von Dieben und Rebellen erwähnt), die geschwätzigen Reiher, d. h. die Angeber (entsprechend den *stobhaka* und *sūcaka* der Smṛtis), das Schlangengezücht der Schreiber (*kāyastha*); auch die zum Zertreten der Verbrecher benützten Elephanten und Pferde finden Erwähnung (vgl. § 43). Die Funktionen des Oberrichters beschränken sich (wie nach § 45) auf die Führung der Untersuchung, wobei ihm die Beisitzer zur Seite stehen, und die Fällung des Urteils, während die Strafe von dem König *Pālaka* bestimmt wird. Unter den Beisitzern werden speciell der Zunftmeister und der Schreiber genannt (*śreṣṭhikāyasthādibhiḥ parivṛto 'dhikaraṇikaḥ*), die ungefähr den Kaufleuten (*naigama*) und dem Schreiber (*lekhaka*) der Smṛtis entsprechen. Als Diener erscheint der *śodhanaka* »Reiniger«, der die Gerichtshalle fegt und die Sitze bereit stellt, dann die Richter, Parteien und Zeugen einführt wie der *rājapuruṣa* der Smṛtis. Die *rājapuruṣa* treten im Drama noch ausserdem auf, als Häscher, die den verurteilten Verbrecher ergreifen. Aus der Märchenlitteratur erwähne ich *Pañc.* 1, 21 (ähnlich *kathā* 4 und 19; 5, *kathā* 1 und sonst), wo die streitenden Parteien sich an das Königsgericht (*rājakula*) wenden und von den Richtern (*dharmādhikāriṇaḥ, sabhyāḥ*) verhört werden. Auch die Polizisten (*rājapuruṣa*) kommen in den Märchen vor. In Nepal hat der oberste Criminalgerichtshof, der aber für schwere Fälle zugleich die erste Instanz ist, ausser dem Richter 251 Beamte, die grösstenteils Polizisten oder Büttel sind. Der Oberrichter (*ditha*) präsidirt in diesem und den drei anderen Gerichtshöfen (*nyāyasabhā*) der Hauptstadt, die ausser ihm noch je 2 Richter haben. Die höchste Instanz bildet der Staatsrat des Rājā (*bhāradār sabhā*). In den Provinzen giebt es vier weitere Gerichtshöfe, doch liegt die Jurisdiktion zumeist in den Händen der Gouverneure und Dorfvorsteher[2]. In Indien selbst waren in der Mahrattenzeit die Verwaltung und die staatliche Justiz meistens nicht getrennt, sondern auf dem Dorfe dem Dorfvorsteher (*pāṭil*) anvertraut, dem sein Sekretär (*kulkarni*), meist ein Brahmane zur Seite stand; über dem *pāṭil* stand der Gouverneur (*kamāvisdār* oder *māmlatdār*), über ihnen der Hof des Fürsten. Auch die Lehensherren (*jāgirdār*) konnten Recht sprechen, ausser in Capitalfällen. Es gab auch eigentliche Richter (*nyāyādhīśa*), doch war ihre Competenz gering[3]. Schon in den Jātakas (1, 199 ff.) bezieht der Dorfschulze ein bedeutendes Einkommen aus Geldstrafen die er verhängt (*daṇḍabali*).

[1] So wohl besser nach den Calcuttaer Ausgaben und dem Commentar als *rājabhavanam* nach Stenzler, da *karaṇa* in der Bedeutung »Gerichtshof« auch in den Smṛtis vorkommt und der Zusammenhang zeigt, dass von einem Gericht die Rede ist. — [2] Hodgson AR 20, 1, 94 ff.; Ess. 2, 212—216. — [3] BG 10, 305 ff.; 24, 266—268; Malcolm, Central India 1, 557 ff., 563, 567; Grant, C. P. Gazetteer 70 f.; Dubois 499 ff.

§ 47. Die Privatgerichte und die Bussen. Bei der Ohnmacht und Schwäche der meisten Regierungen, besonders in den ländlichen Distrikten, und den Bedrückungen und Erpressungen, denen das Volk seitens der königlichen Beamten ausgesetzt war, konnte es nicht ausbleiben, dass man sich, wenigstens in Civilfällen, mit Vorliebe an die Entscheidungen der ad hoc eingesetzten oder ständigen Schiedsgerichte hielt. Nach *Vi.* 3, 12 ff. sollen die Dorfvorsteher, wenn sie der Verbrecher in ihrem Dorf nicht Herr werden können, sich an die Distriktsvorsteher und Statthalter wenden, was demnach wohl oft vorkam. Die Bedrückung des Volks durch die *kāyastha*, die Rivalen der Brahmanen, wird z. B. *Y.* 1, 335 und *Rājatar.* 4, 351 f., 621 ff., 5, 439 u. a. erwähnt. Die partikulare Gerichtsbarkeit der Korporationen jeder Art wird auch in den Smṛtis im vollsten Masse anerkannt, vgl. § 1. Den Bauern so gut als den Gewerbtreibenden, den Viehhirten, Geldverleihern, Mitgliedern einer Sekte, Räubern, Schauspielern, Handwerkern u. s. w. wird das Recht zuerkannt das Recht für ihre Verbände selbst festzusetzen und Streitigkeiten zu entscheiden. Dem König wird besonders empfohlen, die von den Vorständen eines Geschlechts, einer Zunft oder Korporation getroffenen Verfügungen und verhängten Strafen anzuerkennen und zu bestätigen; nur wenn zwischen den Vorständen und ihren Untergebenen ein Streit ausbricht, soll der König dagegen einschreiten, ausserdem bei schweren Verbrechen (*sāhasa*). Bei Waldbewohnern soll das Gericht im Walde, bei Kriegern im Lager, bei Kaufleuten in der Karawane stattfinden (*Gaut.* 11, 20—22; *Bṛh.* 1, 25—28; 17, 17—20 u. a.). Es wird auch ein Instanzenzug von den Geschlechtern oder Familien (*kula*) zu den Zünften oder Innungen (*śreṇi*), z. B. von Pferdehändlern, Betelverkäufern, Webern, Schuhmachern (*Mit.* zu *Y.* 2, 30), von diesen zu den Ortsausschüssen oder -Gerichten (*gaṇa, pūga*) aufgestellt; von dem Ortsgericht kann man dann weiter an die königlichen Richter und an den König in Person appelliren (*Bṛh.* 1, 29—32). Die ganze, oft missverstandene Rechtsmaterie von dem »Bruch von Verträgen« (*M.* 8, 218—221; *Nār.* 10; *Bṛh.* 17) hat den Zweck die Rechte der Korporationen, besonders der religiösen, unter den weitgehendsten staatlichen Schutz zu stellen.

Als die legitimen Organe der Genossenschaften, denen daher auch die Jurisdiktion obliegt, erscheinen die gewählten oder erblichen Vorsteher (*mahattama, mukhya*), denen Ausschüsse von drei oder fünf Männern zur Seite stehen sollen (*Bṛh.* 17, 9 f.). Doch ist auch von Schiedsrichtern die Rede, über deren Wahl sich die beiden Parteien geeinigt haben (*ubhayasaṃmata*), namentlich bei den häufigen Grenzstreitigkeiten (*Bṛh.* 19, 11). Auch die Bussen des geistlichen Rechts werden von solchen ständigen oder speciell gewählten Richtern diktirt. Die aus drei bis zehn gelehrten und erfahrenen Brahmanen, eventuell auch nur aus einem einzigen Brahmanen, bestehende *pariṣad,* die in Zweifelsfällen bestimmen soll was Rechtens ist (*Gaut.* 28, 48 ff. u. a.), wird in den späteren Werken über *prāyaścitta* als die eigentliche Instanz für die Bestimmung der in jedem Fall geeigneten Bussen bezeichnet. Die Hauptstelle über das bei der Auferlegung einer Busse zu beobachtende Verfahren ist *Āp.* 2, 10, 12—16 nebst Commentar. Hat ein erwachsener Mann sich vergangen, so soll ihm sein geistlicher Berater (*śāstṛ*) eine den Bestimmungen des *dharmaśāstra* entsprechende Busse diktiren. Vollzieht er die Busse nicht, so soll der *śāstṛ* ihn dem König vorführen, und der König soll ihn an seinen rechtsgelehrten *purohita* verweisen, mit dem Auftrag an letzteren eine geeignete Busse anzugeben. Zeigt er sich auch hiegegen widerspenstig, so soll er durch Einsperrung, Fasten u. a. Zwangsmittel, jedoch unter Ausschluss körperlicher Züchtigung und Verknechtung falls er ein Brahmane ist, zu dem Entschluss gebracht werden die Busse zu vollziehen. Natürlich schliesst diese Intervention des Königs ein Eingreifen des Kastenvorstandes nicht aus, der über den unbussfertigen Sünder die Ausstossung aus der Kaste (*tyāga*) verhängen konnte (§ 38).

Die *mahattara* oder *mahattama* der Dörfer kommen auch in den Inschriften häufig vor. Ein dramatisches Beispiel eines gewählten Schiedsrichters bildet der Richter *Asajjātimiśra* in der Posse *Dhūrtasamāgama,* der als Unparteiischer (*madhyastha*) das Streitobjekt, die Hetäre *Anaṅgasenā,* bei sich behält, wie auch nach *Y.* 2, 44 die Streitsache bei einem *madhyastha* deponirt werden kann. Ein anderer ungetreuer Schiedsrichter (*arthapati*) kommt im *Pañcat.* 3, *kathā* 4 vor. Die Kastenvorstände und die Dorfvorsteher üben noch heutzutage eine sehr weitgehende Jurisdiktion aus[1]. Daneben bilden die *pañc, pañcāyat* »Fünferausschüsse«, so genannt, weil sie aus mindestens 5 Mitgliedern bestehen, eine volkstümliche Institution und sind im Dekhan durch den Deccan Ryot Act neuerdings wieder eingesetzt und unter die Aufsicht eines speciellen Richters gestellt worden[2]. Der »Fünferausschuss« setzte sich in Rajputana aus den Vorstehern und Sekretären von je 2 beliebigen Dörfern zusammen, die der Kläger und Beklagte nennen durften; das Urteil versah der *hakim* mit seinem Siegel[3]. Auch in den Mahrattenstaaten durften beide Parteien die gleiche Anzahl Mitglieder in die *pañc* wählen, in der dann ein Regierungsbeamter das Präsidium führte, doch gab es auch ständige *pañc*, aus den angesehensten Leuten bestehend[4], gemäss dem alten Rechtsspruch, dass das keine *sabhā* ist, wo die Ältesten (*vṛddhāḥ*) fehlen (*Nār.* I, 3, 18; *Mah.* 5, 35, 58). Auch in Nepal entscheiden die von den Parteien oder auf ihren Wunsch von der Regierung bestellten *pañcāyat* die Hälfte aller Processe[5]. In Kolhapur galt eine Weigerung, sich dem Ausspruch einer *pañcāyat* zu unterwerfen, als Schuldbeweis[6].

Die geistlichen Gerichte der *pariṣad* leben noch fort in den erblichen *dharmādhikarin* u. a. Rechtsgelehrten, welche die Bussen zu bestimmen haben. In Kashmir gab es noch 1875 5 erbliche *dharmādhikārin*, welche die *prāyaścitta* festsetzten, die Vollziehung derselben überwachte der Rājā[7]. Auch in Nepal müssen alle, die sich durch verbotenen Verkehr mit anderen Kasten oder sonst gegen die Kastenordnung vergehen, den *dharmādhikārin* consultiren und die von ihm verhängten Bussen vollziehen[8]. Die glaubenseifrigen Mahrattenfürsten in Indien pflegten selbst Bussen für religiöse Vergehen zu diktiren[9]. Jetzt sitzt in Indien über solche Vergehen die Kastenversammlung zu Gericht und fordert den Unschuldigen auf sich an einen geistlichen Ratgeber zu wenden und Busse zu thun mit der alten Formel: *ācāryaṃ labhasva prāyaścittaṃ samācara*[10].

[1] Vgl. Steele, Castes 79—156; BG 23, 241, 244 u. a.; o. § 46. — [2] Bühler (briefliche Mitteilung). — [3] Tod, Rajasthan 2, 171 f. — [4] Malcolm 1, 558, 570; BG 16, 304 ff.; 24, 266. — [5] Hodgson AR l. c. — [6] BG 24, 267. — [7] Bühler, Kaśmīr Report 21 f. — [8] Hodgson, Ess. 2, 214. — [9] Telang, Gleanings from Marāṭha Chronicles in Transact. 9. Congr. 1, 255, 257. — [10] Bühler ZDMG 48, 53. Vgl. Elliot, Memoirs 1, 281.

§ 48. Gerichtskosten, Appellation, Wetten. Nicht bloss die zahlreichen und beträchtlichen Geldstrafen (*daṇḍa*) bildeten eine ergiebige Einnahmsquelle der Könige und königlichen Richter, sondern es wurden zur Deckung der Gerichtskosten auch von der obsiegenden Partei Sporteln erhoben. So sollen nach *Vi.* 6, 20, *Y.* 2, 42 die Gerichtskosten im Verhältnis von 10 und 5% der Streitsumme zwischen dem Schuldner und Gläubiger geteilt werden. Die Succumbenzbussen, die ein der Falschheit überführter Kläger oder Beklagter oder Ordalleistender zu bezahlen hat, gehen auf das Einfache oder Doppelte des streitigen Betrags (*Y.* 2, 11; *M.* 8, 59; *Nār.* Quot. 6, 86). Nach einer anderen Ansicht hat allerdings nur der Schuldner eine Geldstrafe zu bezahlen, die auf das Doppelte steigt, wenn er leugnet und überführt wird (*Nār.* 1, 133; *M.* 8, 139 u. a.). Auch der Brahmane, welcher die Busse für einen Mord festsetzt, erhält einen Stier als Honorar (§ 44). Nach anderen Texten, die *Raghunandana* 226 citirt, sollen überhaupt die eine Busse bestimmenden Brahmanen von dem der sie vollzieht eine Milchkuh, einen Stier oder wenigstens eine Kleinigkeit empfangen. Ob die königlichen Richter ausser den Gerichtssporteln auch ein fixes Einkommen (*vṛtti, nibandha*) bezogen, wird nicht gesagt; die Analogie der Verwaltungsbeamten, die ja auch richterliche Funktionen ausübten, spricht dafür (*M.* 7, 118 f.). Die Gerichtskosten steigen bei einer Appellation. Wer ein gegen ihn ergangenes Urteil für ungerecht hält, kann eine Erneuerung des Processes verlangen, muss sich aber verpflichten im Fall des Unterliegens das Doppelte der in dem ersten Urteil erkannten Geldstrafe zu bezahlen; gewinnt er den zweiten Process, so trifft diese poena dupli seinen Gegner und zugleich die ungerechten Richter (*Y.* 2, 4, 305 f.; *Nār.* I, 1, 65 f., vgl. *Bṛh.* 6, 5 f.).

Auch die Processwetten bildeten eine Einnahmequelle für die Richter, wenigstens ist nach *Mit.*, *Apar.*, *Vīram.* zu *Y.* 2, 18 die verwettete Summe an den König oder Richter zu zahlen, während allerdings nach dem aus dem indischen abgeleiteten birmanischen Recht nur 10% an den Richter und die

Anwälte gehen, der Rest dagegen an die obsiegende Partei[1]. Die Wette (*paṇa*) ist nach *Nār.* I, 1, 4 nebst Comm. schriftlich zu stipuliren. Sie soll erst dann erfolgen, wenn die Klage und die Antwort vorliegen und das Beweisverfahren begonnen hat. Entweder wettet nur die eine Partei, indem sie sich in der Hitze des Streits verbindlich macht im Fall des Unterliegens eine gewisse Summe zu zahlen, oder beide Parteien wetten, wobei der Betrag des Einsatzes ganz verschieden sein kann; auch von der Höhe der Streitsumme ist der Betrag der Wette ganz unabhängig, z. B. sind auch bei bedeutenden Streitobjekten ganz niedrige Einsätze zulässig.

In der Mahrattenzeit hatten in Centralindien beide Parteien je ein Viertel der Streitsumme als Gerichtskosten zu bezahlen[2]. In Nepal müssen bei Schuldklagen noch jetzt die Parteien 5, resp. 10% der Streitsumme bezahlen. Leugnet der Schuldner, so kommt es zur Processwette. Der Kläger und der Beklagte nehmen jeder eine Rupie in die Hand, machen eine Faust und klopfen damit auf den Boden, indem sie die Wahrheit ihrer Aussagen beteuern. Die beiden Rupien erhält der Gerichtshof, desgleichen weitere 5 Rupien als Zeichen, dass die Parteien sich der Entscheidung durch ein Gottesurteil unterwerfen. Diese Beträge erhalten die Gerichtsbeamten; nach der Entscheidung des Ordals sind vier weitere Gebühren zu zahlen, welche die Regierung erhält[3]. Die *dharmādhikārin*, welche die Bussen diktiren, sind meist erbliche Inhaber einer *vṛtti* (*vattan*)[4].

[1] Richardson, Dhammathat 73. — [2] Grant, C. P. Gaz. 70 f.; BG 16, 87 ff. — [3] Hodgson, Ess. 2, 220—223. — [4] Bühler ZDMG 48, 53 f.

§ 49. Civil- und Criminalprocess. Die Rechtsfälle (*vyavahāra*) zerfallen in Civil- und Criminalprocesse (*dhana-* und *hiṃsāsamudbhava*), deren Behandlung in wichtigen Punkten eine verschiedene ist. So soll bei Fällen von Ehebruch, Diebstahl, Real- und Verbalinjurien, Gewaltthätigkeit u. a. schweren Verbrechen Jedermann Zeugnis ablegen dürfen (*Gaut.* 13, 9; *Nār.* 1, 189 u. a.), während sonst die Qualification der Zeugen einer sehr strengen Prüfung unterzogen wird. Eine ähnliche Ausnahme zu Gunsten schwerer Criminalfälle wird bei den Gottesurteilen gemacht, die sonst nur dann bei einem Angeklagten in Anwendung kommen sollen, wenn die andere Partei sich im Fall des Unterliegens zur Strafe bereit erklärt (§ 52). Die Antwort des Beklagten hat im Strafprocess sofort zu erfolgen, während ihm sonst ziemlich lange Fristen zugestanden werden (*Gaut.* 13, 28—30; *Y.* 2, 12; *Nār.* I, 1, 44 f.). Dagegen darf er eine Gegenklage vorbringen, z. B. zur Compensation einer Beleidigung mit einer anderen (*Y.* 2, 9). Die sonst zulässige Stellvertretung des Angeklagten vor Gericht ist in Criminalfällen unstatthaft (*Kāty.* 2, 11—13). Bei den 10 Hauptverbrechen und 72 anderen Vergehen darf der König einschreiten, auch wenn kein Ankläger vorhanden ist (§ 40), während sonst im Strafprocess das Accusationsverfahren herrscht[1]. Nur auf den Criminalprocess bezieht sich auch die Aufzählung der Fälle wo Jemand auch ohne Zeugenaussagen durch den Augenschein überführt werden kann; so gilt als Brandstifter, wer mit einem Feuerbrand, als Mörder, wer mit einer Waffe, als Ehebrecher, wer mit der Gattin eines Anderen, als Waldfrevler, wer mit einer Axt in der Hand betroffen wird (*Nār.* 1, 172—176). Die niedere Gerichtsbarkeit der Kasten, Innungen, Geschlechter, Schiedsrichter u. dgl. hatte mit schweren Criminalfällen wohl überhaupt nichts zu thun.

Im Allgemeinen ist jedoch der Gang des Criminal- und Civilprocesses, wie er in den jüngeren Smṛtis beschrieben wird, der gleiche. Der Richter fragt den bescheiden vor das Gericht tretenden Kläger: »Was ist dein Anliegen, welches Unrecht ist dir widerfahren? Von wem, wie, wann und wesshalb? Habe keine Angst, äussere dich.« Die nun erfolgende Klage wird seitens des Richters einer vorläufigen Prüfung unterzogen. Ist z. B. der Kläger wahnsinnig, betrunken, eine Frau, unmündig oder überhaupt handlungsunfähig, so kann sie a limine abgewiesen werden. Auch eine Klage zwischen Vater und Sohn, Mann und Frau, Herrn und Diener, Lehrer und Schüler ist nicht zulässig. Ist die Anklage angenommen, so soll der Richter den Beklagten durch ein gesiegeltes Schreiben (*mudrā*) oder durch einen Gerichtsboten (*puruṣa*) vorladen (*Kāty.* 2, 1—3; *Y.* 2, 32; *Nār.* Quot. 1, 6 f. u. a.).

Bis zur gerichtlichen Vorladung (*Nār.* I, 1, 47), oder schon ehe er vor Gericht geklagt hat (*Vīram.*), kann seitens des Klägers eine Verhaftung (*āsedha*) der anderen Partei vorgenommen werden, darin bestehend, dass man unter Berufung auf den König (*Mit.*) dem Beklagten verbietet auszugehen oder eine Reise oder religiöse Handlungen zu unternehmen; die Übertretung eines solchen Verbots zieht gerichtliche Strafen nach sich ausser in Notfällen, z. B. wenn Jemand in einer gefährlichen oder bedrängten Lage verhaftet wird; auch Jemand der gerade im Begriff steht sich zu verheiraten oder ein Opfer darzubringen oder Almosen zu geben, ein Hirte der sein Vieh weidet, ein Krieger in der Schlacht u. a. dringlich beschäftigte Personen dürfen nicht verhaftet werden (*Nār.* I, 1, 48—54 u. a.). In den gleichen Fällen ist auch von einer gerichtlichen Ladung abzusehen, auch vornehme Frauen, Idioten u. a. nicht processfähige Personen dürfen nicht vorgeladen werden; hievon abgesehen, verfällt wer einer Ladung nicht folgt Geldstrafen, deren Betrag nach der Schwere des Falls variirt, und verliert auch den Process. Den Gerichtsboten (*dūta*), der den Beklagten aufsucht, muss der Kläger so lange verköstigen (*Kāty.* 2, 7, 14 f., 25; *Nār.* I, 2, 32 u. a.).

Erst wenn beide Parteien oder wenigstens ihre Vertreter zur Stelle sind, kann das eigentliche Verfahren beginnen, das bei den späteren Autoren, zuerst bei *Y.*, in vier Teile zerfällt: Klage, Antwort, Untersuchung und Urteil. Die schriftliche Klage oder Deklaration (*bhāṣā, pratijñā, pakṣa, pūrvapakṣa, -vāda*) wird als der Kern (*sāra*) der Processe bezeichnet, auf ihre Abfassung daher besondere Sorgfalt verwendet. Der Richter lässt die Aussagen des Klägers zuerst auf einer Schreibtafel, wohl von schwarzem Holz[2], protokolliren, die Reinschrift kommt dann auf ein Blatt; oder die Klage wird auf dem Fussboden niedergeschrieben und die ganze Verhandlung in der gleichen Weise protokollirt. Die Klage kann auch nachträglich noch modificirt und verbessert werden, so lange bis die Antwort erfolgt ist. Eine unklare, Widersprüche enthaltende, ungereimte, der guten Sitte widersprechende oder sonst zu beanstandende Klage soll der Richter zurückweisen. Der Kläger gelangt zuerst zum Beweis, und seine Zeugen sind zuerst zu vernehmen; daher kann leicht ein Prioritätsstreit zwischen ihm und dem Beklagten entstehen, der dann nicht nur nach der zeitlichen Priorität, sondern auch nach dem Inhalt der beiderseitigen Klagen oder nach dem Rang der Parteien zu entscheiden ist. Beide Parteien müssen leistungsfähige Bürgen stellen, eventuell nimmt sie der Gerichtsdiener in Gewahrsam, wie auch die Verwahrung der Streitsache durch einen *sādhyapāla* verfügt werden kann (*Nār.* I, 2, 7—20; Quot. 2, 1—20; *Bṛh.* 3, 4—14; *Y.* 2, 10; *Kāty.* 2, 23 f. u. a.).

Die Antwort (*uttara, pratipakṣa, -vāda*), ebenfalls schriftlich, braucht nur in schweren oder dringenden Fällen sofort zu erfolgen, während sonst je nach der Natur des Falls längere oder kürzere Fristen bis zu einem Jahr oder ganz nach Belieben gewährt werden (s. o.). Die schriftliche Antwort soll genau dem Inhalt und Gedankengang der Klage entsprechen und klar, präcis, nicht verschwommen oder ausweichend sein. Es werden 4 Arten der Antwort unterschieden: Leugnung (*mithyā*), Geständnis (*saṃpratipatti*), Einrede oder Berufung auf einen besonderen Umstand (*kāraṇa, pratyavaskandana*),

Berufung auf ein früheres Urteil in gleicher Sache (*prāṅnyāya*). Die Leugnung zerfällt in die 4 Unterarten: »Es ist nicht wahr, ich weiss es nicht, ich war nicht dabei zugegen, ich war damals noch nicht am Leben«. Ein Beispiel einer Einrede ist wenn der Beklagte sagt: »Ich habe allerdings 100 erhalten, dir aber diesen Betrag zurückgezahlt« (*Nār.* I, 2, 2—6; Quot. 3, 1—7; *Bṛh.* 4, 8 f.; *Hār.* 1, 20—25 u. a.). Schweigen oder Verweigerung der Antwort gilt dem Geständnis gleich. Ein solches wird in erster Linie herbeizuführen gesucht, indem dem geständigen Beklagten die Hälfte der Strafe erlassen wird (*Nār.* I, 2, 32 f.; Quot. 3, 10 u. a.).

Ehe der dritte Teil des Processes, die Beweisführung, folgen kann, hat der Richter zu entscheiden, welcher Partei die Beweislast zufallen soll. Im Allgemeinen hat im Fall der Leugnung der Kläger, bei Einrede oder Berufung auf ein früheres Urteil der Beklagte den Beweis (*kriyā*) anzutreten, bei Geständnis findet überhaupt kein Beweisverfahren statt (*Hār.* 1, 29 u. a.). In zweifelhaften Fällen wird den Parteien ein Vergleich empfohlen, der sogar durch königliches Mandat (*rājājñā*) befohlen werden kann, aber rechtzeitig geschlossen werden muss, wenn die Zahlung des doppelten Betrags der Streitsumme als Strafe vermieden werden soll (*Bṛh.* 5, 10—13).

In der *Mṛcch.* wird der Kläger (*kāryārthin*) von dem Richter aufgefordert seine Anklage vorzubringen, die der Gerichtsschreiber auf dem Fussboden protokollirt (ebenso im *Dhūrtasamāgama*), der des Mords bezichtigte *Cārudatta* von dem Gerichtsdiener höflich vorgeladen und bei der Verhandlung, selbst unter Androhung von Peitschenhieben, vor allem ein Geständnis von ihm zu erpressen gesucht. Die schriftlichen, mit Angabe der Beweise versehenen Klagen erwähnt auch Albērūnī 2, 158. Auch in der Mahrattenzeit waren mehrfach schriftliche Klagen und Antworten üblich[3]. Dubois 497 berichtet von einem dem *āsedha* analogen Rechtsbrauch, wonach der Kläger zu seinem Gegner trat mit den Worten: »Ich verhafte dich im Namen von dem und dem«, wobei er den Fürsten oder Statthalter nannte; der so Angeredete musste alles gehen und stehen lassen, bis er sich verantwortet hatte. In Nepal fragt bei Civilklagen der Richter den Kläger nach seinem Anliegen und giebt ihm gegen Bezahlung einen Gerichtsdiener mit, um den Beklagten zu holen. In Criminalfällen sucht man dem Beklagten durch Peitschenhiebe ein Geständnis zu entreissen, in Civilfällen wird ein Vergleich zu bewirken gesucht, meistens mit Erfolg[4]. Auch die Gerichtsscene *Pañc.* 1, *kathā* 21 endigt mit einem Vergleich.

[1] Vgl. Kohler, Altind. Processrecht (Stuttg. 1891) 15. — [2] Burnell, Palaeogr. 87. — [3] BG 16, 304 ff.; 24, 266. — [4] Hodgson, Ess. 2, 220—224.

§ 50. Zeugenbeweis. Die Beweisführung (*kriyā*) beruht, namentlich in den älteren Quellen, vornehmlich auf dem Zeugenbeweis. Der Zeuge ist ein Zuschauer (*sākṣin*), Anwesender (*deśya*, *anubhāvin*) oder Wissender (*jñātṛ*), insbesondere ein Augen- oder Ohrenzeuge, doch wird auch der indirekte Zeuge (*uttarasākṣin*) anerkannt, der von einem direkten Zeugen instruirt worden ist oder die Aussagen desselben irgendwie in Erfahrung gebracht hat (*Nār.* 1, 147 f., 150 u. a.). Der indirekte Zeuge gehört zu den »gemachten« oder Solennitätszeugen (*kṛta*), die zu Beurkundungen von Kauf und Verkauf, Darlehen, Hinterlegung u. a. Rechtsgeschäften von den Parteien zugezogen wurden. Solche »gemachte« Zeugen sind ferner noch der Zeuge in einer Urkunde, der heimliche Zeuge, den man hinter einer Wand ohne Vorwissen der anderen Partei eine Unterredung anhören lässt, ein zufällig anwesender und ein erinnerter Zeuge (*smārita*), den man um seiner Vergesslichkeit zu begegnen wiederholt an das in seiner Gegenwart Vorgefallene erinnert. Als ungemachte Zeugen (*akṛta*) gelten ein Richter und der König für das was vor ihnen verhandelt wurde, die Dorfgemeinde für das im Dorf Geschehene, besonders bei Grenzstreitigkeiten, Familienmitglieder, Bekannte und Angestellte für das ihnen durch ihr Verhältnis zu den Parteien bekannt Gewordene (*Nār.* 1, 149—152; *Bṛh.* 7, 1—17; *Kāty.* 6, 5—10).

Die Mindestzahl der Zeugen wird gewöhnlich auf drei festgesetzt. *Bṛh.* 7, 16 ff. spricht von 9, 7, 5, 4, 3 oder 2 Zeugen, macht dabei aber Unterschiede. So sollen schon 2 Zeugen ausreichend sein, wenn es gelehrte Brahmanen, oder heimliche Zeugen, oder Zeugen in einer Urkunde sind, während dagegen von freiwilligen, erinnerten, Familien- und indirekten Zeugen je 3—5 erforderlich sind. Auf einen einzigen Zeugen soll man im Allgemeinen keine Rücksicht nehmen, doch soll ein Bote, Rechner, zufälliger Zeuge, König und Oberrichter auch für sich allein gültiges Zeugnis ablegen können. Andere lassen als einzigen Zeugen auch einen von beiden Parteien anerkannten Zeugen zu; nicht minder soll ein einzelner Zeuge vernommen werden, wenn es sich um ein Depositum oder einen geborgten Gebrauchsgegenstand (*yāčita*) oder um den Verfertiger der Streitsache handelt oder der Zeuge sonst besonderes Zutrauen verdient, sowie namentlich in Criminalfällen, wo überhaupt die Prüfung der Zeugen eine weniger strenge ist (*Vi.* 8, 5 f., 9; *Gaut.* 13, 9; *Y.* 2, 72; *Kāty.* 6, 16 f. u. a.). Wenn die Zeugenaussagen differiren, soll man die Majorität entscheiden lassen, bei Stimmengleichheit kommt es auf die Aussagen besonders ehrenwerter oder mit einem besonders guten Gedächtnis begabter Zeugen an (*Vi.* 8, 39; *Nār.* 1, 229; *Bṛh.* 7, 35 u. a.).

Überhaupt sollen in der Regel nur ehrenwerte, angesehene, fromme, zuverlässige Leute, wenn möglich aus der gleichen Kaste wie der Angeklagte, zum Zeugnis zugelassen werden. Unzulässige Zeugen (*asākṣin*) sind Freunde oder Feinde, Verwandte oder Diener einer Partei, an dem Ausgang der Sache Beteiligte, Leute von schlechtem Ruf oder Lebenswandel oder verachteter Stellung wie z. B. Bescholtene, Spieler, früher als meineidig Befundene, notorische Verbrecher und Betrüger, aus ihrer Kaste Gestossene, Schauspieler oder Sänger, Schlangenfänger, Sklaven, ferner processunfähige oder weltfremde Personen wie Frauen, Kinder, Wahnsinnige, Asketen, Kenner oder Studirende des Veda (*Gaut.* 13, 1—4; *M.* 8, 61—72; *Nār.* 1, 177—187 u. a.; *Mah.* 5, 35, 44). Wer ungeladen oder ungefragt eine Aussage macht, gilt als unglaubwürdig, aber auch Unterlassung oder Verweigerung eines Zeugnisses und Ausbleiben eines geladenen Zeugen ist strafbar (*Gaut.* 13, 5 f.; *Nār.* 1, 161; *Bṛh.* 7, 31 u. a.). Die Recusation unglaubwürdiger Zeugen ist zunächst Sache der Gegenpartei, deren rechtzeitig erfolgten Einspruch sowie die Replik des Klägers der Richter zu prüfen hat (*Bṛh.* 7, 24—26). Doch ist es auch natürlich eine Hauptaufgabe des Richters, sich in jedem Fall über die Glaubwürdigkeit eines Zeugen ein Urteil zu bilden, wobei Zeichen des Schuldbewusstseins wie körperliche Unruhe, Angstschweiss, Erbleichen, unzusammenhängendes Sprechen u. dgl. besonders zu beachten sind (*Vi.* 8, 18; *Nār.* 1, 193—196, 230—234 u. a.).

Schon die ältesten Smṛtis enthalten lange Ermahnungen, welche die Richter an die Zeugen richten sollen, um sie von falschen Aussagen abzuhalten. Mehrfach wird auch eine Vereidigung der Zeugen vorgeschrieben, mit Schwurformeln, welche je nach ihrem Stande wechseln (*Vi.* 8, 19—23 u. a.; anders *Gaut.* 13, 12). Zur Erhöhung der Feierlichkeit kann das Zeugenverhör vor einem lodernden Feuer und bei (einem Krug mit) Wasser, in Gegenwart des Königs, der Brahmanen und der Götter d. h. Götterbilder stattfinden (*Āp.* 2, 29, 7; *Gaut.* 13, 13). Auch soll der Zeuge die Schuhe ausziehen, den Turban ablegen, Gold, Kuhmist oder heilige Grashalme in die rechte Hand nehmen und sie ausstrecken (*Bṛh.* 7, 23). Ein dem Zeugen binnen sieben Tagen zustossendes Unglück, insbesondere Krankheit, Feuersbrunst oder der

Tod eines Verwandten, gilt als Zeichen von Meineid. Bei Zeugenaussagen in einem Grenzstreit wird diese Frist auf 6 Wochen erstreckt (*Kāty.* 18, 19).

Falsche Zeugen werden mit Geldbussen und Verbannung bestraft. Speciell haben bestochene Zeugen hohe Geldstrafen zu bezahlen, und Bestechung oder Verleitung zu falschem Zeugnis wird ebenfalls mit schweren Geldstrafen, auch mit Vermögensconfiscation und Verbannung bestraft und führt zum Verlust des Processes. Letztere Strafe trifft auch denjenigen, der die Zeugen der Gegenpartei zu seinen Gunsten zu beeinflussen versucht (*M.* 8, 120—123; *Y.* 2, 81; *Kāty.* 6, 26; *Nār.* 1, 165). Zu den zeitlichen Strafen für falsches Zeugnis gesellen sich die furchtbarsten Höllenstrafen und schlimme Wiedergeburten, ja selbst ganze Reihen von Vorfahren oder Verwandten, deren Anzahl von dem Wert des Streitobjekts anhängt, stürzt der Meineidige durch sein falsches Zeugnis in die Hölle, eine Anschauung, die sich nicht nur in den ältesten Smṛtis und *Mah.* 5, 35, 32—34, sondern schon im Vendidād findet, also in die arische Zeit zurückzugehen scheint. Die Stufenfolge *paśvanṛta, gavānṛta, puruṣānṛta, bhūmyanṛta* entspricht genau dem *pasu-mazō, staorō-mazō, vīrō-mazō, danhu-mazō* des vierten Fargard, auch der *mithrō aiwidrukhtō* lässt sich mit dem *mitradruh* der Smṛtis vergleichen, insoferne die Schuld des letzteren mit derjenigen des falschen Zeugen auf gleiche Stufe gestellt wird[1]. Einen einzigen Fall von erlaubtem Meineid statuiren die Smṛtis, nämlich wenn ein Menschenleben, besonders das Leben eines Brahmanen, auf dem Spiel steht; doch muss die durch eine solche Unwahrheit begangene Sünde durch ein Opfer gesühnt werden (*Vi.* 8, 15—17; *Gaut.* 13, 24; *Bṛh.* 7, 34 u. a.).

Schon MEGASTHENES fr. 27 spricht von der Verstümmelung als Strafe für falsches Zeugnis, wie auch nach *Mit.* zu *Y.* 2, 81 bei falschen Zeugen niedrigen Standes auch Körperstrafen eintreten können. Nach Albērūnī 2, 158 sollten mindestens 4 Zeugen vernommen und als einziger Zeuge nur ein besonders glaubwürdiger Mann zugelassen werden. Nach STEELE 285 ff. galten unmündige, altersschwache, taube, geisteskranke, besonders zänkische, habsüchtige, dem Trunk oder Opiumgenuss ergebene, mit einer Partei verwandte, befreundete oder verfeindete Personen, Frauen und Sklaven als unzulässige Zeugen, doch sollte bei Mord u. a. schweren Criminalfällen jeder zufällig Anwesende verhört werden. Die Mindestzahl der Zeugen sollte zwei betragen, jedoch in Notfällen und bei besonders guter Qualification auch ein einzelner Zeuge zugelassen werden. Auf falschem Zeugnis standen Geld- und Ehrenstrafen, ausser wenn dadurch ein Menschenleben gerettet oder überhaupt Gutes gestiftet wurde. Nach DUBOIS 497 wurden die Zeugen stets vereidigt, gewöhnlich unter Auflegung der Hand auf den Kopf eines Götzen, doch kamen Meineide häufig vor. In Nepal wird der falsche Zeuge an seinem Vermögen, ja an Leib und Leben gestraft[2].

[1] Vgl. SPIEGEL ZDMG 29, 566 ff. — [2] HODGSON, Ess. 2, 226.

§ 51. Andere Beweismittel. Schon *Āp.* 2, 29, 6 spricht von dem göttlichen Beweisverfahren (*daiva*) neben dem Indicienbeweis (*liṅga*). Spätere Autoren stellen ein ganzes System der Beweismittel auf, nämlich a) menschlicher oder weltlicher Beweis (*mānuṣī* oder *laukikī kriyā*), bestehend in Urkunden-, Zeugen- und Indicienbeweis, oder Urkunden, Zeugen und Besitz, oder bloss Urkunden und Zeugen, b) göttlicher Beweis (*daivikī kriyā*), bestehend in Eiden und Gottesurteilen (*Nār.* I, 1, 3; 1, 69, 235—239, 247 ff.; *Bṛh.* 5, 18; 9, 32; *Y.* 2, 22 u. a.). Nach *Bṛh.* 9, 32 stehen von den menschlichen Beweismitteln Zeugen über Indicien, Urkunden über Zeugen, entscheidend aber ist der Besitz von drei Generationen. Der göttliche Beweis soll in der Regel nur beim Fehlen menschlicher Beweise zur Anwendung gelangen (*Y.* 2, 22 u.a.).

Bei der Wahl der Beweisarten ist auch auf die Natur des Falls und die Competenz des Gerichtshofs Rücksicht zu nehmen. So soll bei Bruch eines Versprechens, Annullirung einer Schenkung, eines Kaufs oder Verkaufs, Eigentumsstreitigkeiten, Spiel und Wetten nur der Zeugenbeweis in Anwendung kommen. Dagegen soll bei Streitigkeiten über die Anlegung und Benützung einer Pforte oder eines Wegs oder Kanals nur der Besitz entscheiden. Die Schiedsgerichte der Kasten, Innungen u. s. w. sollen nur Urkunden als Beweismittel zulassen. In schweren Criminalfällen oder wenn es sich um Aufhellung im Verborgenen oder vor langer Zeit geschehener Verbrechen, Ableugnung eines Depositums, Gültigkeit einer Urkunde oder Zeugenaussage u. dgl. handelt, soll nur ein Eid oder Gottesurteil stattfinden. Bei Schuldklagen sollen Urkunden, Zeugen, Indicienbeweis oder Gottesgericht zulässig sein, bei Immobilien keine Ordalien (*Kāty.* 9, 1 ff.; *Nār.* 1, 241 f.; *Bṛh.* 10, 2 f., 17 u. a.). Natürlich sind diese Regeln nicht buchstäblich zu nehmen, sondern nur als Ratschläge für die Richter aufzufassen.

Über den Zeugenbeweis s. § 50, über das Urkundenwesen § 35, über den Besitz § 26. Auch *Pañc.* 1, 86 liegt die Reihenfolge: Urkunden, Zeugen, Gottesurteile vor. Urkunden sind auf ihre Echtheit hin sorgfältig zu prüfen. Der Beweis der Echtheit kann dadurch erleichtert werden, dass der Eigentümer sie von Zeit zu Zeit vorzeigt oder vorliest. Auch unter Anwendung von Zwang oder Betrug oder von einer nicht handlungsfähigen Person ausgestellte oder schlecht abgefasste Urkunden gelten für unecht (*Nār.* 1, 135—146; *Vi.* 7, 7—13; *Bṛh.* 8, 20—26 u. a.).

Der Indicienbeweis oder die Argumentation (*yukti, liṅga, tarka, anumāna, upadhā*) beruht auf einer sorgfältigen Erwägung und Zusammenfassung aller auffallenden und verdächtigen Umstände. In erster Linie kommt der Augenschein in Betracht (§ 49), so wenn bei einem des Mords Verdächtigen ein blutiges Schwert, bei einem des Diebstahls Verdächtigen das gestohlene Gut gefunden wird. Doch muss der Richter hiebei gegen Betrug auf der Hut sein, da z. B. Jemand sich künstlich eine Wunde beibringen und vor Gericht seinen Feind als den Thäter denunciren könnte (*Nār.* 1, 176). Auch in dem Benehmen der Parteien vor Gericht kann sich wie bei falschen Zeugen (§ 50) ihr Schuldbewusstsein manifestiren (*Y.* 2, 13—15 u. a.; *Pañc.* 1, 35 f.). Diebe können nicht bloss durch den Besitz des gestohlenen Guts überführt werden, sondern auch durch auffallend grosse Ausgaben, Verkehr in schlechter Gesellschaft, diebische Neigungen, ein scharfes Kreuzverhör u. dgl. (*Nār.* App. 8—12). Auch die den Parteien etwa im Affekt unabsichtlich entfahrenen Äusserungen sollen sorgfältig protokollirt werden (*Nār.* I, 2, 18). Freilich kann auch der Augenschein trügen, etwa wie am Glühwurm kein Feuer ist, obschon er wie Feuer leuchtet. Lügner können den Eindruck machen, als sprächen sie die Wahrheit, wahrhaftige Leute können in den Verdacht des Lügens kommen. Urkunden können gefälscht, Gottesurteile umgangen werden. Daher dürfen die Richter selbst dem Augenschein nicht trauen und müssen ihr ganzes Geschick (*yukti*) aufbieten, um der Sache auf den Grund zu kommen (*Nār.* I, 1, 30, 40, 68—73; 1, 238 f.). Wie sogar ein heiliger Mann in den Verdacht kommen kann, ein Dieb zu sein, wird an der Geschichte des frommen *Māṇḍavya* exemplificirt (*Nār.* I, 1, 42), die im *Mah.* erzählt wird. Flüchtende Räuber haben in seiner Hütte sich und ihre Beute versteckt. Die Häscher finden den Raub und führen den heiligen Mann dem König vor, der ihn als Räuber pfählen, später aber, da er am Leben bleibt, wieder in Freiheit setzen lässt und um Verzeihung bittet. In der *Mṛcch.* wird eine verdächtige Äusserung, die dem Klagenden (*Saṃsthānaka*) entschlüpft, sofort auf dem Fussboden protokollirt. Die ungerechte Verurteilung des *Cāru-*

datta erfolgt auf eine ganze Reihe geschickt aufgebauter Verdachtsmomente hin, unter denen der Besitz des scheinbar geraubten Schmucks die Hauptrolle spielt.

Das Gottesgericht (*divya, daivikī kriyā, samayakriyā, daiva*) beruht auf dem Glauben an ein unmittelbares Eingreifen der Gottheit, um Schuld oder Unschuld an den Tag zu bringen und den geschehenen Rechtsbruch zu sühnen. Bei leichteren Fällen kommt zunächst ein Eid (*śapatha*) in Anwendung, d. h. eine je nach den Umständen, der Kaste des Schwörenden, der Landessitte u. s. w. verschieden formulirte feierliche Verwünschung, durch die der Vereidigte auf sich selbst oder das, was ihm am teuersten ist, Unglück und Untergang herabbeschwört für den Fall, dass sich seine Aussage als unwahr erweisen sollte. Die Smṛtis berufen sich darauf, dass schon in der Vorzeit von den Göttern und Ṛṣis solche Eide geschworen worden seien und führen hierauf den Namen der Gottesgerichte (*divya*) zurück (*Nār.* 1, 243 f.; *M.* 8, 110; *Pitām.* 2, 1). Wirklich kommt schon *ṚV* 7, 104, 15 eine Schwurformel vor, die mit dem von *Medh.* zu *M.* 8, 110 überlieferten Eid des *Vas.* genau übereinstimmt. Zahlreiche Schwurformeln finden sich *Mah.* 13, 93, 115—135 in der auch von *M.* und *Nār.* erwähnten Legende von den sich gegenseitig der Entwendung von Lotusstengeln beschuldigenden Ṛṣis. Der Schwörende kann den Kopf oder die Füsse eines Brahmanen oder seiner Frau oder seines Sohns oder die Füsse eines Götterbildes anfassen oder Halme von Dūrvāgras oder Sesam, oder Silber, Gold, oder Erde aus einer Ackerfurche in die Hand nehmen, je nach dem Wert des Streitobjekts, oder die Hand in das Feuer oder Wasser strecken; auch das Weihwasserordal wird in dieser Reihe erwähnt (*Vi.* 9, 4—10; *Bṛh.* 10, 6 f.; *M.* 8, 114; *Mah.* 3, 10, 32; *Raghun.* u. a.). Das Entscheidende bleibt immer, dass dem Schwörenden nicht in Bälde irgend ein Unglück oder eine Heimsuchung (*ārti*) zustösst, d. h. eine Krankheit, Feuersbrunst, der Verlust seines Vermögens, der Tod eines Sohnes u. dgl. (*M.* 8, 115 und Comm.). Die hiebei abzuwartende Frist soll nach *Mit.* zu *Y.* 2, 113 je nach der Schwere der Anklage auf 1, 3, 5 oder mehr Tage bemessen werden, vgl. § 50. Ein Eid darf auch nicht leichtsinnig und ohne Aufforderung des Richters geleistet werden; andrerseits gilt ein Meineid wegen einer Kuh, einer Heirat, zu Gunsten eines Brahmanen, einer Frau gegenüber und in ähnlichen Fällen für entschuldbar (*M.* 8, 111 f. u. a.; *Vi.* 5, 118; vgl. den Zeugeneid § 50). Auch Albērūnī 2, 158 f. spricht von »vielen Eiden«, je nach dem Wert des Streitobjekts, und zählt als solche den Eid vor fünf gelehrten Brahmanen und sechs Arten des Gottesurteils auf. Noch jetzt schwört man auf den *Harivaṃśa*, auf Gangeswasser, einen Ammonit (*śālagrāma*), einen Götzen, die Füsse eines Brahmanen, den Kopf eines Sohnes, den Schweif einer Kuh u. s. w.; auch wird abgewartet, ob dem Schwörenden ein Unglück zustösst[1].

[1] Grierson § 1451; Hodgson, Ess. 2, 226; Steele 155 f.; BG 18, 3, 8.

§ 52. Ordalien. Zwischen Eiden und Ordalien[1] besteht nur ein Grad-, kein Artunterschied, daher die Bezeichnung *divya* »Gottesurteil« auch die Eide umfassen kann und mit *śapatha* »Eid« auch die Gottesurteile bezeichnet werden[2]. In leichten Fällen ist ein Eid zu leisten, in schwereren Fällen findet ein Gottesurteil statt, weshalb der Wert der gestohlenen oder unterschlagenen oder sonst streitigen Sache in Gold abzuschätzen ist, um danach zu entscheiden, ob und welche Eide oder Gottesurteile in Anwendung zu bringen sind (*Vi.* 9, 2—17; *Nār.* 1, 250; *Bṛh.* 10, 7). Zu einem Gottesurteil gehört auch, dass die andere Partei die eventuell zu verhängende Geldbusse oder sonstige Strafe auf sich nimmt; das Ordal vollzieht in der Regel der Beklagte, doch kann es nach besonderer Abrede auch der Kläger vollziehen. Einseitige

Ordalien, wo keine Gegenpartei die Strafe auf sich nimmt, finden ausnahmsweise bei schweren Verbrechen, namentlich Hochverrat, statt, auch wenn der König einen seiner eigenen Diener im Verdacht hat oder Jemand sich selbst durch ein Ordal von Verdacht reinigen will (*Vi.* 9, 22; *Nār.* 1, 257, 269 f.; Quot. 6, 3; *Y.* 2, 95 f.). Nach *Pitām.* 2, 11 darf als einseitiges Ordal überhaupt nur das Weihwasserordal, das leichteste von allen, vollzogen werden. *Kāty.* 9, 18 lässt in gewissen Fällen auch eine Stellvertretung des Ordalleistenden zu. Bei allen Gottesurteilen finden, ihrem religiösen Charakter gemäss, besondere Feierlichkeiten statt, namentlich Anrufungen und Gebete, durch welche der Richter oder der Angeklagte sich der Mitwirkung der Gottheit zu versichern suchen. Der Oberrichter soll im Auftrag des Königs die ganze Procedur leiten und beaufsichtigen, wie ein Priester eine Opferhandlung. Auf dem Kopf des Angeklagten wird ein Blatt befestigt, auf dem die Anklage und ein Gebet geschrieben steht (*Pitām.* 2, 26—28; *Nār.* 1, 276, 295 u. a.). Die Ordalien sollen in der Öffentlichkeit stattfinden, am besten in der Gerichtshalle, oder am Thor des königlichen Palastes, oder vor einem Tempel, oder an einem Kreuzweg (*Nār.* 1, 265).

Von den beiden Hauptformen des Gottesurteils, durch Wasser und Feuer, die bei *M.* 8, 114 f. vorliegen, ist man allmählich durch eine Zwischenstufe von 5 Ordalien dazu gelangt, 9 verschiedene Ordalien zu unterscheiden, woraus jedoch keineswegs geschlossen werden darf, dass ein Teil dieser Ordalien jünger ist als die anderen[3]. Die 9 Ordalien sind[4]: 1) Die Wage (*dhaṭa, tulā*). Der das Ordal Bestehende wird zweimal auf einer Wage gewogen; erscheint er beim zweiten Mal als leichter wie vorher, so gilt er für unschuldig, ist er schwerer geworden, so ist er schuldig. Streitig ist wie man es aufzufassen hat, wenn sein Gewicht sich gleich geblieben oder die Wage entzwei gegangen ist. 2) Das Feuer (*agni*). Eine glühend gemachte eiserne Kugel muss eine gewisse Distanz weit getragen werden; doch darf der Beschuldigte vorher zum Schutz seine Hand mit einer Schicht von Blättern umwickeln. Er gilt für unschuldig, wenn die Hand frei von Brandwunden bleibt; lässt er die Kugel zu frühe fallen, oder bleibt es zweifelhaft, ob er sich verbrannt hat oder nicht, so ist die Probe zu wiederholen. 3) Das Wasser (*salila*). Der zu Prüfende taucht in einem See oder Fluss unter und muss so lange unter dem Wasser aushalten können, bis ein gleichzeitig abgeschossener Pfeil von einem schnellen Läufer zurückgebracht worden ist. 4) Das Gift (*viṣa*). Eine bestimmte Quantität Gift muss genommen werden, und es wird eine gewisse Zeit lang gewartet, ob es seine Wirkung thut oder nicht. 5) Das Weihwasser (*kośa*). Man badet ein Götterbild in Wasser und giebt dem Beschuldigten davon zu trinken; als Schuldbeweis gilt es, wenn ihm oder seinen nächsten Verwandten innerhalb einer gewissen Frist, höchstens drei Wochen, ein Unglück zustösst. 6) Die Reiskörner (*taṇḍula*). Geweihte Körner von unenthülstem Reis müssen gekaut und dann auf ein Blatt gespuckt werden; kommt hiebei Blut zum Vorschein, so ist die Schuld erwiesen. 7) Das heisse Goldstück (*taptamāṣa*). Aus einem mit einer kochenden Flüssigkeit, Butter oder Öl, gefüllten Gefäss muss eine Münze herausgefischt werden; bleibt hiebei die Hand unverletzt, so erfolgt Freisprechung. 8) Die Pflugschar (*phāla*). Der Beschuldigte muss an einer glühend gemachten Pflugschar lecken, ohne sich die Zunge zu verbrennen. 9) Das Losordal (*dharmādharma*). Figuren oder Bilder des Rechts (*dharma*) und Unrechts (*adharma*) werden als Lose in einen Krug gesteckt, und es kommt darauf an, das richtige Los zu greifen.

Die Wahl unter diesen verschiedenen Gottesurteilen hängt von den Umständen ab, namentlich ist dabei auf die Natur des Rechtsfalls und die Person des Angeklagten Rücksicht zu nehmen. So sollen bei Streitsachen im Wert von unter 1 *kṛṣṇala* bis 5 *kṛṣṇala* verschiedene Eide, bei Objekten unter

$^1/_2$ *suvarṇa* das Weihwasserordal, bei grösseren Objekten die Ordalien durch die Wage, Feuer, Wasser oder Gift eintreten, jedoch gelten diese Sätze nur für Śūdras und steigen bei den höheren Ständen (*Vi.* 9, 4—17). Oder die Ordalien durch Feuer, Gift und die Wage sollen überhaupt nicht in Anwendung kommen, wenn die Streitsache nicht mindestens 1000 *paṇa* wert ist (*Y.* 2, 99). Oder die Sätze steigen von 100—1000 bei dem Los-, Weihwasser-, Reis-, Münz-, Feuer- und Giftordal und sind entsprechend höher bei Mitgliedern höherer Stände (*Bṛh.* 10, 9—12). Das Reis- und Pflugscharordal sollen bei Dieben, letzteres speciell bei Kuhdieben in Anwendung kommen (*Nār.* 1, 337; *Bṛh.* 10, 11, 29). Das Weihwasserordal als das leichteste von allen gilt auch als geeignet zur Zerstreuung von Verdacht, besonders von vermuteter Unterschlagung bei einer Erbteilung, oder zur Gewinnung von Vertrauen bei einer erst beabsichtigten Transaktion (*Pitām.* 2, 9 f.; *Bṛh.* 25, 98; *Vi.* 9, 16). Das Wagordal soll seiner Ungefährlichkeit wegen besonders bei Brahmanen, Frauen, Kindern, Greisen, Blinden, Lahmen, Kranken, dagegen das Gift als das gefährlichste Ordal bei dergleichen Personen nie angewendet werden (*Vi.* 9, 23, 27; *Y.* 2, 98 u. a.). Einer ähnlichen Billigkeitsrücksicht entspricht es, dass Gallenkranke der Gift-, Mundkranke der Reis-, Blinde der Feuer-, Schweratmige der Wasserprobe nicht unterworfen werden sollen. Andrerseits würde es aber auch als eine ungerechte Bevorzugung erscheinen, einem Schmied das Feuer- oder einem Fischer das Wasserordal zu geben. Ebenso wenig darf das Weihwasserordal bei einem Ungläubigen oder Übelthäter oder in Zeiten allgemeiner Not und Pestilenz angewendet werden (*Vi.* 9, 25—32; *Nār.* 1, 255, 334 f.; Quot. 6, 6—11 u. a.).

Aus der sonstigen Litteratur bietet der singend durch das Feuer schreitende *Vatsa* wohl das älteste Beispiel eines Ordals[5]. Auch *Sītā* bleibt im Feuer unversehrt[6], wie auch nach *Nār.* 1, 242 *strīṇāṃ śīlābhiyogeṣu* ein Ordal zu vollziehen ist. In der *Chāndogyopaniṣad* 6, 6 fasst der Dieb ähnlich wie nach den Smṛtis eine glühende Axt an. Genau zu den Smṛtis stimmt der Hinweis auf die Ordalien *viṣa, salila, tulā, agni Mṛcch.* 156. Die nämlichen vier Ordalien erwähnt Hiouen Thsang (7. Jh.), doch weicht die Art ihrer Anwendung stark von den Smṛtis ab, namentlich bei der Wasser- und Giftprobe[7]. Suleiman (841) erwähnt die beiden Ordalien des heissen Eisens und siedenden Wassers[8]. Albērūnī (11. Jh.) beschreibt das Gift, Wasser, Weihwasser, die Wage, das heisse Goldstück und das heisse Eisen in einer grösstenteils mit den Smṛtis übereinstimmenden Weise. Eine Abart des Pflugscharordals mit Überschreiten einer feurigen Grube und des Giftordals mit giftigen Schlangen erwähnt, angeblich nach alten Quellen, Ibrahim Khan (1788)[9]. In der neuesten Zeit kamen in verschiedenen Teilen Indiens und in Nepal nachstehende Ordalien vor: das heisse Eisen, heisse Öl, Schreiten über glühende Kohlen, verschiedene Arten der Wasser- und Giftprobe, das Reiskauen, Losordal u. a[10]. Die Gottesurteile sind jetzt in Indien verboten.

[1] Vgl. Ali Ibrahim Khan, On the Trial by Ordeal AR 1, 389—404; Stenzler, D. ind. Gottesurteile ZDMG 9, 661—682; E. Schlagintweit, D. Gottesurteile d. Inder (Münch. 1866); Bühler, A Transl. of the Chapter on Ordeals JBeAS 35, 1, 14 ff.; Weber I. St. 13, 164 ff.; Kägi, Alter und Herkunft d. german. Gottesurteils in der Festschr. zu d. Züricher Philol. vers. (Zürich 1887); Kohler, Altind. Processrecht (Stuttg. 1891) 38—50. — [2] Vgl. WZKM 2, 175. — [3] Vgl. Bühler SBE 25, CII. — [4] *Bṛh.* 10, 4 f., 19—33; *Vi.* 9—14; *Nār.* 1, 247—348; *Y.* 2, 95—113; *Pitām.* 2; *Kāty.* 9 u. a. — [5] *Pañcaviṃśabr.* 24, 6, 6. Über die vermeinte Feuerordalhymne *AV* 2, 12 s. Bloomfield JAOS 13, 221 ff.; Grill, Hundert Lieder² 86 f. — [6] *Rām.* 6, 116—118 (Bomb.) — [7] St. Julien, Mém. 1, 84 f.; Beal, Records 1, 84 f. — [8] Vgl. Lassen IA 4, 920; Kägi l. c. 50. — [9] l. c. — [10] Steele 287 f.; Dubois 497 f.; BG 18, 1, 468 f.; 20, 167; 24, 266 (vgl. Kohler ZVR 10, 186 ff.); N. W. P. Gaz. 4, 285 f. (vgl. Kohler l. c. 11, 194); Hodgson, Ess. 2, 221 f.

§ 53. Urteil, Exekution und Selbsthülfe. Das Urteil (*nirṇaya*) ist schriftlich auszufertigen und diese »Siegesschrift« (*jayapattra*), die auch die Klage, Antwort und die Hauptpunkte der Verhandlung enthalten soll, mit den Unterschriften des Königs oder der Richter und dem königlichen Siegel versehen der obsiegenden Partei auszuhändigen, um erforderlichen Falls z. B. bei der gerichtlichen Verteidigung in der Form *prāṅnyāya* »Berufung auf ein früheres Urteil« vorgezeigt werden zu können. Vgl. § 35. Auch die beschlagnahmten Objekte sind nunmehr nebst dem etwa daraus erzielten Nutzen dieser Partei zu übergeben (*Bṛh.* 6, 1—4; 8, 19; *Kāty.* 7, 4—7; *Nār.* I, 2, 43; Quot. 1, 15). Das Urteil ist nichtig und eine Wiederaufnahme des Processes findet statt, wenn das abgegebene Zeugnis oder das Urteil sich als falsch erweist, oder wenn der Process Nachts oder ausserhalb des Ortes oder im Inneren des Hauses verhandelt, oder durch Feinde verursacht, oder mit Anwendung von Gewalt oder Betrug oder von unbefugten Personen oder ohne Zeugenverhör und sonstige Beweisaufnahme entschieden, oder von einer handlungsunfähigen oder nicht dazu befugten Person angeknüpft wurde (*Vi.* 8, 40; *Y.* 2, 31 f.; *Nār.* I, 1, 43; Quot. 1, 14; *M.* 8, 117). Unter Umständen kann auch die Auffindung neuer Beweise zu einer Erneuerung des Processes Anlass geben, obschon im Allgemeinen ein nicht rechtzeitig beigebrachter Beweis ungiltig ist, wie der Regen umsonst fällt, wenn das Getreide reif ist (*Nār.* I, 1, 62 f.). Über Appellation s. § 48.

Die Zwangsvollstreckung des Urteils scheint den in § 45 erwähnten niederen Gerichtsbeamten obgelegen zu haben, abgesehen von Hinrichtungen und Verstümmelungen, welche Sache der verachteten Caṇḍālakaste waren (*Vi.* 16, 11 u. a.), wie auch in der *Mṛcch.* die *rājapuruṣa* in ersterer, die *Caṇḍāla* in letzterer Funktion erscheinen. Doch wird in Civilfällen auch die Selbsthülfe, wenn auch bei noch streitigen Forderungen unzulässig (*Nār.* I, 1, 46 u. a.), bei anerkannten Forderungen im weitesten Umfang gestattet, wofür das Schuldrecht einen bezeichnenden Beleg bietet (*M.* 8, 49 f.; *Nār.* 1, 122 f.; *Y.* 2, 40; *Bṛh.* 11, 54—59; *Kāty.* 10, 79—92). Wo gütliches Zureden (*dharma, sāntva*) nicht hilft, auch List (*chala, upadhi, vyāja*) wie z. B. die Entlehnung irgend eines Gegenstands von dem Schuldner nicht zum Ziele führt, kann der Gläubiger den Schuldner gebunden in sein Haus führen und ihn dort durch Schläge, Drohungen u. s. w. zur Erfüllung seiner Verpflichtungen anhalten oder als Schuldknecht (*ṛṇadāsa*) Zwangsarbeit verrichten lassen, jedoch keine entehrende oder vorher nicht stipulirte Arbeit; auch sollen Brahmanen von Zwangsarbeit befreit sein. Ist der Schuldner nicht im Stand zu arbeiten, so kann man ihn einsperren, ausser wenn er ein Brahmane oder sonst ein angesehener Mann ist; doch muss man ihn, wenn er einen Bürgen stellt, bei Nacht und auch bei Tage zu Mahlzeiten und um seine Notdurft zu verrichten aus der Haft entlassen. Ganz eigentümlich ist die Eintreibung einer Schuld durch den »herkömmlichen Weg« (*ācarita*), was mit »Fasten« (*abhojana*) oder »Erwarten des Tods durch Enthaltung von Nahrung« (*prāya, prāyopaveśana,* auch in der *Rājatar.* oft erwähnt), aber auch mit Tötung, Wegnahme, oder Einsperrung (*hatvā,* v. l. *hṛtvā, ruddhvā, baddhvā Bṛh.* 11, 58) der Söhne, der Gattin oder des Viehs (des Gläubigers selbst oder des Schuldners) und Belagerung der Thür des Schuldners erklärt wird. Wahrscheinlich kamen alle diese verschiedenen Verfahrungsarten wirklich vor. Nach *Asahāya* zu *Nār.* l. c. konnte statt des Gläubigers selbst auch sein Sohn oder Diener fasten, oder der Gläubiger seinen Sohn einsperren und drohen ihn umzubringen u. s. w.

Die Zwangsarbeit und Schuldknechtschaft kommt noch jetzt, wenigstens in abgeschwächter Form, häufig vor; oft findet darüber gleich bei Eingehung der Schuld eine Abrede statt[1]. In der Mahrattenzeit kamen auch die anderen

Zwangsmittel der Smṛtis noch in Anwendung. So herrschte im Süden die *takāzā*, d. h. man liess das Haus des Schuldners durch gemietete Diener, die er bezahlen musste, bewachen oder förmlich belagern, oder schnitt ihm die Wasserzufuhr ab, oder drohte sich ein Leids anzuthun, bis er seine Schuld bezahlte[2]. Verwandt hiemit ist das ehemals in ganz Indien und noch jetzt in Nepal übliche *dharṇa* (*dharaṇa*), wobei der Gläubiger, namentlich wenn er ein Brahmane war, so lange vor dem Haus seines Schuldners fastete, bis derselbe nachgab. Der Schuldner musste gleichfalls fasten und seine Beschäftigungen aufgeben; starb der Brahmane, so lud er die Sünde des Brahmanenmords auf sich[3]. Eine ähnliche alte Sitte hat sich bei der Eintreibung von Spielschulden erhalten, die schon nach *Mṛcch.* 31, 12 in der Weise erfolgen kann, das man einen magischen Kreis um den Schuldner zieht (*dyūtamaṇḍalīṃ kṛtvā*), den er bis zur Zahlung der Schuld nicht überschreiten darf[4].

[1] BG 5, 373 f.; 16, 121 f.; 17, 304 u. s. w.; STEELE 264 f. Vgl. KOHLER ZVR 8, 125 f.; 10, 163 ff. — [2] WILSON, Glossary s. v. *takāzā*; STEELE 267 f.; BG 16, 304 ff. — [3] WILSON s. v. *dharṇā*; HODGSON, Ess. 2, 234 f. — [4] PISCHEL in Philol. Abh. (Berl. 1888) 74.

6. SITTEN UND GEBRÄUCHE.

§ 54. Der Brahmanenschüler und der Familienvater. Von den drei Hauptteilen, in die der *dharma* nach *Y.* und späteren Autoren zerfällt, Sitte, Recht und Busse, bleibt jetzt noch die Sitte (*ācāra*) zu besprechen übrig. Da jedoch wichtige Punkte aus dem Sittengesetz schon früher, namentlich im Ehe- und Familienrecht zur Sprache gekommen sind, das Recht der Kasten und Stände in den Staatsaltertümern darzustellen ist, die für die Sittengeschichte besonders wichtigen *śrauta-* und *gṛhyasūtra*, dann die Privataltertümer separat in diesem Grundriss behandelt werden sollen, so kann ich mich im Nachstehenden auf einige Andeutungen über *āśrama* und *saṃskāra*, die »fünf grossen Opfer« und die Totenopfer, die Bestattungs-, Reinheits- und Speisevorschriften beschränken.

Den vier Ständen der Brahmanen, Kṣatriya, Vaiśya und Śūdra stellt das brahmanische Recht die vier Lebensstufen (*āśrama*) des Brahmanenschülers, Familienvaters, Waldeinsiedlers und Bettelmönchs an die Seite. Der Brahmanenschüler soll, nachdem er durch die Einweihungsceremonie (*upanayana*, § 55) in die Lehre aufgenommen worden ist, bei seinem Lehrer (*guru*) wohnen und unter seiner Leitung die Vedas studiren. Für jeden der drei oder vier Vedas wird ein zwölfjähriges Studium für erforderlich gehalten, so dass also ein Zeitraum von 48 Jahren als Maximaldauer der Lehrzeit herauskommt, während das Minimum 12 Jahre betragen soll (*Āp.* 1, 2, 12—16; *Gaut.* 2, 45—47 u. a.). Doch braucht man die Vedas nicht länger zu studiren als bis man sie inne hat, und nach einem alten Spruch soll man die heiligen Feuer anzünden, also seine Lehrzeit absolvirt haben, ehe man graue Haare hat (*Baudh.* 1, 3, 5). Ausnahmsweise kann der Schüler sich auch als *naiṣṭhika-brahmacārin* dauernd einem geistlichen Leben widmen; er muss dann, wenn sein Lehrer gestorben ist, den Sohn oder auch die Witwe desselben oder einen älteren Mitschüler, eventuell das heilige Feuer in gleicher Weise wie vorher den Lehrer bedienen (*Gaut.* 3, 4—9; *Vi.* 28, 43—46 u. a.). Das Verhalten des Schülers gegen seinen Lehrer auf das Genaueste zu regeln, ist den Verfassern der Smṛtis eine Hauptsorge. Schon in aller Frühe muss der Schüler sich nach Verrichtung seiner Morgenandacht bei dem Lehrer melden und ehrerbietig seine Füsse umfassen[1]; er darf nicht neben ihm sitzen, ihn nicht zuerst ansprechen, in seiner Gegenwart sich nicht in einer nachlässigen Stellung niedersetzen, seinen Namen nicht ohne ein ehrendes Prädicat aussprechen, nicht mit ihm streiten oder ihn verspotten, muss ihm aufs Wort folgen u. s. w. Selbst der Frau und dem Sohn seines Lehrers muss er Ehrerbietung erweisen, doch soll er gegen eine junge Frau des Lehrers ein reservirtes Benehmen beobachten (*Vi.* 28, 14—16, 23—27, 31—33; 32, 10—15; *Āp.* 1, 3, 9—23; 7, 25—30 u. a.). Keuschheit gehört zu den besonderen Pflichten des *brahmacārin*, auch darf er nicht tanzen, singen, spielen, sich salben, Fleisch, Honig oder Gewürze geniessen, er darf kein lebendes Wesen verletzen, nicht lügen, lästern oder streiten u. dgl. (*Vi.* 28, 11; *M.* 2, 177—179 u. a.). Täglich muss er auf Almosen ausgehen und Brennholz für das heilige Feuer sammeln, dessen Bedienung ihm obliegt, muss aber die erbettelten Speisen seinem Lehrer abliefern und darf davon nur behalten was der Lehrer ihm überlässt (*Vi.* 28, 9 f.; *M.* 2, 182—187 u. a.). Ferner muss er regelmässig die Morgen- und Abendandacht verrichten, den Göttern opfern, auf dem Boden schlafen und vor Sonnenaufgang aufstehen (*Vi.* 28, 2—5, 12, 53; *M.* 2, 176 u. a.). Beim Unterricht muss er aufmerksam zuhören; ist er unaufmerksam oder ungehorsam, so darf der Lehrer ihn züchtigen, jedoch nicht zu hart. Am Schluss seiner Lehrzeit soll er seinem Lehrer ein seinen Mitteln entsprechendes Geschenk machen und in sein Elternhaus zurückkehren (*Nār.* 5, 11—15; *M.* 2, 245 u. a.).

Mit der Beendigung der Schulzeit waren gewisse Feierlichkeiten, besonders ein Reinigungsbad (*snāna*) verbunden, wonach der absolvirte Schüler *snātaka* »der Gebadete« hiess. Ein solcher Absolvent hat Anspruch auf besondere Auszeichnung, namentlich wenn er als Gast irgendwohin kommt, muss aber auch viele specielle Observanzen beobachten (*Gaut.* 9, 1 ff.; *Āp.* 1, 30 u. a.). Bald nach seiner Heimkehr in das Vaterhaus aber schreitet der junge Brahmane dazu sich zu verheiraten (§ 16) und tritt dadurch in den Stand des Familienvaters (*gṛhastha*) ein. Auch das Leben des *gṛhastha* ist mit einem dichten Netz religiöser Pflichten überzogen. (*Vi.* 60—70 u. a., vgl. §§ 56—59). Schon vor Tagesanbruch soll er aufstehen und ins Freie gehen, um für seinen Stuhlgang zu sorgen; über die Wahl eines hiefür geeigneten Platzes und die Reinigungen des Körpers mit der linken Hand und mit Wasser und Erde werden die genauesten Vorschriften gegeben. Hierauf folgt die Reinigung der Zähne mit Holzstücken von der Dicke des kleinen Fingers, die von gewissen, speciell aufgezählten Bäumen frisch abgeschnitten werden. Auch wird Wasser geschlürft und damit der Mund und die Kehle ausgespült, was mit gewissen Teilen der Hand und der Finger und Wendung des Gesichts nach Osten oder Norden in sitzender Stellung zu geschehen hat. In der Morgendämmerung soll man baden, am besten im Ganges oder wenigstens in einem anderen fliessenden Wasser; auch die Kleider müssen gewaschen und während des Bads und nachher Gebete gesprochen, die Atemanhaltungen (*prāṇāyāma*) gemacht, und Libationen und Opfer dargebracht werden. Diese *saṃdhyā* des Morgens soll von einer eben solchen am Abend gefolgt werden. Eigentliche Mahlzeiten giebt es nur zwei, Vormittags und Abends; die Frau isst nach dem Mann, was er übrig lässt, aber der Mann soll von den Speisen nicht geniessen, ehe er die Götter, namentlich die Hausgötter und Manen, gespeist und verehrt und seine Gäste bewirtet hat. Auch über das Schlafen und die eheliche Beiwohnung werden mancherlei Vorschriften gegeben. Zu den täglichen Pflichten kommen die Tieropfer, Ernteopfer, Somaopfer, Totenopfer u. a. religiöse Handlungen, die nur periodisch oder bei besonderen Anlässen stattfinden sollen, und eine Menge allgemeiner Sitten- und Verhaltungsregeln, besonders über schlimme Vorbedeutungen, Reisen, das Ausweichen bei Begegnungen, die Kleidung und den Schmuck (goldene Ohrringe), den Aufenthaltsort, das Hinsehen und Treten auf etwas, die Reinhaltung des Feuers und Wassers, den

Cultus der Brahmanen, Götterbilder, Kühe, die Selbstbeherrschung und Frömmigkeit u. s. w. (*Vi.* 63, 1—51; 71 f. u. a.).

An das 36jährige Vedastudium erinnern die 37 Jahre, welche nach Megasthenes fr. 41 die indischen Philosophen mit Genossen und Lehrern in Keuschheit und Kasteiung verbringen, ehe sie eine Familie gründen. Die Angaben bei Albērūnī 2, 130—135 über die Schüler und Familienväter stimmen durchweg mit den Smṛtis überein, sind aber auch wohl meistens daraus geflossen. Heutzutage ist das Studium im Hause eines *guru* nicht mehr obligatorisch, und kommt nur noch vereinzelt vor, wie z. B. in den Sanskrit-Tols in Naihati bei Calcutta[2]; der *naiṣṭhika brahmacārin* hat sich bei vielen Sekten der Gegenwart erhalten, wo zwischen *śiṣya* und *guru* ein ähnliches Verhältnis besteht wie nach den Smṛtis. Gewöhnlich wird die »Aufnahme beim Lehrer« (*upanayana*) nur als eine Ceremonie betrachtet und von der »Heimkehr von dem Lehrer«, die ebenfalls zur blossen Ceremonie geworden ist, fast unmittelbar gefolgt, vgl. § 56. Aus ökonomischen Gründen ist es nicht unwahrscheinlich, dass dieses abgekürzte Verfahren schon aus alter Zeit datirt. Dagegen werden die Pflichten des *gṛhastha* noch mehr oder weniger beobachtet[3], so die Reinigung des Körpers mit der linken Hand, der Gebrauch der Zahnstöckchen, die auch Hiouen Thsang erwähnt, die Morgen- und Abendandacht, die Vermeidung des Tretens auf Scherben, Knochen u. dgl., das Tragen goldener Ohrringe, die gottesdienstlichen Verrichtungen, vgl. §§ 56—59.

[1] Vgl. Delbrück, D. indog. Verwandtschaftsnamen 559 ff. — [2] Vgl. meine »Reise nach Ostindien« 68 f.; Garbe, Ind. Reiseskizzen 143—147. — [3] Dubois, 147—166; Bühler ZDMG 40, 541; Hiouen Thsang, Mém. 1, 55, 71; BG 22, 60—90 u. a.

§ 55. Der Waldeinsiedler und der Bettelmönch. Bei beginnendem Alter, wenn er seine Haut runzlig, seine Haare grau werden und den Sohn seines Sohnes sieht, soll der *gṛhastha* in die dritte Lebensstufe des Waldeinsiedlers (*vānaprastha*) eintreten (*M.* 6, 2 u. a.). Seine Gattin soll ihn entweder in den Wald begleiten oder bei seinen Söhnen zurückbleiben; nach dem *Vaikh. sū.* heisst er im ersteren Fall *sapatnīka* und ist als solcher entweder *audumbara, vairiñca, vālakhilya* oder *phenapa*, ohne Gattin heisst er *apatnīka* und zerfällt in viele Unterarten wie *kālasika, uddaṇḍaka, aśmakuṭṭa, dantolūkhalika, uñchavṛttika, bailvāśin, pañcāgnimadhyaśāyin* u. a. Diese Namen beruhen auf den verschiedenen Kasteiungen, denen sich die *vānaprastha* unterziehen. Allgemein sollen sie sich nur in Baumbast oder Felle kleiden, ihre Haare und Nägel wachsen lassen, von den Früchten, Kräutern und Wurzeln des Waldes leben, Abends und Morgens in dem unter besonderen Ceremonien angezündeten *śrāmaṇaka*-Feuer opfern, überhaupt die fünf *mahāyajña* wie vorher darbringen, Keuschheit üben, dreimal am Tag baden, auf dem Boden schlafen (*Vi.* 94; *Gaut.* 3, 26—36; *Baudh.* 2, 11, 15 u. a.). Als besondere Kasteiungen sollen sie sich im Sommer der Sonnenglut, verstärkt durch die Hitze von vier Feuern, aussetzen, in der Regenzeit im Freien schlafen, im Winter nasse Kleider tragen, sich auf der Erde umherwälzen, den Tag über auf den Fussspitzen stehen oder zwischen Sitzen und Stehen abwechseln, mit emporgestreckten Armen oder erhobenem Stabe stehen, unverwandt in die Sonne blicken, oder das Gesicht auf den Boden gewandt halten, lange im Wasser untertauchen, nicht sprechen, einen Monat lang fasten u. s. w. (*M.* 6, 22—32; *Vi.* 95; *Vaikh. dharmasū.* 1, 7—11). Als der Lehrer oder Begründer des Ordens der Waldeinsiedler gilt der *Ṛṣi Vikhanas*, nach dem sie auch *vaikhānasa* heissen (*Baudh.* 2, 11, 14); ein freilich später Ausläufer seiner Lehren ist das *Vaikhānasasūtra* (§ 3). Vielleicht war dieser Orden niemals allgemein anerkannt. Der Stand des Waldeinsiedlers gehört zu den in dem gegenwärtigen Zeitalter abgeschafften Einrichtungen (*kalivarjya*), und schon

Gaut. und *Āp.* nennen den Bettelmönch vor dem Waldeinsiedler, wie man auch nach *Baudh.* 2, 17, 2—5; *Y.* 3, 56 u. a. direkt vom *gṛhastha* oder *brahmacārin* zu dem Stand des *bhikṣu* übergehen kann.

Der Bettelmönch oder Asket (*bhikṣu, yati, saṃnyāsin, parivrājaka, pravrajita*) bildet nach der gewöhnlichen Anschauung die vierte Stufe im Leben des Brahmanen. Da der *bhikṣu* kein Vermögen besitzen darf, so muss man beim Eintritt in diesen Stand ein kleineres Opfer (*iṣṭi*) an *Prajāpati* darbringen, bei dem man als Opferlohn sein ganzes Vermögen verschenkt (*Vi.* 96, 1 u. a.). Über andere Ceremonien bei diesem Akt s. *Baudh.* 2, 17. Vermögens- und heimatlos (*Vas.* 10, 6) soll der Mönch als Bettler umherziehen, nirgends lange verweilen, auf dem Boden schlafen, als einzige Kleidung einen Schurz um die Lenden tragen, seinen Kopf kahl scheren, drei zusammengeflochtene Stäbe und eine Bettlerschale und einen Wassertopf in der Hand halten und nur geniessen was man ihm freiwillig giebt, jedoch kein Fleisch oder Süssigkeiten. In ein Dorf soll er nur gehen um zu betteln, aber erst am Abend, wenn die Essenszeit vorüber ist; in sieben Häusern darf er betteln, soll sich aber nicht betrüben, wenn man ihm nichts giebt, und nicht freuen, wenn man ihm etwas giebt. Überhaupt ist die Gemütsverfassung und der philosophische Gleichmut bei dem *yati* die Hauptsache; er soll sich weder den Tod noch ein langes Leben wünschen und nicht darum bekümmern, ob Jemand ihm den Arm mit einer Axt abhaut oder mit Sandelpulver besprengt. Er soll nachdenken über die kurze Dauer des Lebens, die Unreinigkeit des Körpers, die Vergänglichkeit der Schönheit, die Qualen der Hölle, die Plagen des Alters und der Krankheiten, die Trennung von den Lieben und das Zusammensein mit Feinden, die endlosen Seelenwanderungen. So nach und nach alle weltlichen Neigungen abstreifend, einsam umherziehend, mit Niemand sprechend, wird er zuletzt in der Weltseele aufgelöst. Beachtenswert ist, dass dem *bhikṣu* gestattet wird, in der Regenzeit seine Wanderungen zu unterbrechen und an einem Orte zu verweilen, entsprechend dem *vasso* der Buddhisten und Jainas (*Gaut.* 3, 11—25; *Vas.* 10; *Baudh.* 2, 17 f.; *Vi.* 96 u. a.)[1]. Austritt aus dem Orden des Bettelmönchs ist nicht gestattet; solche Abtrünnige sollen Zeitlebens Sklaven des Königs werden (*Nār.* 5, 35; *Y.* 2, 183; *Vi.* 5, 152).

Den *vānaprastha* entsprechen die ὑλόβιοι bei Megasthenes fr. 41, die in den Wäldern wohnen, von Blättern und wilden Baumfrüchten leben und Gewänder von Baumbast tragen. Albērūnī schildert den *vānaprastha* und *bhikṣu* wie die beiden ersten *āśrama* ganz wie die Smṛtis, scheint aber auch hiebei nur aus der Litteratur, nicht aus dem Leben zu schöpfen. Von den »Fakiren« der Gegenwart werden ähnliche Bussübungen wie von den *vānaprastha* erwähnt[2]. Die jetzigen *bhikṣuk* sind die geistlichen Brahmanen im Gegensatz zu den weltlichen, den *girhasth.*[3] Unter den *sannyāsī* versteht man Asketen verschiedener Sekten, besonders der Śaivas. Ein Übertritt der Laien zu den Geistlichen findet heutzutage im Allgemeinen selten statt, dagegen können die Geistlichen vieler Sekten und Kasten heiraten, wie ja auch nach den Smṛtis der *vānaprastha* seine Frau bei sich haben kann. Dass der Übergang vom *gṛhastha* zu den geistlichen Lebensstufen kein notwendiger ist, deuten auch die Smṛtis dadurch an, dass sie vielfach den Stand des *gṛhastha* als den besten bezeichnen, ohne den die anderen nicht bestehen könnten (*Gaut.* 3, 36; *M.* 5, 87—90 u. a.).

1 Vgl. Bühler zu *Gaut.* 3, 13. — 2 Vgl. M. Williams, Indian Wisdom3 104—106. — 3 Vgl. z. B. BG 18, 1, 108 ff.; M. Williams l. c. 252 f.; Wilson, Glossary 81, 463.

§ 56. Die Sakramente. Als Sakramente (*saṃskāra*) gelten im weiteren Sinn alle gottesdienstliche Handlungen, deren *Gaut.* an der auch in späteren Werken, so in *Nīlakaṇṭha*'s Monographie über die *saṃskāra*, dem *Saṃskāra-*

mayūkha, als massgebend citirten Stelle 8, 14—21 folgende 40 aufzählt: die Befruchtungsceremonie (*garbhādhāna*), die Ceremonie, welche (zur Zeit der ersten Kindesbewegungen) die Erzeugung eines Knaben bezweckt (*puṃsavana*), die Scheitelziehung bei der schwangeren Frau (*sīmantonnayana*, im 6. oder 8. Monat), die Geburtsceremonie (*jātakarman*), die Namengebung (*nāmakaraṇa*, am 10. oder 12. Tag), das Füttern mit Reis (*annaprāśana*, im 6. Monat nach der Geburt), das Haarschneiden (*caula*, im 3. Lebensjahr), die Einführung beim Lehrer (*upanayana*), die vier Gelübde beim Vedastudium, das Bad (am Schluss des Vedastudiums, sonst *samāvartana* die »Heimkehr« genannt), die Verheiratung, die fünf grossen Opfer (§ 57), die sieben kleinen Opfer (*pākayajña*), die sieben Feuerspenden (*haviryajña*), die sieben Somaopfer. Die Feuerspenden und Somaopfer werden in den *brāhmaṇa* und *śrautasūtra*, die kleinen Opfer in den *gṛhyasūtra* beschrieben. Nach *Hār.* sind die Opfer als *daiva*, die anderen gottesdienstlichen Handlungen als *brāhma saṃskāra* zu betrachten. Als *saṃskāra* im engeren Sinn sind nur die letzteren anzusehen, es werden dazu aber häufig noch einige andere Feierlichkeiten gerechnet, so der Akt des *anavalobhana*[1], *garbharakṣaṇa* zur Verhütung einer Fehlgeburt, die Ceremonie des ersten Ausgangs mit einem Kinde im 4. Monat nach seiner Geburt um ihm die Sonne zu zeigen (*niṣkramaṇa, ādityadarśana*), die Durchbohrung der Ohren (*karṇavedha*), das Haarschneiden als Zeichen der Mündigkeit im 16. Lebensjahr (*keśānta, godāna*) u. a. Auch die *saṃskāra* im engeren Sinn fallen in das Bereich der *gṛhyasūtra*, da jede vedische Schule diese wichtigen Feierlichkeiten in besonderer Weise begeht. Nur auf die Feierlichkeit der Einweihung und Umgürtung des jungen Brahmanen (*upanayana*)[2] als den wichtigsten *saṃskāra* gehen die Smṛtis etwas näher ein (*Vi.* 27, 15—29; *M.* 2, 36—50, 68 u. a.). Als das geeignetste Alter dafür wird bei Brahmanen das 8. Lebensjahr betrachtet. Auch die Kṣatriyas und Vaiśyas haben Anspruch auf die Umgürtung mit der heiligen Schnur (*yajñopavīta*), welche das äussere Kennzeichen des Ariers ist, der durch die Ceremonie des *upanayana* seine geistige Wiedergeburt und die Berechtigung sich einen Zweimalgeborenen (*dvija*) zu nennen erlangt. Doch findet die Ceremonie bei ihnen erst einige Jahre später statt, auch soll ihre heilige Schnur, sowie der Gürtel, das Gewand, das Fell und der Stab, den sie gleichzeitig erhalten, von anderem Material sein als bei Brahmanen. Die geistliche Bedeutung der Einführungsceremonie liegt darin, dass man dadurch das Recht erhält, die Vedas zu studiren und namentlich das heiligste Gebet, die *sāvitrī*, herzusagen, wonach die ganze Feier auch *sāvitrī* heisst. Der Lehrer (*ācārya*), der den jungen Brahmanen einweiht und mit der *sāvitrī* bekannt macht, wird daher als sein geistlicher Vater und die *sāvitrī* als seine Mutter betrachtet. Einen wichtigen Teil der Ceremonie bildet auch das erste Ausgehen des jungen Brahmanen auf Almosen, wobei er sich zunächst an seine Mutter u. a. weibliche Verwandte wendet. Die Bestreitung der zum Teil nicht unbedeutenden Kosten für die *saṃskāra* liegt den Eltern und nach deren Tod den älteren Brüdern ob, ebenso auch bei Mädchen, für die es aber nur einen einzigen eigentlichen, d. h. mit der Hersagung heiliger Sprüche verbundenen *saṃskāra* giebt, nämlich die Hochzeit (*vivāha*, *Nār.* 13, 33, 27; *Y.* 2, 124; 1, 13 u. a.).

Die Ceremonien *garbhādhāna, sīmantonnayana, jātakarman, nāmakarman*, das Haarschneiden, die Durchbohrung der Ohren und die Umgürtung mit der heiligen Schnur (*yajñopavīta*) erwähnt auch Alberūnī 156 f., 130, allerdings mit dem Beifügen, dass das *garbhādhāna* aus Schamgefühl nicht vollzogen wird. Heutzutage kommt gerade diese Feier vielfach vor und markirt den Eintritt der Pubertät bei dem weiblichen Geschlecht und den Beginn des ehelichen Lebens (§ 17); die Hauptceremonie besteht oft darin, dass man den

Schoss der jungen Frau mit Reis, Kokosnüssen u. a. Früchten füllt, wohl als Symbol der Fruchtbarkeit. Überhaupt sind z. B. bei den Chitpavan-Brahmanen in Puna noch jetzt üblich[3]: die Ceremonien *jātakarman*, *karṇavedha* am 12. Tag nach der Geburt, hierauf *nāmakaraṇa*, im 4. Monat *sūryāvalokana*, im 6., 8., 10. oder 12. *annaprāśana*, im 1.—5. Jahr *caula*, im 7.—10. Jahr die Umgürtung mit der heiligen Schnur, 12 Tage bis einen Monat später die Heimkehr des Schülers (*samāvartana*), hierauf die Hochzeit in der Brāhmaform (*brāhma vivāha*), beim Eintritt der Mannbarkeit bei der Braut *garbhādhāna*, beim Eintritt der Schwangerschaft *puṃsavana*, im 4. Monat derselben *anavalobhana*, im 6.—8. Monat *sīmantonnayana*. Als die wichtigste von diesen Ceremonien abgesehen von der Hochzeit gilt noch immer die Umgürtung mit der heiligen Schnur (*jenvī*, *janeo* = *yajñopavīta*)[4]. Bei der erwähnten Brahmanenkaste besteht sie darin, dass der junge Brahmane einen Stab von *palāśa*-Holz, der bis zu seinem Haar reicht (wie *Vi.* 27, 21 f. u. a.), in die Hand bekommt, sich ein Antilopenfell und die heilige Schnur umhängt, einen Lendenschurz anzieht, mit einem Gürtel von Munjgras umgürtet wird (wie *Vi.* 27, 18 u. a.) und sein Vater ihm die *Gāyatrī* (*sāvitrī*) ins Ohr flüstert; Abends folgt die Ceremonie des Bettelns (*bhikṣāval*), wobei seine Mutter u. a. Frauen ihn reichlich beschenken. Bei der kurz nachher folgenden Feier des *samāvartana* macht er zuletzt Miene eine Pilgerfahrt nach Benares anzutreten, lässt sich aber bewegen wieder umzukehren. Ein ähnliches Überlebsel tritt in Bengalen schon bei der Umgürtung zu Tage, indem der als *brahmacārin* gekleidete junge Brahmane erklärt, in den geistlichen Stand treten zu wollen und sich scheinbar nur mit Mühe von diesem Entschluss abbringen lässt[5], vgl. § 54. Die Umgürtung mit der heiligen Schnur ist auch gegenwärtig nicht auf Brahmanen beschränkt.

[1] Vgl. CALAND WZKM 8, 370. — [2] Über die ältere Geschichte des *upanayana* s. OLDENBERG, D. Religion d. Veda 466—471. — [3] BG 18, 1, 108—148. — [4] Vgl. WILSON, Glossary 230, 463 f.; DUBOIS 92—99; BÜHLER, Kaśmīr Report 22; BOSE, The Hindoos as they are 183—186. — [5] BOSE l. c. 185 f.

§ 57. Die fünf grossen Opfer und die *śrāddha*. Zu den wichtigsten Verpflichtungen des *gṛhastha* gehört die regelmässige Darbringung der fünf grossen Opfer (*mahāyajña*, *Vi.* 59, 19—26 u. a.). Das Opfer oder der Gottesdienst, der sich an den Veda richtet, besteht in Hersagung desselben, das Opfer an die Götter in der in das Feuer zu giessenden Butterspende (*homa*), das Opfer an die Manen in der Libation (*tarpaṇa*), das Opfer an die Dämonen oder alle Wesen (*bhūta*) in der Streuspende (*bali*), das Opfer an die Menschen in der Bewirtung von Gästen, namentlich brahmanischen Asketen. Die vier letzten Opfer heissen die *pākayajña*; weit über ihnen, ja selbst über den *vidhiyajña*, die in den drei heiligen Opferfeuern dargebracht werden, steht das Opfer an den Veda; besonders die Hersagung der *gāyatrī* (*sāvitrī*) bei der Abend- und Morgenandacht ist allein schon so verdienstlich als wenn man die Vedas studirt hat, auch kann dieses Verdienst nie erlöschen, während der Lohn für gute Werke vergänglich ist (*Vi.* 55, 12—21 u. a.). Welche Vedatexte hergesagt und wie die anderen *mahāyajña* dargebracht werden, hängt von der besonderen *śākhā* des Veda ab, welcher der betreffende Brahmane angehört; diese Verschiedenheiten werden in den *gṛhyasūtra* näher angegeben, während die Smṛtis wie gewöhnlich mehr die allgemein gültigen Normen geben.

Von den eigentlichen Opfern sind die Totenopfer (*śrāddha*) besonders ausgebildet worden, und es hat sich eine eigene Litteratur darüber entwickelt, die bis in die vedischen *saṃhitā* hinauf und bis in die *dharmanibandha* hinab reicht; von letzteren umfasst z. B. die Ausgabe des *śrāddhakalpa* von *Hemādri* in der Bibl. Ind. 1717 Seiten. Schon die Smṛtis erörtern die *śrāddha* sehr ausführlich; so handelt *Vi.* in 14 Kapiteln (73—86) von den Ceremonien bei einem *śrāddha*, von den dadurch zu ehrenden Vorfahren, den geeigneten Zeiten, den Wirkungen der *śrāddha*, der Wahl der Opferspeisen, dem Verhalten der eingeladenen Brahmanen, der Würdigkeit oder Unwürdigkeit dazu eingeladen zu werden, den für die Darbringung von Totenopfern geeigneten Plätzen und der oft mit den *śrāddha* verknüpften Ceremonie der Freilassung eines Stiers. »Durch den Opferkloss (beim Totenopfer) verbunden« (*sapiṇḍa*) ist eine gewöhnliche Bezeichnung der näheren, namentlich agnatischen Verwandten. Hienach wird das spätestens ein Jahr nach dem Tod durch Zusammenknetung der *piṇḍa* des Verstorbenen und der Vorfahren desselben die Aufnahme des Verstorbenen unter die *sapiṇḍa* bewirkende *śrāddha* als *sapiṇḍīkaraṇa* bezeichnet. Vorher hat der Tote Anspruch auf monatliche Totenopfer, namentlich aber auf das kurz nach seinem Tod, gleich nach Ablauf der Trauerzeit darzubringende *ekoddiṣṭa*. Andere Arten des *śrāddha* sind die *nitya*, d. h. die täglichen Libationen (s. o.), die zur Erreichung eines bestimmten Zwecks dargebrachten *kāmya*, die bei einem freudigen Anlass, z. B. einer Hochzeit stattfindenden *ābhyudayika-* oder *vṛddhiśrāddha*, die an den *parvan* genannten Tagen des Monats darzubringenden *pārvaṇa* u. s. w. Den Ariadnefaden in diesem Labyrinth scheint Caland gefunden zu haben[1]. So ist das *śrāddha*, bei dem man drei eingeladene Brahmanen als Stellvertreter des Vaters, Grossvaters und Urgrossvaters betrachtet und bewirtet, anscheinend aus dem schon in älteren Quellen erscheinenden Klösseväteropfer (*piṇḍapitṛyajña*) entstanden, bei dem die gleichen Ceremonien stattfinden, aber an die im Geist gegenwärtig gedachten Väter gerichtet werden. Letzteres Opfer scheint seinerseits auf das schon in den vedischen *saṃhitā* auftretende *pitṛyajña* zurückzugehen, bei dem noch keine Klösse geopfert und die »Väter« im Allgemeinen, ohne Beschränkung auf die drei männlichen Ascendenten des Opferers, angerufen wurden. Dass das Motiv der Totenopfer lediglich in Furcht vor den Totengespenstern (*preta*) zu suchen ist, zeigt z. B. der Gedanke, dass dieselben, wenn man ihnen keine Opfer darbrächte, auf die Erde zurückkehren und ihre Verwandten beunruhigen würden (*Vi.* 20, 32).

Die Morgen- und Abendandacht vollzieht noch jetzt jeder orthodoxe Brahmane, mit den seiner Vedaschule entsprechenden Variationen. Als Hauptbestandteile der Morgenandacht bei einem Anhänger des Rigveda sind etwa zu nennen (vgl. § 55): das Bad (*snāna*), das Wasserschlürfen (*ācamana*), das Atemanhalten (*prāṇāyāma*), das oftmals wiederholte Murmeln der *gāyatrī* und die Hersagung vieler anderen heiligen Texte, die Ausrufung des Stammbaums des Andächtigen, nochmaliges *ācamana*, das Vedaopfer (*brahmayajña*) im engeren Sinn, hauptsächlich in der Recitation der Anfangsworte verschiedener vedischer und späterer Werke bestehend, endlich die Libation (*tarpaṇa*), die sich hier an die Götter, Ṛṣis und Väter richtet[2]. Auch der *homa* am Morgen und Abend und die anderen *mahāyajña* sind teilweise noch gebräuchlich. Auch spielen die *śrāddha* mit den *piṇḍa* immer noch eine Hauptrolle in dem Cultus besonders der Brahmanen, aber auch bei anderen Kasten[3]. Die Freilassung eines Stiers bei Totenopfern ist auch noch üblich[4]. Ein berühmtes *śrāddha* (*ekoddiṣṭa*) in Bengalen soll über eine Million Rupees gekostet haben, und in wohlhabenden Familien werden dort nicht unter 5—6000 Rupees auf das erste *śrāddha* verwendet[5]. Noch jetzt bringt man die *śrāddha* gerne an gewissen heiligen Plätzen dar, namentlich in Gaya in Behar[6], wie nach *Vi.* 85, 67.

[1] Altind. Ahnencult 152—165, 173—181; Totenverehrung 1—47. Vgl. Oldenberg l. c. 548—562. — [2] M. Williams, The place which the Ṛigveda occupies in the Sandhyā, 5. Or. Congr., Indog. Sektion 157—188. — [3] Vgl. BG 13, 78 (Golaks); 85 (Sarasvats); 18, 1, 167 (Kanojs); 175 (Shenvis); 180 (Tailangs); Risley, The Tribes and Castes of Bengal 1, 149 (Karhi-Brahmanen) u. a. — [4] Dubois 298 f.; BG 22, 85 f.

Vgl. *Pañc.* 1, 5 (KIELHORN). — [5] BOSE, The Hindoos as they are 255—271. — [6] M. WILLIAMS, Modern India3 97—107; vgl. *Rājatar.* 6, 254; 7, 1008.

§ 58. Totenbestattung und Unreinheit. Die Totenbestattung oder Leichenfeier (*antyeṣṭi*) wird von *Gaut.* 8, 14 ff. u. A. nicht zu den Sakramenten gerechnet, doch gehört sie zu den Ceremonien, bei denen Mantras gesprochen werden (*M.* 2, 16), und diese Mantras sind meist den vedischen Bestattungsliedern entnommen, auf die ebenso wie auf die Angaben der *gṛhyasūtra* hier nicht einzugehen ist[1]. Die *antyeṣṭi* gilt im Gegensatz zu den *śrāddha*, welche glückbringend (*maṅgala*) sind, für unheilbringend (*amaṅgala*)[2], und hierin mag der Grund liegen, dass in den Smṛtis meist nur wenig davon die Rede ist. Nach *Vi.* 19 und *Y.* 3, 1—18 ist der Hergang bei den Leichenceremonien etwa folgender. Der Trauerzug der Verwandten, nach dem Alter geordnet (*Mit.*), bringt die Leiche zu dem Verbrennungsplatz (*śmaśāna*). Dort angelangt verbrennen sie dieselbe unter Hersagung für die Feier geeigneter Texte. Hierauf umwandeln sie den Scheiterhaufen von links nach rechts oder indem sie demselben ihre linke Seite zukehren. Dann folgt ein Reinigungsbad (vgl. *Āp.* 2, 15, 10; *Baudh.* 1, 11, 23 u. a.), wobei sie in den Kleidern in das Wasser gehen, und eine Wasserspende für den Verstorbenen, mit Ausrufung seines Namens; auch wird ihm auf Kuśagras ein Kloss dargebracht. Sie steigen dann wieder aus dem Wasser und hören, auf einem Grasplatz sitzend, eine Predigt über die Vergänglichkeit des menschlichen Lebens an. Dann geht der Trauerzug, dem diesmal die Kinder voranschreiten, wieder nach Hause, macht aber an der Thüre noch einmal Halt, um Nimbablätter zu kauen, Wasser zu schlürfen, auf einen Stein zu treten u. s. w. und schreitet erst nach Beendigung dieser Ceremonie langsam in das Haus. So lange die durch den Todesfall verursachte Unreinheit dauert, muss man dem Verstorbenen täglich opfern, indem man ihm eine Wasserspende und einen Kloss darbringt, Gefässe mit Milch und Wasser für ihn an einem Strick aufhängt u. s. w. Am 4. Tag nach der Verbrennung werden die Knochen gesammelt und in den Ganges geworfen. Kinder unter 2 Jahren werden jedoch nicht verbrannt, sondern begraben. Spätere Quellen erwähnen noch viele Ceremonien[3], der Hauptzweck derselben ist, dem Totengespenst (*preta*) durch die ihm dargebotenen *piṇḍa* Arme, Beine u. a. Glieder, zuletzt den Kopf zu verleihen, wodurch es sich in einen »Vater« (*pitṛ*) verwandelt und zur Entgegennahme der *śrāddha* geeignet wird.

Die Unreinheit bei Todesfällen[4] geht mit der Unreinheit bei Geburten parallel und soll wie letztere im Allgemeinen zehn Tage dauern. Es ist nicht unmöglich, dass die Geburtsunreinheit, deren zehntägige Dauer wohl auf einem natürlichen Grund beruht, Anlass gab die Dauer der Unreinheit bei Todesfällen ebenso zu fixiren. Diese Frist unterliegt bedeutenden Schwankungen je nach dem Alter, Geschlecht und Stand des Verstorbenen und der Nähe der Verwandtschaft. So bewirkt der Tod eines totgeborenen, gleich nach der Geburt oder vor dem Zahnen gestorbenen Kindes gar keine Unreinheit. Der Tod einer verheirateten Frau macht nur ihren Mann und seine Verwandten unrein, nicht ihre eigenen Blutsverwandten. Bei dem Tod des Vaters der Mutter tritt nur eine dreitägige Unreinheit ein. Bei Leuten aus niedrigerem Stande als die Brahmanen dauert sie dagegen allgemein 11 Tage bis einen Monat (*Vi.* 22, 1—4, 26 f., 33, 42 u. a.). So lange die Unreinheit dauert, darf man nur gekaufte oder geschenkte Speisen und kein Fleisch geniessen, nur einzeln auf dem Boden schlafen, nicht betteln oder studiren und mit Niemand verkehren, um ihn nicht zu verunreinigen (*Gaut.* 14, 37—39; *Vas.* 4, 14 f.; *Vi.* 19, 14—17; 22, 6 f. u. a.). Nach Ablauf des Termins der Unreinheit findet eine Reinigungsceremonie statt. Frauen werden nicht nur durch einen Todesfall und durch ihre Niederkunft unrein, sondern auch durch die menses, die nach einer schon vedischen Legende eine Folge der Sündenschuld sind, die *Indra* durch die Tötung des *Vṛtra* auf sich lud. Erst am 4. Tag wird die Menstruirende durch ein Bad rein. Ein Bad in den Kleidern ist auch notwendig nach Berührung einer Menstruirenden, Wöchnerin, eines Leichenträgers, *Caṇḍāla*, Hundes u. s. w. (*Vas.* 5, 4—9; *Gaut.* 14, 30 ff. u. a.).

An die Verunreinigung des menschlichen Körpers reiht sich gewöhnlich die Reinigung von Sachen (*dravyaśuddhi*) an (*Vi.* 23 u. a.). Für besonders unrein gelten geistige Getränke, deren Genuss eine Todsünde ist (§ 36), und die Ausscheidungen und Flüssigkeiten des menschlichen Körpers wie Schweiss, Thränen, Urin, Excremente, Samen, Blut u. a. Sind durch dieselben irdene oder hölzerne Gefässe verunreinigt worden, so bleibt nichts übrig als sie wegzuwerfen; dagegen können Gegenstände aus Eisen, Horn, Elfenbein u. s. w. im Feuer, durch Vergraben, Abschaben u. s. w. gereinigt werden. Schlimm ist auch eine Befleckung durch fettige Substanzen, weniger bedenklich eine Verunreinigung durch Speisereste u. dgl.; sie kann in der Regel durch einfaches Waschen und Spülen beseitigt werden. Andere Arten der Reinigung bestehen in Abreiben mit Asche, Kuhhaaren u. a. Gegenständen, Durchseihen (bei Flüssigkeiten), nochmaligem Brennen (bei Töpferwaren), Besprengen mit Wasser, Milch, Kuhurin oder Erde, Beschmieren mit Kuhmist, Wasserschlürfen einer Kuh (bei stehendem Wasser) u. s. w., wobei man sich an die Eigenschaft der Kuh als heiliges Tier erinnern muss. Doch wird in manchen Beziehungen auch ein rationalistischer Standpunkt eingenommen. Waren in einem Kaufladen, die Hand eines Handwerkers, Speise, die in den Zähnen stecken bleibt, Barthaare, die in den Mund kommen, ein Schatten, Staub sind immer rein; rein ist auch der Hund beim Fangen des Wildes, ein säugendes Kalb beim Fliessen der Milch, ein Vogel beim Abpicken der Frucht, der Mund einer Frau beim Küssen; schmutzige und verunreinigte Strassen werden durch Sonne und Wind rein.

Die alten Bestattungsceremonien haben sich bei den Brahmanen und vielen anderen Kasten noch ganz oder teilweise erhalten[5], so der von dem nächsten Verwandten als »Vollzieher« (*kartā*) der Leichenfeier angeführte Trauerzug, die Verbrennung der Leiche mit Mantras, die Umwandlung des Scheiterhaufens mit Zukehrung der linken Seite gegen denselben oder von links nach rechts, die Wasserlibation und das Reinigungsbad, die Heimkehr des Trauerzugs und der Aufenthalt an der Hausthür, das Kauen von Nim- (*nimba*) Blättern, die Darbringung von Wasserspenden und *piṇḍa* und das Aufhängen eines Milch- und eines Wassergefässes an den folgenden Tagen bis zum 10., die Sammlung der Knochen, noch jetzt *asthisaṃcayan* genannt, meistens am 3. Tag, in einem Topf, um sie später womöglich in den Ganges zu werfen, das Unterbleiben der Verbrennung bei Kindern (unter 3 Jahren), die Vorstellung, dass der Verstorbene durch die *piṇḍa* successive seine Körperteile wieder erlangt, das Vorlesen von Trostsprüchen, besonders aus dem *Garuḍapurāṇa*. Während der Unreinheit, die in der Regel 10 Tage dauert, ist es verboten zu kochen, Zucker, Milch oder Fleisch zu geniessen, Salben, Sandelpulver oder Betel zu gebrauchen, den Turban aufzusetzen oder die Schuhe anzuziehen, auszugehen, sich die Haare schneiden oder rasiren zu lassen, die Vedas zu studiren und den Hausgottesdienst zu verrichten; auch soll man nur von den Verwandten gesandte Speisen geniessen und einzeln auf dem Boden schlafen. Einige dieser Gebräuche erwähnt schon Alberūnī 2, 165—170. Verunreinigungen (*sparśadoṣa*) durch Berührung eines Mannes aus niedriger Kaste, einer Menstruirenden, eines Hundes u. s. w. werden noch immer durch ein Bad gesühnt. Wöchnerinnen werden einen Monat, Menstruirende drei Tage lang, meist in der »Geburtskammer«, von allem Verkehr mit Männern ferngehalten. Dass irdene und hölzerne Geschirre schon nach einmaligem Gebrauch wegzuwerfen, metallische nach jeder Mahlzeit abzureiben seien, bemerkt schon Hiouen Thsang[6], wie auch noch jetzt zwischen irdenen und anderen Geschirren ein ähnlicher Unterschied gemacht wird[7]. Auch die Benützung von Kuhmist und Kuhurin bei Reinigungen ist noch vielfach üblich[8]. Betreffs der durch fettige Substanzen bewirkten Unreinheit kann an den Zusammenhang des indischen Aufstands von 1857 mit den mit Talg eingeschmierten Patronen erinnert werden.

1 Vgl. Oldenberg, D. Religion d. Veda 570—591. — 2 Vgl. M. Williams, Hinduism 65. — 3 Colebrooke, The Religious Ceremonies of the Hindus in Ess. 2, 172—195. — 4 Vgl. Leist, Altar. jus gentium 194—201, 262; Delbrück, D. indog. Verwandtschaftsnamen 568—572. — 5 Vgl. BG 13, 1, 83, 127; 18, 1, 148, 163, 167, 175, 267, 273, 280, 309 f.; 21, 98, 107; 22, 84 f. u. a.; Dubois 286—293; M. Williams, Modern India[3] 97—99. — 6 Mém. 1, 70 f. — 7 Dubois 108—114. — 8 l. c.; BG 21, 95; vgl. § 37.

§ 59. Speiseregeln. Für noch wirksamer als alle äusseren Reinigungsmittel gilt der Genuss reiner Speisen; wer sich in Bezug auf seine Ernährung rein erhält, der ist wahrhaft rein, nicht wer sich nur äusserlich mit Erde oder Wasser reinigt (*Vi.* 22, 89). Von Getränken sind Spirituosen (§§ 36, 58), von fester Nahrung Fleischspeisen streng verpönt. Es werden 13 Arten von geistigen Getränken, *surā* und *madya*, aufgezählt; *surā* nennt man Destillationen aus Melasse, Madhūkablumen oder Reismehl; *madya* sind berauschende Getränke aus Zucker, Weintrauben, Kokosnüssen u. s. w. Doch sind nur dem Brahmanen alle diese Getränke verboten, während der Kṣatriya und Vaiśya sie teilweise geniessen dürfen (*Vi.* 22, 82—84; *M.* 11, 91—99; *Gaut.* 2, 20). Fleischessen und Alkoholismus stehen im Allgemeinen auf gleicher Stufe (*M.* 11, 96), doch wird ersteres Vergehen nicht zu den Todsünden gerechnet, und die Smṛtis enthalten noch manche Überreste von den vedischen Tieropfern und einer laxeren Auffassung der *ahiṃsā*, welche gewisse Tiere für essbar erklärt. So besagt ein bekannter Memorialvers, dass man bei Empfang eines Ehrengastes, bei einem Opfer und zu Ehren der Manen ein Tier schlachten dürfe, sonst aber niemals (*M.* 5, 41; *Vas.* 4, 6 u. a.). Daher, sagt *Vas.* 4, 7, ist das Schlachten von Tieren bei einem Opfer kein Schlachten im eigentlichen Sinn; bei *M.* 5, 48, *Vi.* 51, 71 ist freilich an die Stelle dieses Satzes der andere getreten: »daher muss man den Fleischgenuss vermeiden.« Nach *M.* 5, 56 begeht man durch Genuss von Fleisch oder Spirituosen und Ausübung des Beischlafs keine Sünde, d. h. wenn es zu den im Gesetz vorgesehenen Zeiten geschieht (vgl. 5, 22, 27). Namentlich bei den Totenopfern sollen Schafe, Ziegen, Antilopen, Büffel u. a. Tiere geopfert werden, und ihr Fleisch sättigt, wie man glaubt, die »Väter« auf längere Zeit als geopferte Vegetabilien (*Vi.* 80 u. a.). Selbst Ochsen und Kühe zu opfern und dann zu essen, wird manchmal ausdrücklich gestattet (*Āp.* 1, 17, 30; *M.* 5, 18). Zu jeder Zeit darf man das Fleisch des Rhinoceros, Iguana, Hasen, Stachelschweins, Ebers und der Schildkröte essen (*Vi.* 51, 6 u. a.). Raubvögel und viele andere Vögel dürfen nicht gegessen werden, aber Rebhühner, Francoline, Wachteln und Pfauen werden von diesem Verbot ausgenommen (*Vi.* 51, 31). Fische sind ebenfalls verboten, doch werden auch hier einige Ausnahmen statuirt (*Vi.* 51, 21 u. a.). Wild zu geniessen ist, wenn nicht ganz straflos, doch weniger strafbar als das Essen von Haustieren wie namentlich Kühe, Haushühner, Schweine, auch Affen (*Vi.* 51, 3 u. a.). Überhaupt wird die Vermeidung animalischer Nahrung als etwas besonders Verdienstliches, also nicht als eine selbstverständliche Forderung hingestellt (*M.* 5, 53 f. u. a.). Daher gehört es zu den Kasteiungen in der Unreinheitsperiode und bei den Asketen, dass kein Fleisch genossen werden darf (§§ 55, 58). Von vegetabilischer Nahrung soll man Knoblauch, Lauch, Zwiebeln, Pilze und auf dem Mist gewachsene Pflanzen meiden. Auch von unwürdigen Personen geschenkte, abgestandene Speisen, die Überreste einer Mahlzeit, von unreinen Tieren oder Menschen berührte Speisen u. dgl. dürfen nicht genossen werden (*Y.* 1, 160—171, 176 u. a.).

Es kommt nicht nur darauf an, was, sondern auch wie, wo, und wann gegessen wird. So darf man nicht stehend, liegend, nackt oder in nassen Kleidern essen, nicht aus einem zerbrochenen oder verunreinigten Geschirr oder aus der Hand, nicht im Freien, in einem Tempel oder leeren Hause, nicht um Mittag oder Mitternacht oder in der Dämmerung, nicht zur Zeit einer Sonnen- oder Mondfinsternis, oder wenn dem König, einem Brahmanen oder einer Kuh ein Unglück zugestossen ist, nicht während einer Indigestion oder zur Übersättigung, nicht mehr als zweimal am Tage, nicht zu frühe oder zu spät. Vor dem Essen muss man die Götter und Brahmanen speisen, dem Feuer spenden u. s. w., bei dem Essen nach Süden oder Osten blicken, gesalbt und bekränzt sein, nach dem Essen den Mund und die Hände reinigen (*Vi.* 68 u. a.).

Das älteste genau datirbare Denkmal für das Verbot animalischer Kost bilden die Inschriften *Aśoka*'s, der sich entschieden gegen das Schlachten und Opfern von Tieren ausspricht, aber ähnlich wie die Smṛtis zu Gunsten der Pfauen und Antilopen eine Ausnahme macht[1]. Überhaupt treffen die Speiseregeln der Buddhisten trotz des strengen *ahiṃsā*-Gebots, das sie mit dem Jainas teilen, mit den brahmanistischen, besonders den Vorschriften für brahmanische Asketen, im Ganzen zusammen[2]. Das *Mah.* predigt die *ahiṃsā*, aber die Hauptheldеn gehen auf die Jagd und essen Fleisch[3]. Alberūnī 2, 151 f., 155 erwähnt als Tiere, die man töten darf, das Schaf, die Ziege, Gazelle, den Hasen, das Rhinoceros, den Büffel, Fische, Wasser- und Landvögel, als Sperlinge, Ringeltauben, Francoline, Tauben, Pfauen, u. a. nicht schädliche oder ekelerregende Tiere, als verboten dagegen das Fleisch von Kühen, Pferden, Maultieren, Eseln, Kameelen, Elephanten, Haushühnern, Krähen, Papageien, Nachtigallen, ferner Eier, Wein (bei Śūdras gestattet), Zwiebeln, Knoblauch, gewisse Gurken und Wurzeln und das Kraut *nālī* (Lotus). Dass die Brahmanen keinen Knoblauch essen durften, zeigt auch die medicinische Litteratur vom 5. Jh. ab[4] und die *Rājatar.* 1, 342. Heutzutage meiden die Brahmanen (ausser in Kashmir)[5] alle animalische Kost einschliesslich der Eier und alle Spirituosen, sowie Zwiebeln und Knoblauch[6]. Noch strenger führen einzelne Sekten wie die Jainas und Lingayats die Abstinenz durch, überhaupt herrscht dieselbe bei den meisten höheren oder emporstrebenden Kasten; besonders stark ist der Abscheu gegen Rindfleisch[7]. Doch geniessen die Rajputen das Fleisch der Ziege, des Hirschs und des Hasen, der Taube, Wachtel und Fettammer, sowie Fische[8]. Auch die śivaitischen Sekten essen und opfern gewisse Tiere und trinken Spirituosen, während die Vaiṣṇavas Abstinenzler sind[9]. Mit Mitgliedern einer anderen, besonders einer niedrigeren Kaste zusammen oder von ihnen gekochten Reis u. dgl. zu essen, oder mit den Frauen zu speisen, oder Speisereste zu geniessen, gilt allgemein für unzulässig.

[1] Vgl. Bühler ZDMG 37, 91—94; 48, 49 f. — [2] Kern, D. Buddhismus 1, 237; 2, 73—84. — [3] Holtzmann, Z. Gesch. 33—36. — [4] Vgl. Festgr. an Roth 19. — [5] Bühler, Kaśmīr Report 23. — [6] Vgl. z. B. BG 22, 61; Census of India 1891, 13, 265. — [7] M. Williams, Hinduism 155—157. — [8] Risley, The Tribes and Castes of Bengal 2, 191. — [9] Census of India 19, 111.

ABKÜRZUNGEN.

adhy. — *adhyāya.*
Āp. — *Āpastamba.*
Apar. — *Aparārka.*
App. — Appendix.
AR — Asiatic Researches.
Arch. Surv. W. I. — Archaeological Survey of Western India.
Āśv. — *Āśvalāyana.*
AV — *Atharvaveda.*
Baudh. — *Baudhāyana.*
BG — Bombay Gazetteer.
Bijdr. — Bijdragen voor de taal-, land- en volkenkunde van Nederlandsch Indië.
Bṛh. — *Bṛhaspati.*
C., Cat. — Catalogue.
C.C. — Catalogus Catalogorum.
CII — Corpus Inscriptionum Indicarum.
C.P. — Central Provinces.
Dāyabh. — *Dāyabhāga.*
Dhs. oder *Dhs.* (Calc.). — *Dharmaśāstrasaṃgraha,* Calcutta 1876.
Dhs. (Bomb.) — *Dharmaśāstrasaṃgraha,* Bombay 1883.
Dig. — Colebrooke's Digest.
EI — Epigraphia Indica.
Ess. — Essays.
Festgr. — Festgruss.
Gaut. — *Gautama.*
Gaz. — Gazetteer.
Gobh. — *Gobhila.*
gr. — *gṛhya.*
Hār. — *Hārīta.*
Hem. — *Hemādri.*
Hir. — *Hiraṇyakeśin.*
IA — Indian Antiquary.
IG — Hunter, The Imperial Gazetteer of India (2. ed., Lond. 1885—87, 14 vol.).
I.O. — India Office.
I. Str. — Indische Streifen.
I. St. — Indische Studien.
JAOS — Journal of the American Oriental Society.
JBAS — Journal of the Bombay Branch of the R. Asiatic Society.
JBeAS — Journal of the Asiatic Society of Bengal.
JRAS — Journal of the Royal Asiatic Society.
Kāmas. — *Kāmasūtra.*
Kāṭh. — *Kāṭhaka.*
Kāty. — *Kātyāyana.*
Kauś. — *Kauśika.*
Kum. — *Kumārila.*
Lassen IA, LIA — Lassen, Indische Alterthumskunde.
M. — *Manu.*
Mādh. — *Mādhavīya.*
Mah. — *Mahābhārata.*
Mān. — *Mānava.*
May. — *Vyavahāramayūkha.*
Medh. — *Medhātithi.*
Mit. — *Mitākṣarā.*
Mṛcch. — *Mṛcchakaṭikā.*
MS — *Maitrāyaṇī Saṃhitā.*
Nār. — *Nārada.*
Not. — Notices.
N.W.P. — North-Western Provinces.
NWPG — North-Western Provinces Gazetteer.
Pañc. — *Pañcatantra.*
Par. — *Parāśara.*
Pār. — *Pāraskara.*
Pitām. — *Pitāmaha.*
Quot. — Quotations.
Raghun. — *Raghunandana.*
Rājatar. — *Rājataraṅgiṇī.*
Rām. — *Rāmāyaṇa.*
Ratn. — *Vivādaratnākara.*
ṚV — *Ṛgveda.*
Sāmav. — *Sāmavidhānabrāhmaṇa.*
Śāṅkh. — *Śāṅkhāyana.*
SBE — Sacred Books of the East.
SII — South-Indian Inscriptions, ed. by Hultzsch.
śl. — *śloka.*
Smṛtic. — *Smṛticandrikā.*
sū. — *sūtra.*
Tag. Lect. — Tagore Law Lectures 1883, by J. Jolly.
TS — *Taittirīya-Saṃhitā.*
Vai., *Vaikh.* — *Vaikhānasa.*
Vas. — *Vasiṣṭha.*
Vi. — *Viṣṇu.*
Vikr. — *Vikramāṅkadevacarita,* ed. Bühler.
Vīram. — *Vīramitrodaya.*
Vivādacint. — *Vivādacintāmaṇi.*
VS — *Vājasaneyi-Saṃhitā.*
WIL[2] — Weber, Indische Litteraturgeschichte, 2 Aufl.
WZKM — Wiener Zeitschrift für die Kunde des Morgenlandes.
Y. — *Yājñavalkya.*
ZAL — Zimmer, Altindisches Leben.
ZDMG — Zeitschrift der Deutschen Morgenländischen Gesellschaft.
ZVR — Zeitschrift für vergleichende Rechtswissenschaft.

INHALT.

I. WORTINDEX.

Die Zahlen bezeichnen die Seiten; cursive geben die Hauptstellen für ein Wort.

*

II. SACHINDEX.

Geschichte des Buddhismus in der Mongolei.

Aus dem Tibetischen
des
Jigs-med nam-mk'a
herausgegeben, übersetzt und erläutert
von
Dr. Georg Huth,
Privatdozent an der Universität Berlin.

I. Teil: Vorrede, Text, kritische Anmerkungen.

gr. 8°. IX u. 288 S. 1893. M. 20. –

Soeben erschien:

II. Teil: Uebersetzung. Nachträge zum ersten Teil.
gr. 8°. XXXII, 456 S. M 30 —

Benfey, Theodor, Vedica und Verwandtes. kl. 8°. 177 S. 1877. M 6.–

Ehni, J., Der vedische Mythus des Yama, verglichen mit den analogen Typen der persischen, griechischen und germanischen Mythologie. 8°. VI, 216 S 1890. M 5.–

Goldschmidt, Prof. **Siegfr.,** Prâkṛtica. 8°. 32 S. 1879 M 1.–

Holtzmann, Adolf, Agni nach den Vorstellungen des Mahâbhârata. 8°. 36 S. 1878 M 1.–

– – Arjuna. Ein Beitrag zur Reconstruction des Mahâbhârata. 8°. 69 S. 1879. M 1.60

Huth, Dr. Georg, Die tibetische Version der Naiḥsargikaprâyaçcittikadharmâs. Buddhistische Sühnregeln aus dem Pratimokshasûtram. Mit kritischen Anmerkungen herausgegeben, übersetzt und mit der Pâli- und einer chinesischen Fassung, sowie mit dem Suttavibhaṅga verglichen. 8° 51 Seiten. 1891 M 2 –

Râvanavaha oder Setubandha, Prâkrit und Deutsch herausgegeben von Siegfried Goldschmidt. Mit einem Wortindex von Paul Goldschmidt und dem Herausgeber. Erste Lieferung. Text und Wortindex enthaltend. 4°. XXIV u. 194 S. 1880. M 25.–
Zweite Lieferung: Übersetzung. 4°. 136 S. 1884. M 18.–

Scherman, Dr. **Lucian,** Philosophische Hymnen aus der Rig- und Atharva-Veda-Sanhitâ verglichen mit den Philosophemen der älteren Upanishad's 8°. VII, 96 S. 1887. M 2.50

Sutta Nipâta, Das. Eine Sammlung von Gesprächen, welche zu den kanonischen Büchern der Buddisten gehört. Aus der englischen Übersetzung von Prof. V. Fausböll in Kopenhagen. (Sacred books of the East, vol. X.) Ins Deutsche übertragen von Dr. Arthur Pfungst. 1. Lief. 8°. X u. 80 S. 1889. M 1.50

Vaitâna Sûtra. Das Ritual des Atharvaveda. Aus dem Sanskrit übersetzt und mit Anmerkungen versehen von Dr. Rich. Garbe. 8°. V u. 116 S. 1878. M 4.–

Demnächst erscheint:

Die Handschrift von Sīlānka's Viseshāvāsyakabhāshyaṭīkā. Herausgegeben von E Leumann Gross-Folio. Etwa 8 Bogen Text und 35 Tafeln in Lichtdruck Preis ca M 50.

Etymologisches Sanskrit-Wörterbuch. Von E & J Leumann 8° ca 15 Bogen

Indian Studies No. III. On the Origin of the Brāhma Alphabet. By Georg Bühler. Second Edition, revised Together with two Appendices, on the Origin of the Kharoṣṭhī Alphabet and of the Brāhma Letter-Numerals. 8° ca. 9 Bogen.

Soeben erschien:

RECHNUNGEN AUS DER ZEIT SETIS I.

(ca. 1350 v. Chr.)

MIT ANDEREN RECHNUNGEN DES NEUEN REICHES

herausgegeben und erklärt von

WILHELM SPIEGELBERG

PRIVATDOZENT DER ÄGYPTOLOGIE AN DER UNIVERSITÄT STRASSBURG.

2 Bände folio. Preis M. 70.—

Inhalt des Textbandes (VIII, 100 S.) I. Geschichte der Papyri Rollin. II. Äussere Beschaffenheit der Handschriften. III. Datierung und Lokalisierung der Handschriften. IV. Zur Palaeographie der Papyri Rollin. V. Charakter und Inhalt der Rechnungen. VI. Übersetzung der Rechnungen. VII. Kommentar. VIII. Anhang, enthaltend eine chronologisch geordnete Liste von Namen ägyptischer Kriegs- und Handelsschiffe und einen Warentarif der erwähnten Epoche der ägyptischen Geschichte. Eine Studie über das Wertg verhältnis von Gold, Silber und Kupfer, in welcher insbesondere die allmähliche Entwertundes Silbers im Pharaonenreich ziffernmässig nachgewiesen ist, bildet den Schluss der Arbeit.

Der Tafelband (mit 43 Tafeln) enthält die bearbeiteten Papyri in Autographie und Lichtdruck nebst einer hieroglyphischen Umschrift der sämtlichen Texte.

„Dass die von Hrn. Pleyte schon 1868 sehr unvollkommen herausgegebenen und erklärten Rechnungen der Rollin Papyri der Bibliothèque nationale zu Paris in verbesserter Form und in einer dem heutigen Standpunkt der ägyptologischen Wissenschaft entsprechenden Weise behandelt würden, erschien schon lange als ein Bedürfnis. Auch Ref. hat für die Novembersitzung 1895 der Bibl. Archaeol. Society eine Arbeit über einen Teil der Rollin Papyri, die Bäckerrechnungen eingereicht, die bereits gedruckt in einem der nächsten Hefte der Proceedings dieser Gesellschaft erscheinen wird. Herr Dr. Spiegelberg hat es sich aber zur Aufgabe gemacht, sämtliche Rechnungen dieser Papyri in correcter Weise herauszugeben und zu kommentieren. Dabei ist demselben die . . . Verlagshandlung durch würdige Ausstattung zu Hilfe gekommen . . . . Ein Verdienst hat sich Spiegelberg erworben, dass er den von Pleyte falsch Ra-nefer-cheper-ka gelesenen Königsnamen als den Tutmes I Ra-aa-cheper-ka, an einer andern Stelle als den Amenophis II erkannte, und dass er eine Reihe ägyptischer Wörter teils neu, teils präziser bestimmte . . ."

Literarisches Centralblatt 1896 Nr. 11.

Spiegelberg, Wilhelm, Arbeiter und Arbeiterbewegung im Pharaonenreich unter den Ramessiden (ca. 1400—1100 v. Chr.). Eine kulturgeschichtliche Skizze. Lex.-8°. IV, 25 S. Mit 1 Tafel und 2 Abbildungen. 1895. M. 1.—

— — **Die Ägyptische Sammlung** des Museum-Meermanno-Westreenianum im Haag. Hrsg. u. erläutert. 4°. 29 S. Mit 5 Tafeln. 1896. M. 6.—

Dümichen, Dr. Johannes, *Baugeschichte des Denderatempels und Beschreibung der einzelnen Teile des Bauwerks* nach den an seinen Mauern befindlichen Inschriften. kl. fol. 50 S. und 57 Tafeln Inschriften nebst 2 Plänen. 1877. M. 60.—

Der Herausgeber des vorstehenden Werkes, einer der fruchtbarsten und thätigsten Ägyptologen in der Veröffentlichung unbekannter und wichtiger Inschriften des ägyptischen Altertums, hat sich durch diese neue Publikation wiederum ein besonderes Verdienst um die von ihm mit Liebe und Eifer gepflegte Wissenschaft erworben. Den Kern der Arbeit, um welchen sich eine erschöpfende Anzahl teils bekannter, teils unbekannter Texte als erklärende oder analoge Beispiele gruppieren, bilden die von dem Herausgeber auf seiner letzten ägyptischen Reise mit grossen Mühen und Kosten freigelegten unteren Ränder der Aussenwände des hochberühmten Tempels von Dendera (Tentyra der Alten), welche eine vollständig erhaltene Bauurkunde unter Angabe der Maasse aller Säle, Zimmer, Treppen etc. des Tempels enthalten.

Prof. Brugsch in den Göttinger gel. Anzeigen vom 28. März 1877.

— — *Die Oasen der libyschen Wüste.* Ihre alten Namen und ihre Lage, ihre vorzüglichsten Erzeugnisse und die in ihren Tempeln verehrten Gottheiten, nach den Berichten der ägyptischen Denkmäler. 4 mit 19 Tafeln hieroglyphischer Inschriften und bildlicher Darstellungen in Autographie des Verfassers. 8°, VI, 34 S. 1878. M. 15.—

Der Verf. giebt die Lösung eines schwierigen geographischen Rätsels, die ihm vollständig gelungen ist. Alle späteren Arbeiten über die Geschichte und alte Geographie der Oasen werden an D.'s wichtige Arbeit und die in ihr niedergelegten Resultate anzuknüpfen haben.

G. Ebers im Literar. Centralblatt 1877, No. 20.

Faselius, Aug., *Altägyptische Kalenderstudien.* gr. 8°. IV u. 82 S. 1873. M. 2.40

Lauth, Prof. Dr. **Jos.,** *Ägyptische Chronologie,* basiert auf die vollständige Reihe der Epochen seit Bytes-Menes bis Hadrian-Antonin durch 3 volle Sothisperioden = 4380 Jahre. Autographiert. 8°. VI. 240 S. 5 Tafeln. 1877. M. 10.—

— — Moses-Hosarsyphos Sali' Hus Levites-A'Haron frater Ziphorah-Dabariah conjux Miriam-Bellet soror Elisheba-Elizebat fratria. Ex monumento inferioris Aegypti per ipsum Mose abhinc annos MMMCD dedicato nunc primum in lucem produxit Franc. Jos. Lauth Cum duabus tabulis et uno photogrammate. 4°. lithogr. 248 S. 1879. M. 25.—

SANSKRIT-WÖRTERBUCH

Nach den Petersburger Wörterbüchern bearbeitet

von

Carl Cappeller,

Professor des Sanskrit an der Universität Jena.

Lex.-8°. VIII, 541 S. 1887. Preis M. 15.—, in Halbfranz geb. M. 17.—.

Cappellers Sanskrit-Wörterbuch verfolgt einen doppelten Zweck Es soll einerseits als Specialwörterbuch zu Böhtlingks Chrestomathie und einigen anderen wichtigeren Texten dienen, namentlich den Siebenzig Liedern des Rig-Veda, übersetzt von Geldner und Kaegi, den zwölf Hymnen des Rig-Veda, hrsg. von Windisch, den von Weber übersetzten Stücken aus dem Çatapatha-Brâhmaṇa Nala und den Dramen des Kâlidâsa Durch Berücksichtigung dieser Texte glaubte der Verfasser dem wohl unbestrittenen Bedürfnis eines nicht zu grossen und nicht zu kleinen Lexikons für die ersten Jahre des Sanskrit-Studiums Genüge zu leisten. Aber auch dem Vorgeschrittenen soll das Werk die grossen Petersburger Wörterbücher, auf denen es nach Form und Inhalt durchaus beruht, bis zu einem gewissen Grade ersetzen, dadurch, dass es aus denselben *alle belegbaren Wurzeln und primitiven Wörter von gesicherter Bedeutung, namentlich die der älteren Sprache angehörigen, entnommen hat, also nicht nur einen mehr oder minder zufällig entstandenen Ausschnitt aus dem Sprachschatze des Sanskrit bietet, sondern diesen selbst wenigstens in seinen Grundelementen mit einer gewissen methodischen Vollständigkeit vorzuführen sucht.*

Hierdurch soll insbesondere dem *vergleichenden Sprachforscher* das für seine Zwecke dienliche Material in möglichst bequemer Weise an die Hand gegeben werden, so nämlich, dass nach dem Vorbilde der zweiten Auflage des Böhtlingkschen Wörterbuchs der alte Bestandteil der Sprache durch den Accent auf den ersten Blick als solcher kenntlich gemacht wird.

Durch Weglassung der meisten nur von den indischen Lexicographen und Grammatikern überlieferten Wörter, Wortformen und Constructionen, durch Ausschluss aller Citate und etymologischen Erklärungen, sowie durch grösste Kürze des Ausdrucks ist es möglich geworden, einen etwa dreimal so starken Wortschatz zu bieten, als er sich in den ungefähr ebenso starken Glossaren von Bopp und Benfey findet.

(Ankündigung der Verlagshandlung.)

... „Bei der Verfolgung dieses Doppelzweckes zeigt der Verfasser überall die grösste Sorgfalt und Umsicht, und die gediegene Arbeit verdient in jeder Hinsicht volle Anerkennung ..." (Deutsche Litteraturzeitung 1887 S. 16)

Vamanas Stilregeln, bearbeitet von Carl Cappeller. Lex.-8°. XII u. 38 S. 1880. M. 1.50

Pracandapândava. *Ein Drama des Râjaçekhara.* Zum ersten Male herausgegeben von Carl Cappeller. 8°. 50 S. 1885. M. 3.50.

DIE

KOSMOLOGIE

DER

BABYLONIER.

STUDIEN UND MATERIALIEN

VON

P. JENSEN.

MIT EINEM MYTHOLOGISCHEN ANHANG UND DREI KARTEN.

gr 8⁰ XVI, 546 S. Preis Mk. 40.—

Jensen hat in ausgezeichneter Weise nicht nur das gesamte Material verwertet, er hat sich auch, ehe er an seine Arbeit ging, eingehend unter der Leitung eines tüchtigen Astronomen mit den betreffenden astronomischen Fragen bekannt gemacht. Der Lohn seiner mühevollen Arbeit waren nicht unerhebliche Resultate, welche meist durch Epping's und Strassmaier s „Astronomisches aus Babylon" ihre Bestätigung gefunden haben Von allgemeinem Interesse ist besonders der Nachweis, dass der grössere Teil der Tierkreisbilder, ja wahrscheinlich alle, aus Babylonien stammt. . Höchst dankenswert sind die Abschnitte der „Weltschöpfung und Weltbildung" und über die „Sintflut". . Aber mit dem Hinweis auf den religionsgeschichtlichen Ertrag der Arbeit, der hier nur angedeutet werden konnte, ist ihre Bedeutung nicht erschöpft, nicht geringer ist ihr Wert für die philologische Forschung Jensen beherrscht in ausgezeichneter Weise das Material, und bei seiner tüchtigen philologischen Schulung, seinem Scharfsinn und seiner hervorragenden Kombinationsgabe war es nicht anders zu erwarten, als dass er unsere Erkenntnis um ein gutes Stück fördern würde; man mag im Einzelnen da und dort anderer Meinung sein, im Grossen und Ganzen ist diese Arbeit unbestreitbar eine tüchtige Leistung, die kein Historiker oder semitischer Philologe ohne Nutzen aus der Hand legen wird. Die dem Buche beigegebenen Karten: Lauf der Venus, der babylonische Tierkreis und die Welt nach babylonischer Vorstellung fördern wesentlich das Verständnis. Die Ausstattung des Werkes ist mustergültig. *(Literar. Centralblatt 1890. Nr 15. W N.)*

Die Verlagshandlung erlaubt sich ferner auf die ausführlichen Besprechungen in der **Zeitschrift für Assyriologie** V, 1 (Zimmern), der **Theologischen Literaturzeitung** 1890 Nr 7 (Budde), der **Revue critique** 1890 Nr. 25 (Halevy) und der **Beilage zur Allgemeinen Zeitung** 1890 Nr 34 zu verweisen.

Der indogermanische Akzent.

Ein Handbuch

von

Dr. Herman Hirt

Privatdozent an der Universität Leipzig.

8⁰ XXIII, 356 S 1895. M 9. —

„Keines jener Bücher, die man durch das Prädikat „abschliessend" zu charakterisieren pflegt Kein Buch, das am Ende einer Entwicklungsreihe steht, das sich damit begnügen darf, die reiche Ernte früherer Forschung unter Dach zu bringen, Alles reinlich zu sortieren, zu klassificieren und zu etikettieren. Vielmehr ein Buch, das am Anfang einer neu erschlossenen Bahn steht, nicht selten unfertig und lückenhaft, aber genug des Schönen bietend, mehr noch verheissend. Gewiss, hätte der Verf. das unvermeidliche Nonum prematur in annum strikte befolgt, so wäre ihm zweifelsohne noch mancher schätzbare Fund geglückt, hätte manche klaffende Lücke ausgefüllt werden können. Aber wir haben alle Ursache dem Verf. dankbar zu sein, dass er es n i c h t gethan hat. So wie das Buch ist, darf man von ihm sagen: es ist das rechte Buch zur rechten Zeit. So viel, so unendlich viel auch noch im Einzelnen zu erledigen bleibt, die Forschungen über die Grundfragen sind immerhin so weit gefördert, dass eine zusammenfassende und weiterführende Darstellung dringendes Bedürfnis war, wenn die Erörterungen über Accentfragen auf ein grösseres Publikum rechnen, wenn sie nicht aus Mangel an Verständnis und an Teilname wieder ins Stocken gerathen sollten. Die letzte Darstellung der indogermanischen Accentuation ist neun Jahre alt; sie findet sich im ersten Band von Brugmann's Grundriss. Will man sich eine Vorstellung davon machen, welchen Zuwachs die Zwischenzeit unserer Erkenntnis gebracht hat, so braucht man nur Hirt's Buch damit zu vergleichen wie viel Thatsachen, die damals noch nicht erkannt, wie viel Probleme, die damals noch nicht geahnt' Dem Stand der Forschung entspricht aufs Beste die Anlage des Werkes: es ist halb Lehrbuch, halb Untersuchung Denn der Verf. wollte und durfte sich nicht damit begnügen, nur auf breiter Heerstrasse behaglich zu spazieren, sondern war auf Schritt und Tritt gezwungen, sich den Pfad durch unwegsames Gebiet selber zu bahnen. Diese eigentümliche Mischung von Darstellung und Forschung wird auf den Leser ihren Reiz nicht verfehlen. Freilich stellt sie auch höhere Anforderungen an ihn er nimmt nicht nur das fertige Ergebnis in Empfang, sondern muss sich vielfach das Resultat erst in Gemeinschaft mit dem Verfasser erarbeiten. Die Anordnung ist klar und zweckentsprechend "

(Literar. Centralblatt 1895. Nr. 40.)

Grundriss
der
vergleichenden Grammatik
der
indogermanischen Sprachen.

Kurzgefasste Darstellung
der Geschichte
des Altindischen, Altiranischen (Avestischen und Altpersischen), Altarmenischen, Altgriechischen, Lateinischen, Umbrisch-Samnitischen, Altirischen, Gotischen, Althochdeutschen, Litauischen u. Altkirchenslavischen
von

Karl Brugmann und **Berthold Delbrück,**

ord Professor der indogerm. Sprachwissenschaft in Leipzig — ord. Professor des Sanskrit und der vergl. Sprachkunde in Jena.

I. Band: EINLEITUNG UND LAUTLEHRE von **Karl Brugmann.** gr. 8⁰. XVIII u. 568 S. 1886. M. 14.—. (Vergriffen, neue Auflage in Vorbereitung.)

II. Band: WORTBILDUNGSLEHRE (Stammbildungs- und Flexionslehre) von **Karl Brugmann.** 1. Hälfte Vorbemerkungen. Nominalcomposita. Reduplicierte Nominalbildungen. Nomina mit stammbildenden Suffixen. Wurzelnomina. gr. 8⁰. XIV u. 462 S. 1888. M. 12. —.

— — 2. Hälfte, 1. Lieferung: Zahlwortbildung, Casusbildung der Nomina (Nominaldeklination), Pronomina. gr. 8⁰. 384 S. 1891. M. 10. —.

— — 2. Hälfte, 2. (Schluss-) Lief. gr. 8. XII und 592 S. 1892. M. 14. —.

INDICES (Wort-, Sach- und Autorenindex) von **Karl Brugmann.** gr. 8⁰. V, 236 S. 1893. M. 6. —

III. Band SYNTAX von **B. Delbrück.** 1 Teil. gr. 8⁰. VIII, 774 S. M. 20. —

Ein **vierter Band,** den 2. (Schluss-) Teil von Delbrücks vergl. Syntax enthaltend, wird im Jahre 1897 erscheinen.

„. . . Brugmann's Werk gehört fortan zu dem unentbehrlichsten Rüstzeug jedes Indogermanisten; möge der zweite Band nicht allzu lange auf sich warten lassen." G. M . . . r. (Literarisches Centralblatt 1887. Nr. 8.)

„. . . Nach meinem Erachten genügt es, die Leser dieser Zeitschrift auf die Bedeutung des vorliegenden Werkes aufmerksam gemacht zu haben, und dass diese eine ausserordentliche ist, muss jeder unparteiisch und billig Denkende mit lebhafter Freude eingestehen. Dass noch gar manche Partie der Aufhellung bedarf, weiss ohnehin jeder Einsichtige; aber was nach dem gegenwärtigen Standpunkte des Wissens geboten werden kann, bietet das Brugmannsche Buch in vollem Maasse. Darum bedeutet es auch einen Markstein in der Geschichte der indogermanischen Sprachwissenschaft." Fr. Stolz, (Neue philologische Rundschau 1887. Nr. 3.)

Brugmann, K., ***Elements of the comparative grammar of the Indo-Germanic Languages.*** Vol. I.: Introduction and Phonology. Translated from the German by Joseph Wright, Ph. D. 8⁰. XX u. 562 S. 1888, geb. in engl. Leinwand. M. 18. —

— — Vol. II: Morphology. (Stem-Formation and inflexion), I: Introduction, noun compounds. Reduplicated nouns. Formative suffixes. Root nouns. Translated from the German by R. Seymour Conway M. A. and W. H. D. Rouse M. A. 8⁰. XVIII u. 493 S. 1891. geb. in engl. Leinwand. M. 16. —

— — Vol. III: Morphology II: Numerals, Inflexion of nouns and pronouns. Translated by the Same. 8⁰. XII u. 402 S. 1892. geb. in engl. Leinwand. M. 12. 50.

— — Vol IV: Morphology III: Verbs: Formation of the stem, and inflexion or conjugation Translated by the Same. 8⁰. XX, 613 S. 1895. Geb. in engl. Leinwand M. 20. —.

— — Indices of the volumes I IV. 8⁰. VIII, 250 S. 1895. Geb. in engl. Leinwand. M. 8. 50.

☞ **Orders for this English Edition to be addressed to Messrs. Westermann & Co., 812 Broadway, New-York.**

Unter der Presse:

Grundriss der germanischen Philologie

unter Mitwirkung von

K. von Amira, W. Arndt, O. Behaghel, A. Brandl, O. Bremer, H. Jellinghaus, K. Th. von Inama-Sternegg, Kr. Kålund, Fr. Kauffmann, F. Kluge, R. Kögel, R. v. Liliencron, K. Luick, J. A. Lundell, J. Meier, E. Mogk, A. Noreen, J. Schipper, H. Schück, A. Schultz, Th. Siebs, E. Sievers, B. Symons, F. Vogt, Ph. Wegener, J. te Winkel, J. Wright

herausgegeben von

Hermann Paul

ord. Professor der deutschen Sprache und Literatur an der Universität München.

Zweite verbesserte und vermehrte Auflage in drei Bänden.

Diese neue Auflage soll ebenso wie die erste in Lieferungen zu je M. 4.— erscheinen und im Laufe des Jahres 1897 vollständig werden. Die erste Lieferung wird im Mai 1896 ausgegeben.

INHALT:

Deutsche Grammatik

Gotisch, Alt-, Mittel- und Neuhochdeutsch

von

W. Wilmanns

o Professor der deutschen Sprache u. Litteratur an der Universität Bonn.

Erste Abteilung: Lautlehre.

gr. 8⁰. XIX, 332 S. 1893. M. 6.50. In Halbfranz gebunden M. 8 50.
(vergriffen; neue Auflage erscheint im Herbst 1896.)

Zweite Abteilung: Wortbildung.

gr. 8⁰. XVI, 663 S. 1896. M. 12.50. In Halbfranz gebunden M. 15.—.
Daraus einzeln die 2. Hälfte S. I—XVI und 353—663. M. 6.—.

Das Werk wird in vier Abteilungen erscheinen: Lautlehre, Wortbildung, Flexion, Syntax. Eine fünfte, die Geschichte der deutschen Sprache, wird sich vielleicht anschliessen.

„Wilmanns hat begonnen, eine ausführliche deutsche Grammatik zu veröffentlichen, die in 4 Bänden die Lautlehre, Flexionslehre und Syntax behandeln soll. Die Grammatik ist nicht in erster Linie für den Fachgelehrten bestimmt, sie sieht nicht ihre Aufgabe darin, das Material zu vermehren und die Geschichte der deutschen Sprache von den ältesten Zeiten bis in die neueren Mundarten hinein unter möglichster Vollständigkeit der Beispiele darzustellen. Vielmehr soll für einen etwas weiteren Interessentenkreis in ausgeführter und anschaulicher Weise das Bild der Entwickelung unserer Sprache vom Gotischen an über das Alt- und Mittelhochdeutsche hin zur neuhochdeutschen Schriftsprache gezeichnet werden, so dass als das eigentliche Ziel die Erschliessung des vollen historischen Verständnisses unserer heutigen gebildeten Sprachform zu gelten hat.

Der erste Band, die Lautlehre, liegt bis jetzt davon vor. Bei dem bewährten Lehrgeschick des Verfassers war es zu erwarten, dass seine Darstellung dem Zwecke entsprechen würde. Es ist sehr erfreulich, dass wir nun ein Buch haben werden, welches wir mit gutem Gewissen demjenigen empfehlen können, der sich in das Studium der deutschen Sprachgeschichte einarbeiten will, ohne die Möglichkeit zu haben, eine gute Vorlesung über deutsche Grammatik zu hören; an Wilmanns wird er hierzu einen zuverlässigen, auf der Höhe der jetzigen Forschung stehenden Führer finden. Aber auch dem Studierenden, der schon deutsche Grammatik gehört hat, wird das Buch gute Dienste leisten zur Wiederholung und zur Ergänzung der etwa in der Vorlesung zu kurz gekommenen Partien. Jedoch auch der Fachmann darf die Grammatik von W. nicht unberücksichtigt lassen. Denn alle in Betracht kommenden Fragen sind hier mit selbständigem Urteil und unter voller Beherrschung der Literatur erörtert. Und nicht selten werden Schlüsse gezogen, die von der gewöhnlichen Auffassung abweichen und zum Mindesten zur eingehenden Erwägung auffordern, so dass niemand ohne vielfache Anregung diese Lautlehre aus der Hand legen wird Besonders reich an neuen Auffassungen ist uns die Lehre von den Konsonanten erschienen. Aber auch die übrigen Teile, unter denen die bisher weniger oft in Grammatiken dargestellte Lehre vom Wortaccent hervorzuheben wäre, verdienen Beachtung. . . . .“ *W. B., Literarisches Centralblatt 1893 Nr 40.*

Deutsche Studentensprache

von

Friedrich Kluge,

Professor an der Universität Freiburg i. B.

Inhalt: I. **Über die Studentensprache.** Studenten und Philister. — Trunkenlitanei. — Antike Elemente. — Burschikose Zoologie. — Biblisch-theologische Nachklänge. — Im Bann des Rotwelsch. — Französische Einflüsse. — Grammatische Eigenart. — Ursprung und Verbreitung.

II. **Wörterbuch der Studentensprache.**

8°. XII, 136 S. 1895. Geheftet M. 2.50, in Leinwand gebunden M. 3.50.

„Beim Lesen dieses Buches fühlt man sich oft von einem Hauche frischen, fröhlichen Studentenlebens berührt, und selbst das anscheinend so trockene Wörterbuch reizt durch seinen manchmal recht humoristischen Inhalt zu einem herzlichen Lachen. Es war in der That eine dankbare, freilich auch recht schwierige Aufgabe, das für die ältere Zeit so spärliche und vielfach sehr versteckte Material zu sammeln und daraus in grossen Zügen eine Geschichte der deutschen Studentensprache zu entwerfen, die um so grösseren Dank verdient, als sie nicht nur der erste umfassende und auf wirklichem Quellenstudium beruhende Versuch der Art ist, sondern auch mit grossem Geschick sich auf jenem Grenzgebiet zwischen populärer und streng wissenschaftlicher Darstellung bewegt, das einzuhalten nicht jedem Gelehrten gegeben ist. Gerade auf diesem Gebiet hat sich Kluge durch sein musterhaftes etymologisches Wörterbuch grosse Verdienste erworben; denselben Weg betritt er jetzt mit gleichem Erfolg auch in der vorliegenden Schrift, die ihre Entstehung zumeist den Arbeiten zu jenem anderen Werke verdankt. . . .“

Literar. Centralblatt 1895. Nr. 28.

„Prof. Kluge hat mit vielem Fleisse, wie die zahlreich eingestreuten Belegstellen beweisen, sowie gestützt auf eine ausgedehnte Lektüre und auf eigene Beobachtung die Sprache der Studenten in alter und neuer Zeit nach ihrem Ursprung und ihrer Verbreitung dargestellt und seiner Abhandlung ein reichhaltiges Wörterbuch der Studentensprache beigegeben. Ist das Buch als Beitrag zur deutschen Sprachgeschichte und Lexikographie von grossem Werte, so ist es auch für den Akademiker, der die eigenartige Sprache seines Standes nach ihrer Entstehung und Geschichte kennen und verstehen lernen will, ein interessantes Buch und besonders zu Dedikationszwecken geeignet, wofür wir es bestens empfohlen haben wollen.“

Akad. Monatshefte 1895 vom 26. Mai.

Ältere deutsche Grammatiken in Neudrucken

herausgegeben

von

John Meier.

I. Das Büchlein gleichstimmender Wörter, aber ungleichs Verstandes des **Hans Fabritius.** Herausgegeben von John Meier. 8°. XXXXVI, 44 S. 1895. M. 2.—.

II. Die deutsche Grammatik des **Johannes Clajus.** Nach dem ältesten Druck von 1578 mit den Varianten der übrigen Ausgaben herausgegeben von Friedrich Weidling. 8°. LXXVI, 179 S. 1894. M. 6.—.

III. Die deutsche Grammatik des **Laurentius Albertus.** Herausgegeben von Carl Müller-Fraureuth. 8°. XXXIV, 160 S. 1895. M. 5.—.

Die deutschen Runendenkmäler

herausgegeben
von

Rudolf Henning.

Mit 4 Tafeln und 20 Holzschnitten.

Mit Unterstützung der kgl. preuss. Akademie der Wissenschaften.

Fol. VIII u. 156 S. 1889. Preis kart. M. 5.

INHALT:

Die Gerätschaften, Speerspitzen und Schmucksachen, auf welchen deutsche Runen sich eingeritzt finden, haben sich im Laufe der letzten Decennien so gemehrt, dass es sehr erwünscht sein musste, eine Zusammenstellung derselben mit guten Abbildungen und korrekten Beschreibungen zu erhalten. Herr Professor Henning hat sich, unterstützt von der kgl preussischen Akademie der Wissenschaften dieser Arbeit unterzogen und es an Fleiss, Sorgfalt und Gelehrsamkeit nicht fehlen lassen. Ein stattlicher Band in Grossfolio mit 20 Holzschnitten in Text, ausserdem aber mit vier Tafeln versehen, die ganz vorzügliche Abbildungen bieten, bringt uns die Resultate seiner Bemühungen.... Der Verfasser, der in den Fragen prähistorischer Kultur, zugleich aber auch in der deutschen Sprachgeschichte wohl zu Hause ist, bringt von jedem Denkmale einen genauen Fundbericht und giebt eine genaue Beschreibung, an die sich dann seine Deutungsversuche anschliessen. Man muss die Sorgfalt rühmen, mit der alles in Betracht Kommende erwogen ist, und in einer Reihe von Fällen ist ihm auch gewiss geglückt, das Richtige zu finden.... Es muss uns hier genügen, unsere Genugthuung über das Erscheinen des Buches und das Resultat unserer Nachprüfung dahin auszusprechen, dass der Verf. gewiss den auf ihn gesetzten Erwartungen im Wesentlichen entsprochen hat. Die weitere Forschung über unsere deutschen Runen wird auf der Grundlage dieses Werkes zu arbeiten haben. Wenn wir sehen, in wie verhältnismässig kurzer Zeit sich das Material zusammengefunden hat, das uns hier vorgelegt wird, so ist die Hoffnung gewiss berechtigt, dass die Funde sich auch ferner vermehren und dass dann auch neue Momente für die Erklärung sich ergeben werden...

(*Literar. Centralblatt 1890. Nr. 20.*)

Von demselben Verfasser erschienen früher:

Henning, Rud. (Prof. an der Universität Strassburg).

— — Ueber die Sanct-Gallischen Sprachdenkmäler bis zum Tode Karls des Grossen. 8°. XIII u. 159 S. 1875. (Quellen und Forschungen, III.) ℳ 4. —

— — Nibelungenstudien. 8°. XII u. 329 S. 1883. (Quellen und Forschungen, XXXI.) ℳ 6. —

— — Die deutschen Haustypen. Nachträgliche Bemerkungen. 8°. 34 S. 1885. (Quellen und Forschungen LV₂.) ℳ 1. —

Geschichte der deutschen Litteratur

bis zum Ausgange des Mittelalters

von

Rudolf Koegel,

ord. Professor für deutsche Sprache und Litteratur an der Universität Basel.

Erster Band:

Bis zur Mitte des elften Jahrhunderts.

Erster Teil:

Die stabreimende Dichtung und die gotische Prosa.

8°. XXIII, 343 S. 1894. Preis M. 10.—.

Der 2. Teil des I. Bandes ist in Vorbereitung.

„. . . . Kögel hat eine Arbeit unternommen, die schon wegen ihres grossen Zieles dankbar begrüsst werden muss. Denn es kann die Forschung auf dem Gebiete der altdeutschen Literaturgeschichte nur wirksamst unterstützen, wenn jemand den ganzen vorhandenen Bestand von Thatsachen und Ansichten genau durchprüft und verzeichnet, dann aber auch an allen schwierigen Punkten mit eigener Untersuchung einsetzt. Beides hat K. in dem vorliegenden ersten Bande für die älteste Zeit deutschen Geisteslebens gethan. Er beherrscht das bekannte Material vollständig, er hat nichts aufgenommen oder fortgelassen, ohne sich darüber sorgfältig Rechenschaft zu geben. Kein Stein auf dem Wege ist von ihm unumgewendet verblieben. K. hat aber auch den Stoff vermehrt, einmal indem er selbständig alle Hilfsquellen (z. B. die Sammlungen der Capitularien, Concilbeschlüsse u. s. w.) durchgearbeitet, neue Zeugnisse den alten beigefügt, die alten berichtigt hat, ferner dadurch, dass er aus dem Bereiche der übrigen germanischen Litteraturen herangezogen hat, was irgend Ausbeute für die Aufhellung der ältesten deutschen Poesie versprach. In allen diesen Dingen schreitet er auf den Pfaden Karl Müllenhoffs, dessen Grösse kein anderes Buch als eben das seine besser würdigen lehrt . . . .“

Anton E Schönbach im Oesterreich. Literaturblatt 1894, Nr. 18.

„Koegel bietet Meistern wie Jüngern der Germanistik eine reiche, willkommene Gabe mit seinem Werke; vor allem aber sei es der Aufmerksamkeit der Lehrer des Deutschen an höheren Schulen empfohlen, für die es ein unentbehrliches Hülfsmittel werden wird durch seinen eigenen Inhalt, durch die wohlausgewählten bibliographischen Fingerzeige und nicht zum wenigsten durch die Art und Weise, wie es den kleinsten Fragmenten ein vielseitiges Interesse abzugewinnen und sie in grossen geschichtlichen Zusammenhang zu stellen versteht. Wie es mit warmer Theilnahme für den Gegenstand gearbeitet ist, wird es gewiss auch, wie der Verfasser wünscht, Freude an der nationalen Wissenschaft wecken und mittelbar auch zur Belebung des deutschen Literaturunterrichts in wissenschaftlich-nationalem Sinne beitragen.“

Beilage zur Allgem. Zeitung 1894 Nr. 282.

„. . . Der Verf. sucht nicht blos dem Fachmann, sondern auch den weiteren Kreisen aller derjenigen, die für das deutsche Altertum als Philologen, Historiker und Juristen Teilnahme hegen, insbesondere auch den Bedürfnissen der Lehrerschaft an höheren Schulen entgegen zu kommen. Das gehaltvolle Buch zeigt uns das altdeutsche Schrifttum vielfach in ganz neuer Beleuchtung, indem der Verfasser teilweise eigene neue Ergebnisse zu Grunde legte. Natürlich sind überall auch die Arbeiten anderer, soweit sie für einzelne Fragen sichere Lösungen erzielten, aufs sorgfältigste verwertet. Koegels Werk gewährt nicht bloss einen guten und verlässigen Überblick über das, was bis jetzt auf dem Gebiete der altdeutschen Litteratur geleistet wurde, sondern führt auch die Wissenschaft weiter und regt überall an . . . . Die Bedeutung und der reiche und tiefe Gehalt des Werkes rechtfertigen die etwas längere Anzeige in diesen Blättern. Möge das Buch eine seinem hohen Werte angemessene Verbreitung finden und das Studium der altdeutschen Dichtung kräftig fördern

Blätter für das Bayr. Gymnasialwesen, XXX. Jahrg. n. 622.

„— Vorliegendes Buch . . . . nimmt neben dem Werke Müllenhoff's vielleicht den vornehmsten Rang ein. Es bietet den gesamten Stoff in feiner philologischer Läuterung, dessen eine Literaturgeschichte unserer ältesten Zeiten bedarf, um sich zum allseitig willkommenen Buche abzuklären. Dies hohe Verdienst darf man schon heute Rudolf Koegel bewundernd zuerkennen. Dass das schwerwiegende Werk seiner selten vergeblich bohrenden Forschung und mühseligen Combinationen und Schlussfolgerungen würdig ausgestattet ist, bedarf keiner Versicherung. Und so möge unsere Germanistik des neuen Ehrenpreises froh und froher werden.“ *Blätter f. liter. Unterh. 1894. Nr. 48. S. 755.*

Das Werk wird aus zwei Bänden bestehen, die in je zwei Teilen ausgegeben werden.

Soeben erschien: **Ergänzungsheft zu Band I**

Die altsächsische Genesis.

Ein Beitrag zur Geschichte der altdeutschen Dichtung und Verskunst

von

Rudolf Koegel.

ord. Professor an der Universität Basel.

. 8°. X, 71 S. 1895. M. 1.80.

Shakspere.

Fünf Vorlesungen aus dem Nachlaß

von

Bernhard ten Brink.

Mit dem Bildniß des Verfassers, radirt von W. Krauskopf.

Erste und zweite Auflage.

kl. 8. 166 S. 1893. M. 2.—, geb. Mk. 3.—.

Inhalt: Erste Vorlesung: Der Dichter und der Mensch. — Zweite Vorlesung: Die Zeitfolge von Shaksperes Werken. — Dritte Vorlesung: Shakspere als Dramatiker. — Vierte Vorlesung: Shakspere als komischer Dichter. — Fünfte Vorlesung: Shakspere als Tragiker.

Urteile der Presse:

. . . Denn besseres und schöneres ist seit Jahren nicht über den großen Dramatiker gesagt und geschrieben worden. Sowohl was ten Brink über die Familienverhältnisse Shakespeares, über das äußere und innere Heranwachsen des Jünglings zum Manne beibringt, als auch was er über die Entstehung der einzelnen Dramen und über die Charakteristik Shakespeares als Dramatiker, als komischen und tragischen Dichter zu sagen weiß, legt nach Form und Inhalt Zeugnis davon ab, was wir von ten Brink zu erwarten gehabt hätten, wenn er das Wesen und Schaffen seines Lieblingsdichters auf der breiten Grundlage seiner englischen Litteraturgeschichte den Zwecken und Zielen der Wissenschaft gemäß hätte behandeln können. Leider ist ihm dies versagt geblieben; aber die Shakespearefreunde werden darum seine meisterhaften Vorträge in um so höheren Ehren halten. Wer freilich aus rein philologischem Interesse nach ihnen greift, wird sie sehr enttäuscht aus der Hand legen, denn da ist nirgends etwas von handwerkmäßiger Kleinarbeit, von bibliographischen Nachweisen, von der Darlegung sich widerstreitender Gelehrtenansichten zu finden; wem es aber um ein tiefinnerliches Eindringen in die Eigenart Shakespeares, um eine unmittelbare Bekanntschaft mit dem Dichterheros ernstlich zu thun ist, der kann sich keinem feinsinnigeren und bewährteren Führer anvertrauen als ten Brink. Der Erfolg der Vorträge ist unserer Kritik vorausgeeilt; denn schon hat sich eine zweite Auflage davon nötig gemacht. Möchten sie doch überall die gleiche Begeisterung und Liebe für Shakespeare hervorrufen, die den für die Wissenschaft viel zu früh abgerufenen Verfasser während seines ganzen Lebens beseelte! (Anglia, Beiblatt. Dez. 93.)

„Bedarf es eines Beispiels für die Art von Wissenschaft, wie wir sie uns denken, so sei nur im Augenblick auf das köstliche Buch über „Shakespeare" verwiesen, das aus dem Nachlasse von ten Brink, eines der hervorragendsten Gelehrten unserer Zeit, durch die Sorgfalt Edward Schröders zugänglich geworden ist. Was psychologische Synthese und nachfühlende Aesthetik zu leisten vermag, darüber belehrt dieses kleine Werk besser, als es der weitläufigsten Theorie gelänge".

(Anton E. Schönbach in Vom Fels zum Meer 1893/94 Heft 1.)

Die Vorträge verstehen die schwere Kunst, die Fülle der Probleme des dichterischen Schaffens einfach darzustellen und doch nicht zu entleeren. . . . vom Standpunkt des Aesthetikers möchte ich den Abschnitt über die Komödien als den reichhaltigsten und überzeugendsten rühmen. Hier wird mit großer Freiheit und genialem Verständnis die phantastische Sphäre, in der sich Shakespeare's Humor frei und spielend zu ergehen liebt, geschildert und durch den Vergleich mit Molière's Dichtart in ihrer ganz persönlichen Eigenart charakterisiert. Niemals habe ich so lebhaft als nach der Lektüre dieses Vortrags es nachempfinden können, weshalb Schiller den Urquell der Poesie in den Spieltrieb setzte und die Komödie in seiner Schätzung über das Trauerspiel erhob. Doch soll dies nicht den Schein erregen, als wäre die Tragödie bei ten Brink nicht ausreichend behandelt; besonders über „Romeo und Julia" und über „König Lear", das ihm gewiß mit Recht als das tiefste Werk Shakespeare's gilt, redet er in ergreifenden Worten, welche zeigen, wie man dem ethischen Inhalt solcher Werke gerecht werden kann, auch ohne in der Art eines berufsmäßigen Anklägers überall sittliche Verschuldung und strafweise Vergeltung zu erspähen. (Preuß. Jahrbücher, Oktober 93.)

Lord Byron

von

Karl Elze,

Professor an der Universität Halle a. S.

Dritte verbesserte Auflage.

gr. 8°. VI u. 516 S. 1886. M. 7.50. geb. M. 9.—.

Inhalt:

I. Familie und Kindheit. — II. Schule und Universität. — III. Newstead Abbey. — IV. Die Pilgerfahrt. — V. London. — VI. Die Ehe. — VII. Die Schweiz und Venedig. — VIII. Ravenna, Pisa, Genua. — IX. Griechenland. — X. Zur Charakteristik. — XI. Byron's Stellung in der Litteratur. — XII. Nachträge und Abschlüsse. — Anhänge: I. Der Prozeß gegen William Lord Byron. — II. Die Fugitive Pieces. — III. Mrs. Spencer Smith. — IV. Charakteristik von der Gräfin Albrizzi. — V. Die Vernichtung der Memoiren.

Urteile der Presse.

„Elze scheint uns alle die Klippen, welche den Biographen eines Byron drohen, sehr glücklich vermieden zu haben. Namentlich gehört er augenscheinlich nicht zu den Litterarhistorikern, welche sich den genialen Dichter und den sehr mangelhaften Menschen nicht in einer Person vereinigt vorstellen können. . . . Bei wahrer Begeisterung für des Lords poetischen Genius sucht er doch an dem Menschen Byron nichts zu vertuschen. — Bei der Darstellung kommt dem Verfasser seine augenscheinlich aus eigener Anschauung gewonnene Kenntniss von Land, Leuten und Sitten in England sehr zu Statten.“ *Literar. Centralblatt.*

„Wir können der Schärfe seiner Methode rückhaltlose Anerkennung zollen. Musterhafte Akribie, energische neue Durcharbeitung der Quellen. Ausnutzung auch der neuesten Hilfsarbeiten müssen wir ihm nachrühmen. So ist denn Elze's Buch, verglichen mit den Werken seiner Vorgänger, wie Aaron's Stab, der die ägyptischen Stäbe verschlang.“ *Archiv f. d. Studium d. Neueren Sprachen.*

„Herr Karl Elze, einer der feinsten Kenner der englischen Poesie, hat unsere Litteratur durch eine übersichtliche, auf dem sorgfältigsten Quellenstudium beruhende, völlig unparteiische Biographie Byron's bereichert.“
Magazin für die Literatur des In- u. Auslandes.

„Byron's Stellung in der Literatur wird von Elze mit feinem Verständnis geschildert; ebenso ist sein Urtheil über Byron's Dramen sehr zutreffend. Er erzählt gut und fliessend; seine durch fleissige Quellenforschung unterstützte Wahrheitsliebe entkleidet freilich manchen Abschnitt in Byron's Leben seines novellistischen Reizes.“
Blätter für liter. Unterhaltung.

„Es wird dies sorgsame Werk des verdienten Litteraturhistorikers durch seine klare, einem Guss entstammende Darstellung sowohl das grössere Publikum zu fesseln wissen, wie es eine Fundgrube für den Forscher ist.“
Preussische Jahrbücher.

Es erschienen Englische, Dänische und Russische Übersetzungen dieses Werkes.

Samuel Taylor Coleridge

und

die englische Romantik

von

Alois Brandl,

Prof. der Englischen Philologie a. d. Universität Berlin.

Inhalt: I. Kap. Kinder- und Knabenjahre (1772—90). — II. Kap. Auf der Universität (1791—94). — III. Kap. Pantisokratie. Bristol. (1795—96). — IV. Kap. In Nether Stowey. Wordsworth. (Novemb 1796 bis September 1798). — V. Kap. Die deutsche Reise. Wallenstein. (Sept. 1798 bis April 1800). — VI. Kap. An den Seen. Krank und unstät. (Sommer 1800 bis Herbst 1810). — VII. Kap. In Hammersmith und Calve. Aesthetische Hauptleistungen. Herbst 1810 bis Frühjahr 1816).

8°. XIII u. 437 S. 1886. geh. M. 7.—. geb. M. 8.—.

Ein höchst verdienstliches Buch, das all überall von einem tiefen Versenken in die Eigenart des Dichters und von einem grossen weiten Überblick über die Weltliteratur sowie von immensem Fleisse bei Durchforschung und Sichtung der Quellen zeugt. *Deutsche Literatur-Zeitung.*

Es kann nicht mit besserer eingehenderer Sachkenntnis über Coleridge's Dichtungen gehandelt werden, als dies von Brandl geschehen ist. *Litterar. Zentralblatt.*

Auf umfassenden historischen wie litterarischen Studien beruhend, jeder streng wissenschaftlichen Anforderung genügend, ist Brandl's Arbeit doch zugleich ein auch für weitere Kreise lesbares Buch. *Englische Studien.*

The work before us is the first serious attempt to give an organic picture of Coleridge's achievements in their entire range. *The Academy.*

Dr. Brandl's volume contains not merely a biography or a mere narrative of the poet's life but also a complete and highly instructive study of the movement which centred around him. *The Scottish Review.*

Ludwig Holberg und seine Zeitgenossen

von

Georg Brandes.

Mit dem Bildnisse Holbergs in Holzstich.

Inhalt: I. Jugend. — II. Zeitgenossen. — III. Heranwachsen. IV. Geistesgepräge. — V. Quellen. — VI. Lebenskampf und Tod.

8°. VI u. 254 S. 1885. M. 4.50. geb. M. 5.50.

Urteile der Presse:

„Keine frühere Arbeit führt uns Holbergs Gestalt so plastisch vor Augen, kein früherer Forscher hat sein Werden und Wirken so allseitig zu beleuchten vermocht. Und selbst die Mängel des Buches sind keine entstellenden Flecken; sie bergen in sich die Keime einer vollkommenen kritischen Erkenntniss. Belebend und befruchtend wie ein Frühlingsregen ist Georg Brandes Holbergwerk. Möge die junge Saat bald üppig ins Kraut schiessen.“ *Deutsche Rundschau.*

„Il faut savoir gré bu docteur Brandes d'avoir mis enfin cette belle figure littéraire a son vrai rang dans la savante étude qu'il vient de publier.“ *Le Temps.*

„Doctor Georg Brandes who is peculiarly fitted for the task thanks to his wide culture, critical insight and literary sympathy has bestowed both time and enthusiasm on Holberg with the result of producing a book in all respects admirable and which should be read by every student of Northern literature.“ *Spectator.*

William Dunbar.

Sein Leben und seine Gedichte in Analysen und ausgewählten Uebersetzungen

nebst

einem Abriß der altschottischen Poesie.

Ein Beitrag zur englischen Literatur- und Kulturgeschichte.

von

J. Schipper,

Prof. der Engl. Philol. a. d. k. k. Universität in Wien.

8°. XVIII u. 412 S. 1884. M. 7.–. geb. M. 8.–.

Die Dichtungen William Dunbar's, des genialsten, einem Chaucer ebenbürtigen Dichters des schottischen Volkes, sind bisher in Deutschland so gut wie unbekannt geblieben.

Der höchst anziehende, oft an moderne Verhältnisse erinnernde Inhalt von scharfer Satire, glänzendem Witz und Humor gewürzt, giebt in edler, schwungvoller Sprache ein Bild der gesellschaftlichen Zustände Schottlands im Reformationszeitalter.

Die meisten Dichtungen des im Urtext ebenso schwer zugänglichen wie schwer verständlichen Dichters sind hier zum ersten Male im Versmaß des Originals in's Deutsche übertragen, alle seine Gedichte aber auch nach ihren literar- und kulturgeschichtlichen Beziehungen und nach ihrem inneren chronologischen Zusammenhange erörtert.

Urteile der Presse:

»Schipper's Buch ist die Frucht langjähriger Studien und liebevoller Beschäftigung mit dem »Altschottischen Burns«, deren Ergebnisse uns hier in klarer und fesselnder Darstellung geboten werden. Erhöhten Werth erhält die Biographie durch die passend ausgewählten und sehr gelungenen Uebersetzungen aus Dunbars Dichtungen, welche in Fülle eingestreut sind. *Deutsche Litteraturzeitung.*

»Es ist auffallend, dass Dunbar "the excellent poet, unrivalled by any which Scotland ever produced", wie Walther Scott über ihn urtheilt, bisher so wenig beachtet worden ist. Unter diesen Umständen ist es ein Verdienst Schipper's, dass er in der vorliegenden Arbeit nicht nur eine Geschichte und kritischästhetische Würdigung Dunbar's, sondern auch reichliche Auszüge aus den Werken des Dichters bietet. Das Buch wird nicht nur von Fachleuten, sondern auch in weiteren Kreisen mit Vergnügen und Nutzen gelesen werden.« *Anglia.*

»Stil und Darstellungsweise sind so gewandt, dass man im Lesen kaum daran erinnert wird, welch tiefes Studium und eingehende Forschung dem Ganzen zu Grunde liegt. Es ist somit eine Musterarbeit für eine volksthümliche Darstellung einer wissenschaftlichen Abhandlung.« *Literar. Centralblatt.*

»Prof. Schipper has had the courage to undertake the task of making the prince of our old Scottish poets, known to his countrymen by a careful biography and learned criticism, with translations of many of the poems executed with fidelity and spirit.« *Scotsman.*

»British literature is already much indebted to Prof. Schipper — his last contribution is peculiarly acceptable.« *Saturday Review.*

»The book merits the honour of translation into English.« *Academy.*

»Altogether the work is exceedingly well done.« *Scotish Academy.*

Geschichte
der
Italienischen Literatur
von
Adolf Gaspary.

Erster Band: Die italienische Literatur im Mittelalter.

8°. 550 S. 1885. M. 9.–, in Halbfranz gebunden M. 11.–

Inhalt: Einleitung. — Die Sicilianische Dichterschule. Fortsetzung der lyrischen Dichtung in Mittelitalien. — Guido Guinicelli von Bologna. — Die französ. Ritterdichtung in Oberitalien. — Religiöse und moralische Poesie in Oberitalien. — Die religiöse Lyrik in Umbrien. — Die Prosa im 13. Jahrh. — Die allegorisch-didaktische Dichtung und die philosoph. Lyrik der neuen florentinischen Schule. — Dante. — Die Comödie. — Das 14. Jahrhundert. — Petrarca. — Petrarca's Canzoniere. — Anhang bibliographischer u. krit. Bemerkungen. — Register.

Zweiter Band: Die italienische Literatur der Renaissancezeit.

8°. 704 S. 1888. M. 12.–, in Halbfranz gebunden M. 14.–.

Inhalt: Boccaccio. — Die Epigonen der großen Florentiner. — Die Humanisten des 15. Jahrhunderts. — Die Vulgärsprache im 15. Jahrh. und ihre Literatur. — Poliziano und Lorenzo dé Medici. — Die Ritterdichtung. Pulci und Bojardo. — Neapel. Pontano und Sannazaro. — Macchiavelli u. Guicciardini. — Bembo. — Ariosto. — Castiglione. — Pietro Aretino. — Die Lyrik im 16. Jahrhundert. — Das Heldengedicht im 16. Jahrhundert. — Die Tragödie. — Die Komödie. — Anhang bibliograph. u. kritischer Bemerkungen. —

„Jeder der sich fortan mit der hier behandelten Periode der italienischen Litteratur beschäftigen will, wird Gaspary's Arbeit zu seinem Ausgangspunkte zu machen haben. Das Werk ist aber nicht nur ein streng wissenschaftliches für Fachleute bestimmtes, sondern gewährt nebenbei durch seine anziehende Darstellungsweise auch einen ästhetischen Genuss; es wird daher auch in weiteren Kreisen Verbreitung finden.“ *Deutsche Litteraturzeitung.*

„Eine sehr tüchtige wissenschaftliche Arbeit. Empfiehlt sich das Buch einem grösseren Publikum durch seinen leicht verständlichen geschmackvollen Ausdruck, so findet auch der Gelehrte in den im Anhange gegebenen reichen Anmerkungen die bibliographischen Nachweise und die kritische Begründung bei schwierigen zweifelhaften Punkten.“ *Literarisches Centralblatt.*

„Die Darstellung von dem in die Anmerkungen verwiesenen Ballast befreit, schreitet festen aber elastischen Schrittes vorwärts; sie führt in die Mitte der Thatsachen und der an diese sich knüpfenden Fragen, aber ohne gelehrte oder schulmeisterliche Pedanterie, sodass der Genuss des Lesens sich mit dem Nutzen des Lernens zugleich und von selber darbietet. *Allgemeine Zeitung.*

„All' opera del Gaspary, che raccoglie abbastanza bene i risultati degli studi piú recenti, auguriamo, perché ci parebbe utile á dotti e agli indotti, una edizione italiana.“ *Rivista critica della letteratura italiana.*

„Prof. Gaspary's history of Italian literature promises to be the ideal of a thoroughly useful introduction, occupying a middle position between an exhaustive work on the subject and a students manual. The accounts of Petrarca and Dante are very clear and instructive, but perhaps the most interesting part of the book is the picture of the early struggles of Italy to acquire a national language and literature.“ *The Saturday Review.*

Die Fortsetzung dieses Werkes hat Herr Dr. Richard Wendriner (Breslau) übernommen; ihm sind von der Gattin des verstorbenen Verfassers die Vorarbeiten, soweit sich solche im Nachlasse vorfanden, ausgehändigt worden.

Essays und Studien

zur

Sprachgeschichte und Volkskunde

von

Gustav Meyer,

Professor an der Universität Graz.

I. Band. 8°. VIII u. 412 S. 1885. M. 7.—. geb. M. 8.—.

Inhalt: **Zur Sprachgeschichte.** I. Das indogermanische Urvolk. II. Die etruskische Sprachfrage. III. Ueber Sprache und Literatur der Albanesen. IV. Das heutige Griechisch. V. Constantin Sathas und die Slavenfrage in Griechenland.

Zur vergleichenden Märchenkunde. I. Folklore. II. Märchenforschung und Alterthumswissenschaft. III. Aegyptische Märchen. IV. Arabische Märchen. V. Amor und Psyche. VI. Die Quellen des Decamerone. VII. Südslavische Märchen. VIII. Der Rattenfänger von Hameln. IX. Der Pathe des Todes. X. Rip van Winkle.

Zur Kenntniß des Volksliedes. I. Indische Vierzeilen. II. Neugriechische Volkspoesie. III. Studien über das Schnaderhüpfel. 1. Zur Literatur der Schnaderhüpfel. 2. Vierzeile und mehrstrophiges Lied. 3. Ueber den Natureingang des Schnaderhüpfels. — Anmerkungen.

II. Band. 8°. VI u. 380 S. 1893. M. 6.—, geb. M. 7.—.

Inhalt: I. Franz Bopp. — II. Georg Curtius. — III. Weltsprache und Weltsprachen. — IV. Etruskisches aus Aegypten. — V. Die Aussprache des Griechischen. — VI. Von der schlesischen Mundart. — VII. Zur Charakteristik der indischen Literatur. 1. Allgemeine Grundlagen. 2. Der Veda. 3. Kâlidâsa. — VIII. Zigeunerphilologie. — IX. Volkslieder aus Piemont. — X. Neugriechische Hochzeitsbräuche. — XI. Zur Volkskunde der Alpenländer. — XII. Finnische Volksliteratur. — XIII. Das Räuberwesen auf der Balkanhalbinsel. — XIV. Eine Geschichte der byzantinischen Literatur. — XV. Athen im Mittelalter. — XVI. Das heutige Griechenland. — XVII. Griechische Reisemomente. 1. Von Korfu nach Athen. 2. Athen. 3. Im Lande der Pelopiden. — XVIII. Zante. — XIX. Apulische Reisetage. 1. Von Brindisi nach Lecce. 2. Lecce. 3. Kalimera. 4. Tarent. — XX. Bei den Albanesen Italiens. — XXI. Das Jubiläum der Universität in Bologna. — Anmerkungen.

Urteile der Presse:

„Es kann gewiss nur willkommen sein, Fragen, die jeden Gebildeten interessiren sollten, von berufener Seite einem weiteren Leserkreis auseinandergesetzt zu sehen. Und gerade die vorliegende Sammlung verbindet in glücklicher Weise wissenschaftliche Strenge mit gemeinfasslicher Darstellung in fesselndem und vornehm elegantem Stile." *Literarisches Centralblatt.*

„Das Ganze zeigt von einer bewundernswürdigen Belesenheit und ist dabei in einer so geistvollen und fesselnden Sprache geschrieben, dass wir überzeugt sind, das neue Buch werde sich bei allen, welche für den in Sprache, Märchen und Liedern sich offenbarenden Charakter eines Volkes Interesse haben, schnell viele Freunde erwerben." *Deutsche Litteratur-Zeitung.*

„La vulgarisation pas toujours sans danger entre des mains inhabiles devient l'indispensable auxiliaire des travaux d'érudition pure, lorsqu'elle est conçue dans l'esprit du dernier ouvrage de G. M. Meyer, que nul, même parmi les initiés, ne lira sans plaisir et sans profit. Tel qu'il est, et bien que composé de morceaux détachés, l'ouvrage forme un ensemble des plus satisfaisants." *Revue critique.*

„Questi saggi e studi interessantissimi non sono soltanto ricchi di notizie e pieni di molta dottrina, ma hanno tutti un certo che di attraente e di saporito; e in tutti si rivela una certa originalità e libertà di ricerca, che stimola l'attenzione, e invoglia a ripensare a tante a tante cose. Ci auguriamo di vedere la bella raccolta nelle mani di molti." *Nuova Antologia.*

Der wissenschaftliche Werth eines Werkes von Gustav Meyer ist stets über allem Zweifel erhaben; das vorliegende ist aber vermöge seiner glänzenden Darstellung von Anton Schönbach für würdig befunden worden, in seinem Buche „Über Lesen und Bildung, 4. Auflage" unter den Werken aufgeführt zu werden, die einen Ehrenplatz in dem geistigen Haushalt jedes Gebildeten verdienen.

Handbuch

der

neugriechischen Volkssprache

Grammatik, Texte und Glossar.

Von

Dr. A. Thumb,

a. o. Professor an der Universität Freiburg i. Br.

XXV, 240 S. mit einer Schrifttafel. 1896. Broschiert M. 6.—, in Leinwand gebunden M. 7.—.

„Endlich einmal eine brauchbare Grammatik der neugriechischen Volkssprache, ein Buch, das nicht jenes aus allen möglichen Formen zusammengebraute Kauderwelsch der Zeitungen und Bücher, sondern die in gesetzmässiger Entwicklung entstandene lebendige Sprache der Gegenwart lehrt! Th. hat es verstanden, den wichtigsten Sprachstoff auf sehr knappem Raume mitzuteilen, indem er sich auf die Verzeichnung der Thatsachen mit den unentbehrlichsten Erklärungen beschränkte; die grammatische Abteilung des Handbuchs umfasst nur 124 Seiten; dann folgen gemeinneugriechische und dialektische Texte in Poesie und Prosa (S. 127 bis 194), endlich ein Glossar (S. 195 - 239). Hundertmal bin ich nach einem praktischen Handbuch der neugriechischen Volkssprache gefragt worden, und stets war ich in Verlegenheit, was ich den Leuten eigentlich nennen sollte; die gleiche Verlegenheit drückte mich jedesmal, wenn ich eine Vorlesung über neugriechische Grammatik hielt und den Zuhörern zur Vereinfachung und Erleichterung des Unterrichts etwas gedrucktes in die Hand geben wollte. Wer die Not so an eigenster Haut gefühlt hat, wird dem Verfasser über seine schöne Arbeit doppelt dankbar sein und gerne darauf verzichten, ihm einzelne Unebenheiten aufzumutzen. Möchte nun auch eine **historische** Grammatik des Neugriechischen, die dem byzantinischen Studienkreise noch näher liegen würde, uns bald bescheert werden!"

K. K. (Byzantinische Zeitschrift 1895 S. 220).

Berneker, Dr. Erich, Die preussische Sprache. Grammatik, Texte. etymologisches Wörterbuch. 8°. XII u. 335 S. 1896. M. 8.—

Bruckner, Wilh., Die Sprache der Langobarden. 8°. XVI, 338 S. 1895. (Quellen und Forschungen, Heft 75.) M. 8.—

Kahle, Bernh., Die Sprache der Skalden, auf Grund der Binnen- und Endreime, verbunden mit einem Rimarium. 8°. VIII, 308 S. 1892. M. 7.—

Leskien, A., und Brugmann, K., Litauische Volkslieder und Märchen aus dem preussischen und russischen Litauen. 8°. VIII, 578 S. 1882. M. 10.—

Inhalt: 1. Litauische Volkslieder aus der Gegend von Wilkischken, gesammelt von A. Leskien. 2. Litauische Lieder, Märchen, Hochzeitsbittersprüche aus Godlewa nebst Beiträgen zur Grammatik und zum Wortschatz der godlewischen Mundart herausgegeben von K. Brugmann. 3. Litauische Märchen übersetzt von K. Brugmann, mit Anmerkungen von W. Wollner.

Viljoen, W. J., Beiträge zur Geschichte der cap-holländischen Sprache. 8°. 58 S. 1896. M. 1.50.

Wiedemann, Oskar, Das litauische Präteritum. Ein Beitrag zur Verbalflexion der indogermanischen Sprachen. 8°. XV, 230 S. 1891. M. 6.—

— —, Handbuch der litauischen Sprache. Grammatik, Texte, Wörterbuch. 8°. ca. 22 Bogen. (Unter der Presse.)

Wrede, Ferd., Über die Sprache der Wandalen. Ein Beitrag zur germanischen Namen- und Dialektforschung. 8°. VI, 119 S. 1886. (Quellen und Forschungen, Heft 59). M. 3.—

— —, Über die Sprache der Ostgoten in Italien. 8°. VII u. 208 S. 1891. (Quellen und Forschungen, Heft 68). M. 4.—

GRIECHISCHE GESCHICHTE

von

JULIUS BELOCH.

Erster Band: **Bis auf die sophistische Bewegung und den peloponnesischen Krieg.**

gr. 8°. XII, 637 S. 1893. Broschirt M. 7 50, in Halbfranz gebunden M. 10.—.

Der zweite Band: **Vom peloponnesischen Krieg bis auf Aristoteles und die Eroberung Asiens** ist unter der Presse.

„. . . Das Ganze ist fliessend geschrieben, von durchsichtiger Klarheit, gleich abgerundet in Form und Fassung. So tritt das Buch mit dem Anspruch auf, dem deutschen Publicum zu bieten, was es bis jetzt noch nicht besitzt: eine von wirklich historischem Geist getragene und zugleich lesbare Geschichte Griechenlands. Ref. steht nicht an zu erklären, dass es diesen Anspruch in weitem Umfang erfüllt. Durch einen freien und weiten Blick, durch umfassende historische Kenntnisse, durch gründliche Durcharbeitung des Materials war der Verf. für seine Aufgabe vorbereitet. Von der Selbständigkeit und der vor keiner Consequenz zurückschreckenden Energie seines historischen Urteils hat er schon früher vielfach Proben abgelegt . . .“ *(Eduard Meyer im Literarischen Centralblatt 1894, Nr. 4.)*

„. . . Wir haben hier ein Buch vor uns, das unbedingt zu den bedeutsamsten Erscheinungen der geschichtlichen Litteratur der letzten Zeit zu rechnen ist. Beloch betont selbst, dass er das Gebäude fast überall von den Grundlagen neu aufgeführt habe und manche Gebiete, wie die Wirtschaftsgeschichte, bei ihm zum erstenmal zu ihrem Recht kommen; ebenso, dass er kein Nebeneinander von Sondergeschichten (athenische, spartanische u. s. w.) biete, sondern die Entwickelung der ganzen hellenischen Nation von einheitlichen Gesichtspunkten zu erfassen suche. Dabei hüte er sich, ein Phantasiegemälde der ältesten Zeit zu entwerfen, und richte seine Absicht vielmehr darauf, nur das mitzuteilen, was wir auf Grund des archäologischen Befundes, des homer. Epos, der sprachgeschichtlichen Forschung mit Sicherheit zu erkennen vermögen. Man wird nicht bestreiten können, dass alle diese Züge, in denen Beloch selbst die charakteristischen Merkmale seiner Art zu forschen und zu arbeiten erblickt, wirklich in dem Buche hervortreten.

. . . . Wir hoffen, dass das gediegene Werk den Absatz findet, den es verdient, und wüssten denen, welche sich in verhältnismässiger Kürze über den jetzigen ungefähren Stand unseres Wissens von griechischer Geschichte unterrichten wollen, nichts Besseres als Beloch zu empfehlen. In 2 Bänden wird der ganze Stoff völlig bewältigt werden und zwar so, dass neben einem anziehend, manchmal glänzend geschriebenen Text, zahlreiche Anmerkungen hergehen, die alle wesentlichen Quellen- und Litteraturnachweise darbieten . . . . Die Ausstattung des Werkes ist vorzüglich; der Preis von 7 M. 50 Pf. für 40 Bogen ein überaus mässiger.“

(Prof. G. Egelhaaf
im Württ. Korrespondenzblatt f. Gelehrten- u. Realschulen, 1894, Heft 1.)

Fig 204. Löwenköpfe vom Zeustempel in Olympia

Geschichte
der
GRIECHISCHEN PLASTIK

von

Maxime Collignon

Professor an der Faculté des Lettres in Paris.

Ins Deutsche übertragen und mit Anmerkungen begleitet

von

Eduard Thraemer

a. o. Prrofessor an der Universität Strassburg.

Erster Band. Mit 12 Tafeln in Chromolithographie oder Heliogravure und 278 Abb im Text

Erste, zweite und dritte Lieferung Lexikon-Octav je M 4 —

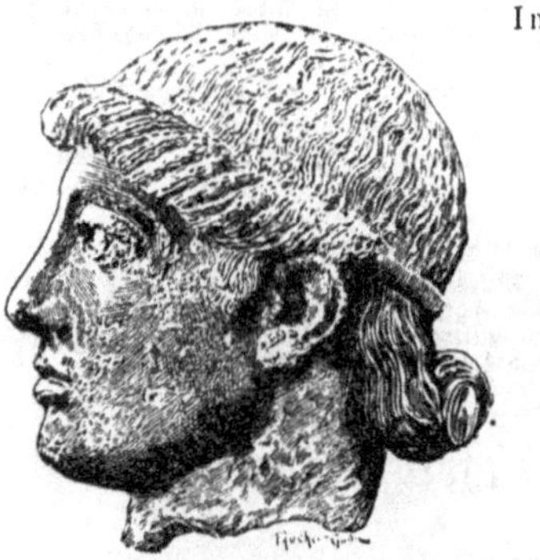

Inhalt des ersten Bandes I Buch. **Die Anfänge.** I Kap Die ersten plastischen Versuche auf griechischem Boden 2 Kap. Die Kunst des mykenischen Zeitalters 3. Kap. Die griechische Industrie und die orientalischen Einflüsse 4. Kap Die Ausbildung der plastischen Typen. — II. Buch: **Die früharchaische Kunst.** 1 Kap. Die Kunstschulen auf den Inseln d aegaeischen Meeres. 2. Kap. Ionien u. das asiatische Griechenland 3. Kap Mittelgriechenland und Attica 4. Kap. Der Peloponnes und Sizilien. — III Buch. **Der reife Archaismus.** 1 Kap Die ionischen Schulen und Nordgriechenland 2 Kap. Die eginaeische Schule 3 Kap. Die Schulen des Peloponnes; Grossgriechenland und Sizilien. 4. Kap Die attische Schule bis zu den Perserkriegen · IV Buch **Die Epoche der grossen Meister des V. Jahrhunderts.** 1 Kap. Die Meister des Übergangsstils (Kalamis etc.) 2 Kap. Die Skulpturen von Olympia 3. Kap Myron 4. Kap. Polyklet 5. Kap. Phydias

Der erste Band wird in 5 Lieferungen zu je Mk. 4. - in möglichst kurzen Zwischenräumen erscheinen.

„Collignon's Histoire de la sculpture grecque, deren erster und bisher einziger Band 1892 erschien, hat mit Recht überall eine sehr günstige Aufnahme gefunden. Der Verf. steht von vornherein auf dem Boden, der durch die umwälzenden Entdeckungen der letzten Jahrzehnte geschaffen ist, und betrachtet von diesem neu gewonnenen Standpunkte aus auch die älteren Thatsachen und Forschungsergebnisse Er beherrscht die einschlägige Literatur, in der die deutsche Forschung einen bedeutenden Platz einnimmt, und weiss die Streitfragen oder die Thatsachen in geschmackvoller Form und ohne ermüdende Breite darzustellen. Eine grosse Anzahl gut ausgeführter Textillustrationen, nach zum grössten Teil neu angefertigten Zeichnungen, dient dem Texte zu anschaulicher Belebung und bietet eine vornehme Zierde des Buches, sehr verschieden von jenen oft nichtssagenden Umrissen, welchen wir in ähnlichen Büchern so oft begegnen. So war es ein glücklicher Gedanke Collignon's Werk dem deutschen Publikum, nicht bloss dem gelehrten, durch eine deutsche Uebersetzung näher zu bringen. Von dieser liegt die erste Lieferung vor; vier weitere von ungefähr gleichem Umfange sollen den ersten Band zu Ende bringen. Der Uebersetzer, Dr Ed Thraemer, hat seine nicht ganz einfache Aufgabe vortrefflich gelöst: die Darstellung liest sich sehr gut und man wird nicht leicht daran erinnert, dass man eine Uebersetzung vor sich hat. Hier und da ist ein leichtes thatsächliches Versehen stillschweigend berichtigt, anderswo durch einen (als solcher bezeichneten) Zusatz ein Hinweis auf entgegenstehende Auffassungen auf neuerdings bekannt gewordene Thatsachen, auf neu erschienen Literatur gegeben; besonders zahlreich treten solche Bemerkungen bei der Kypseloslade auf (S. 97 fg). Im Ganzen jedoch handelt es sich um eine Uebersetzung, nicht um eine durchgehende Bearbeitung des Originalwerkes, so dass der Leser überall Collignon's Auffassungen ohne fremde Aenderungen kennen lernt. Die Vorzüge des Buches werden immer deutlicher hervortreten, je festeren Grund die Darstellung gewinnt, je reicher und bedeutender die Monumente zufliessen (die erste Lieferung, die nahezu das erste Buch umfasst, hat es nur noch mit den „Anfängen" zu thun"). Die äussere Ausstattung ist in Papier und Druck der Originalausgabe mindestens ebenbürtig, die Abbildungen sind z. T. noch schärfer als dort herausgekommen, und dabei ist der Preis geringer (20 Mark statt 30 Francs für den Band). Die schönen Volltafeln, in Farbendruck oder Heliogravure, werden je den betreffenden Lieferungen beigegeben werden Wir können dem Werk nur den raschen Fortgang wünschen, den der Prospekt des Verlegers in Aussicht stellt."

fs (Liter Centralblatt 1894. Nr 5?)

WEITERE WERKE

aus dem Gebiete der

vergleichenden Sprachwissenschaft, der neueren Philologie und Verwandtem.

Aristoteles Schrift vom Staatswesen der Athener, verdeutscht von G. Kaibel und A. Kiessling. 2. verbesserte Auflage (3. Tausend). 8°. 109 S. 1891. ℳ 2. —

Aesopus, niederdeutscher. Zwanzig Fabeln und Erzählungen aus einer Wolfenbütteler Handschrift des XV. Jahrh. Hrsg. von Hoffmann v. Fallersleben. 8°. 83 S. 1870. ℳ 1.80.

Bacmeister, A., Keltische Briefe. Hsg. v. Otto Keller. 8°. VII, 134 S. 1874. ℳ 4. —

Von Seiten der Sprache wird darin ein Gesamtbild von dem ältesten Culturleben der keltischen Stämme entworfen, wie es sich aus dem Rahmen des indo-germanischen Alterthums abhebt, und in anmuthiger, von geistvollen und gelehrten Abschweifungen reich durchzogener Darstellung vorgeführt; I. der Mensch an sich; II. die Natur ausser ihm; III. seine Einrichtungen; IV. seine Begriffe, wozu ein Anhang über elsäss. Lokalnamen kommt. Literarisches Centralblatt.

Die keltischen Briefe sind ein populär-wissenschaftliches Buch im besten und einzig zulässigen Sinn. Zeitschrift für Gymnasialwesen, XXVIII. Bd., 12. Heft.

Bartsch, Karl, Beiträge zur Quellenkunde der altdeutschen Literatur. 8°. 392 S. 1886. ℳ 8. —

Inhalt: Zu Wernhers Maria: I Die Heidelberger Bruchstücke. II. Das Münchener Bruchstück G Zur Kritik von Flore und Blanscheflûr Zum Weinschweig. Zu Volmar Steinbuch. Zu Bertholds Predigten. Zum Engelhard. Bruchstück eines geistlichen Lehrgedichts. Gereimte Vorrede zu einem Kräuterbuche. Ritterpreis. Zu den Handschriften des Väterbuches. Bruchstücke von Heinrichs von Neuenstadt Gottes Zukunft. Bruchstücke aus dem Renner: I. Idsteiner Fragment. II. Wernigeroder Bruchstück. Der Tugenden Kranz. Zum König vom Odenwalde. Spruchverse der Tugenden und Laster. Ein Baseler Meistergesangbuch. Deutsches Kyrieleison. Volkslieder. Lieder der Mystiker Eine Strassburger Sammelhandschrift. Bruchstück eines Dramas. Verzeichnis altdeutscher Gedichte A. AL.

— — Die lateinischen Sequenzen des Mittelalters in musikalischer und rhythmischer Beziehung. 8°. VIII u. 245 S. 1868. (ℳ 7.50) ℳ 2. —

Becker, Ph. Aug., Über den Ursprung der romanischen Versmaasse. 8°. IV u. 54 S. 1890. ℳ 1. 20

— — Jean Lemaire, der erste humanistische Dichter Frankreichs. Kl. 8°. XII, 390 S 1893. ℳ 12. —

de Boer, Tj., Die Widersprüche der Philosophie nach Al-Gazzali und ihr Ausgleich durch Ibn Rošd. 8°. IV, 122 S. 1894 ℳ 3. 50

Bósa-Saga in zwei Fassungen nebst Proben aus den Bósa-Rimur, herausgeg. von Otto Luitp. Jiriczek. Kl. 8°. LXXX, 164 S. 1893. ℳ 7. —

Briefe von Goethes Frau an Nicolaus Meyer. Mit Einleitung, Facsimiles, einer Lebensskizze Nicolaus Meyers und Porträts. 4°. 41 S. 1887. ℳ 6. —

Bünger, Dr. C., Oberlehrer am prot. Gymn. in Strassburg, Matthias Bernegger. Ein Bild aus dem geistigen Leben Strassburgs zur Zeit des dreissigjährigen Krieges. Mit dem Bildnis Berneggers. Gr. 8°. XIII, 401 S. 1893. ℳ 12. —

Camœs, Luiz de, Os Lusiadas. Unter Vergleichung der besten Texte, mit Angabe der bedeutendsten Varianten und einer krit. Einleitg. hrsg. von Dr. Carl von Reinhardstoettner. 8°. pp. XLI, 217. 1875. ℳ 7. —

Chaucers, Geoffrey, Werke übersetzt von A. von Düring.

I. Band: Das Haus der Fama. Die Legende von guten Weibern. Das Parlament der Vögel. VIII u. 338 S. 1883. brosch. ℳ 3. —, geb. ℳ 5. —

II. Band Die Canterbury-Erzählungen I. Tl. (ungekürzt.) XII u. 409 S. 1885. brosch. ℳ 3. —, geb. ℳ 5. —

III. Band: " " " II. Tl. (ungekürzt.) 483 S. 1886. brosch. ℳ 5. —, geb. ℳ 7. —

Deecke, Dr. Wilh., Die Falisker. Eine geschichtlich-sprachliche Untersuchung. Mit einer Karte und vier Tafeln. 8°. XVI u. 297 S. 1888. ℳ 9.

— — Der Ursprung der Kyprischen Sylbenschrift. Eine paläographische Untersuchung. 8°. 39 S. und 4 Schrifttafeln. 1877. ℳ 1. 80

Der durch seine scharfsinnigen Forschungen auf dem kyprischen wie etruskischen Denkmälerfelde rühmlichst bekannte Verfasser hat mit dieser Schrift eine Reihe paläographischer Untersuchungen begonnen, welche wie Glieder einer Kette zusammenhängen und der Geschichte der Schrift neue Perspektiven zu öffnen versprechen. Literar. Centralblatt 1878, Nr. 8.

Dolopathos, Johannis de Alta Silva Dolopathos sive de rege et septem sapientibus. Herausgege. v. Herm. Oesterley. 8°. XXIII, 99 S. 1873. ℳ 4. 50
Enthält den Text des Jahrhunderte lang als verloren beklagten, von Dr. Oesterley wieder aufgefundenen Werkes des Mönches Dam Jehan von Metz (aus dem 12. Jahrh.) — die lateinische Vorlage des altfranz. Gedichtes gleichen Namens und die älteste occidentalische Fassung des Märchens von den sieben weisen Meistern. Literar. Centralblatt.

Edda, Vielgewandts Sprüche und Groas Zaubergesang. (Fiolvinnsmal-Grougaldr.) Zwei norränische Gedichte der Saemunds-Edda, kritisch hergestellt, übersetzt und erklärt von Dr. Fr. W. Bergmann, Prof. der philos. Fakultät in Strassburg. 8°. III, 186 S. 1874. ℳ 4. 50

— Weggewohnts Lied (Vegtams-Kvida), Der Odins-Raben-Orakelsang (Hrafna Galdr Odins) und der Seherin Voraussicht (Völu Spa). Drei eschatologische Gedichte der Saemunds-Edda, kritisch hergestellt, übersetzt und erklärt von Dr. Fr. W. Bergmann. 8°. 320 S. 1875. ℳ 6. —

— Rigs Sprüche (Rigs Mâl) und das Hyndla-Lied (Hyndlu-Liôd). Zwei socialethische Gedichte der Saemunds-Edda, kritisch hergestellt, übersetzt und erklärt von Dr. Friedrich Wilh. Bergmann. 8°. XIX, 188 S. 1876. ℳ 4. —

— Des Hehren Sprüche (Hâva mâl) und Altnordische Sprüche, Priameln und Rûnenlehren. Ethische und magische Gedichte aus der Saemunds-Edda, kritisch übers. u. erklärt v. Dr. Fr. W. Bergmann. 8°. VIII, 267 S. 1877. ℳ 6. —

— Allweise's Sprüche. Thryms-Sagelied, Hymis-Sagelied und Loki's Wortstreit (Alvissmal, Thrymskvida, Hymiskoida, Lokasenna). Vier Eddische Gedichte des Thôr-Cyclus, kritisch hergestellt, übersetzt und erklärt von Dr. Fr. W. Bergmann. 8°. VIII, 304 S. 1878. ℳ 7. —

— Die Eddagedichte der Nordischen Heldensage, kritisch hergestellt, übers. u. erklärt von Prof. Dr. Fr. W. Bergmann. 8°. VIII, 384 S. 1879. ℳ 8. —

Ezzo's Gesang von den Wundern Christi und *Notker's* Memento mori im phototypischen Facsimile der Strassburger Handschrift herausgegeben von K. A. Barack. Mit 4 Tafeln. 4°. 4 S. cart. 1879. ℳ 4. —

Fischer, Rudolf, Privatdozent der engl. Philologie an der Universität Innsbruck, Zur Kunstentwicklung der englischen Tragödie von ihren ersten Anfängen bis zu Shakespeare. 8°. XIII, 192 S. 1893. ℳ 5. —

Freeman, Edward A., Zur Geschichte des Mittelalters. Ausgewählte historische Essays. Aus dem Englischen übersetzt von C. J. Locher. 8°. 329 S. 1886. ℳ 6. —
Inhalt: Das heilige römische Reich. — Die Franken und die Gallier. — Die früheren Belagerungen von Paris. — Friedrich I., König von Italien. — Kaiser Friedrich II. — Die Folgerichtigkeit der englischen Geschichte. — Die Beziehungen zwischen den Kronen von England und Schottland. — Der heilige Thomas von Canterbury und seine Biographen. — Die Regierung Eduards III.
„. . . Ein hervorragendes Beispiel der vollen modernen Aufgabe dessen, was man in Deutschland Mittelalter nennt, bietet Freeman, über dessen kühne, rücksichtslos schulwidrige, geistreiche Essays mancher den Kopf schütteln wird, die aber meine ganze Bewunderung herausfordern . . .“ O. Lorenz, Deutsche Litteraturzeitung 1887, Nr. 19.)

Fürst, Dr. *Jul.*, Rabbiner, Glossarium Graeco-hebraeum oder der griechische Wörterschatz der jüdischen Midraschwerke. Ein Beitrag zur Kultur- und Altertumskunde. 8°. 216 S. 1891. ℳ 7. —

Geiger, Ludw., Firlifimini und andere Curiosa. kl. 8°. 168 S. 1885. ℳ. 4. —
Inhalt: Firlifimini. — Die ästhetische Prügelei. — Der verfrohrene Capuziner.

Hench, George Allison, (Professor an der Michigan-Universität in Ann Arbor), the Monsee Fragments. Newly collated text with introduction, notes, grammatical notice and exhaustive glossary and a photo-lithographic Facsimile. 8°. XXV, 212 pp. 1891. ℳ 5. —

Heusler, A., Der alemannische Consonantismus in der Mundart von Baselstadt. 8°. XIV u. 131 S. 1888. ℳ 4. —

Hirt, Herman, Der indogermanische Akzent. Ein Handbuch. 8°. XXIII, 356 S. 1895. ℳ 9. —

Hoffmann, Dr., *Ed.*, Stärke, Höhe, Länge. Ein Beitrag zur Physiologie der Akzentuation mit spezieller Berücksichtigung des Deutschen. 8°. IX und 51 S. 1892. ℳ 1. 50

Hübschmann, H., Das indogermanische Vokalsystem. 8°. 191 S. 1885. (ℳ 4. 50) Vergriffen.

— — Etymologie und Lautlehre der ossetischen Sprache. 8°. VIII, 151 S. 1887. (Sammlung indogermanischer Wörterbücher. I.) ℳ 4. —

— — Persische Studien. 8°. IV, 288 S. 1895. ℳ 10.
Inhalt: I. Beiträge zu Horn's Grundriss der neupersischen Etymologie. II. Neupersische Lautlehre.

Karsten, Joh., Oliver Goldsmith. Ein Gesammtbild seines Lebens und seiner Werke. 8°. IV u. 216 S. 1873. ℳ 3. —
(Enthält u. A. sämmtliche kleineren Gedichte Goldsmiths, viele davon zum erstenmal in deutscher Uebertragung.)

Kayserling, M., Biblioteca española-portugueza-judaica. Dictionnaire bibliographique des auteurs juifs, de leurs ouvrages espagnols et portugais et des œuvres sur et contre les juifs et le judaisme. Avec un aperçu sur la littérature des juifs espagnols et une collection des proverbes espagnols. Lex. 8⁰. XXI u. 155 S. 1890. ℳ 6. -

Lauchert, Fr., Geschichte des Physiologus. Mit 2 Textbeilagen. 8⁰. XIII u. 312 S. 1889. ℳ 7. —

Laun, Adolf, Washington Irving. Ein Lebens- und Charakterbild. 2 Bände. kl. 8⁰. XI, 246; IV, 291 S. 1870. ℳ 7. —

Literaturdenkmäler, Elsässische, aus dem XIV. bis XVII. Jahrhundert. Herausgegeben von Ernst Martin und Erich Schmidt.

I. Band: Das heilige Namenbuch von Konrad Dangkrotzheim, herausgegeben mit einer Untersuchung über die Cisio-Jani von Karl Pickel. 8⁰. VI u. 124 S. 1878. ℳ 3. —

II. Band: Joseph. Biblische Komödie von Thiebold Gart, herausgegeben von Erich Schmidt. 8⁰. 124 S. 1880. ℳ 3. —

III. Band: Ingold: Das goldene Spiel, herausg. von Edward Schröder. 8⁰. XXXIII u. 98 S. 1882. ℳ 3. —

IV. Band: Ausgewählte Dichtungen von Wolfhart Spangenberg. 8⁰. XVI u. 349 S 1887. ℳ 6. —

V. Band: Parzifal von Claus Wisse und Philipp Colin (1331—1336). Eine Ergänzung der Dichtung Wolframs von Eschenbach. Zum ersten Male herausgegeben von Karl Schorbach. 8⁰. XX u. 879 S. 1888. ℳ 10. 50

Mankel, Dr. W., Laut- und Flexionslehre der Mundart des Münsterthals im Elsass. 8⁰. 54 S. 1886. ℳ 1. 80

Müller, Max, Einleitung in die vergleichende Religionswissenschaft. Vier Vorlesungen nebst zwei Essays „über falsche Analogien in der vergleichenden Theologie“ und über „die Philosophie der Mythologie“. 2. unveränderte Auflage. 8⁰. 353 S. m. d. Portr. d. Verf. 1876. ℳ 6. —

Was Max Müller schreibt, enthält immer so viel des Anregenden und Belehrenden, dass man dem rastlosen Arbeiter für jede seiner Gaben zu neuem Danke verpflichtet ist. Dass dies auch von den vorliegenden Vorlesungen über Religionswissenschaft gelte, erhellt schon aus dem äusseren Umstande, dass dieselben seit ihrem ersten Erscheinen überall mit regstem Interesse aufgenommen wurden und zahlreiche Besprechungen veranlasst haben. Literar. Ctrlbltt.

— — Eine Missionsrede, am 23. Dez. 1873 in der Westminster-Abtei gehalten, mit einer einleitenden Predigt von Arthur Penrhyn Stanley. 8⁰. 74 S. ℳ 1. 60

— — Vorlesungen über Ursprung und Entwicklung der Religion. Mit besonderer Rücksicht auf die Religionen des alten Indiens. 8⁰. XVI, 439 S. 1880. ℳ 7. —

— — Über die Resultate der Sprachwissenschaft. Vorlesung, gehalten am 23. Mai 1872 an der kais. Universität zu Strassburg. 3. unveränderte Aufl. 8⁰. 32 S. 1872. ℳ —. 80

Mutzbauer, Carl, Die Grundlagen der griech. Tempuslehre und der homerische Tempusgebrauch. 8⁰. VIII, 402 S. 1893. M. 15. —

Nagel, Dr. W., Geschichte der Musik in England. Erster Teil. 8⁰. VIII, 154 S. 1894. ℳ 4. —

Notker's Psalmen. Nach der Wiener Handschr. herausgegeben von Richard Heinzel und Wilhelm Scherer mit Unterstützung der K. K. Akademie der Wissenschaften zu Wien. 8⁰. XI, 327 S. 1876. ℳ 8. —

Seit mehr als zwei Jahrhunderten war die Ambraser Handschrift von Notker's Psalmen bekannt, beschrieben und häufig citirt: erst jetzt aber ist sie endlich als letztes der bisher entdeckten altd. Sprachdenkmäler der allgemeinen Benutzung in einer den heutigen Ansprüchen genügenden Weise durch die vorliegende Ausgabe zugänglich gemacht worden. A. f. D. A. III, 3

Osthoff, Herm., Zur Geschichte des Perfects im Indogermanischen mit besonderer Rücksicht auf Griechisch und Lateinisch. 8⁰. X u. 653 S. 1884. ℳ 14. —

Pearson, Karl, Die Fronica. Ein Beitrag zur Geschichte des Christusbildes im Mittelalter. Mit neunzehn Tafeln. 8⁰. IX, 141 S. 1887. Kart. ℳ 9. —

„Der Wert dieses fleissig und mit grosser Hingabe an die Sache gearbeiteten Buches liegt in dem umfangreichen Nachweise der auf die Veronikalegende bezügl. literarischen und monumentalen Quellen, sowie in den beigegebenen vorzüglich ausgeführten Tafeln, welche unter anderen eine Nachbildung des Veronikabildes in St. Peter und desjenigen in St. Silvestro in Rom nach Zeichnungen von Heaphy geben.“ (Liter. Centralblatt 1887 Nr 44)

„Das Buch ist als ein sehr wertvoller Beitrag zur mittelalterlichen Ikonographie zu bezeichnen, dessen Wert durch die beigegebenen sorgfältig ausgeführten Tafeln namhaft vermehrt wird. Die Ausstattung ist vorzüglich.“ (Deutsche Literaturzeitung 1887 Nr 81)

Quellen und Forschungen zur Sprach- und Culturgeschichte der germanischen Völker, herausg. von A. Brandl, Ernst Martin, E. Schmidt. 1.—78. Heft. 1874—1896. ℳ 292. 90

I. Geistliche Poeten der deutschen Kaiserzeit. Studien von Wilhelm Scherer I Zu Genesis und Exodus. 8. VIII u. 77 Seiten. 1874. M. 2 -

II. Ungedruckte Briefe von und an Johann Georg Jacobi, mit einem Abriss seines Lebens und seiner Dichtung hrsg v. Ernst Martin. 8. 97 Seiten. 1874. M. 2 40

III. Ueber die Sanctgallischen Sprachdenkmäler bis zum Tode Karls des Grossen. Von R. Henning. 8. XIII u. 159 Seiten. 1875. M. 4 —

IV. Reinmar von Hagenau und Heinrich von Rugge. Eine litterarhistorische Untersuchung von Erich Schmidt 8. 122 Seiten. 1875. M. 2 60

V. Die Vorreden Friedrichs des Grossen zur Histoire de mon temps. Von Wilhelm Wiegand. 8. 86 Seiten. 1875. M. 2 –

VI. Strassburgs Blüte und die volkswirthschaftliche Revolution im XIII. Jahrhundert von Gustav Schmoller. 8. 35 Seiten. 1875. M. 1. –

VII. Geistliche Poeten der deutschen Kaiserzeit. Studien von W Scherer. II Heft. Drei Sammlungen geistlicher Gedichte. 8. 90 Seiten. 1875. M. 2 40

VIII. Ecbasis captivi. das älteste Tierepos des Mittelalters. Herausgegeben von Ernst Voigt. 8. 104 Seiten. 1875. M. 4 –

IX. Ueber Ulrich von Lichtenstein. Historische und litterarische Untersuchungen von Karl Knorr. 8. 104 Seiten. 1875. M. 2 40

X. Ueber den Stil der altgerman. Poesie von Rich. Heinzel. 8. 54 Seiten. 1875. M. 1 60

XI. Strassburg zur Zeit der Zunftkämpfe und die Reform seiner Verfassung und Verwaltung im XV. Jahrhundert von Gustav Schmoller Mit einem Anhang: enthaltend die Reformation der Stadtordnung von 1405 und die Ordnung der Fünfzehner von 1433 8. IX u. 164 S. 1875. M. 3 -

XII. Geschichte der deutschen Dichtung im X. und XIII. Jahrhundert von Wilhelm Scherer. 8. X u. 146 Seiten. 1875. M. 3 50

XIII. Die Nominalsuffixe a und â in den germanischen Sprachen. Von Heinrich Zimmer. 8. X u 316 Seiten. 1876. M. 14 –

XIV. Der Marner Herausg. von Philipp Strauch. 8. 186 Seiten. 1876. M. 4 –

XV. Ueber den Mönch von Heilsbronn. Von Albrecht Wagner 8. 92 S. 1876. M 2 –

XVI. King Horn. Untersuchungen zur mittelenglischen Sprach- u. Litteraturgeschichte von Theod. Wissmann. 8. 124 Seiten. 1876. M. 3 –

XVII. Karl Ruckstuhl. Ein Beitrag zur Goethe-Litteratur v. L. Hirzel. 8. 46 Seiten. 1876. M. 1 –

XVIII. Flandrijs. Fragmente eines mittelniederländischen Rittergedichtes. Zum ersten Male herausgegeben von Johannes Franck. 8. IX u. 156 S. 1876. M 4 –

XIX. Eilhart von Oberge. Z. ersten Male hrsg v E. Lichtenstein. 8. CCV u. 475 S. 1878. M. 14 –

XX. Englische Alexius-Legenden aus dem XIV und XV. Jahrh. Herausg. von J Schipper. 1: Version I. 8. 107 S. 1877. M. 2 50

XXI. Die Anfänge des Prosaromans in Deutschland und Jörg Wickram von Colmar Eine Kritik von Wilh. Scherer 8. 103 Seiten. 1877 M. 2 50

XXII. Ludwig Philipp Hahn. Ein Beitrag zur Charakteristik der Sturm- und Drangzeit von Rich Maria Werner. 8. X u. 142 Seiten. 1877. M 3 –

XXIII. Leibnitz und Schottelius. Die Unvorgreiflichen Gedanken. Untersucht und hrsg von August Schmarsow 8. VI u. 192 Seiten. 1877 M. 2 –

XXIV. Die Handschriften und Quellen Willirams deutscher Paraphrase des hohen Liedes. Untersucht v. Josef Seemüller 8. VIII u. 117 S. 1877. M 2 50

XXV. Kleinere lateinische Denkmäler der Tiersage aus dem XII. bis XIV. Jahrhundert. Herausgegeben v E. Voigt. 8. VII u. 156 Seiten. 1878. M. 4 50

XXVI. Die Offenbarungen der Adelheid Langmann hrsg v. Phil. Strauch. 8. XLII u. 119 Seiten. 1878. M. 4 –

XXVII. Ueber einige Fälle des Conjunctivs im Mittelhochdeutschen. Ein Beitrag zur Syntax des zusammengesetzten Satzes. V Ludw Bock. 8. VIII u. 74 S. 1878. M. 1 50

XXVIII. Willirams deutsche Paraphrase des hohen Liedes. Mit Einleitung und Glossar herausgeg. von Joseph Seemüller. 8. XIV u. 147 Seiten. 1878. M. 3 –

XXIX. Die Quellen von Notkers Psalmen. Zusammengestellt v E. Henrici. 8. 358 S. 1878. M. 8 –

XXX. Joachim Wilhelm von Brawe, der Schüler Lessings. Von August Sauer 8. VIII u. 148 Seiten. 1878. M. 3 –

XXXI. Nibelungenstudien von R. Henning. 8. XII u. 329 Seiten 1883. M. 6 –

XXXII. Beiträge zur Geschichte der germanischen Conjugation. Von Friedr Kluge. 8. IX u. 166 Seiten. 1879. M. 4 –

XXXIII. Wolframs von Eschenbach Bilder und Wörter für Freude und Leid. Von Ludwig Bock. 8. VIII u. 74 Seiten. 1879. M. 1 60

XXXIV. Aus Goethes Frühzeit. Bruchstücke eines Commentars zum jungen Goethe. Von W. Scherer. 8. VII u. 130 Seiten. 1879. M. 3 -

XXXV. Wigamur. Eine litterarhistorische Untersuchung v. Greg. Sarrazin. 8. 33 S. 1879. M. 1 –

XXXVI. Taulers Bekehrung. Kritisch untersucht v. Heinr. Seuse Denifle. 8. VIII u. 146 Seiten. 1879. M. 3 50

XXXVII. Ueber den Einfluss des Reimes auf die Sprache Otfrids. Mit einem Reimlexicon zu Otfrid. Von Theod. Ingenbleck. 8. 95 Seiten. 1880. M. 2 –

XXXVIII. Heinrich von Morungen und die Troubadours. Von Ferd. Michel. 8. XI u. 272 Seiten. 1880. M. 6 –

XXXIX. Beiträge zur Kenntnis der Klopstock'schen Jugendlyrik Von Erich Schmidt. 8. VIII u. 92 Seiten. 1880. M. 2 –

XL. Das deutsche Ritterdrama des XVII. Jahrhunderts. Studien über Jos. Aug. v Törring seine Vorgänger u. Nachfolger. Von Otto Brahm. 8. X u. 335 Seiten. 1880. M 5 –

XLI. Die Stellung von Subject und Prädicatsverbum im Heliand. Nebst einem Anhang metrischer Excurse. Ein Beitrag zur german. Wortbildungslehre. Von John Ries. 8. 129 Seiten. 1880. M. 3 –

XLII. Zur Gralsage. Untersuchungen von Ernst Martin. 8. 48 Seiten. 1880. M. 1 50

XLIII. Die Kindheit Jesu von Konrad von Fussesbrunnen. Herausgegeben von Karl Kochendörffer 8. VIII u. 186 Seiten 1881. M. 4 –

XLIV. Das Anegenge. Eine litter.-hist. Untersuchg. v E. Schröder. 8. VIII u. 96 S. 1881. M. 2 -

XLV. Das Lied von King Horn. Mit Einleitung, Anmerkungen und Glossar von Theod. Wissmann. 8. XXII u. 155 Seiten. 1881. M. 2 –

XLVI. Ueber die ältesten hochfränkischen Sprachdenkmäler. Ein Beitrag zur Grammatik des Althochdeutschen. Von Gust. Kossinna. 8 XIII u. 99 Seiten. 1881. M 2 –

XLVII. Das deutsche Haus in seiner historischen Entwicklung. Von Rud. Henning Mit 65 Holzschnitten. 8. XI u. 184 Seiten. 1882. M. 5 –

XLVIII. Die Accente in Otfrieds Evangelienbuch. Von N. Sobel. 8. 133 Seiten. 1882. M. 3 –

XLIX. Ueber Georg Greflinger von Regensburg, als Dichter, Historiker und Uebersetzer Eine litter.-histor Unters. von W v. Oettingen. 8. 94 Seiten. 1882. M. 2 –

L. Eraclius. Deutsches Gedicht des XIII. Jahrhunderts. Herausgeg. von Harald Graef. 8. 264 Seiten. 1883. M. 5 –

LI. Mannhardt, Mythologische Forschungen. Hrsg. von Herm. Patzig. Mit Vorreden von Karl Müllenhoff und W. Scherer. 8. XL u. 382 Seiten. 1884. M. 9

LII. Laurence Minots Lieder Mit grammatisch-metrischer Einleitung von Wilhelm Scholle. 8. XLXII u. 45 Seiten. 1884. M. 2 –

LIII. Der zusammengesetzte Satz bei Berthold von Regensburg. Ein Beitrag zur mittelhochdeutschen Syntax von Hubert Roetteken. 8. XI u. 124 S. 1884. M. 2 50
LIV. Konrads von Würzburg Klage der Kunst. Hrsg. von Eugen Joseph. 8. X u. 92 Seiten. 1885. M. 2 –
LV, 1. Das friesische Bauernhaus in seiner Entwicklung während der letzten vier Jahrhunderte. Von Otto Lasius. M. 38 Holzschn. 8. 34 Seiten 1885. M. 3 –
LV, 2. Die deutschen Haustypen von Rudolf Henning. 8. 34 Seiten. 1886. M. 1 –
LVI. Die galante Lyrik. Von Max Freiherr v. Waldberg. 8. XII u. 152 Seiten. 1885. M. 4 –
LVII. Die altdeutsche Exodus hrsg. v. Ernst Kossmann. 8. 150 Seiten. 1886. M. 3 –
LVIII. Grundlagen des mittelhochdeutschen Strophenbaus von Richard M. Meyer. 8. XI u. 133 Seiten. M. 3 –
LIX. Ueber die Sprache der Wandalen. Ein Beitrag zur germanischen Namen- und Dialectforschung von Dr. Ferdinand Wrede. 8. VI u. 119 Seiten. 1886. M. 3 –
LX. Die Poetik Gottscheds und der Schweizer. Litterar.-histor. untersucht von Franz Servaes. 8. X u. 178 Seiten. 1887. M. 3 50
LXI. Der Vers in Shaksperes Dramen von Goswin König. 8. VIII u. 138 Seiten. 1888. M. 3 50
LXII. Beowulf. Untersuchungen von B. ten Brink. 8. VIII u. 247 Seiten. 1888. M. 6 –
LXIII. Geschichte der Ablaute der starken Zeitwörter innerhalb des Südenglischen von K. D. Bülbring. 8. 140 S. 1889. M. 3 50
LXIV. Zur Lautlehre der griechischen, lateinischen und romanischen Lehnworte im Altenglischen von A. Pogatscher. 8. XII u. 220 S. 1888. M. 6 –
LXV. Neue Fragmente des Gedichts van den vos Reinaerde und das Bruchstück van bere Wisselauwe, herausgeg. von Ernst Martin. 8. 73 S. 1889. M. 2
LXVI. Kaspar Scheidt, der Lehrer Fischarts. Abriss der grobianischen Litteratur in Deutschland von Adolf Hauffen. 8. 135 S. 1889. M. 3 –
LXVII. Ulrichs von Hutten deutsche Schriften. Untersuchungen mit einer Nachlese zu Huttens Werken von S. Szamatolski. 8. IX, 180 S. 1891. M. 4 –
LXVIII. Über die Sprache der Ostgoten in Italien von Ferd. Wrede. 8. 208 S. 1891. M. 4 –
LXIX. Prothese u. Aphaerese des H im Althochdeutschen v. H. Garke. 8. X. 126 S. 1891. M. 3
LXX. Studien z. Gesch. d. italien. Novelle in der englischen Literatur des XVI. Jahrh. von E. Koeppel. 8. 100 S. 1892. M. 2 50
LXXI. Judith. Studies in metre, language and style with a view to determining the date of this old-english fragment and the home of its author. By T. Gregory Foster. 8. X, 103 S. 1892. M. 3. –
LXXII. Der althochdeutsche Isidor. Facsimileausgabe des Pariser Codex nebst kritischem Text der Pariser und Monseer Bruchstücke. Mit Einleitung, grammatischer Darstellung und einem ausführlichen Glossar herausgegeben von Georg A. Hench. 8. XIX, 195 S. mit 22 Tafeln 1893. M. 20.
LXXIII. Zur Entwickelung der historischen Dichtung bei den Angelsachsen von Daniel Abegg. 8. XII, 126 S. 1894. M. 3. –
LXXIV. Studien über das deutsche Volksbuch Lucidarius und seine Bearbeitungen in fremden Sprachen. Von Karl Schorbach. 8. XII, 277 S. 1894. M. 6 50
LXXV. Die Sprache der Langobarden. Von Wilh. Bruckner. 8. XVI, 338 Seiten. 1895. M. 8 –
LXXVI. Huchown's Pistel of swete Susan. Kritische Ausgabe von Hans Köster. 8. 98 S. 1895. M. 3. –
LXXVII. Studien über die ältesten deutschen Fastnachtsspiele. Von Victor Michels. 8. XII, 248 S. 1896. M. 6 50
LXXVIII. Place Names in the English Bede and the Localisation of the Mss. By Thomas Miller. 8. 80 S. 1896. M. 2 –

Räthselbuch Strassburger. Die erste zu Strassburg ums Jahr 1505 gedruckte deutsche Räthselsammlung. Neu herausgeg. von A. F. Butsch. 8⁰. X u. 38 S. 1876. ℳ 4. –

Reinhardstoettner, Dr. Carl von, Aufsätze und Abhandlungen vornehmlich zur Litteraturgeschichte. 8⁰. IV, 310 S. 1887. ℳ 5. –, geb. ℳ 6 –

Riddarasögur. Parcevals Saga, Valvers thattr, Ivents Saga, Mirmanns Saga, zum ersten Mal herausgegeben und mit einer literar-historischen Einleitung versehen v. Dr. Eugen Kölbing. 8. pp. LV u. 220 1872. ℳ 7. –
Sammlung altnordischer romantischer Rittersagen aus dem Kopenhagener Codex; die drei ersten gehören dem Sagenkreise Königs Arthur und der Tafelrunde an; die vierte einem fränkischen Sagenkreise, der die Ausbreitung des Christentums in Frankreich feiert.

Le Roman de Renart, Publié par Ernest Martin. I. vol. prem. partie du texte: l'ancienne collection des branches. 8⁰. XXVII, 484 pp. 1882. ℳ 10. –
— — II. vol. Seconde partie du Texte: les branches additionelles. 8⁰. 386 p. 1885. ℳ 8. –
— — III. vol. Les Variantes. 8⁰. VIII, 611 p. 1887. ℳ 12. –
— — Observations sur le Roman de Renart, suivies d'une table alphabétique des noms propres. Supplément à l'édition du Roman de Renart par Ernest Martin. 8⁰. 121 S. 1888. ℳ 3. 50
— — Büttner, Herm., Studien zu dem Roman de Renart und dem Reinhart Fuchs.
1. Heft: Die Überlieferung des Roman de Renart und die Handschrift O. 8⁰. IV, 229 S. 1891. ℳ 5. –
2. Heft: Der Reinhart Fuchs und seine französische Quelle. 8⁰. 123 S. 1891. ℳ 2. 50

Sabbâgh, Mihâil, Grammatik der arabischen Umgangssprache in Syrien und Aegypten. Nach der Münchener Handschrift herausgeg. v. H. Thorbecke. 8⁰. X, 80 S. 1886. ℳ 4. –

Sammlung indogermanischer Wörterbücher:

I. *Hübschmann, H.*, Etymologie und Lautlehre der ossetischen Sprache. 8°. VIII u. 151 S. 1887. ℳ 4. —

II. *Feist, S.*, Grundriss der gotischen Etymologie. 8°. XVI u. 167 S. 1888. ℳ 5. —

III. *Meyer, Gustav*, Etymologisches Wörterbuch der albanesischen Sprache. 8°. 524 S. 1891. ℳ 12. —

IV. *Horn, Paul*, Grundriss der neupersischen Etymologie 8°. XXV u. 386 S. 1893. ℳ 15. —

V. *Leumann E. u. J.*, Etymologisches Sanskritwörterbuch (unter der Presse).

Saxonis Grammatici Gesta Danorum. Herausgeg. von Alfred Holder. 8°. LXXXVIII, 724 S. 1886. ℳ 12. —

Die Dänengeschichte „Saxe des Schreibers" des „langen Seeländers" ist, abgesehen von ihrem unschätzbaren Wert für die geschichtliche Kenntnis des germanischen Nordens eine köstliche Fundgrube für die Erforschung der deutschen Mythologie. Kenner mittelalterlicher Latinität sprechen von ihm mit grosser Achtung. Seine Darstellungsweise, hervorgegangen aus der Übertünchung naiver germanischer Denkart mit römisch-antiker Bildung, ist belebt von einer eigentümlichen wohlthuenden Frische, welche seine Lektüre zu einer in hohem Grade anziehenden macht. „....... Für den Text wird die Holder'sche Ausgabe, die sich auch durch treffliche Ausstattung empfiehlt, künftig als massgebend zu betrachten sein."

Literaturblatt für germ. u. rom. Philologie 1886. Nr 9.

Schaible, K. H., Geschichte der Deutschen in England von den ersten germanischen Ansiedlungen in Britannien bis zum Ende des 18. Jahrhunderts. 8°. XVIII u. 483 S. 1885. ℳ 9. —

— — Deutsche Stich- und Hiebworte. Eine Abhandlung über deutsche Schelt-, Spott- und Schimpfwörter, altdeutsche Verfluchungen und Flüche, 2. Aufl. 8°. 91 S. 1885. ℳ 2. —

Scheffer-Boichorst, Paul, (Prof. der Geschichte an der Universität Berlin), Aus Dantes Verbannung. Literarhistorische Studien. 8°. VIII, 254 S. ℳ 6. —

Inhalt: 1. Die letzten Jahre des Dichters (Wünsche, Sorgen und Trost — Dante und die Herren von Polenta — das Leben in Ravenna — Correspondenzen und Reisen, politische und literarische Thätigkeit. 2. Die Abfassungszeit der Monarchie. 3. Der Brief an Cangrade della Scala. 4. Eine Frage der Echtheit und der Chronologie. 5. Boccaccios Vita di Dante. 6. Der Brief des Bruders Hilarius.

Scheler, Aug., La Geste de Liège par Johannes Preis dit d'Outremeuse. Glossaire philologique. 4°. 319 p. Bruxelles 1882. ℳ 8. —

Scherer, Wilhelm, Geistliche Poeten der deutschen Kaiserzeit. I.: Zu Genesis und Exodus. 8°. VIII u. 77 S. 1874. (Quellen u. Forschungen I.) ℳ 2. —

— — Geistliche Poeten der deutschen Kaiserzeit. II.: Drei Sammlungen geistlicher Gedichte. 8°. 90 S. 1875. (Quellen u. Forschungen VII.) ℳ 2. 40

— — Geschichte der deutschen Dichtung im XI. u. XII. Jahrhundert. 8°. X u. 146 S. 1875. (Quellen u. Forschungen XII.) ℳ 3. 50

— — Die Anfänge des deutschen Prosaromans und Jörg Wickram von Colmar. 8°. 103 S. 1877. (Quellen und Forschungen XXI.) ℳ 2. 50

— — Aus Goethes Frühzeit. Bruchstücke eines Commentars zum jungen Goethe. Mit Beitr. von Jakob Minor, Max Posner und Erich Schmidt. 8°. VII u. 130 S. 1879. (Quellen u. Forschungen XXXIV.) ℳ 3. —

Schiber, Adolf, Die fränkischen und alemannischen Siedlungen in Gallien, besonders in Elsass und Lothringen. Ein Beitrag zur Urgeschichte des deutschen und des französischen Volkstums. Mit 2 Karten. 8°. IX, 109 S. 1894. ℳ 4. —

Schneegans, Heinrich, Laute und Lautentwicklung des sizilianischen Dialekts. Mit einer Karte. 8°. 204 S. 1888. ℳ 4. —

Siecke, Ernst, Die Liebesgeschichte des Himmels. Untersuchungen zur indogermanischen Sagenkunde. 8°. 131 S. 1892. M. 3.50

Inhalt: Orpheus und Eurydice — Das Märchen von der weissen und der schwarzen Braut. — Schwanensage und Verwandtes. — Freyr, Freyja und Gerdha. — Iduna. Skadi. — Die Bedeutung der Zahl neun in den Mythen. — Das Lied von Fiolsvid.

Spach, Ludwig, Zur Geschichte der neueren französischen Literatur, Essays. 8°. V, 374 S. 1877. ℳ 4. —

Inhalt: Rouge et Noir von Herrn von Stendhal (Henry Beyle). — Matter u. Swedenborg. — Verunglimpfung Goethes in der Académie française. — Alexandre Dumas, der Jüngere, und John Lemoine. — Lamartine. — Caro in der Académie française. — Jules Janin und John Lemoine. — Goethe und Edmund Scherer. — Daniel Stern. — George Sand. Ihr Grundprincip und dessen Gegner. — Abbé Dacheux über Geiler von Kaysersberg. — Doudans Briefe. — Honoré de Balzac; seine Correspondenz. — Mémoires von Philarète Chasles. — Prosper Mérimée's Briefe an eine Unbekannte. — Einige Briefe von Mérimée.

„Gewiss werden diese Essay's, die nach echter Art dieser Darstellungsweise vom Einzelnen ausgehend ein Gesammtbild geben und durch feine geistreiche Sprache anziehen, Vielen eine genussreiche Lectüre gewähren."

Streitberg, Wilhelm, Zur germanischen Sprachgeschichte. 8°. VII, 116 S. 1892. ℳ 2. 50

Studien, Alsatische.

1. Heft: Laut- und Flexionslehre der Mundart des mittleren Zornthales im Elsass. Von Dr. H. Lienhart. 8°. VIII u. 74 S. 1891. ℳ 2. —

2. Heft: Laut- und Flexionslehre der Strassburger Mundart in Arnolds Pfingstmontag. Von Dr A. Sütterlin. 8⁰. IX u. 106 S. 1892. ℳ 2. 50

3. Heft: Kritische Bemerkungen zu Fischarts Übersetzung von Rabelais Gargantua. Von Dr. J. J. A. A. Frantzen. 8⁰. 87 S. 1892. ℳ 2. 50

4. Heft: Hieronymus Boner. Leben, Werke und Sprache. Ein Beitrag zur elsäss. Litteraturgeschichte. Von Dr. Gust. Wethly. 8⁰. 71 S. 1892. ℳ 2 —

5. Heft: Die mundartlichen Elemente in den elsässischen Urkunden des Strassburger Urkundenbuches von Dr. Erwin Haendcke. 8⁰. VII, 48 S. 1894. ℳ 1.50

Studien, Strassburger, Zeitschrift für Geschichte, Sprache und Litteratur des Elsasses, herausg. von Ernst Martin und Wilhelm Wiegand. I. Bd. 8⁰. VII, 482 S. 1883. ℳ 12. —

Inhalt Preuss, R, Stilist. Untersuchungen über Gottfried von Strassburg. – Urkundliches über die Meistersinger zu Strassburg von E. M. – Abwechselnd bewirtschafteter Gemeindeacker von E. M. — Meister Hesse der Schreiber von Strassburg von E. M. – Ein Minnelied von E. M. – Die althochdeutsche Sprache im Elsass vor Otfried von Weissenburg von Dr A. Socin. – Closener und Königshofen. Beiträge zur Geschichte ihres Lebens und der Entstehung ihrer Chroniken von Dr. A. Schulte. – Ein Urbar des Strassburger Bisthums aus dem 14. Jh. von W. W. – Jacob von Mainz, Matthias von Neuenburg oder Albertus Argentinensis von W. Soltau. – Wolfhart Spangenberg von Wilh. Scherer. – Nachtrag zu den Ortsbestimmungen in den Weissenburger Urkunden von A. Socin – Grftic von E. M – Litterarhistorische Notizen von E. M. – Verzeichnis der in den Jahren 1870-1882 erschienenen Litteratur über das Elsass von E. M. und W. W.

— — II. Band. 8⁰. 504 Seiten mit 4 Karten. 1883. 1884. ℳ 15. —

Inhalt Thomas Murners Mühle von Schwindelsheim herausg. von Albrecht. – Ministerialität und Stadtregiment in Strassburg bis zum Jahre 1266 von Martin Baltzer. – Strassburger Adel in der Mortenau. I. die Erbin von Rorburg von Ruppert. – Papst Leo IX. und die elsäss. Kirchen von Dr A. Schulte. – Albert von Hohenberg als Chronist. Eine Entgegnung von W. Soltau. – Der Strassburger Electenprozess vor dem Konstanzer Konzil von Dr. H. Finke I. II. III. – Die Mundart des Münsterthales von W Mankel. – Älteste Grenzen und Gaue im Elsass. Ein Beitrag zur Urgeschichte des Landes von Dr Aug Schricker. – Zur Schlettstadter Schulgeschichte von Dr G. Knod. – Briefe von Schöpflin und anderen Strassburger Gelehrten an Bodmer und Breitinger von Dr. Joh. Crueger. – Strassburger Adel in der Mortenau. II. Die Liebenzeller von Ruppert. – Zum heiligen Namenbuch von Konrad Dangkrotzheim von E. M.

— — III. Band. 8⁰. 475 S. 1886–88 ℳ 10. —

Inhalt Deutsche Glossen in dem Vocabular Niger Abbas (Metzer Hs. 203) von M. Flohr. – Eine in Strassburg erschienene Anekdotensammlung in Versen von A. Socin. – Miscellen von E. Martin. – Die Kunstausdrücke der Meistersinger von O. Plate. – Kleinere Mitteilungen von Ernst Martin. — Der elsässische Dichter Hans von Bühel von Fritz Seelig – 2 Bibliothekskataloge saec. XI und XV der Abtei Murbach. S. OB. von F. W E. Roth. – Die Fabeln von Gottlieb Conrad Pfeffel und ihre Quellen von Max Poll. – Wimpfelings Stylpho von E. Martin.

Der III. Band ist nicht mehr einzeln zu haben.

Studien, Bibliographische, zur Buchdruckergeschichte Deutschlands. I. Heinrich Knoblochtzer in Strassburg (1477–1484) von Karl Schorbach und Max Spirgatis. 4⁰. XI u. 75 Seiten mit 75 Lichtdrucktafeln. 1888. geb. ℳ 40. —

Sütterlin, L., Geschichte der Nomina agentis im Germanischen. 8⁰. 108 S. 1887. ℳ 2. 80

— — Zur Geschichte der Verba denominativa im Altgriechischen. Erster Teil: Die Verba denominativa auf άω — έω — όω. 8⁰. 128 S. 1891. ℳ 3. —

Tappolet, Ernst, Über die romanischen Verwandtschaftsnamen. Mit besonderer Berücksichtigung der französischen und italienischen Mundarten. Ein Beitrag zur vergleichenden Lexikologie. 8. VII, 178 S. mit 2 Karten. 1895. ℳ 6. —

Thiele, Georg, Hermagoras. Ein Beitrag zur Geschichte der Rhetorik. kl. 8⁰. IX, 202 S. 1893. ℳ 5. —

Tunnicius. Die älteste deutsche Sprichwörtersammlung von Antonius Tunnicius gesammelt und in lateinische Verse übersetzt. Hrsg. mit hochdeutscher Übersetzung, Anmerkungen und Wörterbuch von Hoffmann von Fallersleben. 8⁰ 224 S. 1870. ℳ 4. 50

Volkslieder, Elsässische. Gesammelt und herausgegeben von Curt Mündel. 8⁰. XIV u. 302 S. 1884. ℳ 3 -

Volkslieder, die, des Engadin. Von Alfons v. Flugi. Mit einem Anhang engadinischer Volkslieder im Original nebst deutscher Uebersetzung. kl. 8⁰. IV, 85 S. 1873. ℳ 2. 40

Verfasser gibt eine gute Übersicht über die Geschichte der engadinischen Volksdichtung von den ältesten, dem 15. Jahrhundert angehörenden, leider aber nur in dürftigen Fragmenten erhaltenen historischen Liedern. Jahrb. f. rom. u. engl. Lit. N. F. II.

Wheeler, B. J., Der griechische Nominalaccent. Mit Wörterverzeichniss. 8⁰. 146 S. 1885. ℳ 3. 50

Wimpfeling, Jacob, Germania. Übersetzt und erläutert von Ernst Martin. Mit ungedruckten Briefen von Geiler und Wimpfeling. Ein Beitrag zur Frage nach der Nationalität des Elsasses und zur Vorgeschichte der Strassburger Universität. 8⁰. 118 S. 1885. ℳ 2. 50

MINERVA

Jahrbuch der gelehrten Welt

herausgegeben von

DR. R. KUKULA und K. TRÜBNER.

I. Jahrgang 1891–1892. 16°, VI, 359 Seiten, in Pergament gebunden M. 4.
II. Jahrgang 1892–1893. Mit dem Bildnis Theodor Mommsen's, radiert von W. Krauskopf. 16°, VI, 827 Seiten, gebunden M. 7.–.

☞ Dieser Jahrgang bildet die Grundlage für alle weiteren Bände, da er Angaben über Geschichte, Verfassung und Organisation der einzelnen gelehrten Anstalten enthält, auf die in den folgenden Jahrgängen nur verwiesen ist.

III. Jahrgang 1893–1894. Mit dem Bildnis L. Pasteur's, radiert von H. Manesse. 16°, XVI, 861 Seiten, gebunden M. 7.–.
IV. Jahrgang 1894–1895. Mit dem Bildnis Lord Kelvin's, radiert von Hubert Herkomer. 16°, XVI, 930 Seiten, gebunden M. 8.–.
V. Jahrgang 1895–1896. Mit dem Bildnis G. V. Schiaparelli's, radiert von Oreste Silvestri. 16°, XIX, 989 Seiten, gebunden M. 8.–

„Das ausserordentlich nützliche und trefflich geleitete Unternehmen bedarf kaum einer Empfehlung mehr. In gleicher Weise, wie im vorigen Bande sind auch diesmal die Herausgeber bemüht gewesen, es auf seiner Höhe zu halten und nicht unwesentlich zu verbessern. Dadurch, dass die Einleitung über die Universitätsverfassungen weggelassen wurde, wie das von vornherein beabsichtigt war, ist für mannichfache Ergänzungen, die sich auf die bedeutenderen Archive, ferner auf auswärtige Institute, namentlich in Frankreich, Russland und Skandinavien erstrecken, hinreichend Raum geworden. Auch dieser Jahrgang hat sich der thatkräftigen Mithülfe berufener Gelehrter, namentlich im Auslande, zu erfreuen gehabt. Besonders praktisch ist die im Eingange gegebene, nach Ländern geordnete „Geographische Übersicht der behandelten gelehrten Institute“, durch die man in den Stand gesetzt ist, von den in jedem einzelnen Staate vorhandenen wissenschaftlichen Anstalten mit leichter Mühe ein Bild zu gewinnen, ein Vorgang, der für Schwenke's Adressbuch der deutschen Bibliotheken sehr zu empfehlen wäre. Kaum ist es nötig, auf die elegante Ausstattung in dem bekannten bequemen Formate noch besonders hinzuweisen, die die Benutzung zu einem gewissen Vergnügen macht.“
Literarisches Centralblatt 1894. Nr. 22.

„. . . . . Worin der grosse Wert des Werkes beruht, ist längst bekannt und anerkannt. Die Minerva ist ohne Konkurrenz. Es besteht in keiner Sprache der Welt ein Buch, das uns über die wichtigen gelehrten Anstalten jeder Art und zwar des ganzen Erdkreises, über ihre verschiedenen Einrichtungen und die Personalverhältnisse in so präziser und zuverlässiger Weise unterrichtet. Für wissenschaftliche Bibliotheken insbesondere ist es ein Nachschlagewerk, dessen Anschaffung nicht umgangen werden kann . . . .“ *Westöstliche Rundschau 1894. Nr. 5.*

„Voici le troisième volume de cette publication qui rend de si grand services aux bibliothécaires et aux savants. Il est encore supérieur aux précédents, parce qu' il contient davantage. Pour gagner de la place, les éditeurs ont laissé de côté l'introduction du deuxième volume qui contenait des notices historiques et un exposé des constitutions universitaires. Ils ont admis dans leur receuil de nouveaux établissements scientifiques; les archives d'Allemagne et d'Autriche, les bibliothèques des départements de France. Partout, chez nous, en Italie, en Angleterre, en Hollande, en Suède, etc., ils ont trouvé des colloborateurs empressés qui leur ont permis de rectifier et de compléter un grand nombre d'indications. On remarquera, par exemple, la liste des établissements des Indes due à M. Rost, et la déscription intéressante, fournie par M. Vollers, de l'enseignement du Caire. Notons aussi la nouvelle méthode de transcription des noms russes (communications et corrections de MM. Zielinski et Minzes). En tête du volume, figure une liste sommaire des „instituts savants“ par ordre alphabétique des pays; cette liste ou vue d'ensemble (geographische Übersicht) sera utile. Le portrait de M. Pasteur orne le volume, comme le portrait de M. Mommsen ornait le précédent.“ *Revue critique 1894 12. März.*

Aus dem II. bezw. III., IV. und V. Jahrgange einzeln

Professor Mommsen's, Pasteur's, Lord Kelvin's und G. V. Schiaparelli's Porträt. (Radierung auf grossem Papier). Preis pro Blatt M 3. –.

FSC
www.fsc.org
MIX
Papier | Fördert
gute Waldnutzung
FSC® C083411

Kolibri 360 GmbH
Ferdinand-Jühlke-Straße 7
99095 Erfurt, Deutschland
produktsicherheit@kolibri360.de